WORLDVIEWS

AN INTRODUCTION TO THE HISTORY
AND PHILOSOPHY OF SCIENCE

3RD EDITION

世界观

现代人必须要懂的
科学哲学和科学史

（原书第3版）

[美] 理查德·德威特 著
（RICHARD DEWITT）

孙天 / 译

图书在版编目（CIP）数据

世界观：现代人必须要懂的科学哲学和科学史（原书第 3 版）/（美）理查德·德威特（Richard DeWitt）著；孙天译 . —北京：机械工业出版社，2020.7（2025.1 重印）
书名原文：Worldviews: An Introduction to the History and Philosophy of Science

ISBN 978-7-111-65909-9

I. 世… II. ①理… ②孙… III. ①科学哲学 ②科学史 – 世界 IV. ① N02 ② N091

中国版本图书馆 CIP 数据核字（2020）第 110492 号

北京市版权局著作权合同登记 图字：01-2020-1699 号。

世界观

现代人必须要懂的科学哲学和科学史（原书第 3 版）

出版发行：机械工业出版社（北京市西城区百万庄大街 22 号 邮政编码：100037）

责任编辑：岳晓月　　责任校对：殷 虹

印 刷：保定市中画美凯印刷有限公司　　版 次：2025 年 1 月第 1 版第 15 次印刷

开 本：170mm×230mm 1/16　　印 张：32

书 号：ISBN 978-7-111-65909-9　　定 价：109.00 元

客服电话：（010）88361066 68326294

推荐序| Foreword

大约是在几年前，我第一次读了《世界观》的繁体版，读得很费劲，起初是由于字体的差异，但是很快就变成了内容的“烧脑”。读后感触至深的是，我们认为这个世界是怎样的，取决于我们观察和思考它的方式。

这正是本书最值得读的原因。

读完本书后，我突然发现之前的我并没有真正的世界观，尽管我年轻时还大段背诵过“世界观”这个词的定义。读本书之前，我认为所谓世界观，就是对这个世界的真实看法；之后，我却突然意识到，我们最大的问题是，可能根本就没办法知道什么是真正的“真实”，如果我们坚信“眼见为实，实践出真知”，那么我们就会进入“认知障碍”，对世界的认知永远停留在农业文明的低水平上。只有我们认识到，所谓的世界观，不可能真正真实，只是我们不断大胆假设、反复求证的规则的组合，才有可能用思维重构，更多、更深入地理解这个世界。

回顾人类历史，每一次社会、科技的大跃迁，都是一次世界观的重新树立。没有世界观的不断被颠覆，我们就摆脱不了“人是上帝创造”的神学社会，走不出几千年的低生产力的农业文明，也孕育不出知道自己不知道的日新月异的现代科学。之前，我总以为科技的进步是技术积累从量变到质变的必然结果，现在我才认识到，如果不是人类历史上那些伟大的思想家对全人类世界观的一次次重塑，再多的积累也形成不了质变。

直到今天，对于很多伪科学，我的一些对此坚信不疑的朋友还和我辩论，你总说科学，科学不是什么都是对的。我说，你这么说就是不理解科学，科学的本质是一种世界观，正是因为它假设自己是不对的，才能够一次次离对又近了一步。

我年近不惑才接触此书，人生底层逻辑的构建晚了 20 多年。尽管我的人生也无比努力勤奋，但如果我能早点读到此书，也许在青年时我就能理解人类发展的底层规律和思想力量的伟大，也许我能更好地理解这个世界，理解自己。

本书是我推荐的书中最值得读的一本。

傅　盛

猎豹移动董事长兼 CEO

前言 | Preface

本书主要是为第一次接触科学史和科学哲学的读者准备的，如果这个描述与你相符，那么欢迎你来到这个迷人的领域进行探索。这个领域涉及一些最深奥、最困难同时又最基础的问题。也可以说，这个“科学的透镜”更清晰地聚焦于那些原本并没有那么引人注目的问题。我希望你像我一样喜欢该领域，而且特别希望它可以引起你的兴趣，让你愿意以后再回过头来更深入地研究这些问题。

像这样的介绍性著作尤其具有挑战性。一方面，我想准确地展示历史、哲学以及两者之间的内在联系；另一方面，我想避免让第一次接触这一话题的人接触太多细枝末节的东西。像我们这样对科学史和科学哲学进行全职研究的人，大多数来自学术领域，通常会陷入自身学科的细节中，经常忘记这样的细节在刚接触这一领域的人看来会是什么样子。在面对细枝末节的时候，初学者常常会觉得“为什么会有人关心这些东西”，然后就放弃了。

这可以理解。细节很重要，但是它们的重要性只有放在一个更广阔的背景中才能体现出来。因此在这里，我正是希望展现出这样一个更广阔的背景。然而，尽管本书描绘了一个相当宏观的图景，不过就我本人的知识而言我所写的都是准确的，虽然我在写作的过程中的确省略了很多细节。

历史、科学和哲学之间的联系永远都是复杂而迷人的。正如前面提到的，我希望本书能引起你的兴趣，让你想要更深入地探讨这些问题，甚至开始欣赏和享受其中的细节。最能让我感到欣慰的，莫过于你看完本书后，会去书店或者打开电脑，下单购买那些能让你进一步探索这些主题的书籍。

关于第 3 版的说明

第 3 版中加入了大量新内容，接下来我将简要介绍一下这些新内容。本书的核心主题始终是各个科学体系（亚里士多德体系、牛顿体系和当今的科学体系），鉴于此，在本书的前两版中一直像背景一样隐藏着的，是这些科学体系间可能存在的与不可通约性有关的问题（大致来说，这个问题就是是否可以从一个科学体系的角度去理解另一个不同的科学体系）。在第 3 版中，我接受了几位评论人士对本书前两版提出的建议，增加了一章来专门讨论与不可通约性相关的问题。这一章（第 25 章）在本书中的位置相对偏后，从而可以在讨论时把前面章节里讨论过的科学体系作为例子来使用。

除此之外，我增加了一章来讨论量子理论中的测量问题。测量问题被广泛认为是标准量子理论（至少是从现实主义角度来看的量子理论）的一个（可能是唯一一个）主要问题。就我所熟悉的有关测量问题的讨论而言，大部分或全部都不是为初次接触这些话题的读者准备的。在这一章（第 26 章）中，我花了很多心思尝试用一种对初次接触这些话题的读者来说易于接受的方式来描述测量问题，特别是解释为什么它是个问题。

至于演化论，自第 2 版出版以来，我对自己的演化论基本内容的呈现方式越来越不满意。这并不是说我所写的内容是不对的，我是觉得这部分内容过于简化了。在第 3 版中，我舍弃了原有内容，进行了重写。因此，虽然这一章（第 29 章）的标题没变，但有关演化论基本内容的描述是全新的，而且与第 2 版相比，内容更加翔实丰富。我觉得第 3 版内容的效果会更好。（我对第 29 章结尾处关于达尔文和华莱士发现自然选择过程的描述进行了整理和压缩，不过基本上与第 2 版相同。）

我可能还要指出，我本人认为第 3 版之后不会有新的一版了，主要有两个原因：一个原因是，出于现实考虑，这类书的篇幅也就大致如此了，在第 3 版的基础上，已经很难在不突破篇幅限制的情况下再添加新的内容；另一个原因是，对于通过推出仅做少量修改的版本来提升之前版本销量的做法，我个人并不认同。因此，在第 3 版成书的过程中，我花了大量时间，认真审定每个章节。在一些章节里，我只做了微小调整，比如重新组织部分语句从而使意思表达得更清楚，而在其他章节里，我则进行了大幅修改。

最后，关于第 3 版里有关最新发展的部分，自第 2 版出版以来，这些领域出现了许多新的有趣实验，我在讨论中涉及了其中部分实验，主要是有关相对论的实验（比如，近几年对爱因斯坦广义相对论所预言的引力波的探测），以及量子理论领域的几个新近实验（比如，进一步验证贝尔定理的实验）。

一手资料的推荐阅读清单

本书中的很多内容都有一手资料的支撑。目前可以找到的一手资料范围很广且数量繁多，从实际操作的角度考虑，我列出了下面这个推荐清单。清单里所列的资料都可以在互联网或其他公开渠道找到，而且不涉及著作权等问题。

笛卡尔，《第一哲学沉思录》中的第一个沉思和第二个沉思

休谟，《人类理智研究》，第四章，第二部分

亚里士多德，《论天》，第二卷，第四章

奥西安德尔为哥白尼《天球运行论》所撰写的序言

舍恩贝格写给哥白尼的书信（收录在《天球运行论》中）

伽利略，《给卡斯泰利的书信》

贝拉明，《给福斯卡里尼的书信》

伽利略，《给公爵夫人克里斯蒂娜的书信》

宗教裁判所对伽利略的控诉书

宗教裁判所对伽利略的判决书

伽利略的放弃誓言

爱因斯坦，《论动体的电动力学》

爱因斯坦、波多尔斯基和罗森，《能认为量子力学对物理学实在的描述是完备的吗》

贝尔，《论 EPR[1]悖论》

关于本书结构的说明

简略地说，在本书里我想要做的是：第一，介绍科学史和科学哲学中的一些基础命题；第二，探讨从亚里士多德世界观到牛顿世界观的转变；第三，探讨新近的科学发展给西方世界观带来的挑战，尤其是相对论、量子理论和演化论。

为了实现这些目标，我将本书分为三个部分。第一部分是对科学史和科学哲学中一些基础命题的介绍，这些命题包括世界观的概念、科学方法和推理、真理、证据、经验事实与哲学性 / 概念性事实之间的对比、可证伪性以及工具主义和现实主义。这些命题的意义和相互之间的内在联系将在第二部分和第三部分中说明。

在第二部分中，我们将探讨从亚里士多德世界观到牛顿世界观的转变，并关注在这一变化过程中一些哲学性 / 概念性观点所扮演的角色。其中特别值得关注的是，在亚里士多德世界观中处于核心地位的一些哲学性 / 概念性“事实”所发挥的作用。对这些概念的探讨，有助于阐明第一部分

[1] EPR 悖论是爱因斯坦（Einstein）、波多尔斯基（Podolsky）和罗森（Rosen）提出的。——译者注

的许多问题，也为第三部分的讨论奠定了基础，即根据最近的发现，我们必须放弃一些我们自己的哲学性 / 概念性“事实”。

第三部分介绍了新近的发现和发展，其中最值得注意的是相对论、量子理论和演化论。随着对这些发现和发展的探讨，我们将会看到，它们让西方世界几乎所有人从小到大所接受的一些核心观点产生了重大改变。在第二部分中，我们已经强调了亚里士多德世界观中哲学性 / 概念性观点所扮演的角色，同时在第三部分中我们也会看到，某些观点曾一直被我们认为是显而易见的经验事实，然而随着新近的发现和发展，它们都被证明是错误的哲学性 / 概念性“事实”。

此时，已经很清楚的是，当对这些错误的哲学性 / 概念性观点的认知变得更为普遍时，我们对这个世界的总体看法将需要改变。目前很难说这些变化会以何种形式出现，然而越来越有可能的是，我们的子孙后代继承的世界观将会与我们的世界观有很大的不同。我希望你不仅喜欢探索和思考过去发生的变化，而且喜欢思考目前我们身处其中的变化。

在本书的最后，也就是章节注释和推荐阅读书目部分，我针对书中讨论过的一些话题提供了更多信息，同时推荐了一些书籍，在这些书籍中你可以找到更多关于这些话题的额外信息。正如前面提到的，最能让我感到欣慰的，莫过于你看完本书后，有兴趣对这些问题进行进一步的探究。

关于本书的结构，还有最后一点需要说明：尽管我希望你能完整地读完本书，而且书中的三个部分是按照前面所描述的方式联系起来的，但如果你想单独阅读每一部分，也是完全可以的。举个例子，如果你对17世纪的科学革命以及牛顿科学和牛顿世界观的发展更感兴趣，而对科学哲学里的相关命题不感兴趣，那么你基本上可以从第二部分的开篇，也就是从第9章开始阅读。然而，我还是鼓励你至少快速浏览一下第1、3、4和8章。同样地，如果你主要的兴趣点在于新近的科学发展，特别是相对论、量子理论和演化论，那么你可以直接跳到第23章，也就是第三部分的开篇。如果你打算这样做，那么我鼓励你至少快速浏览一下第3章和第8章。最后，再次希望你能享受接下来的探索。

目录 | Contents

第三部分 | 科学及世界观的新近发展

在第一部分中，我们将探讨在科学史和科学哲学中一些重要且基础的命题。具体来说，我们将讨论几个概念，包括世界观、真理、证据、经验事实和哲学性 / 概念性事实、常见的推理类型、可证伪性以及工具主义和现实主义。这些话题将为我们在第二部分和第三部分中的讨论提供必要的背景知识。在第二部分中，我们将研究从亚里士多德世界观到牛顿世界观的转变，而在第三部分中，我们将探讨一些对我们现有世界观提出了挑战的新近科学发展。

第一部分
基础命题

第 1 章

世界观

本章的主要目的是介绍世界观的概念。与我们在本书中将要探讨的大部分概念一样，世界观这个概念实际上比它最初看起来的要复杂得多。不过，我们将从对这个概念相对简单的描述开始。接下来，随着本书内容的逐渐深入，我们会更多地理解亚里士多德的世界观和我们自己的世界观，此后我们将会更好地理解世界观这个概念所涉及的复杂性。

尽管在过去 100 多年里，“世界观”这个词已经被相当广泛地使用，但它并没有一个标准定义，因此值得花一些时间来明确在本书中我将如何使用这个词。如果要给出一个最简短的描述，我会说“世界观”指的是一个观点体系，其中不同观点如同拼图的一块块拼板一样相互联结。也就是说，世界观并不是一些分离、独立、不相关的观点的集合，而是一个不同观点相互交织、相互关联、相互联结的体系。

通常，理解一个新概念最好的方法是通过一个具体的例子。那么，就让我们从分析亚里士多德世界观开始吧。

亚里士多德的观点和亚里士多德世界观

在西方世界，我所说的亚里士多德世界观是公元前300年到公元1600年占统治地位的观点体系。这个世界观的基础是一系列由亚里士多德（公元前384—前322）进行了清晰、全面表述的观点。值得注意的是，“亚里士多德世界观”这个词并不是特指亚里士多德本人所秉持的观点的集合，而是指亚里士多德去世后，西方主流文化所共享的一系列观点，而这一系列观点很大程度上以亚里士多德的观点为基础。

要理解亚里士多德世界观，从亚里士多德自己的观点开始会比较容易。随后，我们将讨论这些观点在亚里士多德去世后几个甚至十几个世纪里的某些发展演变。

亚里士多德的观点

亚里士多德持有大量与我们现在截然不同的观点，下面是几个例子。

（1）地球位于宇宙的中心。

（2）地球是静止的，也就是说，它既不围绕任何其他天体（比如太阳）运行，也不围绕自身轴线旋转。

（3）月球、其他行星和太阳都围绕地球运行，大约每24小时运行一圈。

（4）在月下区，也就是地球和月球之间的区域（包括地球本身），有四种基本元素，即土、水、气和火。

（5）在月上区，也就是月球以外的区域（包括月亮、太阳、行星和恒星），物体由第五种基本元素“以太”构成。

（6）每种基本元素都有一个基本性质，这一基本性质决定了元素的表现特征。

（7）每种基本元素的基本性质都通过这一元素的运行趋势表现出来。

（8）土元素有一种向宇宙中心运动的天然趋势。（这就是为什么石头会垂直掉下来，因为地球的中心即为宇宙的中心。）

（9）水元素也有一种向宇宙中心运动的天然趋势，但是这一趋势比土元素弱。（这就是为什么当泥土和水混合后，两者都会向下运动，但最终水会留在泥土上面。）

（10）气元素天然地向土和水以上、火以下的区域运动。（这就是为什么当把气打入水中，气泡会从水下升起来。）

（11）火元素有一种向远离宇宙中心的方向运动的天然趋势。（这就是为什么火在空气中向上燃烧。）

（12）组成行星和恒星等物体的元素以太，有一种进行完美的圆周运动的天然趋势。（这就是为什么行星和恒星持续围绕地球，也就是围绕宇宙中心，做圆周运动。）

（13）在月下区，一个运动的物体会自然趋于静止，原因要么是组成这一物体的元素到达了其在宇宙中的自然位置，要么是这些元素被其他东西（比如地球表面）阻止，不能继续向其在宇宙中的自然位置运动。第二个原因更为常见。

（14）一个静止的物体会保持静止，除非有一个运动来源（要么是自身的运动，比如一个物体向自己在宇宙中的自然位置的运动；要么是外界的运动，比如我把钢笔从书桌这边推到另一边）。

前面提到的这些观点只是亚里士多德观点中非常少的一部分。亚里士多德在伦理学、政治学、生物学、心理学以及科学研究的合理方法等领域，都有着广泛的观点。和我们大多数人一样，亚里士多德也有成百上千个观点，但其中大部分与我们的观点不同。

重点是，亚里士多德的这些观点并非不同观点的随机集合。当我说这些观点不是随机的时候，我的一层意思是亚里士多德有足够的理由秉持其中大部分观点，而且这些观点远不是幼稚的看法。上面列举的观点，每一条都已被证明是错误的，但如果考虑到当时可以得到的数据，每一条又都很有根据。举个例子，在亚里士多德的年代，最好的科学数据都强有力地表明地球位于宇宙中心。这个观点虽然后来被证明是错误的，但其并不是异想天开的结果。

当我说这些观点并非随机时，我的另一层意思是这些观点组成了一个相互关联、环环相扣的观点体系。为了展现亚里士多德的观点是如何相互关联、环环相扣的，让我分别用一个错误方法和一个正确方法来描绘它们。

首先是用错误方法描绘出的画面，我将用去食品杂货铺的购物清单做个类比来说明。大部分人列购物清单时，单子上的物品都是任意排列的，它们之间的联系仅仅是我们去食品杂货铺时，能够或是希望找到这些东西。我们可以整理这些购物清单，比如乳品放在清单的一个部分，面包、蛋糕等烘焙食品放在另一个部分，等等。但是，大部分人其实都觉得分不分类无所谓。所以，结果就是我们得到了一张物品排列随意而且没有特定关联的购物清单。

当你思考亚里士多德的观点时，不要将其当作一张物品之间没有联系的购物清单。也就是说，不要把观点的集合描绘成图 1-1 那样有些杂乱无章的购物清单。相反，接下来我会给你一个更好的画面。你可以把观点的集合想象成一幅拼图，其中每一块拼板都是一个观点，这些观点以一种清晰、固定、相互关联、环环相扣的方式拼合在一起，就像拼图的不同拼板拼合在一起一样。也就是说，亚里士多德的观点体系更像是图 1-2 中的样子。

（1）地球位于宇宙中心
（2）地球是静止的
（3）月球、其他行星和太阳围绕地球运行，大约每24小时运行一圈
（4）月下区的物质由四种基本元素构成：土元素、水元素、气元素和火元素
（5）月上区的物质由基本元素“以太”构成
（6）每种基本元素都有一个基本性质，这一基本性质决定了元素的表现特征
（7）每种基本元素的基本性质都通过这一元素的运行趋势表现出来
（8）土元素有一种向宇宙中心运动的天然趋势
⋮

图 1-1　像购物清单一样排列的亚里士多德的观点

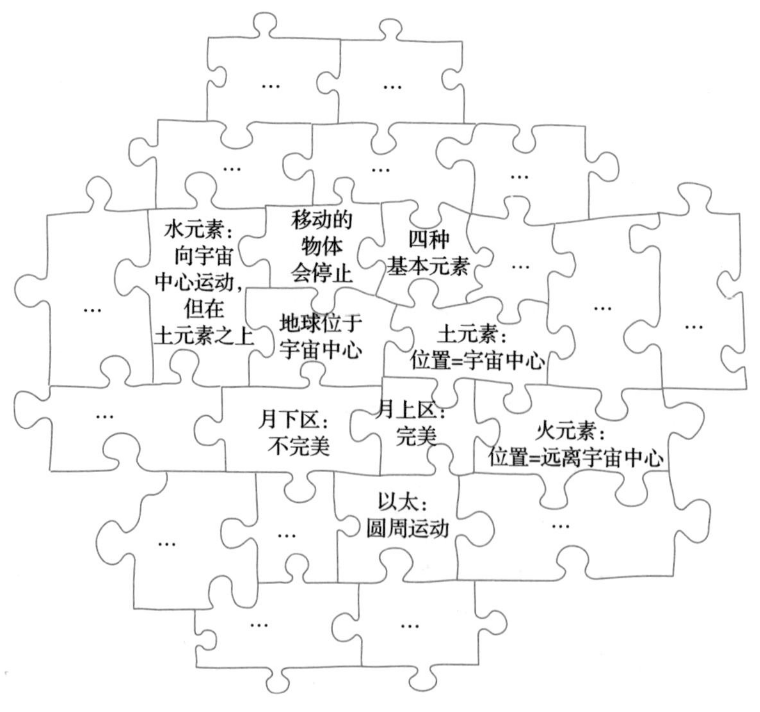

图 1-2　亚里士多德的观点拼图

拼图的比喻可以体现我在使用“世界观”这个概念时的主要特点。首先，拼图的拼板不是独立的、相互隔离的；相反，拼板之间是有内在联系的。一块拼板与其旁边的拼板相互咬合，旁边的这块拼板又与其旁边的拼板咬合，以此类推。所有拼板是相互联结、相互关联的，整体结果就是我们得到了一个体系，体系内的每个部分相互拼合，形成了一个内部相互联结、相互关联，具有稳定性和一致性的整体。

与此类似，亚里士多德的观点相互拼合，形成了一个内部相互关联、具有一致性的体系。每个观点都与其周围的观点紧紧相联，这些周围的观点又继续与围绕在外的观点紧紧相联，以此类推。

如果要用实例说明亚里士多德的不同观点如何相互拼合，可以拿“地球是宇宙中心”的观点作为例子。这个观点与“土元素有一种向宇宙中心运动的天然趋势”的观点紧密相联，毕竟地球本身主要由土元素组成。这样一来，“土元素天然地向宇宙中心运动”的观点和“地球本身位于宇宙中心”的观点就完美地拼合在一起了。同样地，这两个观点都与“一个物体只有在存在外部运动来源时才会运动”的观点紧密相联。正如我的笔，除非有人或有东西去移动它，否则它将保持静止，对地球来说也是这个道理。由于构成地球的大重元素在很久以前就已经移动到宇宙中心，或者说是移动到了最大程度上接近宇宙中心的位置，因此它们现在会保持静止，没有一个物体强大到可以移动像地球这样巨大的物体。所有这些观点反过来又与“基本元素都有一个基本性质”的观点以及“物体之所以会有它们所展示出来的运动模式，很大程度上取决于自身性质”这一观点紧密相联。总结一下，我要表达的基本观点就是，亚里士多德的观点像拼图的一块块拼板一样相互联结。

除此之外，请注意，在一幅拼图中，核心拼板和外围拼板存在一些不同点。由于拼板之间相互联结，一块位于中心位置的核心拼板不能用另一块不同形状的拼板来替换，否则可能需要替换掉几乎整幅拼图，而外围拼板则可以在对拼图剩余部分影响相对不大的情况下进行替换。

类似地，在亚里士多德的观点中，我们也可以区分出核心观点和外围观点。外围观点可以在不对整体世界观进行大量改动的情况下进行替换。比如，亚里士多德认为宇宙中有五大行星（不包括太阳、月球和地球）。在不运用当代科技的情况下，五大行星是所能分辨出的全部行星。不过，假设当时出现了存在第六大行星的证据，亚里士多德可以很轻松地采纳这个新观点，而并不需要对他的整个观点体系进行重大调整。一个观点如果即使本身发生变化，也不会让其所在的观点体系产生实质性改变，那它就是一个典型的外围观点。

与此相反，思考一下“地球是静止的，并且位于宇宙中心”这个观点。在亚里士多德的观点体系里，这是一个核心观点。值得注意的是，这个观点之所以是核心观点，并不是因为亚里士多德对此深信不疑，而是因为它就像一幅拼图中靠近中心位置的拼板，如果把它去掉或替换掉，那么与它相关联的观点都要发生重大变化，而这反过来又会导致几乎整个亚里士多德观点体系的调整。

要说明这一点，让我们假设亚里士多德试图用别的观点替换“地球位于宇宙中心”的观点，比如用“太阳是宇宙中心”这一观点。如果亚里士多德只是想简单地把这个观点去掉，也就是把拼图中的这块拼板拿走，然后用“太阳是宇宙中心”的新观点来填补，那么他能够在保持拼图其他部分完好的情况下做到这一点吗？

答案是“不能”，因为“太阳是宇宙中心”这一新观点不能与拼图的其他部分拼合在一起。举个例子，重量大的物体很明显会向地球中心掉落。如果地球的中心不是宇宙的中心，那么亚里士多德提出的“重量大的物体（指主要由土和水两种大重量元素组成的物体）有一种向宇宙中心运动的天然趋势”的观点就需要被替换掉。这又需要替换大量其他相互联结的观点，比如“每个物体都有一个基本性质，这一基本性质决定了物体的表现特征"的观点。简言之，在这个例子里，试图替换哪怕一个观点都需要替换与其相互联结的所有观点，而这种情况通常需要建立一个全新的观点拼图。

同样地，这些都进一步表明了亚里士多德的观点不是随机的、杂乱无章的观点集合，而是一个相互联结、像拼图一样的观点体系。每一个观点拼合在一起组成一个各部分环环相扣、具有一致性的观点体系，这就是我在运用世界观这个概念时的核心理念。简言之，当我谈到世界观的时候，请想到拼图这个比喻。

亚里士多德世界观

到目前为止，我们主要讨论了亚里士多德本人的观点，你可能会感觉世界观所涉及的是某个人的观点拼图。有时人们说起世界观时，确实是这个意思，这其中包含的一层意思就是，我们每个人的观点体系与其他人相比多少都有些不同，也就是世界观总有些细微差异。当然，我们之所以成为我们，我们自己的世界观也是原因之一。

然而，对本书来说，"世界观"更重要的一层含义是一个更广义的概念。比如，从亚里士多德去世到17世纪，西方主流社会都或多或少地运用亚里士多德提出的方式来看待这个世界。当然，这并不是说每个人都相信亚里士多德所秉持的观点，也不是说在这段时期，这个观点体系的内容没有增加或改变。

举个例子，在这个时期的多个时点上，犹太教、基督教和伊斯兰教的哲学神学家都对亚里士多德世界观与宗教信条进行了融合。这些融合体现了亚里士多德世界观在亚里士多德去世后几百年间的某些变化。也有些人对宇宙的看法完全不同于亚里士多德。比如，相比于亚里士多德，有些人的观点基础与柏拉图（公元前428—前348年）的看法更为接近。这种以柏拉图观点为基础的观点体系，就成为亚里士多德世界观以外的另一种世界观。(顺带提一句，柏拉图是亚里士多德的老师，尽管如此，亚里士多德最终还是与柏拉图的观点产生了巨大的分歧。)

尽管亚里士多德的观点得到了修正，或有人秉持与亚里士多德世界观不同的世界观，但从公元前 300 年到 1600 年，西方主流世界多数观点体系都与亚里士多德世界观的内在精神一致。包括“地球是宇宙中心”“物体具有基本性质和天然运动趋势”“月下区是不完美的区域，而月上区是完美的区域”等在内的观点，都是西方主流世界所达成共识中的一部分。这些由一群人共同持有的观点像每个人自己秉持的观点一样，拼合在一起，形成一个环环相扣、具有一致性和稳定性的观点体系。因此，当我谈到亚里士多德世界观时，我脑中浮现的就是这个由一群人所秉持、与亚里士多德本人观点一脉相承的观点所形成的拼图。

牛顿世界观

为了与亚里士多德世界观进行对比，让我们来简短地了解一下另一个不同的观点体系。17 世纪早期，出现了新证据(主要来自当时刚刚发明的望远镜)，表明地球围绕太阳运动。正如我们在前面探讨过的，在亚里士多德世界观的拼图中，我们不能在不替换几乎所有其他拼板的情况下，只是简单地把“地球是宇宙中心”这块拼板替换掉。因此，亚里士多德世界观站不住脚了。这很有趣，也有些复杂，后续在本书中我将对此继续进行探讨。但是现在，我想说的是，最终形成了一个新的观点体系。更确切地说，这个新体系包含了关于“地球运动”的观点。

让我们把这个最终取代亚里士多德世界观的观点体系称为牛顿世界

观。这一观点体系以艾萨克·牛顿（1642—1727）及其同时代人的著作为基础，并在之后多年中得到了相当程度的丰富和发展。与亚里士多德世界观一样，牛顿世界观也包含大量观点，下面是其中几个例子。

（1）地球围绕自身轴线旋转，大约每24小时旋转一周。

（2）地球和行星沿椭圆形轨道围绕太阳运转。

（3）宇宙中基本元素的种类略多于100种。

（4）物体表现出来的运动特征主要受外力影响（比如重力，这就是为什么石头会往下落）。

（5）组成像行星和恒星这样的物体的基本元素与组成地球上物体的基本元素相同。

（6）描述地球上物体运动行为的规律（比如，运动中的物体趋向于保持运动状态），同样适用于行星和恒星等物体。

这些观点和其他上千个观点共同组成了牛顿世界观。

西方世界中大部分人从小到大所接受的都是这一世界观。我们在前面把亚里士多德世界观比作拼图，这个类比对组成牛顿世界观的观点也同样适用。具体来说，牛顿世界观也是一个观点体系，其中每个观点像拼图的拼板一样拼合在一起，组成一个具有稳定性、一致性且环环相扣的体系。尽管亚里士多德观点体系和牛顿观点体系都具有稳定性和一致性，但它们是不同的拼图，其核心观点存在巨大差异。

从亚里士多德世界观到牛顿世界观的转变是巨大的，本书第二部分的大部分内容都围绕这个转变展开。我们将会看到，这个转变主要由17世纪早期的一系列新发现所激发。接下来，在第三部分中，我们将探讨一些较新的、令人意外的发现。就像17世纪早期的新发现使当时存在的观点拼图发生了变化一样，最近几十年的新发现也会改变我们现有的观点拼图。

结语

在结束对世界观概念的初步介绍前，我想再简单探讨两点：第一点关于我们所掌握的、可以支持组成我们世界观观点的证据；第二点关于组成我们世界观的很多观点所具有的明显常识属性。

证据

我们已经花了很多笔墨来探讨观点，假设人们秉持的观点都是有理由的，也就是说，我们似乎有些证据来支撑我们的观点。

比如，假设你认为亚里士多德是错的，认为地球不是宇宙中心，因此，你很可能认为太阳是我们这个太阳系的中心，而地球和其他行星围绕太阳运转。我对你是否有支撑这一观点的证据表示怀疑，但同时我也怀疑你的证据实际上与你所认为的并不一样。让我们暂停几秒钟，问一问自己："为什么我认为地球围绕太阳运转？我有什么证据来证明这一点？"我没有在开玩笑，请把这本书放下几秒钟，然后仔细思考一下这些问题。

准备好了吗？想一想你有没有直接证据来支撑你所秉持的"地球围绕太阳运转"的观点。当我说"直接证据"时，我所想的是：当我骑自行车时，我就有了证明我在运动的直接证据，我感受到了自行车的运动，感受到了吹在我脸上的风，看到了我运动着经过了其他物体，等等。你有没有像这样的直接证据来证明"地球围绕太阳运转"？似乎没有。我们没有感到我们正在运动，也没有感到持续的强风从我们的脸上吹过。事实上，当你望向窗外时，无论如何，地球都好像是静止的。

如果你想想自己认为"地球在运动"的原因，我认为你会发现并没有直接证据能证明地球围绕太阳运转，一个都没有。尽管如此，你的观点仍然是合理的，你当然也有一些证据来支撑它。但是，与直接证据相比，你的证据更像是下面这样：让自己试着有那么一会儿认为地球不是围绕太阳运转的。你有没有发现，这个观点并不能与你的其他观点拼合在一起？比如，你的一个观点是，老师告诉你的大部分都是真理，那么上述这两个观点就不能拼合在一起；你的另一个观点是，在权威性书籍中读到的大部分内容都是准确的，那么这两个观点也不能拼合在一起；你还有一个观点是，我们这个社会的专家不可能在这么基础的问题上错得那么离谱，它们也不能拼合，等等。

总的来说，你认为地球围绕太阳运转，主要是因为这个观点可以与你观点拼图中的其他拼板拼合在一起，而相反的观点则不能放入这个拼图中。换句话说，你用来支撑这个观点的证据与你的观点拼图紧密相联，也就是与你的世界观紧密相联。

顺带提一下，你会说就算我们自己没有直接证据证明地球围绕太阳运转，也不能说我们秉持这个观点是不合理的，因为天文学家和相关领域的专家肯定有这样的直接证据。但是，正如我们在后续章节中将会看到的，即便是专家，也没有这样的直接证据。这绝不是想说没有证据能很好地支撑"地球围绕太阳运转"的观点。好的证据是存在的，但是，我认为这个证据并不像人们通常所认为的那么直接。这种情况存在于我们的很多（很有可能是大多数）观点中。

总之，我们只能为我们所秉持的极小一部分观点拿出直接证据。对我们的大多数观点（也许是几乎所有观点）来说，我们之所以秉持这些观点，主要在于它们可以与一个很大的、其中各个观点相互联结的观点集合拼合在一起。换句话说，我们之所以秉持这样的观点，主要是因为它们可以与我们的世界观拼合在一起。

常识

我们大部分人从小到大接受的都是牛顿世界观，而当谈到牛顿世界观时，所提到的大部分观点似乎都变成了常识。但是，请你再思考片刻，你会发现这些根本不是常识。举例来说，地球看起来并不是围绕太阳运转的。正如上面提到过的，如果望向窗外，你会发现地球看起来完全处于静止状态。同时，太阳、恒星和行星看起来是围绕地球运转的，大约每 24 小时转一圈。再想想“运动的物体趋向于保持运动”的观点，你可能在先前所接受的教育中就学习到了这个观点，我认识的大部分人都把这个观点当作一个显而易见的真理。

然而，根据我们日常生活的经验，运动的物体看起来并不是这样的。比如，扔出去的飞盘并不是一直保持运动，它们很快掉到地上，停了下来。扔出去的棒球也没有一直保持运动，就算没有人接到，它们也会很快越滚越慢，最后停下来。在我们的日常生活里，没有什么东西会一直保持运动。

我想说的是，一般来说，对于前面提到的这些牛顿世界观的部分观点，尽管我们大部分人都认同，但它们并不是我们通过常识或一般经验就能得到的。但是，我们大部分人都是伴随着牛顿世界观长大的，由于在我们很小的时候就被灌输了这些观点，所以现在对我们来说，它们看起来显而易见是正确的。但是设想一下，如果我们从小到大接受的都是亚里士多德世界观，那么亚里士多德的观点也同样看起来像常识。

简言之，从任何一个世界观自身的角度来看，这一世界观的观点都显而易见是正确的。所以，诸如“我们的基本观点看起来是正确的、看起来是常识性的、看起来显然是正确的”这类事实，都不是特别好的证据，不能证明这些观点是正确的。

这就带来了下面这个有趣的问题：毫无疑问，亚里士多德世界观被证明是严重错误的。地球不是宇宙中心，物体的运动特征不是由其内在的“基本性质”决定的，等等。重要的是，并不是每个单独的观点错了，而是由这个观点体系组成的观点拼图被证明是错误的。现在我们所认为的宇宙与亚里士多德世界观所归纳出的宇宙完全不同。然而，尽管这些观点不正确，但它们组成了一个具有一致性的观点体系，这一体系里的观点在将近 2000 年的时间里一直看起来显然是正确的，而且成了常识。

那么，有没有可能即使我们的观点体系具有一致性，而且对我们来说显然是对的、是常识，但我们的这个拼图，也就是我们的世界观，也同样会被证明是错误的呢？毫无疑问，我们的某些观点会被证明是错误的。但我所提出的问题是：我们看待这个世界的整个方法会不会被证明是错误的，就像亚里士多德世界观一样，被证明是一个错误的拼图？

或者，让我换个方式来表达这个问题：当我们审视亚里士多德世界观时，其中很多观点都让我们觉得古怪和奇特。如果我们设想一下自己的后代，比如在几百年后的未来，或者只是想想我们的孙辈或曾孙一辈，那么我们现在的观点，也就是那些对你我来说显然是正确的、是常识的观点，对他们来说会不会也是一样古怪和奇特？

这些都是很有趣的问题。在本书快要结束的时候，我们将探讨一些新近的发现，这些发现表明在我们的世界观中，某些部分可能真的会被证明是一种错误的看待世界的方法。但是现在，我们将把这些问题留作思考，然后进入下一个主题。

第 2 章

真理

本章和第 3 章的中心是两个相互关联的主题：一个是真理，另一个是事实。对一本讨论科学史和科学哲学的书来说，这两个话题多少有些不寻常，但我认为，为了摒弃一些常见的错误观念和过于简单化的认识，这两个话题值得在开始的时候就好好思考。

一个似乎传播非常广泛的观点是，事实的累积是一个相对直接的过程，而科学的功能（在很大程度上也可以说是科学的主要目的），是提供正确的理论来解释这些事实。这两点基本上都是对事实、真理，以及两者与科学之间关系的错误理解。本章和第 3 章的一个目标就是要表明这些问题往往比人们所能领会的更错综复杂。在这两章中，我们将发现，事实、真理和科学三者之间的关系更加复杂和有争议性。随着本书的不断展开，这一点将变得越来越明显。

基本命题

“地球围绕太阳运转”的观点是我们世界观的一部分，我们认为这个观点是真的，认为亚里士多德世界观里非常普遍的“地球是静止的，太阳围绕地球运转”的观点是假的。在我们的观点体系里，“地球围绕太阳运转”的观点对我们来说似乎显然是真的，而且似乎有无数事实可以证明这个观点的正确性。然而在亚里士多德世界观里，“地球是静止的”观点似乎同样显然是真的，而且也有同样多的事实证明地球确实不运动。那么，我们的观点与他们的观点相比有什么不同呢？如果我们关于地球的观点确实是真的，亚里士多德世界观的观点确实是假的，那又是什么决定了一个观点为真而另一个观点为假呢？或者，更概括地说，什么是真理？

对于这个问题，通常的答案是“事实是使一个观点为真的因素”。举个例子，你通常会听到很多证明地球围绕太阳运转的事实，而这些事实就决定了这个观点是真的。有趣的是，事实和真理的定义往往依赖于彼此。人们在被问到“什么是真理”时，常常会回答“真的观点是有事实支撑的观点”；当被问到“什么是事实”时，又会说“事实是为真的东西”。事实上（这里我并没有用双关语），我使用的字典里，真理的定义是“被证实的或者不存在争议的事实”，而事实的定义是“被认为是真实的事情”。

但是，像这样用事实定义真理，又用真理定义事实的循环，对解决我们的问题并没有什么建设性作用。什么是真理？什么是事实？真的/事实性观点和假的/非事实性观点之间的区别是什么？是什么决定某些观点是真的/事实性的，而另一些观点则是假的/非事实性的？

在解决这些问题之前，让我们花些时间思考一下我们对“真理”这个命题有多么的想当然。我们都秉持大量观点，也认为自己的这些观点是真的。毕竟，如果不是这个原因，还能有什么别的理由让我们相信自己所秉持的观点呢？如果你不相信本书里讲述的大部分内容都是真的，那么你很可能也就不会买这本书了。如果你是因为大学课程的要求而读本书，那么你很可能正花费大量资源，包括时间和金钱，来进修大学学业。如果你不认为自己会在大学期间学到大量真的东西，那你很可能就不会花这么多资源来读大学了。再来想想历史，或者我们现在所处的这个时代，这两者都包含各种各样的事件，比如战争、暗杀、宗教冲突等，它们之所以发生，大多是因为人们深信某些特定的观点是真的，而其他观点是假的。所以，即使你还没有明确地考虑过真理这个命题，你也非常有可能对它感兴趣。我们每时每刻都在把真理当作是理所当然的，而这样做所带来的后果往往并非无足轻重。

然而，我们确实很少思考真理这个命题。正如前面提到过的，本章的主要目标之一就是对真理进行讨论，并体会其中所涉及的复杂性。我们并不会对前面提出的关于真理的问题给出确定答复，毕竟人们对这些问题的争论至少可以追溯到哲学和科学的诞生之日。鉴于在过去 2000 多年里，人们都没能在这些问题上达成共识，那么想在本章结束时就得出一个共识也就不太可能了。不过，在过去这些年里，关于真理，还是出现了一些标准性观点，我们至少可以大致了解这些标准性观点，并在这个过程中，体会其中某些复杂性。

澄清问题

在进行我们这样的研究时，确定需要解决的问题，并把它始终记在脑中，将会是一个非常有益的做法。同时，把需要解决的问题与其他可能相关的问题区分开来，也是值得一试的做法。

当我提出“什么是真理”的问题时，我脑中出现的中心问题是：是什么使真的叙述（或观点）成为真的？又是什么使假的叙述（或观点）成为假的？换句话说，真的叙述（或观点）有什么共同点可以使它们成为真的，而假的叙述（或观点）又有什么共同点可以使它们成为假的？

这个关于真理的中心问题经常被人们与关于真理的认识论问题相混淆。一般来说，认识论是关于知识的学说，是哲学的一个重要分支。关于真理的一个核心认识论问题是，我们通过什么方式知道哪些叙述和观点是真的？这是个重要的问题，但是，再次说明一下，这并不是我们现在所关心的核心问题。

打个比方，假设有一大片树林，而我们想知道这片树林中哪些树是橡树。在这种情况下，我们的主要问题就是一个认识论问题，也就是，我们如何知道哪些树是橡树？花钱请林业专家是回答这个问题的一个很棒的方法。留心一下林业专家所给的意见，我们就可以知道这些树中哪些是橡树。林业专家指出一棵树是橡树，但这个事实并不是这棵树是橡树的原因。换句话说，“我们如何知道哪些树是橡树”和“是什么决定了一棵树是橡树”是两个不同的问题。

橡树大概是因为具有某些共同点而都被归类为橡树，同样地，真的叙述（或观点）大概也具有某些共同点，使它们成为真的叙述（或观点）。这就是我们感兴趣的核心问题：真的叙述（或观点）有什么共同点可以使它们成为真的？

多年来，已有大量关于真理的理论作为这个问题可能的答案被提出。这些理论中的大部分可以被划为两类：我们把第一类称为真理符合论，把第二类称为真理融贯论。这两类理论并不是针对真理相关理论仅有的分类方式，但是这两个类别可以包含大部分理论，而且可以解释关于真理的很多复杂问题。同样值得注意的是，在这个阶段，我们不会关注符合论和融贯论中每个具体的理论内容。在合适的地方，我们将会提到一些比较著名的具体理论。让我们从真理符合论开始。

真理符合论

概括地说，根据真理符合论，决定一个真的观点为真的因素是这个观点与现实相符合，决定一个假的观点为假的因素是这个观点没能与现实相符合。

举个例子，如果“地球围绕太阳运转”是真的（我们大部分人是这么认为的），那么决定这个观点为真的是，在现实中，地球确实围绕太阳运转。也就是说，决定这个观点为真的因素是这个观点与事物真实情况相符合。同样地，如果“地球是静止的，太阳围绕地球运转”是假的，那么这个观点之所以为假，是因为它与现实不符。

“现实”这个词的用法很多，所以要理解真理符合论，关键点是理解“现实”这个词是如何运用的。在这个例子里，“现实”肯定不是指你我所认为的现实。一般来说，你我所认为的现实不会对现实到底是什么样子产生影响。同样地，最优秀的科学家所认为的现实，或者大多数人所认为的现实，或者某个禅宗大师在顿悟之时所认为的现实，都不会对现实本来的样子产生影响。真理符合论里所使用的“现实”，不是“你的现实”“我的现实”“心理学家蒂莫西·利里的现实”，也不是在某种致幻药作用下认识的现实，或者任何类似的现实。实际上，“现实”指的是“真的”现实，这样的现实是完全客观的，独立于我们，通常也绝不取决于大多数人是如何认为的。

当然，我们的某些观点可能会以某种无聊的方式影响现实的某些方面。举个例子，我可能认为家里客厅太热了，因此就调低了恒温器的温度。这样，我这个特定的观点可能就促使现实特定的某个方面发生了改变，比如我家客厅的温度降低了。然而，真理符合论的拥护者仍然主张，我们的观点一般来说不会对现实产生影响。

总结一下，根据真理符合论，决定一个观点为真的因素是这个观点与独立、客观的现实相符合，决定一个观点为假的因素则是这个观点没能与那样的现实相符合。

真理融贯论

根据真理融贯论，决定一个观点为真的因素是这个观点与其他观点连贯一致或紧密结合。以我所秉持的"地球围绕太阳运转"的观点为例子。我通常相信自己在权威性天文学书籍里所读到的内容，而这些书又明确地告诉我地球确实真的围绕太阳运转。我通常相信这一领域专家所说的话，而这些专家同样也告诉我地球围绕太阳运转。总的来说，我所秉持的"地球围绕太阳运转"的观点与其他观点一致，根据真理融贯论，这样的一致性就是决定一个观点为真的因素。

让我们再回过头来想想第1章讨论世界观时用到的拼图的比喻。回想一下，世界观是一个观点体系，其中每个观点就像拼图的拼板一样，环环相扣。同样的比喻也可以用来说明真理融贯论。根据这一观点，决定一个观点为真的因素是这个观点可以与整个观点拼图拼合在一起。一个假的观点就像一块不能与整个拼图拼合的拼板。

总结一下，根据真理融贯论，决定一个观点为真的因素是它可以融入一个整体的观点集合，而决定一个观点为假的因素则是它不能融入一个整体的观点集合。

融贯论的不同种类

到目前为止，我们只是笼统地讨论了一下融贯论。我们需要花点时间来理解一下可能会有多少种不同的融贯论。正如福特是汽车的一种，而在福特这个品牌下还有一系列不同的车型，融贯论实际上也是一个理论类型，在这个类型里还有许多具体的理论。

不同融贯论之间的主要差异在于把谁的观点算在观点拼图里。我们是只考虑某个人的观点，比如“地球围绕太阳运转”，那么这个观点只需与这个人的其他观点相一致，对这个人来说就是真的了吗？还是我们所关注的是一群人的观点，比如还是“地球围绕太阳运转”的观点，那么这个观点必须与这群人的观点集合相一致，才可以说对这群人来说是真的？如果我们所关注的是一群人的观点，那么什么人可以算是这个群体的一员？是在某个特定地理区域居住的所有人，还是秉持某种相同世界观的人们，抑或是科学家群体或其他专家群体？

根据上面一系列问题的答案，我们就可以得到多种更具体的融贯论。举个例子，如果我们关注的是某个人的观点，那么这可能就是个人主义融贯论。在这个理论中，一个观点如果能够与萨拉的其他观点一致，那么这个观点对于萨拉来说就是真的；一个观点如果能够与弗莱德的其他观点一致，那么这个观点对于弗莱德来说就是真的，以此类推。需要明确的是，在个人主义融贯论中，真理是相对于所关注的那个人的。也就是说，对萨拉来说为真的，而对弗莱德来说可能就不是真的。

如果我们选择关注某个群体的观点集合，那么所能得出的就是一种非常不同的融贯论，可以称之为团体融贯论。为了说明这一点，假设我们认为，如果一个与科学相关的观点可以与西方科学家这个群体的观点集合拼合在一起，那么这个观点就是真的。为方便起见，让我们把这个观点称为以科学为基础的融贯论。

请注意，尽管个人主义融贯论和以科学为基础的融贯论都属于真理融贯论，但却是截然不同的理论。要理解这一点，我想讲讲我的一个熟人，他叫史蒂夫。史蒂夫发自内心坚定不移地相信，月亮与地球之间的距离要大于太阳与地球之间的距离，月亮上有人居住，月亮上常常会有派对或其他狂欢盛宴。（史蒂夫的观点主要来自他对某些宗教经文严格的字面解读。与其他根据对别的宗教经文字面解读得来的观点相比，史蒂夫的观点是否或多或少更合理些，这个问题已经超出了本章的讨论范围。然而，值得一提的是，对宗教经文的字面解读常常会带来不同寻常的观点集合，比如地平说学会和地心说学会的观点，这两个学会的成员都相信地球是宇宙的中心。）

尽管史蒂夫的观点拼图与我的截然不同，可能跟你的也大相径庭，但其自身形成了一个完美拼合在一起的观点体系。具体来说，史蒂夫秉持的“月亮上有智慧生命居住”的观点与他的其他观点相一致。因此，按照个人主义融贯论，史蒂夫关于月亮的观点就是真的。重要的是，史蒂夫的观点对他来说，就像你我关于月亮的观点对于我们各自一样是真的。

然而，根据以科学为基础的融贯论，史蒂夫关于月亮的观点则是假的，因为这些观点与西方科学家的整体观点不一致。简单来说，个人主义融贯论和以科学为基础的融贯论是关于真理的两个不同理论，尽管两者都属于融贯论。

在这里列出个人主义融贯论和以科学为基础的融贯论，主要是为了说明在融贯论这个理论类别中可能存在许多不同的小类别。由于不同种类的融贯论的主要区别在于考虑了哪些人的观点，同时，存在很多不同的方法来解释具体考虑了哪些人的观点，因此我们必须明白，可能存在大量差异巨大的融贯论。

真理符合论的问题和困惑

乍看起来，某些符合论似乎是正确的想法。毕竟，按照这个理论，真的观点是能反映事物现实情况的观点，有什么能比这个说法更自然呢？然而，关于这一说法的某些思考却表明真理符合论面临一些严重的难题。

到目前为止，主要难题是关于观点与现实间的关系。在考察这个难题之前，让我们暂时偏离一下正题，先来讨论一下通常被称为知觉表征论的理论。把它称为“知觉理论”可能有一点夸张了，因为大部分人都把它当作关于知觉如何发挥作用的常识性观点。尽管如此，它还是被以“知觉表征论”来命名，所以在我们的讨论中也将使用这个名称。

要理解这个关于知觉的理论，利用插图可能会有所帮助。让我们心里想一个自己的熟人，暂且称她为萨拉，假设我们可以窥探到萨拉的意识。借用漫画家常用的手段，让我们来了解他们所画人物的思想如图 2-1 所示。

知觉表征论是一个关于感觉的概括性理论，涉及我们所有的感官，包括视觉、听觉和味觉等。不过，通过视觉来说明这个理论是最容易的，所以接下来，我们的大多数例子都将是关于视觉感知的。然而，请注意，类似机制对其他感官也同样适用。

粗略地讲，当萨拉看树时，她就接收到了树、太阳和苹果等视觉画面，这些画面就是树的表征。同样地，如果正在看树的是你或我，那么我们也将得到树和太阳等类似的视觉表征。

从本质上讲，知觉表征论的核心是：感官为我们提供了外部世界各种物体的表征（对视觉来说，这些表征大致类似图画）。同样地，这是一个几乎所有人都认为理所当然的观点。不过，这个观点同时也有些有趣的推论，而这些推论直接影响了真理符合论。

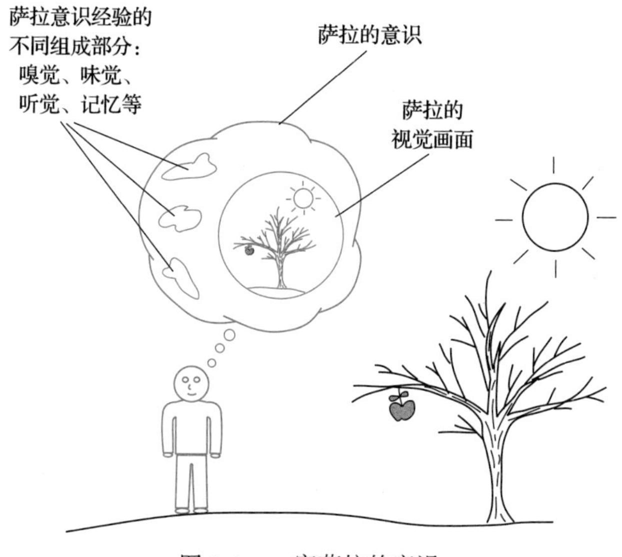

图 2-1 一窥萨拉的意识

这些推论中最重要的一个是，这个观点意味着我们每个人从某种意义上来说都是与这个世界隔绝的。更具体地说，我们没有办法确定自身感官所提供的表征是否准确。这是个非常有力的论点，所以我将花些时间来论证。

具体来说，我将用两种不同的方法来解释“如果知觉表征论是正确的，为什么我们无法确定自身感官所提供的表征是否准确”。第一种解释关注的是我们如何评估表征的准确性，而第二种解释则围绕一个我称之为“《全面回忆》情境”的概念。

评估表征的准确性

思考一下，我们如何评估一个普通的表征是否准确，比如一张照片或一份城市地图等。假设在我们面前有一个普通的表征，比如一张恶魔塔的照片（恶魔塔是一个有趣的地质现象，位于美国怀俄明州东北部，是一个像是从地面上拔地而起的巨大圆柱体）。判断这张照片准确性的最直接的方法是亲自去怀俄明州，把照片跟实际的恶魔塔进行对比。同样，要评估一张纽约城市地图是否准确，你可以对比一下地图和地图所描绘的实际区域；要评估一张地形图是否准确，你可以对比一下地图上的地形特点和地图所描绘区域的实际地形。

归根结底，要评估表征的准确性，我们需要把表征（比如恶魔塔的照片）和表征所代表的事物（比如恶魔塔本身）进行对比。

如果自身感官为我们提供了外部世界的表征，那么接下来一个合理的问题就是这些表征是否准确。要评估感官提供的表征是否准确，我们需要把这些表征和表征所代表的事物进行对比。

然而，让我们再看一看图 2-1 中萨拉的意识图解。假设萨拉想评估她关于苹果的视觉表征是否正确，要达到这个目的，她需要把苹果的视觉表征与真正的苹果进行对比。但是，萨拉没有办法这么做。她无法从自己的意识中走出来。从萨拉的角度来看，她所能运用的都在她的意识里。为说明这一点，让我们看一看图 2-2，这幅图就是从萨拉的角度描绘的，图中是萨拉全部能运用的东西。萨拉无法从自己的意识经验中走出来，来对比自己意识经验里的东西和让她产生意识经验的东西。简单地说，萨拉似乎无论如何都无法对比苹果的视觉表征和真正的苹果，因此也就无法评估苹果的视觉表征是否准确。

图 2-2　萨拉的意识经验

萨拉是否可以把苹果的视觉表征与她触摸苹果时所得到的触感相对

比，或者与苹果的气味相对比，然后得出“自己关于苹果的视觉表征是准确的”结论？

萨拉当然可以把自己的视觉画面与触觉感受和她闻苹果时的嗅觉感受相对比，不过要注意的是，她的触觉本身也是一个表征，嗅觉同样也是一个表征。所以，当萨拉把苹果的视觉画面与她触摸苹果时的触觉感受或者闻苹果时的嗅觉感受相对比时，她其实是在把一个表征与另一个表征进行对比。要评估视觉表征的准确性，萨拉需要把表征和这个表征所代表的事物进行对比，而不是与其他表征对比。

这个情形就像是为了评估恶魔塔照片的准确性，而把照片和恶魔塔的地形图或者恶魔塔周围道路的地图进行对比。在这种情况下，对比是在两个表征之间进行的，而评估表征准确性所需要的对比，也就是表征与这个表征所代表的事物之间的对比，并没有进行。

这个推论说明，我们根本没有办法评估感官给我们提供的表征是否准确，或者换句话说，我们没有办法确定现实到底是什么样子的。

《全面回忆》情境

作为第二种对“如果知觉表征论是正确的，为什么我们无法确定自己关于这个世界的表征是否准确”的解释方法，思考一下《全面回忆》情境。《全面回忆》是一部科幻电影。电影的时代背景设定在未来的 24 世纪末，在这个时代，如果一个人想去旅行却负担不起旅费，那么他有一个更便宜的选择，就是把旅行的体验植入自己的大脑中。也就是说，有公司专门经营这种虚拟旅行，你只要交钱，这个公司就会把一个机器连到你身上，你可以选择一段旅行，然后关于这段旅行完全现实的体验就会直接植入你的大脑中。这些体验来自特别真实的虚拟现实，让人们无法把它们与现实事物区分开来。（电影情节并不是我们讨论的关键点，不过却让我们看到，电影里的主要人物无法区分他的意识经验是来自现实，还是来自植入他大脑中的那些并不是现实存在但感觉却很真实的画面。另一部有相似主题的热门电影是《黑客帝国》。同样地，电影中的想法绝不是好莱坞首先提出的，早在17世纪，笛卡尔就对这个想法进行了深入思考，这一点我们将在后续进行简要讨论。）

理解了这一点，让我们再看一看图2-1，思考一下萨拉的意识经验。萨拉认为自己之所以会产生关于苹果的视觉画面、触觉、味觉和嗅觉感受，都是因为确实有一棵树，树上有一个苹果。但是，如果萨拉是在《全面回忆》情境里，也就是这些感官体验都是被植入她大脑中的，那么她将会有一模一样的意识经验。如果用漫画来表示，那么将会是图2-3的样子。请注意，不管是在图2-1的正常情境中，还是在图2-3的《全面回忆》情境中，萨拉的意识经验完全一样。萨拉根本没有办法确定自己是在正常情境里，还是在一个《全面回忆》情境里。也就是说，萨拉没有办法确定使自己产生意识经验的外部世界是像图2-1那样，还是像图2-3那样。总之，萨拉没有办法确定现实到底是什么样子的。

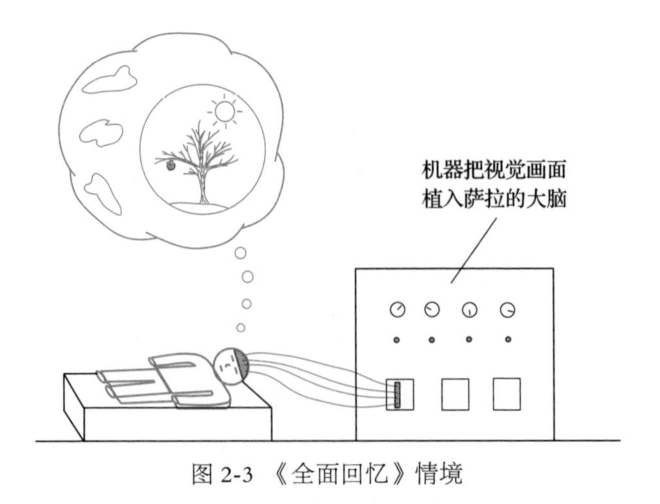

图2-3 《全面回忆》情境

当然，萨拉所遇到的情况在你身上也同样会发生。假设你生活在24世纪，而你是一位历史学家，专注于研究21世纪早期的历史。假设你已经决定要通过《全面回忆》情境体验生活在21世纪早期是什么样子的。在这个《全面回忆》情境中可能会包括阅读（或者让你觉得在阅读）一本那个年代科学史和科学哲学的书。你现在的体验，也就是这些文字、这一页、这本书，以及你现在周围的环境，都可能是《全面回忆》情境的一部分。而且，如果真的是这样，你也根本不可能知道自己身在这样一个情境中。

总之，尽管我们都认为自己的体验来自“正常”的现实，但我们并不能确定这些体验不是来自某种《全面回忆》情境植入我们大脑中的现实。我们无法确定现实真正的样子。

一点提醒

注意，不要误解上述讨论的关键点。经过这些讨论，得到的结论不应该是“现实与我们所认为的完全不一样”，而应该是“我们无法确定现实真正的样子”。如果我们无法确定现实真正的样子，那么随之而来的问题就是，如果真理符合论是正确的，那么我们就永远无法确定一个观点，或者至少是关于外部世界的一个观点，是不是真的。

这并不是说真理符合论是错误的，或者是不可接受、不一致的。回忆一下，真理符合论是一个关于“是什么因素决定一个观点真假”的理论，而对准确性的讨论和《全面回忆》情境则是从认识论角度，解释我们能知道什么。同时，就像我们之前讨论过的，“是什么因素决定一个观点真假”的问题与关于知识的认识论问题是不同的。然而，对准确性的讨论和《全面回忆》情境确实解释了符合论相当有趣的一个方面，而这个方面正是很多人认为符合论没有吸引力的主要原因之一。

真理融贯论的问题和困惑

让我们从个人主义融贯论开始讨论。不要忘了，根据这个理论，如果一个观点可以与某个人整体的观点集合拼合在一起，那么这个观点对于这个人就是真的；如果不能拼合在一起，那就是假的。所以，对我的朋友史蒂夫（前面提到过）来说为真的观点与对我来说为真的观点是不同的。举个例子，对史蒂夫来说，“月球上面有人居住”是真的，而对我来说，“月球上面无人居住”是真的；对史蒂夫来说，“月球与地球之间的距离大于太阳与地球之间的距离”是真的，而对我来说，相反的结论是真的。总之，没有独立存在的真理，确切地说，真理都是相对于某个个体而言的。

重要的是，在个人主义融贯论里，没有“更真”或“更假”的真理，史蒂夫“月球上有人居住”的观点（对他来说）为真的程度，与我“月球上没有人居住”的观点（对我来说）为真的程度是一样的。根据个人主义融贯论，没有办法说我的观点比史蒂夫的观点更真一些。

总之，个人主义融贯论是一种极端的“一切皆有可能”的相对主义。虽然并不能因此一概而论地认为个人主义融贯论都是不正确的，但值得注意的是，大部分人都认为像这样具有如此强的相对性的视角是无法接受的。

现在考虑一下团体融贯论。回想一下，根据团体融贯论，如果一个观点可以与某一群体（具体是哪个群体要根据所涉及的融贯论版本来决定）整体的观点集合拼合在一起，那么这个观点就是真的。这种理论的主要问题是：

（1）没有考虑一个群体可能秉持错误观点的可能性；

（2）没有办法明确哪些人可以算作群体的一分子；

（3）对任何一个群体来说，都不存在一个由整个群体共同秉持的、具有一致性的观点集合。

接下来，让我们逐一对以上问题进行更深入的分析。

对于问题（1），假设萨拉被成功构陷了一项她并没有犯过的罪行。当我说萨拉被成功构陷时，我的意思是我们所讨论的某个群体（比如美国社会）的成员都已确信萨拉是有罪的。那么，很有可能，“萨拉有罪”可以与这个群体的其他观点拼合在一起。因此，根据团体融贯论，“萨拉有罪”的观点就是真的。但是，萨拉是被构陷的，我们希望能够说这个群体关于“萨拉是否有罪”的观点是错误的。然而，请注意，根据团体融贯论，这个群体没有错，“萨拉有罪”的观点是真的。事实上，秉持错误观点的是萨拉本人。根据团体融贯论，当萨拉认为“我没有犯罪”时，她的观点无法与整个群体的整体观点集合拼合在一起，因此是假的。换句话说，这样的真理论似乎让这个案子出现倒退。总的来说，根据团体融贯论，“群体成员所共同秉持的一个观点居然是错误的”是很难让人理解的。这就是这类真理论所导致的一个奇怪后果。

对于问题（2），群体范围很难界定。以“西方科学家”这个群体的团体融贯论为例，根据这一真理论，一个观点是否为真，关键在于它是否可以与西方科学家所秉持的整体观点集合拼合在一起。然而，什么人可以算作西方科学家？想想吉姆，他是我的另一个朋友，也秉持很不寻常的观点。吉姆发自内心地认为地球是宇宙中心。（事实上，我和我的大部分朋友都秉持相当主流的观点，不过我发现与这样几个观点总在主流之外的朋友保持联系也很有裨益。）值得一提的是，吉姆同时是一位物理学家，在一家著名学术机构获得物理学博士学位，也在主流物理学期刊上发表文章。尽管如此，他仍然对宇宙结构有着相当不寻常的观点。我们是否应该把吉姆算作“西方科学家”群体中的一员？对许多其他个体来说，同样的问题也会出现，而且通常来说，并不存在一个清晰的标准来确定许多个体应不应该算作所考察群体的成员。群体的边界模糊，要准确界定一个群体的成员，就算不是不可能的，至少也是很困难的。

回想一下，根据某个群体的融贯论，一个观点如果可以和这个群体整体的观点集合拼合在一起，那么它就是真的。然而，如果群体本身都没有很好地界定，那么这个群体的真理论也就不能很好地界定。简言之，一个群体的融贯论本身是不是一个固定成形的理论，答案并不那么清晰。

最后，对于问题（3），就算我们可以解决“哪些人应该算作所讨论群体的成员”的问题，但请注意，这个群体可能并没有一致的观点集合。群体中的一位成员可能秉持一种观点，而另一位成员则秉持完全相反的观点，这点在任何由人组成的群体中都很常见。然而，如果所讨论群体的成员并没有共同秉持的一致观点，那么这个群体就没有一个具有一致性的观点拼图。如果这个群体没有一个具有一致性的观点拼图，那么这个群体的融贯论同样也就不能很好地界定，因为团体融贯论的基础就是假设某个群体有一个具有一致性的观点拼图。

总结一下，个人主义融贯论似乎会陷入一种让人无法接受的相对主义。另外，团体融贯论似乎避免了相对主义的问题，但是同时又带来了几个新的、不容忽视的问题。所以，不管是真理融贯论还是真理符合论，对关于真理的核心问题，都无法提供让人完全满意的答案。

哲学思考：笛卡尔和我思

在结束本章之前，有一个更普遍的哲学问题值得我们花些时间来思考，我们讨论过的一些话题也涉及了这个问题。在本章前面的篇幅中我们看到，如果关于知觉的一般观点（即知觉表征论）是正确的，那么很重要的一点就是，我们没有办法确定现实真正的样子。这是一个有深远影响的结论，有了这个结论，可能就会有人提出合理的疑问："是否存在我们可以完全确定的事物？"

对这个问题的探讨，最著名的可能就是勒内·笛卡尔（1596—1650）所进行的思考了。笛卡尔在许多文章中都对这个问题进行过探讨，最广为人知的是他在《第一哲学沉思录》（通常简称为《沉思录》）中的讨论。在《沉思录》中，笛卡尔最初的目标之一是找到一个绝对确定的、可以在其之上进行知识构建的基础。也就是说，笛卡尔想找到一个或几个自己感到可以完全确定的观点，然后，谨慎而富有逻辑地把其他全部知识在这个确定的基础之上构建出来。

在我们看来，笛卡尔所采用的论证方法可能有点像对确定性进行"石蕊测试"[⊖]。具体来说，笛卡尔运用了一个情境，与我们前面讨论过的《全面回忆》情境非常类似。与在《全面回忆》情境中一样，笛卡尔关注的也是现实是否可能与自己意识体验中的样子完全不同。笛卡尔假设存在一个非常强大的"邪恶骗子"，可以把思想和知觉直接植入自己的大脑。如果在存在这样一个邪恶骗子的情境下，还可以找到一个自己完全确定的观点，那么这个观点就将是笛卡尔想要的确定的观点，可以作为基础，在其之上进行构建。（笛卡尔的邪恶骗子所扮演的角色，类似于图 2-3 中把想法和知觉植入萨拉大脑的机器，以及前面讨论过的电影《全面回忆》和《黑客帝国》中负责创造虚拟现实的设备。）

所以，笛卡尔寻找的是一个能经得起这个邪恶骗子测试的观点，也就是一个即使在存在邪恶骗子的情境下，也可以让他感到确定的观点。很明显，我们的大部分观点都经不起这样的测试。举个例子，"我面前有一张书桌"的观点就经不起测试，因为，如果存在这么一个邪恶骗

⊖ 石蕊测试，指依靠一个单独的标志便得出结论的测试。——译者注

子，它很容易就可以让我在面前没有书桌的情况下认为我看到了面前的书桌。甚至“我有一个身体”的观点也经不起测试，因为可能邪恶骗子正在往“我没有身体”的大脑中植入身体的图像。

那有没有观点经得起这个测试呢？也就是说，是否存在可以让我们感到完全确定的观点？笛卡尔认为他找到了至少一个这样的观点，就是他的名言“ Cogito, ergo sum”，即“我思故我在”。笛卡尔表示，这是一个可以让他感到完全确定的观点。

顺带提一下，严格来说，“我思故我在”这个说法并没有出现在《沉思录》中，但确实在笛卡尔的其他著作中出现过。笛卡尔在《沉思录》中写的是，每当他想到“我活着，我存在”这句话时，都觉得这句话一定是真的。换句话说，他至少作为一个思维主体存在的观点，是让笛卡尔可以完全确定的。请注意，笛卡尔并没有说他的身体必然存在（正如《全面回忆》情境里的机器和笛卡尔的“邪恶骗子”可以让我们误认为自己有身体）。事实上，让笛卡尔可以完全确定的是，每当他思考“我活着，我存在”的时候，他肯定至少作为一个思维主体存在。可以想象，在想到“我活着，我存在”时，笛卡尔一定是在思考，为什么他一定至少作为一个思维主体而存在，这样才能想到这句话。值得一提的是，圣奥古斯丁（354—430）也曾表达过相似的观点，不过现在这些观点一般都与笛卡尔联系在一起。

可以合理地认为，笛卡尔的“我活着，我存在”确实是一个我们可以完全确定的观点。所以，也许至少我们可以确定自己的存在；也许，与最初看起来的情况相反，至少存在一些我们可以完全确定的事物。

现在让我们回到笛卡尔的基本策略上来。回想一下，笛卡尔的想法是要找到某些确定的观点，并由这些观点谨慎地推演出其他观点，从而构建出一个建立在完全确定的基础上的知识结构。现在，你大概可以猜出笛卡尔将面临的主要问题：这个基础太小了。我们可以完全确定的一个观点是，我们可以确定自身的存在（至少作为思维主体存在），也许我们也可以完全确定其他一些数量相对较少的观点（比如，我们可以确定某些进行了严格限制的观点，比方说，我面前似乎有一张书桌）。可以肯定地说，笛卡尔找到的可以完全确定的观点非常少（可能只有一个），并且后来被证明，这些观点所构成的基础太小了，人们无法在其上进行知识构建。

笛卡尔所进行的探索当然值得一试。虽然他的整体理论方案并没有取得成功，但值得注意的是，笛卡尔至少找到了一个我们可以完全确定的观点。

结语

尽管前面我们暂时偏离了正题，讨论了“是否存在我们可以确定的观点”，但这一章的主题还是真理。我们看到，真理是一个让人迷惑的概念。正如在本章开篇所提到的，在过去 2000 多年里，人们一直都在对真理理论进行讨论，但并没能达成共识。本章的目的就是粗略了解关于真理的主要理论，并解释为什么这些理论以及通常围绕在真理周围的命题，都是让人难以理解而且存在诸多问题的。

本章开篇曾提到，一个看起来相当普遍的观点是：科学的目标是创造出真的理论，并用来描述相当直接、明确的事实。现在，必须明确的是，不能把科学本身，或者科学史和科学哲学，都简单地看作体现“科学的目的是不断创造出更多真观点和真理论的集合”的过程。正如我们在本章中已经看到的，以及在第二部分中当我们开始更详尽地考察科学史时将会继续看到的，这些命题都比我们想象的要复杂得多。在第 3 章中，我们将探讨另一个相关的、同样也很复杂的话题，这个话题将会涉及围绕“事实”这个概念的诸多命题。

第3章

经验事实和哲学性/概念性事实

在第2章中，我们看到，围绕真理的命题比人们一般所认为的要复杂得多。在简短的第3章里，我们将探讨与事实相关的话题。毫无疑问，事实与科学之间彼此紧密相联。不管你想从科学理论中得到什么，人们对科学理论都有一个共识，那就是它应该描述相关的事实。然而，就像"真理"概念的情况一样，围绕"事实"这个概念的命题也很复杂。在本章中，我们将对其中某些复杂之处进行探讨。

初步观察

我将详细探讨一个涉及铅笔、书桌和抽屉的例子。尽管一开始这个例子看起来可能非常无关紧要，但请保持耐心。通过这个例子我要说明的内容非常微妙，但是对你理解与科学史和科学哲学相关的命题非常重要。

考虑一个具体的情境，其中涉及的可能是我们所能想到的最明确的事实。比如，让我们假设你正坐在书桌前，把一支铅笔放在你面前的书桌上。"在你面前的书桌上有一支铅笔"就是关于事实你所能找到的一个明确范例。你可以看到并触摸这支铅笔，可以听到用铅笔敲桌子时发出的声音，甚至如果你愿意，你还可以尝一尝、闻一闻这支铅笔。对于"在你面前的书桌上有一支铅笔"这个事实，你有直接、明确、由观察得来的证据。

这一类以观察为基础的事实，通常被称为"经验事实"。随后我们将会看到，哪些事实可以被算作经验事实其实并不像乍看起来那样存在一个清晰的标准。同时，正如在第2章中我们探讨过的，我们并不能完全确定现实就是我们所感受到的样子。考虑到这个因素，你就不能完全确定你面前的书桌上有一支铅笔。不过，尽管如此，在这个例子里，因为你有最直接明确的、不容挑战的证据，所以，如果有某个事实可以算作经验事实的话，那么"在你面前的书桌上有一支铅笔"一定就是那个事实。总的来说，这类由直接明确的、经观察得来的证据支撑的事实，就是经验事实最明显的例子。

现在，考虑另一种情况。假设你把另一支铅笔放在了你面前的书桌上，此时，你仍然可以看到、触摸到、听到甚至闻到（如果你愿意）和尝到这两支铅笔。同样地，"在你面前的书桌上有两支铅笔"就是你能找到的一个明确的经验事实。

现在拿起两支铅笔中的一支，放到书桌的一个抽屉里，关上抽屉，这样你就看不到、摸不到也感受不到这支铅笔了。你很有可能认为，即使自己无法感受到，这支铅笔也仍然存在。也就是说，你认为"抽屉里有一支铅笔”是一个事实。

然而，现在请思考一下为什么你会这么认为。请注意，你认为抽屉里有一支笔的原因，与认为“书桌上有一支铅笔”的原因不可能是相同的。你关于“书桌上有一支铅笔”的观点是基于直接的、经过观察得来的证据，而“抽屉里有一支铅笔”的观点不可能基于任何直接的、经过观察得来的证据。毕竟，你无法看到、摸到或观察到抽屉里的那支铅笔，所以关于这个观点，你不可能有直接的、经过观察得来的证据。那么，你为什么如此坚定地认为抽屉里有一支铅笔呢？

我猜测，你之所以这样认为，是源于你看待这个世界的方式。我们大部分人无法想象，物体在我们观察不到的时候就不再存在了。我们对自己所生活的这个世界有一个判断，那就是“组成这个世界的大部分物体是稳定的，即使在没有被观察到的时候，它们仍然保持存在”。对此我们深信不疑，而这正是我们认为“抽屉里有一支铅笔”的根源。

所以，请注意，我们认为“书桌上有一支铅笔”和认为“抽屉里有一支铅笔”的原因有实质性区别。一个观点是以直接的、经过观察得来的证据为基础，而另一个则主要源于我们对自己所生活的世界所秉持的看法。尽管对“书桌上有一支铅笔”和“抽屉里有一支铅笔”的观点，我们深信不疑的程度可能是一样的，但我们秉持这两个观点的原因却有实质性差别。

这与科学史和科学哲学又有什么关系呢？正如前面提到过的，一个科学理论必须尊重相关事实。但在看待科学史的各个理论和这些理论需要尊重的事实时，从事后分析的角度，我们可以清楚地看到，某些事实——尽管人们认为是比较明确的经验事实，但其实更多的是依赖于人们对自己所处世界的一些哲学性 / 概念性判断。

有个例子或许有助于解释这一点。从古希腊时代起，一直持续到17世纪早期，人们普遍相信行星（以及天空中的其他物体）都在沿正圆轨道做匀速运动。举个例子，像火星这样的行星，所有与之相关联的运动都被认为是沿正圆轨道进行的。同时，这些运动也被认为是速度均匀的，也就是速度始终保持不变，从来没有加速也没有减速。

与此形成对比的是，根据我们现有的理论（这些理论都有很有力的支撑），像火星这样的行星是围绕太阳沿椭圆轨道（不是正圆形）运动的，而且在轨道不同阶段速度不同。因此，上一段提到的两个观点，让我们暂且将它们称为"正圆事实"和"匀速运动事实"，它们都被证明是错误的。

"正圆事实"和"匀速运动事实"在我们这个时代听起来很不可思议。第一次了解到关于这些事实的观点时，典型的反应是："为什么会有人有这样的观点？"然而，在我们历史长河中的很长一段时间里，关于我们所生活的这个世界，"正圆事实"和"匀速运动事实"似乎是两个显而易见的事实。

意识到这一点很重要。正如在第1章里提到过的，天空中的物体由元素以太组成，这个元素的基本性质就是沿着正圆轨道进行匀速运动。因此，显而易见，太阳、恒星和行星的运动就肯定是沿着正圆轨道进行的且速度均匀。对自身所处的宇宙我们有一定认识，根据这一认识，"当铅笔被放进抽屉里，不在我们视线范围内时，它仍然保持存在"的观点，对我们来说就是显而易见的事实；同理，对我们的前人来说，"天体沿着正圆轨道做匀速运动"的观点也是显而易见的事实。

这类事实，也就是人们深信不疑的一些观点，在很大程度上依赖于对我们所生活的世界的哲学性/概念性认识，我通常称之为"哲学性/概念性事实"。然而，在这里我们仍需要倍加小心。

重点是，一边是经验事实，另一边是哲学性 / 概念性事实，它们并不是界限绝对分明的两个类别。换句话说，大部分观点都不能简单归为一类或另一类。相反，大多数观点的基础既包括以经验为基础的、经观察得来的证据，也包括对我们所处世界概括性的认识。让我们再次以前面讨论过的“正圆事实”和“匀速运动事实”为例。尽管这两个观点与其他观点，比如关于元素以太性质的观点和“月上区里都是完美事物”等，都紧密关联，但这两个观点都有基于观察和经验的成分。再举个例子，让我们回到至少是有记录的人类历史之初，人们观察发现，恒星在天空中运动时，看起来似乎是沿正圆轨道匀速运动。“被我们称为恒星的发光点看起来沿正圆轨道匀速运动”的这个事实，在很大程度上是以经验性观察为基础的。所以，就算是“正圆事实”和“匀速运动事实”，现在看来也至少包含某些经验成分。

基于上面这些讨论，用“连续统”的概念可以更好地进行解释。在连续统的一端是最明确的经验事实，比如“书桌上有一支铅笔”，而在连续统的另一端是最清晰的哲学性 / 概念性事实，比如“正圆事实”和“匀速运动事实”。

对于我们所秉持的大多数观点，我们把其中大部分当作事实，这些事实在连续统里的位置处于最明确的经验事实和最明确的哲学性 / 概念性事实之间。也就是说，我们秉持这大多数观点的原因，一方面是有经验性的、经过观察得来的证据，另一方面是这些观点能与我们的整体观点拼图拼合在一起。

正如我们在后续章节中将会看到的，某些哲学性 / 概念性事实，包括“正圆事实”和“匀速运动事实”，实际上都在科学史和科学哲学中扮演了相当重要的角色。在第三部分中，我们将探讨的是，就某些观点而言，我们大多数人都认为是显而易见的经验事实，而且从小到大也一直认为它们是很明确的经验事实，但是由于有了新近的一些发现，这些观点都被证明其实是错误的哲学性 / 概念性“事实”。

关于术语的一点说明

在上面的讨论中，你可能已经发现，在讨论那些我们现在已经确定为不正确的观点时，我使用了“事实”这个词。举个例子，我把与“天体都以完全不变的均匀速度沿正圆轨道运动”相关的观点都归结为事实（尽管是哲学性 / 概念性“事实”）。实际上，我们一般不这么使用“事实”这个词，换句话说，当发现先前所秉持的观点是错误的时，我们就不再把它称为事实。考虑到这个情况，有必要简要讨论一下我对“事实”这个术语的使用。

在这里，我们遇到了一个术语上的问题。也就是，我们完全缺少一个合适的术语来描述那些一开始在人们脑中根深蒂固（至少在某个特定的时代里）而且被认为有合理证据支撑，但后来被证明错误的观点，比如我们的前人关于“天体沿正圆轨道匀速运动”的观点。要归纳描述它们，一开始在我脑中出现的两个备选术语分别是“假说”和“观点”，但这两个词都不是非常合适。

思考一下“假说”这个词。这些需要归纳描述的观点并不仅仅是假说。举个例子，就像我们在前面已经有所涉及，而且在第 9 章中还会更全面探讨的，我们的前人所秉持的“天体沿正圆轨道匀速运动”的观点，如果放在当时的时代背景下，是颇为合理的。它们后来被证明是错误的，但是如果把它们仅归纳为假说，又会产生误导。

为了说明这一点，让我们再考虑一下你所秉持的“把铅笔放进抽屉以后，它仍然存在”的观点。这个观点只是一个假说吗？这样归纳这个观点似乎并不对。然而，正如前面我们讨论过的，我们关于铅笔持续存在的观点很大程度上依赖于我们对自己所在世界的整体认知。但是，对我们的前人来说，他们关于“天体沿正圆轨道匀速运动”的观点也同样在很大程度上来自他们对自己所在宇宙的整体认知。所以，如果把我们关于铅笔持续存在的观点归纳为假说并不合适的话，那么把前人的观点归纳为假说也同样不那么合适。

对“观点”这个术语，情况是相似的。把事实与观点区分开来，就意味着两者之间存在相当清晰的区别，也就意味着事实是事实，观点仅仅是观点。然而，两者之间实际上没有这样一个明确的区别，至少在一个人的生命过程中或者一个人自身的世界观中不会有这样的区别（在这里，可以再考虑一下“书桌上的铅笔和抽屉里的铅笔”的例子）。从一个人自己的世界观来看，那些他感到深信不疑而又有强有力证据支撑的观点，似乎就是事实。

总之，这些可用的术语都不是非常合适。我认为最好的选择就是我在前面的讨论中所做的，也就是，在归纳那些人们深信不疑而又有强有力证据支撑的观点时，把其中一些更依赖于相当直接的、经过观察得来的证据的观点归为经验事实，而把那些与一个人整体世界观紧密相联的观点归为哲学性 / 概念性事实。即使这样划分后，仍然有一些人们深信不疑的观点后来被证明是错误的，但我认为最好还是继续把这些观点称为哲学性 / 概念性事实，以此来提醒我们，从相关的世界观来看，这些并不仅仅是简单的假设、观点或意见。

结语

在结束本章之前，我们有必要花些时间对经验事实和哲学性 / 概念性事实进行最后的思考。

我想再次强调之前提到的一点，不要把经验事实和哲学性/概念性事实看作两个泾渭分明的类别。大部分观点的基础都是既包括经验性证据，又包括对我们所处世界更一般性的认识。正如前面提到过的，用连续统来解释经验事实和哲学性/概念性事实之间的区别是一个比较好的方式，在连续统的一端是最明确的以经验为基础的观点（比如关于书桌上的铅笔的观点），而在另一端，则是更依赖于通常的哲学性/概念性观点的最清晰的范例（比如关于天体沿正圆轨道匀速运动的观点）。

同时，注意不要把哲学性/概念性事实错误地认为是只有在陈旧而幼稚的思维方式中才会找到的那些事实。我们的前人关于“正圆事实”和“匀速运动事实”的观点后来被证明是错误的，但是这些观点并不幼稚。“正圆事实”和“匀速运动事实”可以与当时的整体观点体系很好地拼合在一起，而且在那个体系中，它们都得到了强有力的证据的支撑。

同样地，不要错误地认为生活在现在这个有现代科学的时代，我们就已经逃脱了相信哲学性/概念性事实的陷阱。这样的事实在我们这个时代仍然存在，而且就像上面提到的，本书第三部分的焦点之一就是探讨20世纪科学的发展，并找出那么一类事实——先前我们一直认为它们是明确的经验事实，但由于有了新近的一些科学发现，它们都被证明其实是哲学性/概念性事实。

同时，把一个事实称为哲学性/概念性事实，并不意味着这个事实是不正确的。过去的很多哲学性/概念性事实后来实际上被证明是错误的，毫无疑问，我们的某些哲学性/概念性事实将来也会被证明是错误的。但是，我们希望，它们大多数可以经得起时间的考验，可以被证明至少或多或少有些正确的部分。换句话说，经验事实与哲学性/概念性事实之间的区别并不取决于这些事实是否被证明是正确的。两者之间的区别在于，我们根据什么类型的原因来相信这些事实。

最后，值得一提的是，在日常生活中，我们一般不会特别区分经验事实和哲学性 / 概念性事实。当我们回过头再思考，特别是对过去的文化进行思考时，要判断哪些观点更偏向于经验事实、哪些观点更偏向于哲学性 / 概念性事实，就变得相对容易了。然而，在我们所处的时代，事实只是看起来像事实，它们不管是经验事实，还是哲学性 / 概念性事实，看起来都差不多。只有经过仔细思考，有时在思考过程中还要克服极大的困难，然后我们才会发现自己所秉持的一些观点更偏向于以经验为基础，而另一些观点则更偏向于以哲学性 / 概念性观点为基础。

第4章
证实与不证实证据和推理

本章的主要目标是探讨围绕在科学中最常见的推理模式周围的命题。我们将研究用来支撑科学理论的证据和推理模式，也将会研究证明理论有误的证据和推理模式。正如在本书中不断提到的，我们将会看到这些命题实际上比它们乍看起来要复杂得多。

科学（和日常生活）里的发现、证据和推论通常都是相当复杂的。我们的策略是，首先聚焦于两种最为直接明确的证据和推理模式，为了便于讨论，我将把它们分别称为“证实推理”和“不证实推理”。首先，我们将简要了解每一个类型，然后探讨其中的一些微妙之处。

证实推理

大约100年前，爱因斯坦提出了广义相对论。这是一个颇具争议的理论，它在某些方面与已被人们广泛接受的其他理论有所冲突。值得注意的是，运用相对论可以得出非同寻常的预言。这里说这些预言非同寻常，是因为其他理论无法给出相同的预言。举个例子，爱因斯坦的理论预言大型物体，比如太阳，其引力效应将会使恒星光线弯曲。在日全食的情况下，观测到恒星光线弯曲是完全有可能的。因此，预计将于1919年5月发生的日全食为验证这一预言创造了一个机会。结果证明，这个预言是正确的，同时这个预言也被当作证据，来支撑爱因斯坦的相对论。换句话说，爱因斯坦的理论做出了正确的预言，而且更值得注意的是，其他竞争理论并没有做出这样的预言，这种情况就被当作了证据，来证明这个理论是正确的。

请注意，对科学来说，这样的推理模式并不是特例。我们一直都在运用这样的推理模式。一般来说，当我们以某个特定理论为基础得出某些预言，而这些预言后来又被证明是正确的，这些预言就至少提供了某些证据，来证明这个特定理论的正确性。如果我们用字母T代表某个理论，字母O代表以理论T为基础得出的一个或几个预言，那么，我们可以如下示意性地来表示这个推理过程：

如果T，那么得出O

O（O是正确的）

所以　T（非常有可能是正确的）

值得一提的是，前面提到的爱因斯坦的例子和如上这个示意图，都是对证实推理模式相对简化的描述。重申一下，在这里，我们感兴趣的只是对这一推理模式的简要了解。接下来，我们将简要了解一下不证实推理模式，然后研究与这个推理模式相关的一些因素，正是这些因素让这个推理模式比它乍看起来要复杂得多。

不证实推理

要理解不证实推理模式，通过一个具体的例子仍然是最简单的方法。在20世纪80年代末，两位颇具威望的科学家声称发现了一种可以实现低温核聚变的方式，也就是所谓的冷聚变。这是一个激动人心的发现，但同时也颇具争议，因为普遍的共识是核聚变要求的是超高温。假设我们就把这两位科学家的主张（也就是聚变可能在低温条件下发生，以及他们已经掌握了如何实现这种聚变的关键点）称为“冷聚变理论”。

通常在这种情况下，以冷聚变理论为基础可以得出某些预言。举个例子，如果冷聚变理论是正确的，那么在冷聚变过程中将会有数量巨大的中子被释放出来。然而，实际上并没有探测到大量的中子释放，这也被当作证据，证明冷聚变理论不成立。同样地，这个推理模式并不特殊。通常，当我们根据某个特定理论提出预言，而这些预言最后被证明是不正确的，我们就会将此作为证明这一理论不正确的证据。让我们继续用字母T代表某个理论，用字母O代表一个或几个以理论T为基础做出的预言，我们可以如下示意性地来表示这个推理过程：

如果T，那么得出O

O是不正确的

所以　T是不正确的

同样需要强调的是，这个推理示意图是一个高度简化的描述，可以当作最接近不证实推理的一个模式。现在，我们将探讨某些与证实推理模式和不证实推理模式相关的复杂因素，第一个因素是归纳推理和演绎推理的区别。

归纳推理和演绎推理

证实推理是一种归纳推理，而不证实推理则是一种演绎推理。证实推理的归纳推理性质和不证实推理的演绎推理性质都具有一些重要影响。要理解这些影响，我们首先需要明确归纳推理和演绎推理的不同之处。

你可能之前就已经听说过“归纳推理是从特殊到一般，而演绎推理则是从一般到特殊”。在某些情况下，归纳推理和演绎推理确实如此，但总的来说，这个说法并不准确，所以并不是概括归纳推理和演绎推理特点的好方法。

要概括归纳推理和演绎推理的特点，有一个更简明、准确，也更精辟的方法。下面我们举例说明，这个例子可以认为是典型的归纳推理：

> 美国一所大学的男子篮球队，从来没有赢得过美国大学男子篮球联赛冠军。事实上，在仅有的几次参赛经历中，这支篮球队从来没有进入过第二轮。今年，这支队伍的水平与以前相比并没有多大变化，大学男子篮球联赛赛制也没有发生重大改变。考虑到这些因素，这支男子篮球队基本不可能赢得今年的联赛冠军。

上面这个例子是一个令人信服的归纳推理论证过程。考虑到这个论证过程列出的前提条件，其所得出的结论是非常有可能的。然而，即使所有前提条件和证据都是正确的，也仍然有可能得出错误结论，这正是归纳推理的标志性特点。不管可能性有多低，这支男子篮球队赢得美国大学男子篮球联赛冠军的可能性仍然是存在的。这就是归纳推理的特点：在一个好的归纳推理过程中，即使所有前提条件都是真的，得出的结论也有可能是错的。

相比之下，在一个好的演绎推理论证过程中，真的前提条件就保证了真的结论。也就是说，在一个好的演绎推理论证过程中，如果所有前提条件都是真的，那么其所得出的结论就一定是真的。请思考下面这个借鉴了电影《谍海军魂》(*No Way Out*) 的例子：

> 那天晚上，在琳达房间的男人杀了琳达。不管是谁杀了琳达，这个人都被称为尤利。军官法瑞尔是那天晚上在琳达房间里的男人。所以，军官法瑞尔就是尤利。

这个论证过程与前面列举的归纳推理论证过程之间的不同点非常有趣。具体来说，如果这个论证过程的前提条件是真的，那么这就保证了这个论证过程的结论是真的。这就是演绎推理论证过程的特点：在一个好的演绎推理过程中，真的前提条件保证了真的结论。

了解了这些，让我们回到关于证实推理和不证实推理的讨论。你应该还记得证实推理模式是一种归纳推理。正因如此，有时证实推理模式并不能保证结论的正确性。也就是说，证实推理所能达到的最好程度就是为某个理论提供支撑，但是不管存在多少被证实了的预言，仍然存在这个理论不正确的可能性，这完全是由证实推理模式的归纳推理性质造成的。

有时，你会听到关于某些科学理论永远都不可能被证明（从严格意义上证明）的说法，其中部分原因就是证实推理模式的归纳推理性质。大多数科学理论从很大程度上说都是由归纳证据所支撑的。正因如此，不管存在多少可以证实某个理论的证据，这个理论仍然有可能被证明是错误的，这完全是由证实推理模式的归纳推理性质决定的。在正确性方面，科学领域的理论都不可避免地面临质疑，但这并不是这些理论的瑕疵，也不是科学本身的缺陷。事实上，这种情况无非是两方面因素造成的：一方面是证实推理模式是广泛用于支撑科学理论的推理模式；另一方面是证实推理模式是一种归纳推理。

同样值得强调的是，现实的理论所涉及的因素和推理，在复杂性和相互交织程度上，可能比我们截至目前的讨论中所谈到的要高得多。让我们用一个例子来说明这一点，请再思考一下爱因斯坦相对论对恒星光线弯曲的预言。这看起来是一个相当简单的预言和观察结论。人们都认可爱因斯坦的理论预言了恒星光线的弯曲，以及日全食将为观察这样的光线弯曲提供一个机会。所以，下次出现日全食的时候实际去观测一下，看看恒星光线是不是弯曲的。实际观测可能并不那么简单，但这听起来确实是相当直接明确的方法。

然而，事实上，与来自科学中的大多数实例一样，恒星光线弯曲这个例子非常复杂。举例来说：爱因斯坦广义相对论中所涉及的数学非常复杂，复杂到如果不做一些简化假设，就不可能完成为预测光线出现弯曲的点的位置所需要的计算。因此，必须进行大量简化假设，而大家知道这些假设都是不正确的。在 1919 年 5 月的实际观测中，为了将所需进行的计算控制在可操作的范围内，太阳被当作了一个正球体，不进行自转，而且不受任何外力影响（比如地球、月球和其他行星的引力作用）。当然，太阳并不是一个正球体，它本身有自转，而且会受到外力影响。总之，每个人都知道这些假设是错误的，但每个人同时也知道，如果不用这些简化了的假设，就不可能进行所需的计算。

大多数（不是全部，但确实是大部分）熟悉 1919 年恒星光线弯曲观测的人，都同意这些简化了的假设不会改变观测整体结果，也就是说，这次观测结果为爱因斯坦的理论提供了证实证据。尽管如此，在这里我想得出的结论是：实际用于证实科学理论的证据所涉及的因素，往往比人们通常所认识到的要复杂得多。（也应该指出，我只触及了恒星光线弯曲这个例子里的几个复杂因素，还有很多复杂因素。如果你有兴趣继续深入探讨，在书后章节注释里可以找到更多推荐阅读内容。）

以上所说的并不是一个特例。通常，要看一个预言能否被观察得到，需涉及多个层次的重要理论和数据。总之，实际用于证实科学理论的证据通常非常复杂。所以，不仅证实推理模式的归纳推理性质意味着这种推理模式无法证明（这里指的是最严格意义上的“证明”）某个理论是正确的，而且这一推理模式中的实际证据和推理过程往往相互交织，非常复杂，从而使证实推理模式的证据通常远不像它们乍看起来那样直接明确。

如果不可能证明（同样从“证明”这个词最严格的意义上来说）某个理论是正确的，那么是不是至少有可能证明某些理论是不正确的？乍看之下，答案似乎是肯定的。毕竟，不证实推理模式是一种演绎推理，而根据前面提到过的，在一个好的演绎推理过程中，前提条件保证结论。所以，你会认为不证实推理模式可以用于证明某个理论是不正确的。然而，事实是第一印象常会产生误导。

思考下面这个例子，我将用它来说明为什么不证实推理模式并不像可能看起来那么直接明确。只要参加过某种实验室课程（比如化学或生物），你可能就有过与下面这个例子相似的经历。假设在化学实验室里，教授给了你一烧杯的乙醇，让你找出乙醇的沸点。接下来，假设（当然，在教授看不见的时候）你偷偷瞄了一眼教学参考书，发现乙醇的沸点是78.5℃。现在，你开始做实验，相信实验结果会表明沸点为78.5℃。然而不幸的是，这个样本似乎没有在78.5℃的时候沸腾。这时你怎么办？

看起来，不证实推理模式似乎应该适用于这个例子。前面提到过不证实推理模式的推理公式，根据这个公式，你会进行以下推理：

> 如果烧杯里的样本是乙醇，那么我应该观察到样本在达到78.5℃时沸腾。

我没有观察到样本在达到 78.5℃时沸腾。

所以　烧杯里的样本不是乙醇。

然而，实际上，这时你是否会得出“教授搞错了”以及“烧杯里不是乙醇”的结论？肯定不会。相反，你很有可能会考虑可以解释“为什么实验结果没有显示沸点为 78.5℃”的其他因素。比如，有可能是温度计坏了，或者实验使用的玻璃器皿不够干净，或者烧杯中的样本受到了污染，或者实验室里的气压不正常，又或者任意一个其他因素不正常。简言之，仅以你所掌握的少量证据为基础就得出结论，将是一个很不明智的做法。

下面这个叙述更准确地表现了在这个例子中你的推理过程：

如果烧杯中的样本是乙醇，同时温度计正常工作，我使用的玻璃器皿很干净，样本没有受到污染，实验室里的气压正常，以及任意一个其他因素都是正常的，那么我应该观察到样本在 78.5℃时沸腾。

我没有观察到样本在达到 78.5℃时沸腾。

所以　烧杯里的样本不是乙醇，或者我的温度计没有正常工作，或者我使用的玻璃器皿不干净，或者样本受到了污染，或者实验室里的气压不正常，又或者任意一个其他因素不正常。

这里的关键点是，前面示意性地表示的不证实推理模式过于简化。我们将会看到可以如下所示更准确地表示不证实推理模式：

如果 T，且 A_1，A_2，A_3，…，A_n，那么 O

O 是不正确的

所以　T 是不正确的，或者 A_1 是不正确的，或者 A_2 是不正确的，或者 A_3 是不正确的……或者 A_n 是不正确的。

这是一个更准确的示意图，接下来当我谈到不证实推理模式时，我脑海中出现的就会是这个示意图。

在上面的这个示意图中，A_1、A_2 等所代表的就是人们通常所说的辅助假设。辅助假设很关键，但通常是不证实推理模式中隐含的部分。辅助假设很关键，只是因为如果没有它们，我们就不能期望得到想要研究的观察结果。让我们换个稍有些不同的说法，从某种程度上说，我们需要通过辅助假设从示意图中"如果"的部分，得出"那么"的部分。也就是说，如果我们有某个理论，又有某个情况，而且所有隐含的辅助假设都正确，那么我们就可以寄希望于观察到某种结果。

正如烧杯里的乙醇这个例子所表明的，在任何情况下，如果用来做出某个预言的理论被证明是不正确的，那么总有一种可能性（实际上，在很多实例中这个可能性非常大），那就是这个理论本身是正确的，只是一个或多个辅助假设是错误的。

在冷聚变理论的例子里，也同样出现了关于辅助假设的这种情况（现在这个情况仍然存在）。举例来说，从冷聚变过程中应该能观察到大量中子释放的现象，但实际上并没有观察到。然而，之所以预期可观察到大量中子释放现象，主要在于一个辅助假设，即"冷聚变所涉及的过程或多或少与常规（热）聚变所涉及的过程相似"。冷聚变理论的两位提出者所持的观点是继续坚持冷聚变理论，但是摒弃了"冷聚变与常规聚变相似"的辅助假设。是的，他们确实是这么认为的。

在冷聚变理论的例子里，后来证明这一理论不正确的证据最终达到了一定数量，因而现在几乎没有人继续接受冷聚变理论了（尽管如此，值得注意的是，仍然有一部分人继续坚持冷聚变理论，而摒弃原有的辅助假设）。然而，通常我们所面临的问题是，在存在不证实推理证据时，在什么情况下放弃整个理论更合理，而在什么情况下摒弃一个或几个辅助假设更合理。这个问题非常难回答，而且重点是，没有什么秘诀可以帮助我们作答。

总之，现在我们得到了关于不证实推理模式及不证实推理证据最重要的两点。第一，在面对能证明一个理论不正确的证据时，可以坚持这一理论，同时摒弃一个或几个辅助假设。这不仅是个观点，有时确实是更合理的做法。第二，对于“在什么情况下放弃整个理论更合理，在什么情况下摒弃一个或几个辅助假设更合理”的问题，没有一刀切的标准答案。

结语

总结一下本章的主要内容：证实推理模式和不证实推理模式是科学领域内外两种常见的推理模式。

一方面，证实推理模式由于是一种归纳推理模式，因而无法在证明一个理论正确的同时保证这一正确性不受质疑。因此，对于一个科学理论来说，不管有多少可以证明其正确性的证据，这个理论是错误的这种可能性始终存在。除此之外，在实际的例子里，归纳得出的证据和归纳推理通常非常复杂且相互交织。证实推理模式及证据往往远没有它们看起来那么直接明确。

另一方面，不证实推理模式是一种演绎推理。然而，实际上，由不证实推理模式得出的证据往往同样很复杂。具体来说，通常不证实推理模式涉及大量辅助假设，因此，通过不证实推理模式得出的证据只能表明要么是所使用的理论不正确，要么是一个或几个辅助假设不正确（经常出现的是后者)。因此，不证实推理模式及证据同样也远没有它们看起来那么直接明确。

每天，在科学领域内外，人们都在使用证实推理和不证实推理。我们已经看到了，涉及这两类推理的命题十分复杂。在后续章节中，特别是在第二部分和第三部分里，我们将会看到，前面所提到的几点在科学史上都扮演了重要角色，未来也将继续扮演这样的角色。不过，在开始这些讨论之前，我们将首先在第 5 章中探讨一些与我们前面讨论过的话题紧密相联的命题，也就是“奎因 – 迪昂论点”和围绕在科学研究方法周围的命题。

第 5 章

奎因 – 迪昂论点和对科学方法的意义

在前面几章中，我们探讨了世界观、真理、事实和推理，以及一系列与这些话题相关联的命题。在本章中我们将看到，这些命题中有许多都与通常被称为“奎因 – 迪昂论点”（有时也被称为“迪昂 – 奎因论点”，因为可以反映出迪昂先于奎因）的命题有密切联系。奎因 – 迪昂论点是现代科学哲学中较为人熟知的观点之一，仅凭这一个原因，就值得我们进行研究。然而，除此之外，我们将有机会更好地理解前面几章中讨论过的命题是如何相互交织的，而且对奎因 – 迪昂论点的讨论有助于为后面章节的讨论打下基础。在后面的章节中，我们将通过科学史上的实例来看这些相互交织的命题是如何发挥作用的。

同样值得注意的是，这些命题对有关科学方法的不同观点所产生的重要影响。在本章结尾处，我们将思考关于科学方法的多种意见。关于科学方法的讨论将完成两个任务：第一，从历史的角度，让我们看到某些关于进行科学研究的适当方法的观点，比如，我们将会看到亚里士多德进行科学研究的方法，与现在通常被认为适当的方法之间存在怎样巨大的差异；第二，让我们有机会看到与科学方法论密切相关的某些命题，而这些都有助于我们在后续章节中对科学史上具体实例里使用的方法（通常都是让我们大吃一惊的方法）进行讨论。

奎因 - 迪昂论点

迪昂论点是科学哲学中非常著名的一个观点，涉及一系列相互交织又颇有争议的命题。首先，简要介绍一下其中的主要人物：皮埃尔·迪昂（1861—1916）是一位威望颇高的法国哲学家，他主要的研究兴趣是一些非常宽泛的问题，包括关于对科学假设和理论进行验证。威拉德·奎因（1908—2000）是20世纪最有影响力的哲学家之一，他毕生的研究兴趣都在与科学哲学相关的命题上。

在这一部分中，我们将研究与奎因 - 迪昂论点相关的三个关键点，也就是（借用奎因的一个说法）我们的观点并不是单独而是作为整体来面对“经验的裁判”；通常不存在可以用来判断两个竞争理论中哪一个正确的“判决性实验”；非充分决定性的概念，也就是现有可用的数据，通常不足以让人们找到唯一正确的理论。

观点集合和经验的裁判

回忆一下我们在第4章中讨论过的，当面对不证实证据时，其中几乎总会涉及一些关键性（但通常都是隐含的）辅助假设。正如我们在第4章中看到的，我们总是有可能摒弃辅助假设而不是摒弃整个理论的主要观点。

考虑到辅助假设所扮演的角色，当我们进行一个实验时，比如验证某个特定假设的实验，我们并不是真的只对单个假设进行验证。事实上，重点是，这个实验更像是验证主要假设以及与之相关的辅助假设。因此，我们通常所验证的其实是一个观点集合。在面对不确凿证据时，可以摒弃或修改集合中的任意一个观点。这就是奎因－迪昂论点的关键要素之一，也就是说，其关键点是，一个假设通常不能孤立地接受验证。相反，被验证的都是一系列观点，如果实验结果与预期不同，那么这一系列观点中的任意一个都可以被摒弃或修改。我们在前面提到过奎因的说法，而这就是奎因说法背后的关键点，即我们的观点不是单独而是作为整体来面对经验的裁判。

这里对观点集合的强调让人想起我们在第 1 章中对世界观的讨论。确实，奎因－迪昂论点的这一方面与世界观的概念紧密相联。要理解这一点，回忆一下我们在第 1 章中对相互联结的系统所进行的讨论。具体来说，我们通过拼图这个类比探讨了观点集合的概念。奎因倾向于将这样的观点集合看作“观点网络”，也就是用蜘蛛网来做类比。在一个蜘蛛网中，边缘区域的变化对中心区域只能造成微不足道的影响。同样地，在一个观点网络中，如果对位于边缘位置的观点（我们在第 1 章中所讨论的外围观点）进行修改，那么对处于中心位置的观点并不会造成太大改变。相比之下，中心区域的变化将给整个网络带来改变。与此相似，如果对处于网络中心位置的观点（核心观点）进行修改，那么整个观点网络都会发生变化。

我们在前面提到过，根据奎因－迪昂论点，对一个假设的验证通常并不只是对单独一个假设的验证，而是对一组观点或一个观点集合进行验证。那么，这里我们所说的一组观点究竟包括多少观点呢？举个例子，假如我们设计一个实验来验证一个假设，那么我们真正验证的观点集合究竟包括多少观点呢？是我们整个观点集合（或者说是整个观点拼图）中相对较小的一个观点子集合吗？或者更激进一点，我们所做的每个实验和测试是否从某种意义上来说其实都是对我们整体的观点拼图（或者说是整体的世界观），所进行的验证呢？

对这些问题，并不存在一致认可的答案。奎因多次为更激进的观点争辩，他认为一个人的整个观点网络，也就是我们整个内部相互联结的观点集合，作为一个整体来面对经验的裁判。如果面对与我们所持观点相悖的证据，那么任何观点，包括核心观点，都不可能免受修改。当然，我们通常更愿意修改比较靠近外围的观点，然而奎因的观点是，任何观点原则上都会被修改。验证是针对整个观点集合进行的。迪昂在这个问题上的观点则更为保守，他认为，验证可能涉及一个观点数量众多的观点集合，但通常这个验证所针对的并不是我们整体的观点集合，或者我们整体的世界观。

尽管奎因和迪昂的观点在细节上有些不同，但他们大致有一个共识，那就是验证通常不是针对一个孤立的假设，相反，验证通常是针对由一定数量的观点所组成的观点集合。而且，正如前面提到过的，这个观点通常被认为是奎因－迪昂论点的一个关键组成部分。

判决性实验

奎因－迪昂论点的另一个关键点与我们刚刚所讨论的内容紧密相联，与科学中的“判决性实验”这个概念有关。判决性实验的想法至少可以追溯到弗朗西斯·培根（1561—1626）。这个想法是，当面对两个相互竞争的理论时，有可能设计出一个实验，关于这个实验的结果，两个理论的预言是相互矛盾的。理想的情况是，由于两个理论的预言相互矛盾，这样一个实验至少可以证明其中一个理论是错误的。在第4章中，我们讨论了与证实推理有关的一些命题（主要是指证实证据可以很好地支持一个理论，但不能明确证明这个理论是正确的），正是由于这些命题，这样一个实验无法证明做出正确预言的理论一定是正确的。尽管如此，一个关键点是，就算判决性实验不能证明相互竞争的两个理论中有一个一定正确，但至少可以排除另一个理论。

然而，如果验证通常都是针对观点集合的，而且，如果面对不证实证据时总可以摒弃辅助假设而不是摒弃整个理论，那么似乎判决性实验通常是不可能的。原因很清楚：判决性实验的目标是证明两个竞争理论中至少有一个做出的是错误预言，在任何一个这样的实验中，做出错误预言的理论都仍然可以保留，所要摒弃的只是某个辅助假设。同样地，正如我们在第 4 章中提到过的，摒弃某个辅助假设而不是摒弃整个理论通常都是非常合理的。

值得一提的是，这种针对判决性实验可能性的怀疑论可以从多种角度来解读，其中有些更强有力，也更具争议。毋庸置疑的是，在某些情况下，关于实验结果，尽管两个相互竞争的理论做出的预言相互矛盾，但这个实验结果可以与两个相互矛盾的理论分别吻合。举个例子，在早期冷聚变实验中没有观察到大量中子，这个结果毫无疑问与通常关于聚变的理论相吻合，然而，正如我们在第 4 章中所看到的，如果摒弃某个相关的辅助假设，这个结果同样也可以与冷聚变理论相吻合。如果我们从一个力度相对较弱的角度来理解针对判决性实验的奎因 – 迪昂怀疑论，也就是仅认为相互竞争的理论通常分别可以与所谓的关键实验结果相吻合，那么这个怀疑论就相当无可争议。科学史上有无数实例（上面提到的冷聚变的例子就是其中一个）支持这个力度相对较弱的怀疑论表述。

对奎因 – 迪昂论点的这个方面还存在另一种解读，那就是认为这个部分所表达的观点是，任何实验结果，无论是什么，都可以与任意一个理论相吻合，这个表述更强有力，也更具争议。要在科学史上找到明确的例子来支持这个更强有力的表述并不容易。然而，奎因在某些场合确实是这么表述的，而这个更强有力的表述远没有得到广泛认可，这也在情理之中。

因此，总结一下这个简短的小节：奎因－迪昂论点的一个方面涉及对判决性实验概念的某种怀疑论。从某种意义上说，这一观点大体上被认为是正确的，也就是说，会出现这种无法设计出一个关键，来确定两个相互竞争的理论中哪个才正确的情况。然而，对于另一个更强有力的表述，则远没有形成共识。也就是说，对于"实验结果，不管是什么，都可以与任意一个理论相适应"的表述，还远没有形成共识。

理论的不充分确定性

科学哲学中另一个经常被讨论的命题之一，通常被称为理论的"不充分确定性"。回忆一下我们在前面的讨论，在面对不证实证据时，理论通常可以被保留，同时，想要设计一个判决性实验来甄别相互竞争的理论，通常就算有可能实现，也是非常困难的。这里我们还要考虑第4章中关于证实证据的讨论，特别是我们提到，由于证实证据具有归纳推理的性质，这些证据最多可以支持某个理论，但绝不可能明确证明某个理论是正确的。

把所有这些因素放在一起，我们就得到了一个观点，那就是现有数据，包括所有相关实验的结果，都绝不可能完全确定某个理论是正确的。同时，所有数据和实验结果也绝不可能明确证明任何相互竞争的理论是不正确的。简言之，很多相互竞争的理论通常都可以与所有现有证据相吻合。对此，通常的描述是，根据现有数据，理论都是不充分确定的。

值得一提的是，与前面讨论过的奎因－迪昂论点其他几个方面情况类似，不充分确定性的概念也可以从多个角度来解读，其中有些解读更强有力，也更具争议。毫无疑问，有时现有数据并不是仅仅支撑两个或多个相互竞争的理论中的一个。再用冷聚变理论做例子，在 20 世纪 80 年代后期，当时现有数据并没有明确支撑冷聚变理论或已存在的热聚变理论（认为聚变通常需要超高温的观点）。冷聚变理论和热聚变理论都可以与当时的数据相吻合。从这个相对温和的角度来理解，毫无疑问，理论都是不充分确定的。

从另一个极端角度出发，与前面的温和角度不同，常常会出现涉及对更激进的不充分确定性概念的讨论。根据这个更激进的不充分确定性概念，科学理论和科学知识都是“社会建构”，或多或少都是由相关社区发明的。根据这个观点，相对于物质世界，科学理论与社会条件之间的联系更为紧密，而且反映的也是社会条件，而不是物质世界。就像不存在唯一得到确认的且客观正确的餐桌礼仪一样，根据这个更激进且更具争议的不充分确定性概念，可以说，也不存在唯一得到确认的且客观正确的科学理论。在这个概念中，餐桌礼仪和科学理论都是社会的反映，从“正确”这个词的任何深层或客观意义上来说，不能说一个理论是独一无二“正确”的理论。

简言之，尽管不充分确定性已被广泛认可为奎因 - 迪昂论点的一个主要内容，但对不充分确定性概念可以有多种解读。正如前面所讨论过的，这些解读中，有些更强有力且更具争议。

总之，让我们再思考一下与奎因 - 迪昂论点相关的关键命题，也就是理论的不充分确定性、“假设通常不是孤立地接受验证”的观点，以及“判决性实验通常不可能实现”的概念。所有这些命题，如果从较温和的角度来解读，都是相当不具争议的。然而，更具争议的是，这些命题可以解读到多么宽泛的程度，以及这些宽泛的解读是否可以得到实际事例的支持。在第二部分中，当我们讨论历史案例时，比如讨论涉及地心说和日心说之争的案例时，请关注这一类命题。我们将看到，这样的争论所涉及的命题数量出人意料的多，其中包括奎因 - 迪昂论点的这些核心命题。

对科学方法的意义

正如前面提到过的，我们一直在讨论的这类命题对关于科学方法的看法会产生一些很有意思的影响。在结束本章之前，我们将简要探讨几个关于适当的科学研究方法的主张。这将让我们看到，在亚里士多德世界观中，科学方法是如何被看待的（特别要注意的是，这些看法与今天通常对科学方法的看法相比有多大差异）。这些讨论将有助于我们为第二部分中对科学史上具体实例的讨论做好准备。

在你上学的某个阶段，你可能学习了人们通常所说的“科学方法”。尽管关于这种方法的确切构成，不同的书、不同的流派在表述上多少有些不同，但总的来说，通常认为这种方法包括：①收集相关事实；②收集解释这些事实的假设；③验证假设，验证的方法通常是进行可以证实或不证实（使用类似前面讨论过的证实和不证实推理的模式）这个假设的实验。

在前面几章中，我们讨论了证实和不证实推理、事实的性质，在本章前面的小节里，我们又研究了围绕奎因 - 迪昂论点的几个命题，基于这些讨论，我们有理由怀疑上面概括出的方法是否真的像其通常被描绘的那样直接明确。接下来，我们将探讨几种科学研究方法，并探讨围绕这些方法的一些命题。我们肯定不会囊括每种科学方法，但是探讨数量将足够多，从而让我们很好地理解某些因素，并认识到因为这些因素，只要尝试给出一个单一、确定的科学研究方法，这个目标就会变得非常复杂。让我们从亚里士多德在这方面的几个观点开始讨论。

亚里士多德的公理化方法

在亚里士多德世界观中，科学通常被认为是以提供确定的知识为目标的。也就是说，人们普遍认为科学知识必须为真，而且必定为真，而不仅仅是有可能为真。如果要问我们如何才能得到这样必定为真的知识，似乎只有一种可能的方法，那就是使用基于必定为真的基本原则的演绎推理模式。如果可以找到这样必定为真的基本原则，而且如果使用的是演绎推理模式，那么所得到的结论（也就是科学知识）将“继承”这些基本原则的确定性，我们也就将得到必定为真的科学知识。

这样的方法通常被称为“公理化方法”，也就是说，这些方法基于从某种意义上说是确定的或必定为真的基本原则的演绎推理。亚里士多德是这种方法的支持者，而且在亚里士多德世界观占主导地位的时代，用亚里士多德的方法来获得科学知识，通常被认为是正确的方法。因此，对亚里士多德的方法进行探讨将让我们了解在西方历史大部分时间内占主导地位的科学方法，同时也会让我们很好地理解，在探求必定为真的科学知识时面临的基础性问题。

亚里士多德把逻辑当作可以在研究中使用的一个工具，包括（但不仅限于）科学研究。事实上，对亚里士多德来说，给出一个科学解释从本质上来说其实是给出某种符合逻辑的论证过程。我们通常不认为科学解释和符合逻辑的论证过程这么相似，但实际上两者是紧密相连的。要说明这一点，思考下面这个例子。（选择这个例子是为了便于解释，由于这个例子使用了在亚里士多德之后的时代发现的几个概念，因此这并不是亚里士多德本人会给出的解释。）

假设你对铜导电很感兴趣，有人向你解释，铜包含自由电子，而包含自由电子的物体可以导电，这就是为什么铜可以导电。请注意这个解释与下面的论证过程是如何紧密相联的：

所有的铜都包含自由电子。

所有包含自由电子的物体都可以导电。

所以 所有的铜都可以导电。

事实上，抛开表达形式不谈，前一段里的解释与上面这个论证过程几乎没有差异。

前面给出的论证过程包含两个前提和一个结论，像这样的论证过程被称为“三段论”。对亚里士多德来说，一个合理的科学解释都应包括实证，所谓实证，其实就是一个三段论的链条，其中最后一个三段论的结论就是所要解释的内容。（我必须指出的是，严格来说，亚里士多德三段论是包含两个前提的论证过程，而且整个论证过程符合对所涉及的描述在形式和排列上的要求。同样地，严格来说，一个实证所要满足的条件要比刚刚提到的例子更多。然而，我们在这里并不关心这些额外的条件。）

正如前面提到的，对亚里士多德来说，科学知识必须是确定的知识，或者换一种说法，三段论链条中最后一个结论必须是必定为真的。请注意，这个概念与现代科学知识的概念有显著不同。现在，科学的目的通常被认为是提供可能正确的理论，但是我们并不期待科学能保证这些理论是正确的（我们认为这是不可能的）。然而，对亚里士多德来说，科学并非如此，在17世纪前，对科学知识的普遍看法也不是这样的。科学知识必须是确定的知识，而确定性在很大程度上是因为它们是通过演绎推理得来的。

但是，这样的演绎推理如何能保证结论不仅是真的，而且是必定为真呢？正如前面提到的，只有一种方法，那就是使用本身必定为真的前提，这样结论就可以说是继承了前提的确定性。

然而，这就带来了一个问题：前提的必然性从何而来？一种答案是，可以从其他本身必然为真的前提得到这样的前提，方法就是使用三段论链条中其他处在更高一级的三段论。确实，这就是亚里士多德设想中得到一个完整的科学解释的过程。也就是说，在三段论链条中，最后一个三段论的结论必定为真，这是因为这个结论是通过必定为真的前提得到的。这些前提通常在此之前本身就是一个三段论链条中的结论，而这个链条中的三段论其前提都是必然为真的。

当然，三段论链条不可能无休止地延长，所以在某个点上肯定有某些前提是必定为真的，但本身并不是通过级别更高的三段论链条得到的。这些起始点，也就是这些本身必定为真的前提，通常被称为“第一原则”。第一原则被当作关于这个世界基本的、必定为真的事实。但是，人们如何找到第一原则，特别是，人们如何确定第一原则是必定为真的？我们用几何学做个类比将会有助于我们寻找答案。

思考一下欧几里得几何学中的一条公理，那就是在一个平面内，过给定直线外一点，可做且只可做一条直线与此直线平行。图 5-1 表示了这条公理的内容。在图中，这幅图所在的书页代表的就是平面，上面的实线代表的是给定直线，圆点是平面上一点，下面的虚线代表过圆点能做出的与给定直线平行的直线。这条公理在欧几里得几何学中无法被证明，因此它（或者其他描述不同但意思与上述公理相同的公理）被当作欧几里得几何学一个基本的、尚未证明的起始点（一个公理或假设）。尽管这个公理无法被证明，但如果你受过适当教育，理解所涉及的概念，那么就会一眼“看出”这个公理肯定是真的。（顺带提一下，在 19 世纪，非欧几里得几何学的发现让人们开始对“讨论这样的公理在任何意义上都是‘真的’是否还有意义”产生了严重怀疑。）

图 5-1　欧几里得公理示意图

在上面的例子里，我们可能“看到”了公理的真理性，与此类似，如果一个人有正常的智慧，接受过适当的教育、培训，并对科学有一定的悟性，那么根据亚里士多德的观点，他就会一眼“看出”某些关于这个世界的基本事实不仅是真的，而且是必定为真的。这些概括地描述了人们是如何得到第一原则的。

此时，你或许能更清楚地看到，这种方法完全行不通，根本问题就在于第一原则。再思考一下我们在前几章中关于世界观、真理以及经验事实和哲学性 / 概念性事实的讨论。基于我们在前几章里的讨论，几乎不可能存在关于基本事实是由哪些内容组成的任何共识，关于那些必定为真的基本事实是由哪些内容组成的，更不可能存在共识。

正如前面提到过的，亚里士多德认为科学所提供的理论和判断并不只是可能是真的，而是必定为真。这样公理化的方法以必定为真的第一原则为基础，而且似乎是唯一可能得到必定为真的科学知识的方法。你可能会猜测，我们在前面提到过的问题，也就是找到得到一致认可且必定为真的起始点的问题，将会是所有类似方法的通病。从很大程度上说，正是由于这个原因，现在的一个普遍共识是，科学判断和理论不能被保证一定是正确的。正如我们在第 4 章所讨论的，这并不是科学本身的缺陷，而完全是由大多数科学推理的归纳性质所决定的。然而，在我们开始讨论其他方法之前，另一种公理化方法，也就是笛卡尔的公理化方法，值得我们简要思考。

笛卡尔的公理化方法

我们在第 2 章的结尾讨论了笛卡尔，当时我们看到笛卡尔所感兴趣的是找到必定为真的观点，并以它作为基础构建出一个知识结构。从多个角度来看，笛卡尔对于适当的科学研究方法的观点与亚里士多德的观点非常相似（尽管笛卡尔并没有将自己局限于亚里士多德所采用的纯粹的三段论方法)。具体来说，笛卡尔所感兴趣的也是利用演绎推理从必定为真的起始点得到确定的知识。

与亚里士多德一样，当笛卡尔试图找到得到一致认可的起始点时，遇到了大致相同的问题。当这个起始点与宇宙相关时，似乎完全不存在得到一致认可又让我们感到确定的关于宇宙的基本原则。因此，在与宇宙相关的起始点方面，笛卡尔的方法所遇到的问题实际上与亚里士多德的相同。

不过正如我们在第 2 章中看到的，在某个点上，笛卡尔在寻找必定为真的起始点时把自己的大脑也考虑了进去。正如我们在第 2 章中看到的，认为笛卡尔的“我活着，我存在”必定为真，是站得住脚的。因此，笛卡尔可能找到了至少一个（大体上说）得到一致认可的、必定为真的观点作为起始点。

然而，我们在第 2 章的结尾同样也讨论了，笛卡尔这种方法的基本问题是，它不足以成为一个基础。简言之，在寻找关于这个世界的必定为真的起始点时，笛卡尔的问题与亚里士多德的问题是一样的，也就是，似乎不存在得到一致认可的、必定为真的起始点。尽管，一个人至少可以在“我存在”(至少作为一个思考主题存在）的主张上找到某些确定性，对这一观点可能有更多共识，但是这个观点同样太单薄了，无法成为进行知识构建的基础。

波普尔的证伪主义

卡尔·波普尔（1902—1994）是证伪主义方法最著名的支持者。波普尔本人并没有把证伪主义当作一个明确的科学研究方法，事实上，他认为没有哪种科学方法是明确的。然而，他确实认为证伪是科学的一个关键元素，也是区分科学理论与非科学理论的关键前提。接下来，我们将概括地了解一下波普尔的观点。

总的来说，波普尔认为科学强调的应该是尝试对理论进行反驳，而不是证实理论。根据波普尔的观念，对很多理论来说，找到证实证据实在太容易了。借用波普尔所使用的一个例子，也就是弗洛伊德的精神分析法，波普尔认为这个理论所做出的“预言”非常概括化，几乎任何一个事件都可以被解读为证实了这个理论。因此，根据波普尔的观点，这个理论的证实证据已经完全无关紧要了。

相比之下，思考一下爱因斯坦的相对论。正如我们在第 4 章开篇提到过的，爱因斯坦相对论的预言是恒星光线在经过太阳这样的大质量物体附近时会发生弯曲。如果恒星光线弯曲真的会发生，那么这种现象可以在日食过程中观测到。因此，爱因斯坦的理论做出了一个明确而又夸张的预言，而且其他任何竞争理论都没有做出这个预言。由于爱因斯坦的理论做出了这样一个夸张的预言，而且该预言很容易就可以被证明有误，从这个角度来看，爱因斯坦的理论冒了很大的风险。

从某种意义上来说，对于波普尔而言，一个理论所冒的风险越大，它的科学性就越强。举个例子，由于刚刚提到的这些原因（也就是爱因斯坦的理论做出了一个明确而又夸张的预言，因此冒着很快就会被证明有误的风险），爱因斯坦的理论与诸如弗洛伊德的精神分析法相比，就是一个更好的科学理论范例。总的来说，对于波普尔而言，这就是好的科学的特点，也就是科学应该强调证伪而不是证实，应该努力寻找有风险的理论。

正如前面提到过的，波普尔并没有特别强调证实证据。对他来说，一个成功的科学理论，其特征并不是有大量证实证据，相反，一个成功的科学理论应是，即使尝试反复通过对明确而夸张的预言进行验证来反驳，也仍然能站得住脚。这种证伪主义方法，也就是强调尝试对理论进行证伪而不是证实的方法，就是波普尔观点的核心。

以上是对波普尔观点相当简略的一个概述，但已经足以让人对波普尔所青睐的方法有所理解。你可能会猜测，我们之前讨论的有关不证实推理的命题，以及对奎因－迪昂论点进行讨论时所提到的命题，与波普尔的观点都是相关的。之前我们曾提到，几乎没有不证实推理的例子像它们本身看起来那么简单，就算真的有这样的例子，数量也非常少。相反，如果一个理论做出预言，但实际结果与预言并不吻合，那么始终存在的一个选择是摒弃某个辅助假设而不是摒弃主要理论，而且这个选择确实通常都更为合理。简言之，尽管毫无疑问，不证实证据在科学中扮演着重要角色，但是围绕这类证据的命题却非常复杂，从而使不证实（或者说证伪）不太可能成为科学的核心特点。

假设演绎法

人们经常可以看到对现在所说的假设演绎法的引用，由于这样的引用非常广泛，因此假设演绎法自然值得在此讨论一下。我们的讨论会很简短，因为实际上，假设演绎法所涉及的内容几乎没有超出我们已经讨论过的命题。

假设演绎法背后的基本思想是，从一个或一组假设（或者更宽泛地说，一个理论）可以演绎出一系列可经观察得来的结果，然后去验证这些观察结果是否确实可以通过观察得到。如果可以观察得到，那么基于我们在前面讨论证实推理时讨论过的一些原因，这就被认为是支持了这个假设；如果没有观察到这些演绎出来的观察结果，那么同样基于我们之前在不证实推理部分中所讨论过的原因，这就会被当成证明假设不成立的证据。

让我们再快速讨论一点：假设演绎法所关心的通常不是假设本身是如何形成的，而是对假设进行辩护或证实。在科学哲学中，这个区别（假设是如何形成的与假设是如何被证明或被证实之间的区别）通常被描绘为发现语境与辩护语境的差异。发现语境通常被认为是两者之中更复杂的那个，在后续的章节中我们将会看到，实际上，假设与理论形成的方式出人意料地多样和复杂。然而，正如我们正在讨论的，即使是辩护语境（粗略地说，也就是指我们准备为某个假设或理论进行辩护或证实），这个过程本身也是极为复杂的。

毋庸置疑，证实推理和不证实推理在科学领域都扮演了重要角色。基于这些推理模式与假设演绎法之间的密切关系，我们完全可以说假设演绎法在科学领域扮演了重要角色。然而，再思考一下我们在前面讨论过的命题，包括证实推理的归纳性质，面对不证实证据时摒弃辅助假设的可能性，理论的不完全决定性，设计判决性实验的不可能性或难度，多个假设作为一个整体而不是单独地接受验证的概念，等等。有一种观点是，科学以一个相对简单的过程推进，也就是从假设出发，提出预言，然后根据预言的现象是否被观察到来接受或摒弃假设。结合我们已经讨论过的内容，这种观点是对科学过于简单化的描述。

同样地，假设演绎法，归根结底也就是证实和不证实推理，在科学中毫无疑问扮演了一个重要角色。然而，基于我们在前面探讨过的命题，尽管假设演绎法是在科学中运用的一种方法，但称它就是科学方法却会让人产生误解。

结语

奎因-迪昂论点，以及围绕科学方法这个话题的命题，表明了科学与科学哲学中的一些命题是如何以极其复杂的方式交织在一起的。正如在本章开篇提到过的，我们的主要目标就是把这些命题提出来，这样我们就可以有个立足点，来理解这些命题是如何在科学史上的具体实例中发挥作用的。我们将在第二部分中探讨这样的实例，然而在此之前，还有几个基础命题需要我们思考。接下来，我们将研究一下与归纳推理相关的一些疑难命题。

第6章

哲学插曲：归纳的问题和困惑

总的来说，本书第一部分中所讨论的命题都与科学史和科学哲学中的基本话题相关，并为我们将在第二部分和第三部分中讨论的话题提供了背景材料。本章是一个哲学插曲，我们在这里将探讨的问题和困惑主要属于哲学范畴。也就是说，从某种意义上说，这些命题都是由哲学家提出的，并主要由他们进行讨论，而不会对日常科学工作产生实际影响。这些话题也在某种意义上提供了一个插曲，因为它们与本书第一部分中讨论的其他话题不同，并不是我们在后续章节的讨论中所必需的背景材料。尽管如此，我们将讨论的问题仍具有普遍意义，因为它们能说明最基本的科学论证中一些最令人困惑的地方。

我必须指出，当人们第一次接触这些问题时，并不会觉得它们很难懂、令人困惑或具有深意。我记得多年前第一次了解到这些问题时，我的第一反应是它们似乎都是由一些哲学谬论组成的。它们给我的第一印象一点都不深奥或困难，而我一开始觉得根本不需要进行大量深入的思考就能解决这些问题。

但是，过了一段时间之后，你就会发现要回答这些问题并不简单，而且它们还带来了非常令人困惑的命题。在本章中，我的主要目标就是向你介绍几个这样的问题，它们都与归纳推理相关。我希望你可以花些时间在心里反复思考这些问题，这样你就可以体会到它们有多让人困惑。具体来说，我们将探讨休谟的归纳问题、亨佩尔的乌鸦悖论和古德曼的新归纳之谜。我们从休谟的归纳问题开始。

休谟的归纳问题

大卫·休谟（1711—1776）显然是第一个发现归纳推理具有令人困惑的一面的人，他的发现现在通常被称为“休谟的归纳问题”。要理解休谟的观点需要达到那种“啊哈……”的时刻。如果你真正理解了休谟的观点，你会看到这个观点与我们日常生活中最常见的几种推理有关，特别是与涉及未来的归纳推理有关，而且这个观点特别令人困惑。让我们从对推理的简要介绍开始。

当我们进行推理时，比如当我们进行论证时，我们的论证过程几乎总是包含隐含的前提。正如其名称所示，隐含的前提就是为了使推理看起来合理而必需的前提，但这些前提都是暗示的而不是明确表达出来的。举个例子，假设我们约定这个星期日到市区一起吃午饭，但你的车送去修理了，所以你不知道该如何去餐厅；又假设我告诉你有一路公交车可以让你从家到餐厅，因此你可以坐公交车赴约。在这个非正式的论证过程中，暗示而没有明确表达的前提是，公交车在星期日正常运营。如果我们用中括号来表示隐含的前提，这个推理过程可以概括如下：

有一路公交车可以让你从家到餐厅。

【公交车在星期日正常运营。】

所以 星期日你可以坐公交车赴我们的午饭之约。

重申一下，几乎所有推理过程都包含隐含的前提，而且这一点并没有特别出人意料或不同寻常之处。

正如前面提到过的，休谟的归纳问题与涉及未来的推论有关，因此，现在让我们来思考一个典型的关于未来的推理。比如，思考下面这个非常普通的归纳推理过程：

在我们过去的经验中，太阳总是从东方升起。

所以 未来，太阳非常有可能继续从东方升起。

注意这个推理过程中的逻辑形式，表示如下：

在我们过去的经验中，❑总是（或者至少有规律地）发生。

所以 未来，❑非常有可能继续发生。

到目前为止，这个推理过程中并没有什么不同寻常之处。我们只是摆出了一个典型的归纳推理，这个推理包含一个相当常见的逻辑形式，同时是我们在日常生活中经常使用的推理。然而，休谟显然是第一个注意到这种推理模式中有趣之处的人。具体来说，休谟发现这种推理包含下面这种隐含的而又关键的前提：

未来会继续像过去一样。

在这个前提下，同样用括号来表示隐含的前提，上面的推理可以更准确地概括如下：

在我们过去的经验中，太阳总是从东方升起。

【未来会继续像过去一样。】

所以 未来，太阳非常有可能继续从东方升起。

更概括地说，上面列出的这个推理模式可以更好地表达为：

在我们过去的经验中，❑总是（或者至少有规律地）发生。

【未来会继续像过去一样。】

所以 未来，❑非常有可能继续发生。

第一个需要注意的重点是，这个隐含前提对论证过程是十分重要的。这个隐含前提之所以对任何关于未来的推理都是必需的，在于如果未来不是继续像过去一样，那么就没有理由认为过去的经验对未来将获得的经验有任何指导意义。换句话说，如果“未来将继续像过去一样”是不正确的，那么过去的经验对未来就没有指导意义，因此，对未来的推理就不可信了。

为了说明隐含前提的重要性，让我们思考一下罗伯特·海因莱因的小说《约伯大梦》。在这部小说里，主人公们每天醒来都发现自己身处的世界与前一天有一点不同。比如，某一天醒来的时候，可能他们所在世界的货币系统与前一天有了些许不同（因此，他们身上前一天留下来的钱就变得一文不值了）。前一天在他们所在的世界里，人人都遵守交通规则，而到了第二天，当他们醒来时，可能违反交通规则成了这个世界的常态。总之，每一天他们所在的世界都与前一天有一些不同。由于自己身处的世界始终在变化，这两人不知道每天会遇到什么。对他们来说，未来不会像过去一样。因此，他们无法对未来做出那种我们都认为理所当然的归纳推理。（大概他们所能做出的唯一关于未来的归纳推理，就是未来不会继续像过去一样，而这当然并不是一个特别有帮助的推理结论。）

所以，要理解休谟的归纳问题，应认识到的第一个关键点是：前面提到的那句话，也就是未来会继续像过去一样，是每个关于未来的推理所必需的隐含前提，尽管通常不为人察觉。

现在，如果"未来会继续像过去一样"这句话是任何一个关于未来的推理中所必需的隐含前提，那么很明显，我们对关于未来的推理有多少信心，关键取决于我们对前面这句话的信心有多少。显然，接下来的问题就是：我们为什么会认为未来会继续像过去一样？

我们认为未来会继续像过去一样的主要（可能也是唯一的）原因，归根结底似乎是今天与昨天非常相像（今天大质量物体继续向下落，太阳又一次从东方升起，白天过后就是黑夜，等等），昨天与前天非常相像，前天与大前天非常相像，以此类推。简言之，在我们过去的经验中，每一天或多或少都与前一天是相像的。这似乎就是让我们认为未来的事物多少都与过去的它们相像的基础。总之，如果我们提出："为什么会认为未来会继续像过去一样？"我们所能给出的最佳答案可以概括为下面这个推理：

在我们过去的经验中，未来像过去一样。

所以　未来很有可能继续像过去一样。

然而，请注意这是一个关于未来的推理。同样地，任何关于未来的推理，包括前面列出的这个，都依赖于一个隐含前提，那就是未来会继续像过去一样。当这个隐含前提被明示时，上面的推理可以更好地概括如下：

在我们过去的经验中，未来像过去一样。

【未来会继续像过去一样。】

所以　未来很有可能继续像过去一样。

然而，上面这个推理显然是个循环，也就是说，它把整个推理过程试图建立的结论当作了前提之一。换句话说，前面概括出的这个推理是否为真，取决于这个推理本身得出的结论是否为真。这很显然是循环的，因此，这个推理不能提供足够的理由使推理的结论得到认可。

总结一下，休谟的观点是，每个归纳推理都依赖于“未来会继续像过去一样”的隐含前提。但是，用来解释支撑这个隐含前提的主要（似乎也是唯一的）方法是循环的，因此，这个关键的隐含前提看起来无法得到足够支撑。总之，关于未来的推理无法得到合乎逻辑的支撑，因此，这些推理也就无法给出任何合乎逻辑的理由让人相信它们所得出的结论。

在结束这一小节之前，我还有最后几点要探讨。首先，要注意，休谟的观点具有很强的一般性。它适用于所有关于未来的推理——可以是关于日常事务的推理（比如太阳从东方升起），可以是关于科学规律在未来仍然成立的推理，也可以是认为未来的机械学将与其过去的内容相同的观点，等等。

其次，也是理解休谟的一个重点，那就是休谟没有试图说服我们不去做关于未来的推理。休谟认为，对未来进行推理是我们天性中的一部分。就像我们不能自愿停止呼吸，我们也不能不去对未来进行推理。休谟的问题是，我们是否可以从逻辑上为我们关于未来的推理提供依据，而他的答案是：我们不可以。

亨佩尔的乌鸦悖论

卡尔·亨佩尔（1905—1997）是20世纪很有影响力的一位哲学家，主要研究领域为科学哲学。正如你猜测的，他的“乌鸦悖论”最初提出时是以乌鸦为例，尽管如果我们用一个不同的例子，可能会更容易看到这个悖论的意义。假设你我都是天文学家，我们的主要研究项目是收集类星体的信息。在这里，我要简要介绍一下背景知识：类星体是相对较新的发现，首次被发现是在20世纪中叶，即使经过了50多年的研究，人们对类星体仍然知之甚少（尽管近期出现了一些关于类星体的理论，它们很有趣而且相当合理）。无论如何，关于类星体的一些基本事实是，它们似乎释放出巨大能量，而且看起来都在距离地球非常遥远的地方。

最初被探测到的几个类星体都在距离地球十分遥远的地方，而我们所感兴趣的是，是不是所有类星体都如此。一年又一年，我们（以及其他天文学家）陆续发现了更多类星体，并且注意到，所发现的每一颗类星体都在距离地球十分遥远的地方。到目前为止，一切都很好。我们所面对的似乎是一个非常常见的情形，也就是我们的观察结果为“所有类星体都距离地球十分遥远”的观点提供了归纳支撑。

到目前为止，关于前面描述的情形，并没有什么特别令人困惑之处。在我们思考一个概括性观点时，我们又观察到了大量实例与这个观点相一致，没有一个与之相悖，这时我们就会倾向于把这些实例作为这个观点的归纳支撑。

亨佩尔指出，当我们试图找出概括性观点的逻辑结构时，困惑就产生了。以“所有类星体都距离地球十分遥远”的观点为例，像这样的概括性观点，从逻辑上说，与其逆否命题是等价的。也就是说，在这个例子中，前面提到的观点与“所有距离地球不遥远的物体都不是类星体”的观点是等价的。换句话说，观点：

（1）所有类星体都距离地球十分遥远。

与如下观点：

（2）所有距离地球不遥远的物体都不是类星体。

从逻辑上来说，是等价的观点。

我们在前面提到过，我们观察到的所有类星体都在距离地球十分遥远的地方（同样假设我们没有观察到与这个观点相悖的实例），每个观察结果都有助于支撑“所有类星体都距离地球十分遥远”的观点。那么，为了保持一致性，每次我们观察到一个物体距离地球不那么遥远时，这个物体就不是类星体。我们得承认，这个观察结果可以支撑观点（2），也就是“所有距离地球不遥远的物体都不是类星体”的观点。

同样地，这个陈述本身并不必然是问题或困惑。但是，现在回忆一下我们在前面提到过的，也就是观点（1）与观点（2）是等价的。如果观点（1）与观点（2）是等价的，那么观点（1）的任何支撑都应该同等地算作观点（2）的支撑；同样地，观点（2）的任何支撑也都应该同等地算作观点（1）的支撑。困惑的核心此时就出现了：只要我们得到了一个可以支撑观点（2）的观察结果，那么似乎这个结果肯定也同等地支撑观点（1）。

举个例子，在你手里的这本书是一个距离地球并不遥远的物体，所以不是一个类星体，所以对这本书的观察结果就支撑了观点（2）。基于前一段提到过的原因，这个观察结果应该同等地支撑观点（1）。然而，这个想法似乎有点疯狂，显然对于你手里这本书的观察结果微不足道，对确认关于类星体的重要科学论断并不能起到什么作用。

与休谟的问题一样，不要误解亨佩尔的观点。亨佩尔当然不是在说，对你手里这本书的一个微不足道的观察结果，实际上可以帮助证明关于类星体的一个重要科学论断。他所指出的是，在归纳推理中一个看似非常基本的模式，其实包含了某些奇特之处。同样，正如前面提到过的，亨佩尔的乌鸦悖论并不构成一个实际问题，因为它通常并不是一个影响科学研究发展的问题。然而毫无疑问，归纳推理可以支持像“所有类星体都距离地球十分遥远”这类的概述性观点，是科学的重要组成部分。同时，亨佩尔的乌鸦悖论意味着，像这样的推理，其本质上存在一些让人深感困惑之处。

古德曼的绿蓝问题

前面讨论过的休谟的归纳问题，现在有时被称为“旧”归纳之谜，与尼尔森·古德曼提出的“新”归纳之谜相对应。古德曼（1906—1998）是一位涉猎很广的哲学家，他的突出贡献主要在逻辑、认识论和艺术领域。很显然，古德曼是第一个注意到某些类型的归纳推理中另一个奇特之处的人。现在我们就重点探讨这个奇特之处。

思考一下类似“所有绿宝石都是绿色的”这一陈述。这个陈述似乎可以得到强大的经验支持，具体来说，每块我们见到过的绿宝石都是绿色的，而且我们从来没有见到过不是绿色的绿宝石。对绿宝石来说，“绿色”这个判断似乎就是古德曼所说的“可投射的”判断。也就是说，过去我们见过的绿宝石都是绿色的，根据这个经验，我们可以预测未来见到的绿宝石也都会是绿色的。

现在，让我们定义一个新的判断，古德曼将其命名为“绿蓝”。定义“绿蓝”的方法有很多种，不过为了达到我们的目的（这也是非常接近古德曼构想的做法），假设一个物体是绿色的，而且在 2050 年 1 月 1 日前首次被发现，或者是蓝色的，并在 2050 年 1 月 1 日后首次被发现，那么这个物体就是“绿蓝”的。正如前面提到过的，到目前为止，我们见到过的所有祖母绿宝石都是绿色的，没有一个例外。这个事实似乎让我们有理由认为，未来我们见到的所有祖母绿宝石都将是绿色的。

但是，现在请注意，到目前为止我们所见到过的祖母绿宝石都是绿色的，而且都是在 2050 年 1 月 1 日前首次被发现的。换句话说，到目前为止我们见到过的祖母绿宝石都是“绿蓝”的，没有一个例外。因此，至少从到目前为止我们见到过的祖母绿宝石来看，对“未来，所有被发现的祖母绿宝石都将为绿色”的归纳支撑，与对“未来，所有被发现的祖母绿宝石都将是‘绿蓝’”的归纳支撑，是完全相同的。

然而，当然我们肯定不能推断出“未来发现的所有祖母绿宝石都将是‘绿蓝’的”。也就是说，尽管我们觉得有理由认为未来发现的祖母绿宝石会继续是绿色的，但我们确定未来发现的祖母绿宝石（特别是那些在 2050 年 1 月 1 日之后才第一次被发现的祖母绿宝石）将不会是“绿蓝”的。

不过，如果 2050 年 1 月 1 日之后发现的祖母绿宝石明显是绿色的，而不是“绿蓝”的，那么在“绿色”和“绿蓝”这两个判断之间一定存在一些差异。第一个判断，用前面提到过的术语来说，就是古德曼所说的“可投射的”判断（也就是说，我们认为有一个合理的投射，那就是这个判断可以适用于未来发现的祖母绿宝石），但第二个判断就不是“可投射的”判断了。那么，一般来说，“可投射的”判断和“不可投射的”判断之间的差异是什么？

这个问题看起来似乎很容易回答，但事实并非如此。你脑中第一时间出现的答案可能是，像“绿蓝”这样的判断是被解读出来的，而不是“天然存在”的，也可能与常规判断不同，这样的判断涉及对时间的参考等。这些答案中没有一个能经得起推敲，因此，尽管对如何区分可投射的判断和不可投射的判断存在很多建议，但还没有一个得到广泛认同。

与休谟的归纳问题和亨佩尔的乌鸦悖论情况相同，重点是不要误解古德曼的观点。当然，古德曼不是说我们应该认为未来见到的所有祖母绿宝石都继续是“绿蓝”的。很显然，未来的祖母绿宝石并不是都如此。但是，鉴于像“绿色”和“绿蓝”这两种判断之间的不同之处似乎非常显而易见，你会认为描述可投射的判断和不可投射的判断之间的区别并不太难。古德曼提出的主要问题是，这两种判断之间到底有什么区别。就像前面提到过的，尽管这个问题看起来很容易回答，但是几十年过去了，虽然出现了很多种答案，但并没有一个答案得到广泛认可。因此，重申一下，尽管古德曼的新归纳之谜并不是一个实用性问题，因为它并没有影响科学的日常进程，但这个问题引发了一些关于归纳推理的令人困惑的问题。

结语

正如本章开篇所提到的，我们在前面所讨论的命题无疑是哲学命题，并不会对致力于科研的科学家产生影响。这些命题看起来似乎都很容易解决，然而事实是，尽管几十年过去了，人们也进行了大范围的探讨，但这些问题仍然没有得到解答。这意味着，我们某些最基本的归纳推理类型中存在让人深感困惑之处。

同时，在本章开篇我们也提到，要充分理解这些问题通常需要花一些时间。理解了这一点，我会鼓励你把这些问题放在心中，反复思考一段时间。同时，我们将开始讨论一些在科学史上的实例中反复出现的命题，也就是围绕可证伪性概念的命题。

第 7 章

可证伪性

在本章中，我们将介绍可证伪性这个概念。乍看起来，围绕在可证伪性概念周围的命题好像简单得不能再简单，或者直接得不能更直接了。然而，实际上，它们可以变得非常复杂，尤其是当运用在现实生活中的实例上时。在本章中，我们将首先了解一个简化了的可证伪性概念，然后研究一下一些与其相关的复杂因素。在后面的章节中，特别是当我们研究科学史上的具体例子时，我们将会看到某些围绕可证伪性概念的更复杂命题的范例。

基本概念

从某个意义上说，可证伪性非常直接明确。它是对待理论的一种态度。特别是，当一个人考虑一种理论是错误的时候，他所持的态度。举个例子，假设萨拉是一位物理学家，她认为关于宇宙起源的大爆炸理论可能是正确的。同时，萨拉与大多数物理学家一样，并不是那么僵化地坚持自己的观点。也就是说，如果有足够多的新证据，能够给出令人信服的理由，让人们认为大爆炸理论是错误的，那么萨拉也将很乐意不再相信大爆炸理论。简言之，尽管萨拉认为大爆炸理论是正确的，但仍愿意承认它有可能是错误的，所以我们就可以说，萨拉认为这个理论是可证伪的。

相比之下，假设乔伊是地平说学会的一员。地平说学会的成员都发自内心地认为地球是平的。假设乔伊相信地平说理论，而且，不管出现什么样的证据表明这一理论是错误的，乔伊总能绕过这些证据，继续相信地平说理论。举例来说，假设我们指出几乎每个人都相信地球是圆的，乔伊回答说（可能并没有道理）大众的观点并不是真理的代名词。然后，我们向乔伊展示了一张在国际空间站上拍摄的地球的照片。乔伊说有充分理由认为整个宇宙探索计划就是个骗局，这张照片以及相关电视报道都是伪造的；同时，他对我们表示同情，认为我们上了这些虚假报道的当。我们继续争论说，历史书里有许多进行过环球航行的航海者所给出的记录，而这些环球航行只有在“地球是圆的”情况下才有可能。乔伊则告诉我们，他最近读了一篇文章，大意是说在一个平的地球上，当靠近地球边缘时，罗盘方位会歪斜失真，这时，在像麦哲伦这样的探险者身上，可能发生的情况是他们开始沿着一个大圆圈航行，这个大圆圈围绕着平的地球的边缘，由于罗盘方位歪斜失真，这些探险者就错误地认为自己是沿着一个球体的圆周直线航行。

很快我们就意识到，不管向乔伊展示多少证据来表明地平说是错误的，他都将坚持地平说理论。与萨拉不同，乔伊似乎不愿意承认他的理论可能是错误的，由此看来，乔伊认为这个理论是不可证伪的。

当人们谈论或者撰写关于可证伪性的文章时，往往会把它当成理论的一个特点。换句话说，有一种普遍但很不好的习惯，就是在谈到这个或那个理论时，说它是可证伪或不可证伪的。然而，只要稍微思考一下就会发现，这并不是谈论这个命题的最好方法。通常，可证伪性是对某个特定理论所秉持的态度，而不是这个理论本身的一个特点。让我们再以地平说为例。地平说本身并没有任何不可证伪之处。让我们想象有两个人，他们都是地平说的支持者，然后其中一个人被说服了，转而认为地平说是错误的，而另一个人（就像前面提到的乔伊），无论有多少证据，他都拒绝承认地平说不正确。在这两个人的例子中，地平说理论都是一样的，不一样的是两个人对待这个理论的态度。因此，“一个理论本身是不可证伪的”这一说法通常并不准确，实际上，关键的因素是你对这个理论的态度，而且正是这个态度决定了你认为这个理论是可证伪的还是不可证伪的。

复杂因素

目前，可证伪性这个概念可能看起来是个相当简单的概念，而“你是否认为某个理论可证伪”这个问题可能看起来是个直接明确的问题。然而，在很多实例中，特别是许多科学史上涉及大量理论变化的实例（比如，从地心说到日心说的变化）中，要想说清楚这些理论是什么时候被当成不可证伪的，并非易事。为什么说清楚很难？让我们思考以下几个原因。

当我们在前面描述萨拉时，我们说如果有“足够多的”新证据给出“令人信服的原因”，说明大爆炸理论是错误的，萨拉将愿意不再坚持这个理论。正如我们在第 4 章中讨论过的，证明预测是错的，常常可以作为反对一个理论的证据。也就是说，当用某个理论做出预测，而这些预测后来被证明是错误的，这时就给这个理论带来了问题。然而，正如我们同样在第 4 章中讨论过的，错误的预测常常是由错误的辅助假设而不是错误的理论造成的。所以，当面对不正确的预测时，通常更合理的做法是摒弃一个或几个辅助假设，而不是放弃整个理论。

由于我们可以（通常也应该）摒弃一个或几个辅助假设，这时就出现了一个极其难以回答的问题：当证据数量达到多少时可以算是“足够多”，从而让人可以放弃一个理论？在什么情况下，可以说是有了“令人信服的原因”，让人相信某个理论（而不是一个或几个辅助假设）是错误的？

对于这些问题，并没有明确的答案。当然，在问题刚一出现时就放弃某个理论并不合理，但是另一方面，对某些理论来说，当证明这些理论不正确的证据达到一定数量时，继续坚持这些理论就不那么合理了。

第 4 章中关于冷聚变理论的例子可以很好地说明这一点。最初，在 20 世纪 80 年代末，有一些有趣的实验结果表明聚变确实在低温环境下发生。而且，给出这些实验结果的两位科学家绝不是什么怪人或边缘化的科学家。所以，整个过程就是受人尊敬、著作颇丰且威望极高的科学家发表了（尽管是通过媒体，而不是主流的科学期刊）有趣的实验结果。然而，在接下来的几个月里，冷聚变理论遇到了诸多问题。具体来说，用冷聚变理论可以做出某些预测，但其中很多都没有被观察到。一开始，面对这些问题，冷聚变理论的支持者选择摒弃多个不同的辅助假设，比如冷聚变实验设置中所使用的材料不对，实验操作者没有给冷聚变实验设备进行足够时间的充电，等等。后来，一年又一年，证明这一理论不正确的证据持续增加。与此同时，对最初那些有趣的实验结果，也出现了许多其他可行的解释。到了 20 世纪 90 年代末期，也就是冷聚变理论发表10年后，这一理论的支持者数量不断减少，他们不得不找出越来越复杂的辅助假设当理由。比如，至少对这一理论的某些支持者来说，冷聚变存在的问题都是大型石油企业的阴谋所致，因为它们想阻止新能源的出现和应用。

这里要说明的是，最开始，摒弃一些辅助假设而继续坚持冷聚变理论是合理的。但是，当到了需要拿出阴谋论来做支撑时，继续坚持这一理论就变得不合理了。然而，重点是合理和不合理之间并没有一条清晰明确的界线。因此，不可能精确说明在什么情况下某个理论开始被当成了不可证伪的。

如果我们再回忆一下关于证据和世界观的讨论，那么前面所讨论的这些命题将变得难上加难。在前面关于真理的一章中，我们第一次讨论了我的朋友史蒂夫，现在让我们再以他为例。史蒂夫坚持对《吠陀经》的某些章节进行极其严格的字面解读。由于认为这些经文非常可靠，史蒂夫相信月球上有智慧生命居住，月球到地球的距离比太阳到地球的距离远，而且阿波罗登月事件是伪造的。关于这些问题，我和我的学生跟史蒂夫进行过无数次讨论，通常都是向他提供证据，证明他的观点不正确。史蒂夫不承认所有这些证据，只相信经文所提供的证据。从我们的世界观出发，对我们来说，史蒂夫在这些问题上的观点可以明确地表明他认为这些观点是不可证伪的，毕竟，不管我们提供的证据多么令人信服，史蒂夫都拒绝改变其观点。

然而，现在让我们从史蒂夫的角度再来想一想。在我们与史蒂夫讨论的过程中，他经常向我们提供他认为令人信服的证据，这些证据可以证明其所相信的经文是正确的。如果史蒂夫所相信的经文是正确的，那么史蒂夫的观点就是有证据支撑的，而我们的观点则是不正确的。不过，值得注意的是，我们不接受史蒂夫提供的证据，而且不管史蒂夫提供多么强有力的证据来证明其观点，我们都拒绝改变自己的观点。因此，这时从史蒂夫的角度来看，我们才是把自己的观点当作不可证伪的。

同样值得注意的是，从史蒂夫的角度来看，他把自己所相信的理论当作可证伪的。史蒂夫明确表示，如果我们有足够多的证据，他乐于放弃自己的观点。但是，史蒂夫认为有意义的证据，与我和我大多数朋友认为有意义的证据相比，是非常不同的。我和我的大多数朋友都把重点放在我们认为是以经验为基础的证据上，包括从物理学、天文学、宇宙学等领域得来的证据。但对史蒂夫来说，最重要的证据是从经文里得来的。所以，如果面对的是以经文为基础的证据（比如新发现的经文，或者对现有经文更新更好的解读等），史蒂夫欣然表示他将乐于改变自己的观点。因此，从史蒂夫的角度来看，他确实愿意在面对足够多证据的情况下改变自己的观点，也就是说，从史蒂夫的角度来看，他认为自己所相信的理论是可证伪的。

在这里，非常关键又很有难度的一个命题是，什么样的证据可以算作有意义的证据。这是微妙而又重要的一点，并在科学史和科学哲学领域一次又一次出现。这一点十分重要，因此值得我们在此重申一下：在几乎所有现实生活的实例中，人们的主要分歧点并不是一方或另一方在面对足够多证据时是否愿意放弃自己的理论，而是什么样的证据可以算是最有意义、最重要的证据。

重点是，人们所认为的最有意义、最重要的证据与其整体世界观是紧密相联的。史蒂夫对经文的坚持，在他的观点拼图中处于核心位置。如果史蒂夫放弃对经文的坚持，则不可避免地要对他的观点拼图进行重大修改，或者说，实际上是要替换掉他的整个观点拼图中绝大部分拼板。对我来说，我认为以经验为基础的证据是有意义的证据，因此，如果我实话实说，我强调的是什么样的证据可以被当作合适的以经验为基础的证据，而这同样会在我的观点拼图中居于核心位置。换句话说，我和史蒂夫各自的观点拼图对我们把什么样的证据当作有意义的证据产生了深远的影响，而这反过来又会深刻影响我们关于“是谁认为自己的理论不可证伪”这个问题的看法。

结语

在结束本章前，我想再着重强调一个关键点。在前面的讨论中，我的意思并不是说某种相对主义理论是正确的，也没有说所有证据和世界观都是同等合理的，当然，我更没有说史蒂夫的观点是合理的。我认为史蒂夫的观点完全不合理。过去400年间出现了大量超乎想象的进步，特别是在以经验为基础的科学领域，在这个背景下，我认为，很明显，继续把证据建立在对宗教经文的字面解读之上是一种不好而且过时的做法。同时，我认为史蒂夫是个很好的例子，表明了有这样一类人，他们认为自己的观点是不可证伪的。

用史蒂夫这个例子，我实际想表达的重点是，“人们是否认为某个理论是不可证伪的，如果是，为什么会这么认为”等命题，比人们通常所认为的要更加微妙和复杂。正如史蒂夫的例子所说明的，我们不能只是简单地说，因为史蒂夫拒绝接受我们的证据，就得出他认为自己的理论不可证伪的结论。反过来，史蒂夫也可以用完全相同的说辞来描述我们，也就是我们拒绝接受他的证据。所以，如果我们要证明史蒂夫认为自己的理论不可证伪，我们需要做得更多。

同样地，如果仅僵化地说我们所选择的证据是正确的证据类型，也是不合理的。换句话说，我们不能通过僵化地说“我们的证据才是正确的证据类型”，来得到“史蒂夫认为自己的理论不可证伪”的结论。

要证明史蒂夫认为自己的理论不可证伪，我们需要考虑一系列相互关联的命题，比如，在经验证据和古代经文之间，哪个作为证据更合理。也就是说，考虑了这些相关联的因素后，正确的结论就将是史蒂夫确实认为自己的理论不可证伪。对于这个过程，我认为不会存在质疑。然而，在这里，我想表达的主要观点是，要有力地证明人们认为自己的理论不可证伪是非常复杂的。

所以，正如本章开篇提到的，可证伪性是一个比其看起来要更微妙且更复杂的命题。当我们在后续章节中探讨科学史上一些重要的发展时，请继续留意上面这些命题。

第8章

工具主义和现实主义

本章的目的是介绍看待科学理论的两种常见态度，它们通常被称为“工具主义”（或实用主义）和“现实主义”。在讨论工具主义和现实主义之前，作为背景知识，我们将首先讨论对科学理论来说具有核心意义的两个命题——预测和解释。

预测和解释

设想一下，我们提出这样一个问题：“我们想从科学理论中得到什么？”当然，进行准确预测的能力就是其中一点。就像我们在第4章中讨论过的，20世纪初爱因斯坦提出相对论时，这个理论得到认可的一个原因就是它做出了准确的而别的理论所没能做出的预测。1919年日全食的观测结果验证了该预测。总的来说，像这样做出准确预测的能力就是我们对一个可接受的科学理论的要求之一。

除此之外，存在一个普遍共识，那就是我们认为对可接受的科学理论的另一个要求是解释相关数据的能力。当一个新的理论被提出时，通常已经有了一些与这个理论相关的观察和数据。除了对未来我们可能得到的观察结果进行预测，我们还希望理论可以解释已有的数据。

尽管“解释从某种意义上说是一个可接受的理论的重要特性之一”的观点已得到广泛认可，但是对“什么样的解释才算充分的解释”并没有一致的意见。最突出的是，在解释数据时，如果某个理论仅指出应该观察到这个数据，这样是不是就已经足够了？还是说需要一个充分的解释来说明相关事件如何或为什么会发生？这些以及其他与解释的性质相关的问题都很难回答且充满争议。为了澄清这些问题，科学哲学家有时要对“解释”（有时称为“正式解释”）和“理解”进行区分。

在这个语境中，“解释”的含义最窄。更具体地说，如果你根据某个理论预测了某个数据或观察结果，那么你就可以说这个理论解释了这个数据或观察结果。举个例子可能有助于说明这一点。在20世纪早期，科学家发现，在过去几十年间，水星的运行轨道有一些奇怪，此时爱因斯坦还没有发表相对论。如果相对论在关于水星轨道的观察结果出现之前就出现，那么它应该可以用来预测水星轨道的奇特情况。换句话说，20世纪初爱因斯坦的理论出现的时候，它可以用来解释（在这里我们用的是“解释”这个概念最窄的含义）水星轨道的奇怪现象。

相比之下，广义而言，“理解”是指从某种意义上说更全面地领会数据和观察结果。举个例子，考虑一下“物体下落时加速度大约是10米/秒^2”的观察结果。你可以用牛顿关于重力的理论和公式表明物体下落时应该具有这样的加速度。也就是说，牛顿物理学可以用来解释（这里依然是上面所说的“解释”这个概念最窄的、相当于追溯预测的含义）这些数据。现在，如果你确实把重力当作一种会对物体产生影响的实际存在的力（也就是说，对牛顿的重力概念，你所秉持的是现实主义态度，关于现实主义态度，我们会在后面更详细地说明），那么你可能会说你不仅知道这个物体的加速度是大约 10 米 / 秒 ^{2}，还知道为什么会如此（因为它们受到引力影响）。对于这样的情境，我们就会说你不仅有对数据的解释，还有对数据的理解。

“解释”这个概念（这里仍然是上面提到的最窄的含义）是一个相当直接明确且没有争议的概念，相比之下，围绕理解的问题就非常复杂和富有争议了。现在，为了让我们的讨论保持相对直接明确，我们将使用最狭义的“解释”概念。也就是说，在本书接下来的篇幅中，当我们谈到某个理论时，除非特别说明，如果它可以用来预测已有数据或观察结果，我们就说这个理论解释了已有数据或观察结果。

在结束这一节之前，还有一点需要简要说明。尽管预测和解释是我们要求任何一个可接受的理论所应具备的最重要的特点，但值得指出的是，当人们为支持或反对某个理论进行争论时，通常还会提到简明、优雅和美等其他特点。在本书的后续章节中，我们将探讨许多科学史上的例子。在讨论的过程中，我们通常会重点关注相互竞争的理论是如何预测和解释相关数据的。同时，我们也要留心一下其他因素，因为我们将会看到这些因素有时也会发挥一定的作用。

工具主义和现实主义

正如前面提到过的，存在一个广泛共识，那就是我们希望从科学理论中得到准确的预测和解释。但是，只有这些核心特点是不是就足够了？或者，就像爱因斯坦认为的，现实世界归根结底就是物理学的事（当然也可以是其他某个学科）？也就是说，理论反映或模拟现实重要吗？

我们是否应该要求理论反映事物的真实状况，这是个很有争议的问题，也正是这个问题把工具主义和现实主义区分开来。对工具主义者来说，一个可接受的理论可以给出预测和解释，至于这个理论是否反映或模拟现实世界，并不是一个重要的考量。对现实主义者来说，恰恰相反，一个可接受的理论必须不仅可以给出预测和解释，而且还要反映事物的真实状况。

以某个理论作为实例进行研究，将有助于理解工具主义者和现实主义者的区别。在这里，让我们研究一下托勒密天文学体系的某些方面。

托勒密体系由克罗狄斯·托勒密在公元150年左右提出。托勒密体系是一个以地球为宇宙中心的体系，太阳、行星和恒星都围绕地球运转。托勒密对每一个相关天体，比如月亮、太阳和其他行星，分别进行了思考，并提出一套数学算法，用于预测和解释人们所观察到的这些天体的位置。

托勒密体系更有趣的一点是使用了本轮。要理解本轮的概念，图8-1可能会有所帮助（需要注意的是，这幅图是一个高度简化的托勒密体系，关于这个体系的细节，我们将在后续章节中具体讨论）。粗略地说，像火星这样的行星围绕一个点（也就是图中的点A）沿圆形轨道运动，而该点则围绕地球沿圆形轨道运动。火星围绕点A运行的圆形轨道就称为“本轮”。简言之，本轮就是行星运行轨道所形成的一个小圆圈，其中心围绕另一点运动（这一点虽然并不一定是这个系统的中心，

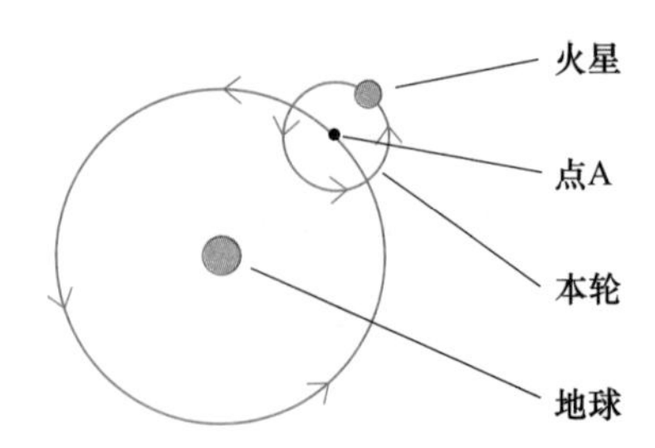

图8-1　托勒密体系中火星的运动

但通常情况下都是）。

与其他理论一样，托勒密的理论必须要预测或解释相关数据。在这个例子里，相关数据主要包括人们所观察到的行星在夜空中的位置（以及其他天体的位置）。举个例子，思考一下我们称为火星的那个亮点。人们所观察到的是，每天晚上、每个星期、每一年，这个亮点的位置都不尽相同。为了预测并解释这样的数据，托勒密的理论（或者其他任意一个以地球为中心的理论）都需要本轮，或者至少像本轮一样复杂的东西。为什么一个以地球为中心的体系需要这样复杂的东西，关于这一点，我们将在后面讨论。现在，相信我：一个以地球为中心的宇宙模型，如果没有本轮（或类似的东西），就无法准确预测和解释行星的运动。

然而，有了本轮后，托勒密体系在预测和解释方面表现得相当出色。事实上，托勒密体系是个了不起的数学模型，可以解释和预测所有可见行星、月球、太阳和恒星的运动，而且准确度很高。虽然这个体系在预测和解释方面并不完美（几乎没有理论是完美的），但仍然是个很好的理论，而且远远优于当时已有的其他任何理论。

因此，从解释和预测方面来看，托勒密体系由于运用了看起来很奇怪的本轮而表现得非常出色。不过，本轮是不是真实存在？在人类大部分历史时期里，从大约公元2世纪到17世纪初，托勒密体系始终是基础性的天文学理论。对于“本轮是不是真实存在”的问题，通常的态度是，这个问题并不重要，重要的是运用了本轮的托勒密体系在预测和解释方面表现出众。火星是不是沿本轮运动，一点都不重要。

这样的态度，也就是认为“托勒密理论的主要任务是解释和预测相关数据，而这个理论是否反映了事物的真实情况，一点都不重要”的态度，正是工具主义的一个范例。这样的态度在托勒密的时代并没有什么不寻常，就算放在今天也并非与众不同。很大一部分科学家和科学哲学家都认为，一个科学理论的主要任务是解释和预测相关数据，而该理论本身是否反映事物的真实情况，一点都不重要。正如前面提到过的，这种看待科学理论的态度通常被称为“工具主义”，而秉持这种态度的人就被称为“工具主义者”。

相比之下，现实主义者也认为科学理论应该解释和预测相关数据，但同时认为一个好的科学理论必须是真的，也就是这个理论必须反映事物的真实情况。因此，对一个现实主义者来说，“本轮是真实存在的吗”这个问题很重要，而且对现实主义者来说，如果火星没有真的沿本轮运动，如果本轮并不是真实存在的，那么托勒密的理论就不能被接受。

顺带提一下，关于“本轮是真实存在的吗”这个问题，托勒密本人会如何回答不得而知。在近期部分文献中，托勒密被描绘成一位工具主义者，但这并不是很准确。确实，托勒密所关心的大都是解释和预测，关于自己的理论是否反映了事物的真实情况，托勒密几乎没有讨论。当托勒密这样做时（同样地，在大多数情况下，托勒密确实是这样做的），他看起来像一位工具主义者。然而，托勒密在一些段落中讨论了一些相关命题，比如行星在本轮上的运行机制，这些讨论只有对现实主义者才有意义，所以，如果托勒密所秉持的是完全的工具主义态度，那就很难解释他为什么会这样做。我认为最准确的观点应该是，托勒密跟我们大多数人一样，所秉持的态度中既有工具主义成分，又有现实主义成分。

这种混合态度并不少见。对某个理论的特定部分持现实主义态度，而对其他部分持工具主义态度，这当然有可能，而且一点也不自相矛盾。举个例子，17 世纪以前，很多人对托勒密理论中以地球为宇宙中心的观点持现实主义态度，而对本轮相关部分持工具主义态度。17 世纪以前，人们普遍认为地球为宇宙的中心，而且认为这个观点非常合理。因此，人们通常认为托勒密理论中以地球为宇宙中心的观点反映了事物的真实情况。然而，这些人中有很多人（可能是大多数），都对托勒密体系的本轮部分持工具主义态度。

一个人对某个科学领域的理论持现实主义态度，而对其他领域的理论持工具主义态度，这也是非常常见的。举个例子，几乎我认识的每一个人都对我们现在以太阳为中心的太阳系模型持现实主义态度。然而，他们中有很多人则对现代量子理论持工具主义态度。

也有人可能分别以工具主义态度和现实主义态度来同时接受两个相互竞争的理论。举个例子，哥白尼体系（一种日心说理论）于16世纪50年代发布，到16世纪末期，在欧洲的大学里，同时教授托勒密体系和哥白尼体系的情况已很常见。在望远镜发明（大约在1600年）之前，人们有很好的理由来相信地球确实是宇宙的中心。因此，人们通常对托勒密体系中以地球为宇宙中心的部分持现实主义态度。同时，在某些方面，哥白尼体系多少更易于应用，所以人们对这个体系持工具主义态度。也就是说，哥白尼体系并没有被认为是反映了事物的真实情况，但被当作一个便于预测和解释的理论而被接受和广泛应用。总之，在1550～1600年，托勒密体系和哥白尼体系和平共存。人们通常都对前者持现实主义态度，而对后者持工具主义态度。然而，随着望远镜的发明，以及表明以地球为宇宙中心的观点是错误的证据被发现以后，这个相对和平的共存状态发生了巨大改变。但是，这些都是后续章节中的故事了。

总结一下，工具主义和现实主义是人们对待理论的态度。工具主义者和现实主义者一致认为，一个适当的理论必须能准确预测和解释相关数据。但是，现实主义者同时认为，一个适当的理论必须能描绘或塑造事物的真实情况。最后，混合了工具主义态度和现实主义态度的情况，或者对某个理论持现实主义态度而对其他理论持工具主义态度的情况，并不矛盾，也并不少见。

结语

在结束本章之前，我将快速讨论两点。与第 7 章讨论的可证伪性概念情况相同，文献中常常把工具主义和现实主义描绘成科学理论本身的特性。然而，把工具主义和现实主义看作人们对待科学理论的态度，而不是理论本身的一个特性，有助于更好地理解这两个概念。也就是说，正如我们不能说某个理论本身固有可证伪性或不可证伪性，我们也不能说某个理论本身固有的是工具主义角度或现实主义角度。事实上，对工具主义角度和现实主义角度更好的归类方法，就是把它们当作人们对待某个理论的态度。

我们在第 2 章讨论过真理符合论和真理融贯论。回忆一下，真理符合论的支持者认为真理是符合现实的观点，而真理融贯论的支持者则认为当一个观点可以与一个整体的观点体系相融合，或者说是拼合在一起时，那么这个观点就是真理。因此，接下来的疑问就是，真理的符合论和融贯论是否与工具主义和现实主义紧密相联。

真理理论与工具主义和现实主义之间，并没有必然联系。然而，同样不应该让人感到惊讶的是工具主义和现实主义态度与真理符合论和融贯论之间确实有某种关联。回忆一下在第 2 章中，我们讨论过真理融贯论的支持者之所以秉持这样的立场，通常是基于对现实所抱有的疑惑，或者更确切地说，是基于我们关于现实的知识。如果从真理理论的角度出发，你对现实心存疑惑，而从工具主义和现实主义的角度出发，你又坚持认为理论模拟或者反映了事物的真实情况，那么这就有些奇怪了

（尽管严格来说，这并不矛盾）。所以，真理融贯论的支持者更倾向于秉持工具主义态度，这就一点也不让人感到惊讶了。

同样地，真理符合论的支持者对理论更倾向于秉持现实主义态度，这也一点都不让人感到惊讶。原因实际上是相同的，也就是说，如果你认为真理是与事物的真实情况一致，那么你自然会认为科学理论同样模拟或者反映了事物的真实情况。

那么至此，我们对科学史和科学哲学所涉及的基础命题的研究就将告一段落了。理解了这些命题，我们就可以更好地探讨本书第二部分中提出的命题，具体来说，在第二部分中我们将研究从亚里士多德世界观向牛顿世界观的转变。

在第二部分中，我们将研究从亚里士多德世界观到牛顿世界观的转变。在很大程度上，这个转变是由 17 世纪早期的一系列新发现所激发的。在这一转变过程中，我们在第一部分中讨论过的问题，包括世界观、经验事实与哲学性 / 概念性事实、证实与不证实证据、辅助假设、可证伪性、工具主义、现实主义，彼此之间以一种有趣而又复杂的方式交织在一起。对这个转变及其所涉及问题的讨论，将为我们在第三部分的探讨提供背景知识。在第三部分中，我们将探讨一些新近的科学发展对我们现有世界观所提出的挑战。

第二部分

从亚里士多德世界观到牛顿世界观的转变

第9章

亚里士多德世界观中的宇宙结构

在本书的这一部分中，我们将探讨从亚里士多德世界观到牛顿世界观的转变。本章的主要目标是大致介绍一下在大约公元前300年到公元1600年，人们通常是如何看待宇宙的。其中包括人们对宇宙物理结构的看法，以及关于我们所居住的宇宙的概念性观点。我们将从对宇宙物理结构的简要介绍开始。

宇宙的物理结构

如前所述，在西方世界，大约公元前300年到公元1600年，亚里士多德世界观是占主导地位的世界观。当我说这是占主导地位的世界观时，我的意思是，一个深深植根于亚里士多德观点（尽管并不一定与其相同）的观点体系是西方世界的主要观点体系。这个世界观当然不是那个时代唯一的观点体系，不管在哪个时代都是这样，总会有可互相替代且互相竞争的观点体系，但是亚里士多德观点体系在当时最为普遍。

在亚里士多德世界观中，地球被认为是宇宙中心。与人们通常所认为的不同，当时的人们信奉地心说并不仅仅是出于一些以自我为中心的原因。也就是说，地心说的基础并不是“人类是特别的，因此应该居于一切存在的中心”的观点，或者至少最初并不以这个观点为基础。确实，“人类很特别”的观点可以与地心说拼合在一起，但是地心说最初的原因却是实实在在、以经验为基础的推理结果。我们将在下一章中研究其中的某些原因。

同样，与通常的假设相反的是，在亚里士多德世界观中，地球被认为是球形的，而不是平的。甚至在亚里士多德时代以前，我们的前人就很清楚，地球几乎肯定是球形的。同样地，我们将在第10章中研究这一观点产生的原因，这些原因在很大程度上与我们现在所掌握的原因是重合的。

关于月亮、太阳、恒星和行星，亚里士多德世界观中的观点如下：月亮当然是距离地球最近的天体。月亮和地球之间的区域，也就是月下区，被认为与月亮以外的区域，也就是月上区，有显著差异。稍后我们将讨论其中的一些差异。

在月球以外，通常的共识是行星和太阳的顺序如下：首先是水星，然后是金星，接下来是太阳、火星、木星、土星以及所谓的恒星球体。以下是关于这些行星和恒星的几点说明。

以火星为例来思考一下。在我们这个时代，当我们想到火星时，我们想到的是一个布满岩石的星球，与地球有些相像，可能有荒芜的地表，还有比地球上红土地更红的土壤。但是，总的来说，我们倾向于认为火星基本上与地球相像，是一个在宇宙中运行的巨大岩石星球。

我们对火星的看法在很大程度上取决于现有的技术。我们看到过火星表面的照片，了解过来自曾到访过火星的航天器和探测器的数据，可能还通过望远镜亲自观测过火星，等等。总之，我们关于火星的观点深受技术的影响。

这样的技术在亚里士多德世界观占主导的时代并不存在。事实上，关于恒星和行星的观点基本上只能以肉眼观察的结果为基础。一个人仅用肉眼去看恒星和行星，几乎看不到什么。没有现代科技，恒星和行星看起来非常相似。基本上，恒星和行星看起来都是夜空中的亮点。仅用肉眼观测，恒星与我们称为行星的五个亮点（至少是五个仅用肉眼观察可见的行星）之间，主要区别在于恒星和行星在夜空中的运动模式不同。不同的运动模式就是把行星和恒星区别开来的主要因素。

正因如此，秉持亚里士多德世界观的人无论如何都没有理由认为其他行星与地球之间存在相似点。事实上，在亚里士多德世界观中，太阳、恒星和行星都被认为由类似的物质组成，而且与地球上的任何物质都相当不同。这种物质就是以太——被认为只能在月上区找到，而且具有不寻常的属性，从而可以解释月上区中物体的运动模式。

宇宙的外围是由恒星构成的球体。通常的观点是所有恒星与地球之间的距离都相等，而且都镶嵌在一个球体中。球体以自身轴线为中心转动，转动一圈大约 24 小时。球体转动的时候带动镶嵌其上的恒星一起转动，这就解释了人们关于恒星的观测结果，也就是恒星看起来每 24 小时沿圆形轨道围绕地球转动一圈。

最后，关于宇宙的大小，我做一点说明。在亚里士多德时代，人们认为宇宙有多大？或者说恒星球体距离地球有多远？回答这些问题，我们必须十分谨慎。按照当时的标准，宇宙被认为是非常大的。不过与他们的想法相比，我们所知道的宇宙可以算是大到无法想象，甚至是无限的，因此按照现代标准，当时的人们所认为的宇宙对我们来说是一个相对较小的宇宙概念。换句话说，当时的人们认为宇宙很大，但是他们无法想象宇宙后来会变得有多巨大。

关于宇宙的概念性观点

现在，让我们结束对宇宙物理结构观点的讨论，开始讨论关于宇宙的更概念化的观点。在所有更概念化的观点中，最重要的两个是目的论和本质论。也就是说，人们认为宇宙是有目的的，而且有本质存在。重点是目的论和本质论紧密交织在一起，交织程度之深，甚至可以令人把它们看作同一枚硬币的正反两面。下面我将简要解释一下这些概念。

要理解目的论，让我们首先理解目的论解释这个概念。假设我们提出下面这个问题："为什么结果实的植物会结果实，比如，为什么苹果树会结出苹果？"很明显，答案与繁殖有关。也就是说，苹果里面有种子，种子就是苹果树繁殖的媒介，所以很明显苹果与繁殖有关。然而，请注意，大部分植物并没有把自己的种子包裹在果实中，那么为什么结果实的植物会把种子包裹在果实中呢？顺便提一下，与人们通常所认为的不同，果实并不会向种子提供任何养分。这是一个很好的问题，以苹果树为例，苹果树用大量养分来结苹果，并把种子包裹在这些苹果中，但苹果却不能直接为种子提供养分。那么苹果树到底为什么如此大费周章又花费那么多资源来把种子包裹在苹果里呢？

一个好的答案是，苹果为散播种子提供了一个手段。让我们暂且用拟人的方式，从苹果树的角度来分析一下这个情况。别忘了，植物是不会移动的，所以如果你把种子播撒下去，它们就将落在已经有了植物的土地上。因此，你需要一些能让种子离自己远一些的方法。大多数植物都面临这个问题，而解决方式有很多种。有些植物把种子包裹在轻盈蓬松的结构里，被风吹走；有些植物把种子包裹在带刺的容器中，有动物经过，就可以扎在它们身上被带走；有些植物则把种子包裹在像直升机一样的结构里，盘旋着从自己身边离开；等等。结果实的植物把种子包裹在果实里，这些果实对动物来说是美食，当动物吃这些果实时也就同时把种子吃了下去。一两天以后，动物排泄排出种子，此时种子与产出果实的植物就已经有了些距离（同时值得一提的是，这时种子也可以很方便地得到肥料）。

简言之，如果我们提出“为什么苹果树会结出苹果”的问题，一个不错的答案就是苹果树为了散播种子而结出苹果。这就是目的论解释的一个最好范例。下面是另外几个例子，比如：

为什么心脏会跳动？为了输送血液。

为什么你会读这本书？为了学习科学史和科学哲学。

为什么剑龙背上有巨大的骨板？为了调节体温。

一般来说，目的论解释就是从为实现一个目标、目的或功能的角度而给出的解释。在上面那些例子里，要实现的目标、目的或功能都很明确：散播种子、输送血液、学习和调节体温，这些都属于目标、目的或功能。

现在，让我们把上面的解释与机械论解释进行对比。机械论解释是一种不从目标、目的或功能的角度提出的解释。举个例子，假设我扔出一块石头，如果我们提出“为什么石头会下落”的问题，那么从 17 世纪末至今，对这个问题的标准解释是，石头因为重力而下落。值得注意的是，这个解释里并没有任何目标、目的或功能的意味。石头的下落没有目标或目的，也不涉及任何功能。石头只是一个受外力作用的物体。这种不涉及目标、目的或功能的解释就是机械论解释。所以，总的来说，目的论解释是从目标、目的或功能角度提出的解释，而机械论解释则是不使用目标、目的和功能的解释。

请注意，对很多问题来说，目的论解释和机械论解释都是行得通的。上面的例子，也就是苹果树结出苹果来散播种子的例子，就是一个目的论解释。但是对同样的问题，我们也可以给出一个机械论解释，就像下面这样：在苹果树演化过程中，现代这种可结出苹果的苹果树的祖先（或者说是苹果的祖先）存活了下来，而且比那些不结苹果的苹果树更容易繁殖，因此，在苹果树这个物种的总数中，可结出苹果的苹果树（或者说是这些苹果树的祖先）所占比例就特别高。简言之，对“为什么苹果树会结出苹果”这个问题的回答，就只是从演化论角度进行的描述，而且与不同的存活率和繁殖率有关。

这个演化论角度的描述并没有涉及任何目标、目的或功能。同样，这也是对“为什么苹果树会结出苹果”这个问题的准确解释。总的来说，一个问题常常可以同时有目的论和机械论两种解释。

我比较详细地探讨了目的论解释，因为目的论解释很清晰地表明了我们和我们的前人在对宇宙概念化认识上的区别。在亚里士多德世界观中，目的论解释被认为是合理的科学解释，这与现代科学形成鲜明对比，在现代科学中，机械论解释占主导地位。目的论解释被认为是合理的科学解释，其中原因简单明了：在亚里士多德世界观中，宇宙确实被认为是有目的的，也就是说，目的论不仅是解释的一个特点，更是宇宙的一个特点。

几个具体的例子可能有助于说明这一点。假设我们回到前面扔石头的例子。同样地，在现代，对“石头为什么会下落”这个问题都是从重力的角度进行解释。但是，重力这个概念（我们现代意义上的重力概念）直到 17 世纪末才出现，所以在亚里士多德世界观中，不管人们如何解释石头的下落，都不可能是出于我们所理解的重力的角度。（顺带提一下，在 17 世纪以前的文献中，“重力”这个词确实经常出现，但是它所指的并不是我们现在通常理解的作为一种引力的重力概念。实际上，在 17 世纪以前，“重力”这个词通常只是指重量大的物体向下移动的运动趋势。）在亚里士多德世界观中，石头会下落是因为它主要是由重量比较大的土元素组成的，正如我们在第 1 章中讨论过的，土元素有一种向宇宙中心运动的天然趋势。换句话说，土元素的天然趋势是去实现一个特定目标，也就是要位于宇宙中心。

每个基本元素的天然目标都是要到达其在宇宙中的天然位置，这些天然目标解释了为什么物体会有它们所表现出来的行为模式。火向上燃烧，是因为火元素的天然目标是向边缘移动，远离中心。其他的天然运动模式也是如此。（至于施加外力之后出现的运动模式，比如我把一块石头向上扔，这就是完全不同的情况了，不过这种情况目前对我们来说并不重要。）

类似的解释也适用于月上区。元素以太的天然目标是沿正圆轨道运动，这也就解释了天体（比如太阳、恒星和行星）是沿圆形轨道运动。总的来说，宇宙被认为是一个目的论的宇宙，充满了各种天然目标和目的。

与目的论紧密相连的是前面提到过的另一个关键概念，也就是本质论。天然存在的物体都被认为具有本质属性，而正是因为这些本质属性，物体才有了它们所展现出来的行为模式。所有的物体都是由通过某种方式组合起来的物质所组成，因此，组成某个物体的物质和这种物质的组合方式决定了这个物体将具有某种天然能力和天然趋势，我们可以把这些天然能力和天然趋势统称为本质属性。最简单的物体，也就是宇宙中的基本元素，当然具有最简单的本质属性。它们的本质属性就是向自己在宇宙中的天然位置运动的趋势。

值得注意的是，目的论和本质论紧密相连。一个物体的本质属性就是一个目的论的属性，就像前面提到过的，目的论和本质论就像一枚硬币的正反两面。

复杂一些的物体具有更复杂的天然属性，但是基本情况是相同的。让我们以橡树果为例。与其他物体一样，橡树果是由通过某种方式组织起来的某些物质组成的，组成橡树果的物质和这些物质的组织方式决定了橡树果将具有某种天然能力和趋势。具体来说，橡树果的天然目标就是成为一棵成熟的橡树，如果条件适宜，橡树果可以长成一棵橡树，最终通过产出更多橡树果来进行繁殖。所有这些都是由橡树果的本质属性决定的，而这个本质属性则来自组成橡树果的物质和这种物质的组织方式。

请再注意一下，橡树果的本质属性和其以目标为导向的、目的论的行为之间存在紧密联系。橡树果的本质属性与它的生长、成熟和最终繁殖紧密相连。换句话说，橡树果的本质属性是一个目的论的属性，也就是以生长和繁殖为目的。

在亚里士多德世界观中，自然科学家的工作在很大程度上是理解不同种类的物体都有什么目的和本质属性。举个例子，生物学家会希望理解不同动物物种的本质属性。这个工作通常并不简单，也不是无足轻重的，但这项工作的脉络非常清晰。你需要理解某个物体是由什么物质组成的，这种物质是如何组织的，为什么这种物质会以这种方式组织在一起，这个物体的天然目标或功能是什么。理解了这些问题，你就会明白这个物体有什么目的和本质属性。

让我们把这一部分的要点总结一下：所有自然物体都有本质属性；本质属性是目的论的属性；本质属性决定了物体所展现出来的行为模式。简言之，宇宙被认为是一个目的论和本质论的宇宙。

结语

总结一下，从宇宙的物理结构来说，地球被认为是宇宙的中心，月亮、太阳、恒星和行星都围绕地球运动。在下一章中我们将看到，基于当时人们所掌握的证据，这些是得到最有力支撑的观点。

从更具概念性的角度来看，亚里士多德世界观认为宇宙是目的论的、本质论的宇宙。宇宙充满了天然目标和目的，理解这些目标和目的是自然科学家试图理解宇宙的主要工作之一。

在西方世界中，在很长一段时间内（几乎有 2000 年），这个关于宇宙的观点都是标准观点。在如此长的一段时间中，这个世界观自然得到了丰富和修改。举例来说，西方世界的三大主要宗教，也就是犹太教、基督教和伊斯兰教，都做出了贡献。但是，这些贡献仍然是在亚里士多德的整体框架内的，也就是说，它们的基础仍然是一个以地球为中心、有本质存在、有目的的宇宙。

第10章

托勒密《至大论》序言：地球是球形的、静止的，并且位于宇宙中心

在前一章中，我们研究了亚里士多德世界观中关于宇宙整体结构的观点。在本章中，我们将探讨这些观点背后的某些原因，具体来说，我们将探讨一些支持了“地球是球形的、静止的，并且位于宇宙中心”的论据。

本章的主要目标之一是说明尽管亚里士多德世界观中的观点与我们的观点非常不同，但仍然得到了强有力的支撑。很遗憾，现在存在一种倾向是认为我们前人的观点总有些幼稚或天真，但是在本章中，我们将看到事实并非如此。当你思考本章提出的论据时，请注意，总的来说，它们都是很完整的。它们中大多数（除了与“地球为球形”相关的

观点）都被证明是错误的，但其中的错误非常不易察觉，而且造成错误的原因也远不是那么显而易见。事实上，这些论据的瑕疵，其根源是经过科学史上很多著名人物（简单举几个例子，包括伽利略、笛卡尔和牛顿）的共同努力才找到的。

我们将思考的大部分论据都可以在亚里士多德的《论天》和托勒密的《至大论》开篇部分找到。这两部著作中的大部分论据都是相似的。然而，托勒密的著作整体来说更容易理解，所以在本章中，我将主要关注托勒密著作中提出的这些论据。

作为章节引言的最后一点，值得一提的是，我们在这里所关注的只是亚里士多德世界观中的一小部分论据，也就是托勒密在著作中也提到的那些可以支持“地球是球形的、静止的，并且位于宇宙中心”这一观点的论据。不过，对亚里士多德世界观中的其他大多数观点来说，基本精神是相同的：尽管这些观点与我们的不同，而且大多数都被证明是错误的，但秉持这些观点的人们一般都有足够的理由来这么做。我们将从对托勒密《至大论》的一些初步评论开始。

《至大论》在公元150年左右发表，是一本非常专业的科技著作，其中不仅有文字，还有示意图。这本著作的现代印刷版本大约有700页，这是一部内容翔实而艰深的著作。

我们将要思考的论据来自《至大论》的序言，也就是全书中与科技最无关的一部分（事实上，这部分一点科技内容都没有）。在这个序言中，托勒密提出了大量关于宇宙结构和运转方式的论据。在本章中，我们只关注可以支持宇宙结构相关观点的论据，而在后续的章节中，我们还会思考托勒密关于宇宙运转方式的某些论据（比如，支持了有关“让太阳、恒星和行星保持运动的因素”的观点的论据）。让我们从支持“地球为球形”这一观点的论据开始。

地球为球形

有一种普遍但错误的观点：在16世纪前，人们大都认为地球是平的。事实上，至少从古希腊时期（比如柏拉图和亚里士多德生活的约公元前400年）开始，在受过教育的人中几乎没有人认为地球是平的。那么，对我们前人的这个误解是如何变得如此普遍？这是一个很有趣的问题，但这个问题偏离了我们在这里所关注的重点。在这里，我们只需知道，追溯到至少公元前400年，我们的前人就有很好的理由来相信地球是球形的。思考下面这段来自托勒密《至大论》序言中的话。（从此处开始，所有引用，除非特别指出的，均来自托勒密《至大论》序言。括号里的数字，比如【1】，是我添加的标号，以方便指明具体段落。）

第四部分　作为一个整体，地球明显是球形的

现在，同样地，把地球作为一个整体来看，它明显是球形的，我们应该倾向于这么认为。【1】……很可能看到的情况是，对地球上不同观察者来说，太阳、月亮和其他星体升起和落下的时间并不相同，而且对住在东方的人来说总会早一些，对住在西方的人来说总会晚一些。【2】我们发现对发生在同一时刻的食现象，特别是月食现象，不同观察者记录的时间并不相同，但每条记录的时间与正午时刻相比都有相对相同的时间间隔，不过我们总是会发现，与在西边的观察者所记录的时间相比，在东边的观察者所记录的时间总是晚一些【3】人们发现这个时间上的差异与不同地点间的距离成比例，因此可以合理地认为地球表面是球形的，其结果就是，保持一致的曲率可以保证地球表面每个部分都按比例地跟随地球运动。但是，如果这个曲率发生变化，上述一切就不会发生，这在下面的思考中可

见一斑。

【4】因为，如果它【地球】是向内凹陷的，那么在西边的人们就会第一个看到升起的星星；如果它是平的，那么对所有人来说，星星将在同一时间升起和落下；如果它是金字塔形、立方体或任何一种多边体，那么同样地，所有位于同一直线上的观察者将会同时看到星星升起或落下。然而，以上所有情况似乎都并没有发生。【5】可进一步明确的是，地球也不是圆柱体……【因为】我们越靠近北极，南方天空的星星就越少，而北方天空的星星则开始出现。所以，在这里，地球表面不同物体的曲率在物体的倾斜方向上都是相同的，这明确表明了地球每个面都是球形的。【6】再举个例子，当我们向高山或任何地势高的地方航行时，不管是在什么时候，从什么方向出发，以什么角度前进，我们所能看到的目的地都会一点一点地增加，好像它们是从海里升起来的，而在此之前，由于水面的曲率，它们看起来像是淹没在水中。（穆尼茨，1957，pp.108-109）

在我标注为【1】的段落中，托勒密首先提到，根据观察者在地球上所处位置的不同，太阳、月亮和星星升起和落下的时间也有所不同。举个例子，想想今天早上的太阳。我相信你明白，当太阳在你所在的地方升起时，对住在比你更靠东方的人来说，太阳早已升起，而对住在比你更靠西方的人来说，太阳则还没有升起。托勒密和他同时代的人也知道这个事实，而这个事实最直接明确地解释了地球是球形的。在段落【2】中，托勒密指出，人们记录的“食现象”所发生的时间同样很好地解释了地球是球形的。在段落【3】中，托勒密指出，由于时间上的差异与观察者所在位置之间的距离成比例，地球的曲率肯定是相当一致的。

请注意，托勒密在这里所隐含的推理是一种常见的证实推理，我们在第 4 章中对此进行过讨论。具体来说，托勒密在段落【1】中的推理如下：如果地球是球形的，人们就应该观察到太阳、月亮和星星对住在东方的人们来说会更早升起，而对住在西方的人来说会更晚升起，由于这正是人们所观察到的情形，这就支持了“地球为球形”的观点。段落【2】和段落【3】中的推理与此相似，也就是说，通过直接明确的证实推理，这些事实都支持了“地球是均匀的球形”的结论。

接下来，在段落【4】中，托勒密转而开始进行不证实推理，他认为如果地球不是球形而是其他形状，那么我们就不会观察到实际已经观察到的结果。举个例子，托勒密指出，如果地球是平的，我们应该会观察到太阳、月亮和星星在地球上不同地方升起的时间都相同，但是由于我们没有观察到这个现象，这就成了“地球是平的”这一观点的不证实证据。

请注意，截至这里，托勒密的论证过程真的只证明了地球在东西方向上的曲率一致。换句话说，托勒密到目前为止的观察结果与“地球是一个南北向的圆柱形”的观点相一致。因此，为了完成这个论证过程，托勒密开始考虑能够证明地球不可能是圆柱形的证据。在段落【5】中，托勒密指出一个人如果从北向南运动，就会看到不同的星星。举个例子，我们住在北半球的人可以看到北极星，而在南半球的人就看不到这颗星星。同样地，住在南半球的人可以看到南十字星座，而在北半球的人就无法看到。这正是在地球是球形的情况下，人们所能预期看到的情形。如果地球是其他形状，比如圆柱形，那么我们所能预期看到的情况就会与此相反。最后，在段落【6】中，托勒密指出了一个早已为人们所知的事实，那就是如果一个人向陆地航行，首先看到的陆地将会是山峰顶端，然后，随着距离陆地越来越近，山顶以下的部分就会逐渐显现。同样地，这是“地球是平的”这一观点的不证实证据，同时也是在地球是球形的情况下，人们所能预期看到的情形。

总结一下，“地球最有可能的形状是球形”的观点得到了很好的论证。接下来我们将探讨“地球是静止的”观点的论据（尽管它们都是很有力的论据，但后来都被证明是错误的）。

地球是静止的

在 17 世纪以前，有很多很有力的理由让人们相信地球是静止的，也就是相信地球既不围绕另一个星体沿某个轨道运动，也不围绕其自身轴线旋转。尽管这些理由后来都被证明是错误的，但是它们的错误之处都不易察觉。

早在古希腊时期，人们就思考了地球围绕太阳运动或者以自身轴线为中心旋转的可能性。托勒密明确思考了这个可能性。举个例子，在序言第 7 部分中，托勒密写道：

> 现在，某些人……根据自己的想法都一致认为某些情况更为可能是真的。对他们来说，似乎没有什么是与自己的想法对立的，这样的想法之一就是天体保持静止，而地球则绕同一轴线自西向东旋转，大约一天转一圈……（穆尼茨，1957，p.112）

托勒密清楚地认识到，太阳显然每天都在围绕地球运动，要解释这个现象，可以假设地球是静止的，这样就是太阳每天绕地球运转一周，或者假设太阳是静止的，这样就是地球每天沿自身轴线旋转一周。两种假设都可以解释太阳每天绕地球运动的显而易见的现象，在《至大论》

中，我们看到托勒密明确考虑了第二种可能性。

然而，托勒密的结论是，“地球在运动”的观点，不管这种运动是绕自身轴线旋转，还是围绕太阳运转，都与一些实实在在的证据相矛盾，因此“地球是静止的”是有更多证据支撑的观点。托勒密给出了很多论据，我称之为常识论据，另外还有两个多少有些困难但又非常有力的论据，我分别称之为基于运动物体的论据和基于恒星视差的论据。我们将从常识论据开始讨论。

常识论据

请注意，我们是基于常识得出了地球静止的观点（我们的前人也是如此）。举个例子，如果你望向窗外，当然感觉地球是静止的。毕竟，当我运动的时候（比如，坐在一辆汽车或火车里时，或者骑自行车时），我当然会注意到自己在运动。就算是在相对低速的情况下，比如骑自行车的时候，我也会感受到运动造成的震动，会感受到迎面吹来的风，等等；或者，如果你坐在一辆敞篷车里以 70 英里㊀/ 每小时的速度在州际公路上行驶，毫无疑问，你会知道自己在运动。同样地，你会感受到震动和风，以及其他通常在运动时可以观察到的现象。

现在，假设地球在运动。首先，思考一下地球每天绕自身轴线旋转一周的可能性。地球周长是 25 000 英里（托勒密时代的人们以及生活在古希腊时期的人们都清楚地知道地球大约就这么大）。基于这个周长，如果地球每天绕自身轴线旋转一周，那么在赤道地区，地球表面的运动速度将超过 1000 英里 / 小时（如果地球表面要在 24 小时内运动 25 000 英里，那就必须以这个速度运动）。简言之，如果地球每天沿自身轴线

㊀ 1 英里≈ 1609 米。

旋转一周，那么在地球表面上的你和我现在就将以大约 1000 英里 / 小时的速度运动。然而，即使当我们以一个相对较低的速度运动，比如骑自行车或坐着敞篷车在州际公路上疾驰时，我们也会很清晰地注意到运动产生的效果。所以，毫无疑问，如果我们目前在以 1000 英里 / 小时的速度疾驰，那一定会注意到因运动而产生的效果。由于我们没有观察到这样的结果（托勒密同时代的人们也是如此），这就为“地球绕自身轴线旋转”的观点提供了不证实证据。

如果我们思考一下地球围绕太阳一年运转一圈的可能性，那么上面所描述的情形会变得更加夸张。我们知道地球绕太阳运转的轨道半径是将近 100 000 000 英里。（顺带提一句，在托勒密时代，尽管人们并不知道地球与太阳之间的确切距离，但是两者之间距离遥远的事实应该已经是众所周知的了。）考虑到地球与太阳之间的距离，地球运动的速度需要达到大约 70 000 英里 / 小时才能实现一年绕太阳运转一圈。然而，同样地，我们需要考虑到如果我们坐在一辆敞篷车里，以 70 英里 / 小时的速度行驶，运动所产生的效果就会非常明显。我们会感受到速度是 70 英里 / 小时的风迎面吹来，感受到运动产生的震动，如果我们试图从敞篷车里站起来，那一定会从车上摔出去，等等。所以，毫无疑问，如果我们是以 70 000 英里 / 小时的速度运动，那么一定会注意到运动所产生的某些现象。然而，70 000 英里 / 小时速度的风在哪里？这样快速的运动必然会造成震动，这些震动在哪里？如果地球在以 70 000 英里 / 小时的速度运动，那么我们怎么可能在地球表面上站着？

简言之，如果地球在运动，那么我们应该能预计看到某些显而易见的效果，由于我们并没有观察到这些效果，我们就有合理的理由认为地球并没有在运动。

让我们再探讨一个常识论据，也是托勒密给出的论据之一。我家门前的院子里有一块巨大的卵石，大约4英尺[⊖]高，3英尺宽。这块卵石就放在我家前院，一动不动，只有外界力量移动它时，这块卵石才会移动。除此之外，如果我要移动这块卵石，比如用园艺拖拉机来移动它，那么只有在我持续向前推的时候，这块卵石才会持续运动，只要我不推了，它马上就会停下来。

现在想一想地球。地球大体上可以算是一块巨大的岩石，只是比我家前院的卵石大很多，也重很多。因此，就像卵石只有在外力移动它时才会移动，地球也是相同的情况，也就是只有外力使它运动时，地球才会运动；就像卵石只有在外力持续使它运动时才会保持运动状态，地球也是只有在外力持续使它运动时才会保持运动状态。然而，首先，看起来似乎没有什么可以使地球运动起来；其次，即使存在这样的物体或力量，也没有什么可以使地球持续保持运动状态。所以，认为地球是静止的更加合理。

总结一下，即使是这些基本的常识论据，也都为秉持“地球是静止的”这一观点提供了很好的理由。同样地，这些论据也存在缺陷，因为我们知道地球是运动的，不仅以自身轴线为中心旋转，还围绕太阳运转。然而，这些常识论据的缺陷并不是显而易见的，我们的前人用了大量聪明才智，花费了几十年甚至是上百年时间，才搞清楚为什么我们可以一方面以前面提到的速度运动，另一方面却观察不到任何预计应看到的效果。这些故事都会成为后续章节的一部分。

基于运动物体的论据

基于运动物体的论据是对“地球是静止的”这一观点最有力的支持证据之一。基于运动物体的论据同样源于简单的观察。托勒密指出，下落的物体会垂直落到地球表面。接下来，我会多少修改一下托勒密的论

⊖ 1英尺≈0.3048米。

证过程，我将思考一个相反的情形，也就是把一个物体竖直向空中抛出，你会发现物体会垂直于地球表面向上运动，然后竖直落下来，仍然垂直落到地球表面。我这个例子背后的想法与托勒密所举例子背后的想法是完全相同的，不过我认为在把物体向空中抛出的例子中，其背后的想法更容易理解。我们将看到，下落的物体垂直落到地球表面，以及向空中抛出的物体垂直于地球表面向上运动，然后垂直下落，这些都意味着地球肯定是静止的。

要理解这个论证过程，我们必须先讨论一下关于运动物体行为特征的普遍观点，比如物体运动是因为它们被竖直向上抛出。关于抛出的物体，我将让你思考两种情形，然后请你问问自己，哪种情形更接近于实际发生的情况。

在这两种情形中，我们都想象萨拉站在一块滑板上，手里拿着一个球，随着滑板从左向右运动。在运动的过程中，萨拉把球竖直向空中抛出。在整个过程中，萨拉始终在运动。关键问题是：当球在空中时，萨拉会不会（随着滑板运动）离开球下的位置，从而使球落到她身后？或者会是相反的情形，也就是球会沿弧线运动，重新落到萨拉手中（或者至少是靠近萨拉的手的位置）？

如果用示意图来表示，那么这两种情形就分别是图 10-1 和图 10-2 的样子。

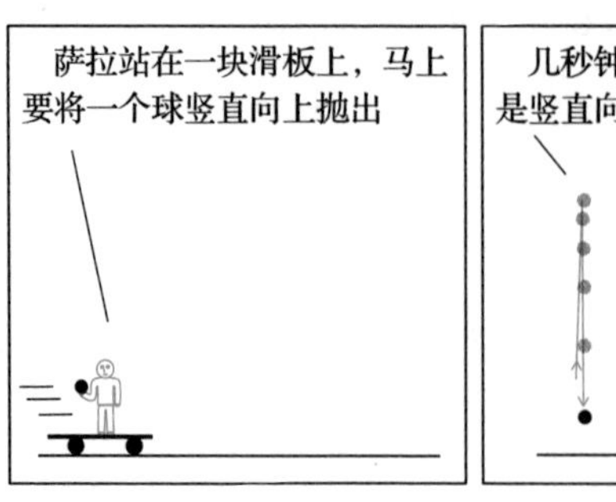

图 10-1　球会沿这个路线运动吗

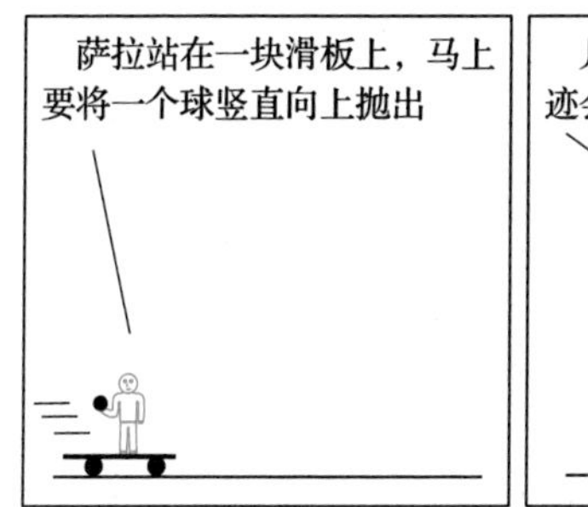

图 10-2　还是球会沿这个路线运动

现在的问题是，球是会如图 10-1 所示的那样，也就是当球在空中的时候，萨拉离开了球下的位置，因此球落到了萨拉身后，还是会如图 10-2 所示的那样，也就是球将做弧线运动，几乎落回到萨拉手中。正如我们在前面提到过的，请你问问自己，你认为球会按照哪个路线运动。概括一下，这个问题就是，当我们在运动的时候，向上竖直抛出一个物体，这个物体会落在我们身后，还是会沿弧线运动，然后重新落到我们手中，或者落到我们手边的位置？

面对这个问题时，大部分人都会选择图 10-1 所示的情形，而且确实，这似乎是关于运动的常识性观点。然而重点是，如果你认为那是关于运动正确的观点，那么为了保持逻辑上的一致性，你一定也会认为地球是静止的。

接下来，我会解释为什么会这样。在前面提到的情形中，造成运动的因素是不起作用的。也就是说，不管萨拉是因为站在滑板上、因为坐在一辆疾驰的汽车上、因为在骑自行车，还是因为其他任何因素而运动起来，这种情形都不会有任何改变。如果萨拉是因为站在运动着的地球表面而运动起来，那么这种情形也不会有任何改变。也就是说，如果萨拉运动是因为她站在运动着的地球表面，而抛出的物体的运动行为模式如图 10-1 所示，那么当萨拉站在自家前院，把球竖直向上抛出时，她将会离开球下位置（因为她站在运动着的地球表面，所以随着地球运动)，因此球会落到她身后。但是，当我们把一个物体竖直向空中抛出时（或者像在托勒密的例子中那样，我们向下抛出一个物体，让它垂直下落)，这个物体并没有落到我们身后。这一点有力地支持了“地球没有在运动”的观点。

这又是一个不证实推理的例子。如果地球在运动，那么竖直抛出的物体应该落在我们身后；然而，我们没有观察到被竖直抛出的物体落在身后；所以，地球没有在运动。

我们在第4章中讨论过，在不证实推理中几乎总是存在辅助假设。在这个例子中，关键的辅助假设涉及对运动的看法。具体来说，考虑了关键辅助假设后，这个论证过程应该是这样的：如果地球在运动，同时，如果图10-1所示的对运动的看法是正确的，那么抛出的物体应该落在我们身后；然而，抛出的物体并没有落在我们身后，所以要么地球没有在运动，要么图10-1所示的对运动的看法是不正确的。

后来人们证明，地球确实是在运动的，而图10-1所示的对运动的看法则是不正确的。然而，同样地，就算是在今天，对运动的这种看法仍然是一种常见观点（尽管是错误的)，而在亚里士多德世界观占主导地位的时代，这种关于运动的看法在大部分时间里都是广受接纳的观点。关于运动的正确观点，是一代又一代人运用聪明才智，进行了大量工作、花费了大量时间才逐步发展确立的，这个过程我们将在后续章节进行讨论。然而，在这里值得再次强调的是，尽管托勒密的这个论据最后被证明是错误的，但错误的基础是有关运动的一些不易察觉而又十分困难（即使在今天也是如此）的命题。

基于恒星视差的论据

在《至大论》序言的第六部分中，托勒密指出恒星的“角距离”不管在哪里看起来都是大小相等、形状相似的（穆尼茨，1957，p.110），在接下来的一个小节中，他指出这个事实支持了“地球是静止的”这一观点。同样地，这也是“地球是静止的”这一观点的支持论据中，更令人信服的一个，但是理解起来需要花些力气。

当托勒密指出恒星的“角距离”看起来保持不变时，他所指的就是我们所说的恒星视差。具体来说，托勒密的意思是我们无法观察到恒星视差，而这支持了“地球是静止的”这一观点。要理解托勒密的论证过程，让我们首先来理解视差。

视差是由于观察者的运动（而非物体本身的运动）造成的物体位置的明显偏移。举个例子，假设在你眼前一臂远的地方竖直举一支钢笔，保持这支钢笔静止，把你的头从左向右移动，注意钢笔和背景中其他物体的位置发生的偏移。这些物体位置的明显偏移当然是由于你的头在运动，而不是钢笔和背景中其他物体在运动。这就是视差的例子，也就是说，物体位置的明显偏移是由于你的运动。

正如前面提到过的，当托勒密谈到恒星的角距离在地球上任何位置都保持不变时，他所指的就是我们无法观察到恒星视差的事实。恒星视差就是由于我们的运动而造成恒星位置的明显偏移。托勒密所要表达的是，如果地球在运动，不管是绕自身轴线旋转还是围绕太阳运转，我们应该都能观察到恒星视差。然而，我们并没有观察到这种现象，所以地球一定没有在运动。

要更清楚地理解这一点，让我们假设地球绕自身轴线旋转。正如前面提到过的，地球周长大约为 25 000 英里，所以，如果地球绕自身轴线旋转，那么我们每小时要运动 1000 英里。假设我们晚上出门，仔细观察几颗恒星的位置，并把它们绘制出来。然后，过几小时，我们再把同样几颗恒星的位置绘制出来。在这两次观察之间，我们已经运动了上千英里（如果地球绕自身轴线旋转的话），所以由于我们已经运动了上千英里，我们应该发现所观察的恒星位置出现了明显偏移（同样地，偏移发生在恒星之间的相对位置上）。也就是说，我们应该能看到恒星视差。但是，我们并没有观察到任何视差。因此，地球肯定没有绕自身轴线旋转，而这也是托勒密要表达的观点。

同样地，如果我们考虑地球围绕太阳运动的可能性，那么情形会变得更加夸张。如前所述，在托勒密时代，人们并不能很好地估算出地球和太阳之间的距离，现在我们知道这个距离是将近 100 000 000 英里，而那时的人们只知道应该是一个相当遥远的距离。把我们所知的地球与太阳之间距离的数据用在这个例子上，如果地球围绕太阳运转，那么当我们从自己此时所在的地球轨道上的这个点运动到地球轨道上与我们距离最远的那个点时，我们就运动了将近 200 000 000 英里。现在，请回忆一下前面视差的例子，也就是你举着钢笔、观察钢笔和背景中其他物体位置的例子。在那个例子中，你的头只是移动了几英寸[⊖]就造成了明显可见的视差。所以，如果我们移动 200 000 000 英里，似乎绝不可能观察不到恒星视差。然而，同样地，正如托勒密所指出的，我们确实没有观察到这样的视差，因此我们一定没有在运动。简言之，托勒密基于恒星视差的论据对“地球没有在运动”的观点来说，是一个强有力的、逻辑正确的又有经验为基础的论据。

应该明确的是，这同样是一个不证实推理过程，因此与通常的不证实推理过程一样，在这个论据的表象之下总是隐藏着各种各样的辅助假设。在继续阅读下面的内容之前，你可能会想暂停一下，看看自己是否可以找出这个论据中关键的辅助假设。

在这个论据中，关键的辅助假设与距离有关。你可能已经注意到了，在探讨视差的例子（比如你举着钢笔的例子）时，物体位置明

⊖ 1 英寸≈ 0.0254 米。

显偏移的多少取决于物体与你之间的距离。具体来说，物体距离你越远，其位置的明显偏移就越少。所以，对我们没有观察到恒星视差的一个解释就是，恒星与我们之间的距离超乎想象得远。但是，不要忘了，如果地球围绕太阳运转，那么从我们自己此时所在的地球轨道上的位置到地球轨道上距离我们最远的那个点之间，距离是非常远的，将近 200 000 000 英里，这也是理解我们前人这个推理过程的一个重点。所以，当我们移动了如此远的一段距离之后，仍然没有观察到恒星视差，那么恒星应该是在一个遥远到难以置信的地方，我想表达的确实是一个难以置信的，或者说遥远到不可思议、几乎是无法想象的地方。

所以，这里所涉及的推理过程实际上更像是下面这样：如果地球在运动，如果恒星不是在一个遥远到几乎无法想象的地方，那么我们应该看到恒星视差；然而，我们没有看到这样的视差，那么要么地球没有在运动，要么恒星在一个遥远到几乎无法想象的地方。

我们已经接近这一小节的尾声了，在这里，我想请你回忆一下在第8 章中探讨过的一点，它与我们的前人对宇宙大小的观点有关。他们认为宇宙非常巨大，但那只是以他们自己的标准而言，与我们今天认识到的宇宙大小并不能相提并论。认为宇宙巨大到无法想象，这对你和我来说并没有问题，不过这是因为这个观点与你我从小到大所接触的世界观能够拼合在一起。然而，这个“宇宙巨大到无法想象”的观点却并不能很好地与亚里士多德世界观的观点拼图拼合在一起。因此，考虑到当时占主导地位的世界观，“宇宙巨大到无法想象”的概念实际上并不是一个可行的选项。因此，基于恒星视差的论据就成了“地球是静止的”这一观点的另一个有力论据。

我想指出的最后一点是，恒星视差最终被观察到了，尽管直到1838 年才对恒星视差进行了第一次准确测量，此时距离托勒密撰写

《至大论》已经过去了将近1700年。事实上，对恒星视差的观察结果，目前已成为支持“地球围绕太阳运转”的观点最有力的经验证据。

地球是宇宙中心

如果你认为地球是球形的、静止的，那么地球位于宇宙中心看起来就是很自然的事。确实，“地球是宇宙中心”的观点与其他相关观点的契合度最高。《至大论》序言的第五部分具体论述了托勒密认为地球是宇宙中心的理由。在这一部分中，托勒密引用了多个亚里士多德在《论天》中所使用的论据，托勒密似乎明显支持亚里士多德的这些论据。接下来，我将呈现的内容从某种程度上说是亚里士多德和托勒密两人论据的结合体。

第一个论据，请注意：地球当然看起来是宇宙中心。月球、太阳、恒星和行星看起来全都围绕地球转动，因此，既然这些天体都围绕一个共同的中心（地球）转动，那么认为地球是宇宙中心似乎是自然而然的。换句话说，地球中心论的观点是最直接明确的观点。（顺带提一下，广为人知的是月球和太阳似乎围绕地球转动，但不那么广为人知的是恒星和行星似乎也围绕地球转动。在下一章中，我们将更详尽地讨论这些天体的运动。）

除此之外，回忆一下，在亚里士多德世界观中，土元素有一种向宇宙中心运动的天然趋势，而火元素则有一种远离中心、向边缘运动的天然趋势。这也就是为什么比较重的物体（比如石头）会下落，而火会向上燃烧。由于地球本身似乎主要由土元素组成，而土元素的天然位置就是宇宙中心，因此地球本身自然会位于宇宙中心。

回忆一下我们前面对运动中的物体所进行的讨论。我指出，一个物体，比如我家前院的大卵石，只有在有其他因素使它运动时才会运动。由于地球本身主要由土元素组成，会天然地位于宇宙中心，又由于地球（就像我家前院的大卵石）只有在有其他因素使它运动时才会运动，同时由于似乎不存在可以使地球运动的因素（这点同样可以参考前面的讨论），最合理的结论就是，地球天然地位于宇宙中心，而且不会离开这个位置。

“重的物体有一种向宇宙中心运动的天然趋势”的观点提供了另一个支持地球中心论观点的论据。鉴于我们知道（参考前面的论据）地球是球形的，而且在前面也讨论过，我们观察发现下落的物体会垂直落到地球表面，因此，我们可以立刻得出结论：地球中心一定是宇宙中心。要理解这一点，设想一下，我们在地球上几个不同的位置分别抛出一个物体。这些物体都会向宇宙中心运动，因此，它们下落的轨迹所指向的就是宇宙中心。由于这些不同的轨迹（这些物体是在地球上不同位置被抛出的）在地球中心交汇到一点，那么接下来可以得出地球中心就是宇宙中心的结论。

与“地球是静止的”这一观点的论据类似，请注意前面提到的这些论据与亚里士多德世界观里的其他观点，也是相互联系又彼此依赖的。举个例子，刚刚提到的几个论据就依赖于“物体在宇宙中有一个天然位置”的观点。这再次印证了第 1 章里的观点，也就是在一个观点拼图里，单个观点之间是紧密相联的，不可能在不对整体观点拼图进行实质性改变的情况下改变其中部分观点。

结语

回到本章开篇时所提出的观点，我们的前人有很合理的理由来相信地球是球形的、静止的，并且位于宇宙中心。关于“地球是球形的”这一观点，我们的前人所提出的论据后来被证明是绝对正确的。关于“地球是静止的”和“地球位于宇宙中心”的观点，他们的论据后来被证明是错误的，但错误的原因却非常不易察觉。正如前面提到过的，后来经过几十年甚至是几百年的时间，经过许多在科学史上著名人物的共同努力，才发展出一个可以与“运动的地球”相匹配的新观点体系。

至此，我们完成了对“地球是球形的、静止的，并且位于宇宙中心”等观点的主要支持论据的讨论。最终会出现一些证据，表明后两个观点是错误的，而这会使亚里士多德世界观出现严重的问题。同时，正如我们在前面提到过的，最终亚里士多德世界观会被牛顿世界观所取代。重点是，从亚里士多德世界观到牛顿世界观的转变涉及多个关于宇宙结构的理论。基于这一点，接下来我们讨论的主题将是这些理论需要解释的数据，然后我们将对多个天文学理论进行探讨。

第 11 章

天文学数据：经验事实

在接下来的几个章节中，我们将陆续研究托勒密、哥白尼、第谷和开普勒等人的天文学理论，随着这些理论的发展更迭，人们对宇宙的看法从旧的亚里士多德方式转变到了更新一点儿的牛顿方式。我们对这些理论的研究意在理解这个转变过程所涉及的某些因素和命题。在人们对宇宙看法转变的过程中，前面提到的几个理论都扮演了重要角色。为了理解这些理论，我们需要对一些数据进行研究，因为这些理论基本都是用来解释这些数据的。

我们在前面的章节中讨论过，不管我们希望从理论中得到什么，理论必须至少可以对相关数据进行解释和预言。换句话说，一般来说，对某个特定的理论，存在一系列相关事实，这个理论应该能够对这些事实进行解释和预言。

除此之外，正如我们在第 3 章中讨论过的，“事实”这个概念并不像其看起来那么直接明了。具体来说，我们提到了，一些事实是相对直接明了的经验事实，最好的经验事实范例就是直接的观察结果，比如，在我所在的地方，我们称为太阳的发光体今天早上 6：33 从东方地平线上出现。同时，我们也注意到同样存在哲学性 / 概念性事实，也就是通常人们坚信不疑的观点，而且经常看起来是经验事实，但实际上更多的是基于某个人的世界观，而不是直接明了的观察结果。

在接下来的两章中，我的主要目标就是解释一些事实，这些事实都与托勒密、哥白尼、第谷和开普勒等人的天文学理论相关，其中既包括经验事实，也包括哲学性 / 概念性事实。在本章中，我们研究的重点是一些更为重要的经验事实，而在第 12 章中，我们将研究哲学性 / 概念性事实。

托勒密、哥白尼、第谷和开普勒等人的理论都是天文学理论，所以这些理论必须解释和预言的相关事实，基本都与天文学事件相关。当我说“天文学事件”时，我指的是涉及天体的事件，比如涉及月球、太阳、恒星和行星的事件。这些事件在很大程度上都与人们所观察到的这些天体的运动有关。接下来的内容，并不是一个包含了所有这些天体运动的目录，但是可以让你很好地体会一下，不同天文学理论需要解释和预测的经验事实有怎样的一个范围。

重点是，本章是关于经验事实的，因此在谈到运动时，我们关注的重点是人们所观察到的太阳、月球、恒星和行星等天体的运动。举个例子，当我们谈到火星的运动时，重点并不是火星是沿什么形状的轨道运动的——是椭圆形、圆形，还是其他什么形状。相反，重点是人们所观察到的火星的运动。更具体地说，在夜空中有一个我们通常称之为火星的肉眼可见的亮点，这个亮点以某种方式运动（接下来我们将会更详细地描述这个运动）。因此，当我们谈到火星的运动时，我们谈到的其实是人们直接观察到的关于这个亮点如何在夜空中运动的直接明确的经验事实。

理解了这一点以后，让我们从人们所观察到的恒星运动开始讨论。

恒星运动

恒星运动似乎是以一种有规律的模式，将近每 24 小时重复一次。举个例子，假设你身处北半球，晚上 9 点出门去观察恒星。假设你所关注的是我们称为北斗七星的七个亮点的运动。在夜晚，你会发现北斗七星围绕着被我们称为北极星的亮点做逆时针圆周运动。如果你在那个位置站整整 24 个小时，当然白天你肯定看不见北斗七星了，不过当夜晚再次降临时，你就会发现很明显北斗七星在继续围绕北极星做圆周运动。24 小时后，也就是第二天晚上 9 点，你会发现北斗七星的位置与前一天晚上它所在的位置非常接近。简言之，北斗七星和其他靠近北极星的恒星似乎都在做圆周运动，而北极星就是这个圆周的中心。而且，这些恒星将近每 24 小时完成一次围绕北极星的圆周运动。

假设接下来的一天晚上，你又出门，观察比北极星还要远的恒星，比如那些夜幕刚刚降临时靠近东边地平线的恒星。随着夜越来越深，你会发现这些恒星沿一条弧线运动（跟太阳在空中运动时所沿的弧线十分相似），最终从西边地平线落下。同样地，如果你观察整整 24 个小时，会发现同样的恒星所在的位置与你前一天晚上同一时间看到它们时的位置几乎是相同的。

南半球天空中的恒星同样也在空中沿弧线运动，也就是从东南地平线升起，从西南地平线落下。同样地，这些恒星所在的位置都与 24 小时前它们最初所在的位置非常接近。

最后，还有两点值得注意。第一，前面所描述的观察，其基础是假设你在北半球观察恒星。如果你身处南半球，你将会看到不同的恒星（比如，北极星你就看不到了），不过恒星的运动模式与前面所描述的模式是类似的。

第二，每颗恒星都会在空中运动（除了北极星，北极星运动的幅度并不是特别明显），但它们与其他恒星的相对位置都保持不变。也就是说，恒星以组为单位在夜空中运动。如果你选择具体的一颗恒星来观察并记录它的运动轨迹，你会发现这颗恒星在夜空中与其他恒星的相对位置总是保持不变的，这也就是为什么恒星习惯上都被称为“固定的星星”。它们并不是真的固定在一个位置，尽管它们看起来确实是每 24 小时围绕地球运转一圈，不过这些恒星是以组为单位来运转的，因此彼此之间的相对位置是固定的。

总结一下，我们称为恒星的亮点以一种可预测的模式运动，而这个运动模式至少在人类有记录的历史开始之时就已经被发现了。接下来，让我们来研究一下太阳的运动。

太阳的运动

太阳最直接明了的运动是它每天在空中的运动。太阳从东方升起，在空中沿弧线运动，在西方落下。距离前一次升起将近 24 小时后，太阳会再次升起。

除此之外，太阳在东方升起的点的位置在一年之中进行南北移动。在冬至这一天（冬季的第一天，是一年之中白天时间最短的一天，一般是 12 月 22 日或前后几天），太阳在东方地平线升起的点位于其在一年之中的最南端。在接下来的几个月中，太阳在东方地平线升起的点逐渐向北移动，直到 3 月 22 日或前后几天（也就是春分日，标志着春季的第一天），太阳几乎是在正东方升起，这一天白天和夜晚的时长几乎相等（由于某些复杂的原因，在春分日这一天，白天和夜晚的时长并不是完全相等的，这与主流观点相左，但我们在这里并不需要关注）。同样地，在接下来的几个月中，太阳在地平线上升起的位置继续向北移动，在夏至（标志着夏季的第一天，是一年之中白天时间最长的一天，通常是 6 月 21 日或前后几天）这一天来到它所能到达的最北端。然后，太阳升起的位置开始向南移动，到了秋分这天（秋季的第一天，通常是 9 月 22 日或前后几天），太阳再次几乎从正东方升起。最后，在秋分以后的几个月间，太阳升起的位置继续向南移动，直到 12 月 22 日或前后几天，太阳再次从它所能达到的最南端升起，同样地，这又标志着冬季的第一天。这个闭环的运动过程年复一年地重复着，从人类已知的历史之初就是这样了。（顺带提一句，请再次注意一下，我前面描述的情形是基于北半球视角。如果是基于南半球视角，太阳的运动模式是相似的，不过其中某些因素会有所不同，比如季节）。

以上这些运动并不是太阳所进行的唯一运动。太阳在空中与其他恒星之间的相对位置每天都在变化。尽管我们通常不会关注太阳与其他恒星的相对位置，但要记录这个位置并不困难。如果你在日落时分出门，观察在西方地平线上哪些恒星是在日落以后马上就可以看到的，你会发现这些恒星每天晚上的位置都会稍微发生一些变化。如果把这些恒星作为参照点，太阳相对于它们的位置看起来是在向东偏移。换句话说，相对于恒星来说，太阳每天所在的位置都会稍稍向东移动一点。（接下来我们将会看到行星也会偏移。这也就是为什么在占星学中，太阳和行星在一年中不同的时间里会位于不同的星座。因此，举个例子，随着太阳相对于恒星的位置不断向东偏移，可能它在某个月时就位于星座摩羯座附近，所以在占星界，人们说太阳在摩羯座，到了另一个月就在双鱼座了，以此类推。）

对太阳较明显运动的描述就到此结束。接下来我们将简要研究月球的运动。

月球的运动

月球的运动要更复杂一些，不过我们只会简要描述其中较为明显的一些运动。在可以看到月球的夜晚（在大多数夜晚我们都可以看到月球，但绝不是每个夜晚都可以），月球像太阳一样从东方升起，在天空中沿弧线运动（这一点也与太阳相似），最后从西方落下（并不一定是每天都在天还没亮时就落下）。与恒星和太阳不同的是，月球并不是在前一次升起后 24 小时再次升起。相反，每天晚上，月球升起的时间都比前一天要推迟一些（推迟的时长在一年中会有所不同，不过平均来说略少于 1 小时）。

月球同样会经过一系列相位，每 29 天多一点这些相位循环一次。这些相位所指的月球有时是月牙，有时是半月，有时是 3/4 月，还有时是满月，等等。不管月球在某天晚上处于哪个相位，从这一天起，经过稍多于 29 天的时间后，月球将再次处于这个相位。

像太阳一样，月球相对于其他恒星的位置也会向东偏移，但偏移的速度比太阳快。月球每经过大约 27 天就回到相对于其他恒星的同一个位置。换句话说，如果你今天晚上出门，把月球相对于其他恒星的位置观察记录下来，然后，经过稍多于 27 天的时间后，月球将会位于同样的相对位置。

正如前面提到过的，这些绝不是月球所进行的全部运动，但却是比较明显的几类月球运动。现在让我们转向更为复杂的行星运动。

行星的运动

讨论行星的时候，我们必须非常小心。你我所生活的时代是一个技术主导的时代，这让我们有幸看到众多行星的照片，其中有些是由像哈勃太空望远镜这样的技术奇迹所呈现的，而有些则来自飞到某些行星附近或登陆某些行星的宇宙飞船。

正因如此，提到行星时，第一时间出现在我们脑中的画面，与那些生活在还没有现代科技时代的人们脑中第一时间出现的画面相比，会非常不同。不过，有两点需要记在脑中：第一，我们现在的讨论只是为后面讨论托勒密、哥白尼、第谷和开普勒等人的天文学理论提供背景知识，而这些天文学家中没有一个能接触到我们所能接触的科学技术；第二，我们在讨论的是经验事实，就大多数明确的经验事实而言，它们都是由明了的、由直接观察得来的数据组成的。

因此，一个相关联的问题是，关于行星，我们有哪些直接的、由观察得来的数据？换句话说，如果我们仅依靠直接的裸眼观察，那么关于行星的事实都有些什么？

需要指出的第一点是，在任意一个确定的夜晚，我们称为行星的一个亮点与我们称为恒星的一个亮点看起来并没有显著的不同。总的来说，恒星和行星看起来非常相像。顺带提一句，你可能听说过恒星会闪烁，而行星不会。这个说法有一定依据，但是我从来没见过哪个人对夜晚星空没有什么了解，却可以根据夜空中的亮点是否闪烁来区分行星和恒星。只有当你学会了用其他条件来区分行星和恒星后，你才会开始注意夜空中某个亮点是否闪烁。

除此之外，在任何一个夜晚，我们称为恒星的亮点和称为行星的亮点在空中的运动方式都是相似的。也就是说，在单独某个晚上，所有亮点，不管是恒星还是行星，它们在夜空中的运动，都像我们在恒星的运动那个部分里所描述的一样。

简言之，如果你不是已经知道了如何分辨恒星和行星，那么在任意一个给定的夜晚你都无法看出两者之间的区别。然而，至少在人类有记录的历史开始之时，我们的前人就发现了夜空中有 5 个亮点与其他上千个亮点有所不同。这个不同点主要是基于这 5 个亮点的运动模式，但并不是它们在某一个夜晚的运动，而是经过许多夜晚形成的运动模式。（顺带提一句，我们通常认为存在 8 颗行星，但是直到 18 世纪，随着望远镜技术的发展，人们所知的行星都还仅仅是那些肉眼观察可见的行星，也就是水星、金星、火星、木星和土星。）

正如前面提到过的，在任何一个夜晚，行星的运动通常看起来与恒星相同。例如，如果你花上几个小时来观察木星，你会发现它随着恒星在运动，而且通常看起来与恒星没有任何不同。然而，如果你持续几天或几个星期仔细观察木星，你就会注意到，与月球和太阳相似，木星与恒星的相对位置在不断偏移。一般来说，每天晚上，木星相对于恒星的位置都会比前一天晚上更靠东一点，因此几个星期或几个月以后，木星相对于恒星的位置就出现明显的向东偏移。

同样值得指出的是，与恒星不同，行星的亮度变化很大。举个例子，当金星用肉眼可见的时候，总是看起来相当明亮，不过有些时候它会比其他时间更加明亮（最明亮的时候，金星看起来像一架正在着陆的飞机上的着陆灯）。其他行星亮度变化并不像金星那么显著，不过尽管如此，5 颗肉眼可见的行星的都会时常出现亮度上的明显变化。

总之，上面这些就是行星和恒星之间唯一明确的、基于肉眼观察的区别。我们称为恒星的上千个亮点彼此之间的相对位置，至少从人类有记录的历史开始，就一直没有发生变化，而且通常每颗恒星的亮度在不同时间点看起来似乎都是一样的。相比之下，而我们称为行星（行星这个词的英文是planet，源于希腊语中“漫游者”这个词）的5个亮点，它们相对于恒星的位置会发生偏移，而且在不同时间点，亮度也有高有低。

任何一个适当的天文学理论都必须能够解释这些观察结果。举个例子，一个适当的理论必须能够考虑到木星不同的亮度和与恒星相对位置的偏移，必须能够预测明年这个时候木星将会出现在夜空中的什么位置。

由于行星与恒星的相对位置会发生偏移，因此相比之下，预测行星位置比预测恒星位置的难度要大得多。然而，实际情况还要比这更复杂一些。举个例子，尽管通常每天晚上木星相对于恒星的位置都会向东偏移一些，但大约每年都有一次，木星的位置会有那么几天不发生偏移，紧接着就开始向“错误”的方向偏移，也就是向西偏移。接下来，它会一直向西偏移几个星期，然后再次有那么几天停止偏移，紧接着重新开始向东偏移，持续时间大约又是一年。

行星这种非常有意思的“反方向”偏移被称为“逆行运动”。所有的行星都有逆行运动，尽管逆行的间隔并不完全相同。木星和土星大约一年有一次逆行，火星大约每两年逆行一次，金星大约每一年半逆行一次，而水星则是大约一年逆行三次。

在构建有较好解释和预测能力的天文学理论时，行星的运动，特别是这个有意思的逆行运动，使行星成了到目前为止最让人头疼的一类物体。然而，很快我们将看到，理论还是被构建了起来，而且在解释和预测方面都有不错的表现。

在结束本节之前，还有最后几个关于行星的经验事实值得一提。这些事实看起来微不足道，从某种意义上说，也确实是这样，但是随后，当我们需要判断两个相互竞争的天文学理论哪个更合理时，这些事实将会发挥重要作用。第一，水星和金星的位置从来不会离太阳很远。也就是说，不管太阳在空中的位置在哪里，水星和金星都会在附近。如果你拿着一把一英尺长的尺子，放在距离眼睛一臂远的地方，那也就是金星位置与太阳位置之间（看上去）最远的距离了，水星的距离还会更近。

根据这个事实，可以推论得出，你只能在太阳快要升起时或刚刚落下后看到水星和金星。举个例子，有时候金星跟在太阳后面，因此当太阳落下以后，金星就会出现在西方天空中距离日落点不太远的地方。同样地，金星的位置距离西方地平线绝不会大大超出一把尺子的长度，日落后几小时内，金星就会从西方地平线落下。或者，在一年中的某些时候，金星将在太阳前面，在这种情况下，你会看到金星在清晨日出之前升起，最多在日出前几个小时内可见，到太阳升起后，金星就消失在太阳的光辉中了。

还有一个事实表面上看起来微不足道，但后续在面临相互竞争的天文学理论时，这个事实在支持或反对某个理论的论据中会发挥重要作用。这个事实涉及火星、木星和土星三颗行星的亮度变化与它们进行逆行运动次数之间的关系。正如前面提到过的，所有行星的亮度都会发生变化。举个例子，火星每两年会明显变亮一点。回忆一下，在前面的讨论里，我们提到过火星大约每两年进行一次逆行运动。后来，火星的逆行运动被证明与火星亮度达到最高值的时点之间存在相互关联。也就是说，火星亮度的最高值总是出现在火星进行逆行运动的时候。木星和土星的情况相仿。它们也是在进行逆行运动的时候达到亮度最高值。

不同的天文学体系对这些看起来微不足道的事实会进行不同的解释。在后续章节中我们将看到，某些体系会用一种更自然的方法来解释这些事实，这在关于哪个天文学体系才是正确的争论中将成为一个考虑因素。

结语

天文学理论必须尊重的经验事实绝不简单，不过相对直接明确。这些事实很久以前就为人所知了，追溯到上千年前，一些人类早期的主要文明对这些事实都非常熟悉。后来人们发现，要用某一个天文学理论来解释这些事实一点儿都不简单。也就是说，要构建一个理论来准确预测和解释所有事实被证明是非常困难的。在开始讨论这样的理论之前，我们需要研究一下这些理论需要尊重的其他一些事实。这些事实是哲学性/概念性事实，与月球、太阳、恒星和行星的运动有关，在相互竞争的天文学理论的争论中扮演着重要角色。这些哲学性/概念性事实将是第 12 章的主要话题。

第 12 章

天文学数据：哲学性 / 概念性事实

在这一章中，我们将研究某些关键的哲学性 / 概念性事实，它们都与我们所关心的天文学理论相关。在这些事实中，发挥着最重要作用的两个事实是我们前面提到过的正圆事实和匀速运动事实。我们在第 3 章中第一次对这两个事实进行了讨论，在这里，我们将对它们进行更详细的探讨。

正圆事实和匀速运动事实表述起来并不困难。正圆事实：天体（比如月球、太阳、恒星和行星）沿正圆轨道运动（而不是沿其他形状的轨道运动，比如椭圆）。匀速运动事实：这些天体的运动是匀速的，它们既不加速也不减速，总是保持同一速度运动。

尽管这两个事实表述起来很容易，但如果不理解这些事实所处的背景，你就不能真正理解这两个事实，也不能理解我们的前人对这两个事实有多深信不疑。因此，在本章中，我们的主要目的不仅是简单地理解正圆事实和匀速运动事实，同时还要研究这两个事实是如何与当时更广义的观点体系拼合在一起的。研究这个话题，也可以让我们更好地理解亚里士多德世界观中许多观点拼板是如何拼合在一起的。

首先，我们将研究一个我们的前人所面临的严重的科学问题，随后，将探讨正圆事实和匀速运动事实是如何与这个科学问题的解决方案拼合在一起的。

天体运动的一个科学问题

在我们上学的时候，会有那么一次（或者通常是几次），我们大部分人都被要求熟记惯性定律，也就是牛顿第一运动定律。这个记忆过程非常有效，以至于我认识的大多数人在多年以后，仍然可以一字不差地背诵这条定律。这条定律通常表述如下。

> 惯性定律：**任何物体在不受任何外力作用的情况下，总保持匀速直线运动状态或静止状态，直到有外力迫使它改变这种状态。**

这个定律直到17世纪才被发现，而且是很多人花了大量时间并付出巨大努力，才使这个定律得以被清晰准确地表述。伽利略（1564—1642）已经非常接近正确的惯性定律了，然后笛卡尔（1596—1650）成为将这个定律清晰表述的第一人。后来，牛顿（1642—1727）在笛卡尔表述的基础上，将其纳入他本人的科学体系，形成了牛顿第一运动定律。

这个定律很有可能是目前最广为人知的科学定律（或者至少是最广

为人背诵的科学定律）。为什么得出这个定律要花费这么长的时间？在很大程度上说，是因为这个定律与我们的所有经验都是矛盾的。想想你每天在生活中见到的正在运动的物体，你能举出哪怕一个例子是运动的物体一直保持运动吗？实际上，在我们的日常经验中，运动着的物体从来不会一直保持运动，它们总会停下来。投出的棒球、飞盘、掉落的物体、自行车、汽车、飞机、树上掉下来的橡果和苹果，以及通常我们所熟悉的任何物体，都会停下来，除非有外界因素使其保持运动。

简言之，日常生活的经验会让我们得出一个非常不同的运动定律，事实上，这个运动定律从亚里士多德时代到 17 世纪一直被认为是关于运动的显然正确的观点。为了便于讨论，我将把这个运动定律称为 17 世纪前运动定律。

17 世纪前运动定律：**正在运动的物体都会停下来，除非有外界因素使其保持运动。**

基于日常生活经验，这个运动定律看起来是正确的，而且可以很好地与亚里士多德世界观中“物体有一种向其在宇宙中的天然位置运动的天然趋势”的观点拼合在一起。让我们用一个正在下落的石头为例子。石头主要由土元素组成，而土元素有一种向宇宙中心运动的天然趋势。所以，当石头下落时，使石块保持运动的就是石头向其天然位置运动的内在趋势。尽管石头最终会停下来，通常是因为它被地球表面挡住了，但就算不存在像地球表面这样的外界因素阻止石头运动，最终，石头也会在到达其天然位置后，也就是到达宇宙中心后停下来。简言之，“正在运动的物体最终会停下来，除非有外界因素使其保持运动”的观点不仅得到了日常生活经验的有力支持，而且可以与亚里士多德观点拼图中的其他观点很好地拼合在一起。

到目前为止，一切都没问题。然而，有一种运动却是有问题的，那就是包括月球、太阳、恒星和行星在内的天体的运动。在我们的日常经验中，只有这些物体是始终在运动的，从来不会停止。而且自人类有记录的历史以来，这些物体的运动就是有规律的，而且不断重复（也就是前一章中所描述的那样）。

然而，如果天体一直保持运动，同时，如果正在运动的物体在没有外界因素使其保持运动的情况下都会停止，那么随之而来的问题就是，一定存在某种因素使天体一直保持运动。使这些天体运动起来的因素会是什么呢？什么因素可以使月球、太阳、恒星和行星保持运动呢？

关于这个使物体运动起来的因素，我们可以马上得出一个结论。不管这个因素是什么，如果它本身就是运动着的，那么我们就无法充分理解天体的运动了。要理解这一点，让我们思考一个典型的使物体运动起来的因素，也就是当我用手指推动钢笔使钢笔在桌面上滚过时，使钢笔运动起来的因素。在这个例子中，使物体运动起来的因素，也就是我的手指，本身是在运动的。不过，同样在这个例子中，肯定有一个因素使我的手指本身运动起来，因此要充分理解钢笔的运动，我们不仅必须理解钢笔是由于我的手指才运动起来的，还要理解使我的手指运动起来的因素。

总的来说，如果使物体运动起来的因素本身是运动着的，那么一定还有一个因素造成了这个运动。因此，要充分理解一个物体的运动，就需要理解使这个物体运动起来的因素本身是如何运动起来的。

基于以上讨论，我们无法用任何本身就在运动的因素来解释天体的运动。那么，使天体保持运动的因素本身一定是不运动的。只有一种使物体运动起来的因素本身是不运动的，而这种因素一般很难想得到，用例子来解释可能是最好的方法。

假设我在一个公园里，看到我妻子在公园另一边。我叫了一声，“噢，亲爱的！”然后开始向我妻子的方向运动。请注意，我妻子本人可能并没有在运动，她可能甚至不知道我的存在。然而，尽管她没有在运动，甚至不知道我的存在，我妻子仍然是使我运动起来的因素。她作为一个我所渴望的物体造成了我的运动，因而成为一个本身并没有在运动却可以使别的物体运动起来的因素。

再举一个例子。假设你看到房间另一边的地面上有一张20美元的纸币，想要把它捡起来，你就向那张纸币运动过去了。你对那张纸币的渴望成为让你运动起来的因素，在这种情况下，这张纸币就是一个本身并没有在运动而使其他物体运动起来的因素。

当然，恒星和行星并不是因为我对我妻子的渴望而运动，或者因为你对钞票的渴望而运动。然而，似乎只有在这样的情形中，我们才能得到一个本身没有在运动却可以使其他事物运动起来的因素，因此这种涉及对某个物体的渴望而使物体运动起来的因素，一定与使天体运动起来的因素相同。

哪一类物体的渴望可能是使天体运动起来的因素呢？亚里士多德继承了一个传统观点，也就是，天空是一个完美的地方。这个传统观点历史非常悠久，以至于我们都不能确定它到底是什么时候出现的。这种完美源自天空几乎不变的本性。在天空中，唯一会发生变化的是月球、太阳、恒星和行星的位置。正如亚里士多德在《论天》中指出的："在过去的全部历史中，根据代代相传的记录，不管是在最远的天边，还是在天空的任何一个部分里，我们都没有发现任何变化的迹象。"

鉴于天空是一个几乎不会变化的完美的地方，唯一绝对的完美是"神明"的完美。我由于渴望靠近我的妻子而运动，与此相仿，天体一定是由于渴望模仿神明的完美而运动。对天体来说，要模仿神明的完美，最好的方法就是进行完美的运动，而最完美的一种运动就是沿正圆轨道匀速运动。

总结一下，"神明"是使月球、太阳、恒星和行星运动起来的因素。

神明并不是通过自身运动成为使天体运动的因素，而是因为天体对它们有所渴望。具体来说，天体沿正圆轨道匀速运动，是因为渴望模仿完美的神明。基于当时的时代背景，尤其是当时需要有一个本身不运动而又能使其他物体运动的因素，“渴望对完美神明进行模仿”似乎是对天体永恒不变的运动的最佳解释。

三点注意

在结束这一部分之前，我还想迅速讨论三点。第一点，我们在前面所使用的“渴望”的概念，对现代人来说是个难以捉摸的概念。就像我们的很多观念和概念是古希腊人所没有的，古希腊人同样也有一些我们所没有的观念和概念。其中之一就是“无意识的渴望”的概念。我更喜欢将这个概念理解成一种自然的、内在的、目标导向的趋势。这个概念与我们现在的任何概念都不同。我们现在所说的无意识的渴望，主要是弗洛伊德式无意识的渴望。但是，弗洛伊德式无意识的渴望只有在其媒介是有意识的情况下才适用，因此与古希腊的概念完全不同。总的来说，当你思考行星对沿正圆轨道匀速运动的“渴望”时，千万不要把它想象成行星自己认为“天啊，我当然希望像神明一样，所以我要沿正圆轨道运动”。事实上，“渴望”是一种无意识的渴望，或者更好的说法是一种自然的、内在的、目标导向的趋势。

第二点，这一点与刚刚讨论过的第一点相关联，在前面我们讨论过，在月下区（也就是月球以下的区域，包括地球）有四种基本元素（土、水、气和火），而第五种元素——以太，则只存在于月上区（也就是在天空中，月球以外的区域）。正是元素以太具有模仿完美神明的无意识的渴望，或者说天然趋势。也就是说，以太的基本性质就是沿正圆轨道匀速运动。因此，以太的基本情况与土、水、气和火四种月下区基本元素的情况并没有多大不同。举个例子，回忆一下，土元素有一种天然的、目标导向的趋势（或无意识的渴望），那就是向宇宙中心运动，而这就是土元素的基本性质。这就是为什么（比方说）石头会向下落。因此，同样地，以太也有一个基本性质，那就是沿正圆轨道匀速运动。这也就是为什么天空中的物体会有其表现出来的运动模式。

第三点，亚里士多德自己关于神明的观念不应该被解读为任何宗教概念。亚里士多德的神明因为要做使天体运动起来的因素，所以必须是真实的“事物”。因为神明本身不运动但又是可以使其他物体运动起来的因素，所以是“不运动的原动力”。亚里士多德本人关于神明的讨论非常复杂，而且对于他关于神明的著作该如何解读，也存在很多争议。然而，有一点很清晰，亚里士多德认为神明是某种智慧的完美，更清晰的是，他的神明一点宗教意味都没有。举个例子，这些神明与宇宙起源并没有关系，它们对地球上的任何事都一无所知，也不知道我们的存在，因此向这些神明祈祷毫无意义。在后来的几个世纪里，也就是亚里士多德以后，犹太教、伊斯兰教和基督教的哲学家和神学家多少都把宗教与亚里士多德的观点进行了混合，亚里士多德非宗教的神明就转变成了犹太教、伊斯兰教和基督教传统中的神。这个宗教里的神一直为天体不停歇的运动提供所需的解释。

这可以用来解释运动的地球吗

在第 10 章中，我们探讨了“地球是球形的、静止的，并且位于宇宙中心”的观点背后的原因。回忆一下，“地球是静止的，并且位于宇宙中心”的观点，其某些原因与“没有物体可以使地球保持运动”的说法有关。

我常常会被问，与前面类似的说法能否用来解释运动着的地球。如果解释持续运动的天体时，认为天体的内在本质就是持续沿正圆轨道运动，那为什么类似情况不能适用于地球呢？为什么我们的前人不能说土元素的基本性质是沿圆形轨道运动，比如围绕太阳的圆形轨道运动，然后以此来解释“地球在运动”？

这是个好问题，找到这个问题的答案有助于说明亚里士多德世界观拼图中不同观点之间的相互联系。答案并不是说，“土元素具有一种沿圆形轨道（同样，假设是围绕太阳的一个圆形轨道）运动的内在性质”的观点是存在固有矛盾的。毕竟，认为以太具有一种沿圆形轨道运动的内在性质是完全可以的，那么认为土元素也类似，就不会存在固有矛盾。

因此，这个问题的答案就不是沿圆形轨道运动的土元素存在固有矛盾的问题。事实上，要回答这个问题，应该做的是考虑一下沿圆形轨道运动的土元素是否可以与整体的观点拼图拼合在一起。后来，这个关于土元素运动的观点被证明无法与整体的观点拼图拼合在一起，这也就是为什么认为土元素具有一种沿圆形轨道运动的内在性质并不是一个可行的选择。

要理解这一点，假设我们尝试接受“土元素有一种沿圆形轨道运动的内在趋势”的观点。请注意，我们因此立刻就无法解释日常生活中许多最常见的现象了。举个例子，我们不能再解释为什么石头会向下落。石头可能主要由土元素组成，被放开的时候，它们沿直线向地球运动。但是，如果土元素具有沿圆形轨道运动的趋势，那么石头就不应该像这样运动。

同样地，我们也就无法解释是什么使我们停留在地球表面。亚里士多德对此的解释是，我们主要由重量大的元素组成，也就是由土元素和水元素组成，这些元素的天然趋势是向下运动，这就是使我们停留在地球表面的因素。因此同样地，如果我们认为土元素有一种沿圆形轨道运动的趋势，那么就无法解释这一点了。

除此之外，“土元素有一种持续沿圆形轨道运动的天然趋势”的观点与人们仅通过观察所得的“土元素是最重的元素”的结果相矛盾。地球作为一个由最重元素组成的大型物体，到目前为止是宇宙中最重的物体。相比之下，以太被认为是一种特殊的、特别轻的（可能是没有重量的）元素。正如托勒密在《至大论》序言中指出的，让宇宙中最重、最难以使其运动的物体持续运动并没有多大意义。相反，如果认为宇宙中最重的物体是静止的，而最轻的物体（由以太组成的物体）是持续运动的，就说得通了。

简言之，认为地球因为土元素具有一种沿圆形轨道运动的天然趋势而运动的观点，并不是一个可行的选项，因为这个观点不能与整体的观点拼图拼合在一起。更概括地说，不管出于什么原因接受了地球在运动的观点，都需要构建一个全新的观点拼图，也就是一个全新的世界观。最终，会有这样一个世界观被构建起来，但那是在新发现出现以后，而这些新发现大都出现在17世纪。正如我们在前面多次讨论的，构建一个新的世界观，需要很多人发挥聪明才智、花费很长时间、付出很多努力才能实现。

结语

正如前面提到的，同样也是亚里士多德指出过的，“天空是一个完美的地方”这一观点可以追溯到人类有记录的历史之初。这个观点可以理解，因为在天空中，特别而美妙的物体以一种不变的、不断重复的模式在运动，这些运动模式在几百万年间都没有发生变化。亚里士多德本人也继承了这个传统观点，认为天空是一个完美的地方。后来亚里士多德发展出了自己的观点体系，这一体系比前人的更加完整，其中“天空是一个完美的地方”的观点被保留了下来。

我们在前面看到，“天空是一个完美的地方”的观点为人们提供了一种方法来解释天体如何可以保持运动。然而，伴随着这个解释的是“天体一定是沿正圆轨道匀速运动”的概念。这些事实，也就是正圆事实和匀速运动事实因而变得非常根深蒂固。这些事实在我们的前人眼中有多么显而易见，无论怎么强调都不为过。行星沿正圆轨道匀速运动成了一个常识，每个人都知道。这些是显而易见的事实，与我们在第11章中讨论过的经验事实相比，似乎并没有明显的不同。

现在回过头去看，我们可以发现正圆事实和匀速运动事实根本不是事实，它们是哲学性/概念性“事实”，是看起来像经验事实但结果被证明更多是深深根植于整个世界观体系的观点。在本书后续章节中，我们将会探讨这些事实，也就是我们在前一章中讨论过的经验事实、正圆事实和匀速运动事实，是如何进入托勒密体系和哥白尼体系的。

最后，提前透露一下，在本书的第三部分中，我们将看到随着新科学发现的出现，我们所坚持的某些事实，也就是在我们看来显而易见的经验事实，是如何被证明为错误的哲学性/概念性“事实”的。那么，从某种意义上说，我们与生活在17世纪的前人所处的环境相似。17世纪出现的新发现迫使人们对长期以来认为显而易见的事实进行重新思考，最近的新科学发现也让我们不得不重新思考我们关于所居住的宇宙的某些基本观点。

第 13 章

托勒密体系

在亚里士多德世界观向牛顿世界观转变的过程中，一个重要的组成部分就是有关宇宙结构的理论之间所进行的竞争。在接下来的几章中，我们将研究这个转变过程中的几个核心天文学理论，其中有些是地心说，有些是日心说。我们将从托勒密体系开始。

托勒密体系由托勒密在发表于公元 150 年的著作《至大论》中进行了具体阐述。本章的主要目的是对这个体系进行概括性介绍。正如前面提到过的，《至大论》是一部内容翔实、极具科技性的著作，共有 13 卷，700 多页。我们将首先了解一下关于托勒密体系的背景知识，然后会对体系中的某些细节进行讨论。

背景知识

与任何其他理论相同，托勒密体系需要尊重相关事实。对托勒密体系来说，相关事实在很大程度上是指我们在第 11 章中讨论过的经验事实，以及在第 12 章中讨论过的与沿正圆轨道匀速运动有关的哲学性/概念性事实。

总的来说，托勒密体系在尊重这些事实方面是成功的。托勒密体系很明显是尊重正圆事实的，因为托勒密所使用的方法全都是以“天体只沿正圆轨道运动”为基础的。接下来我们将看到，托勒密在匀速运动事实方面遇到了一些困难，但是至少从某种意义上来说他尊重了这个事实。至于经验事实，托勒密体系的表现尤其出色。也就是说，在解释和预测我们在第 11 章中讨论过的经验事实时，尽管托勒密体系并不完美（几乎没有理论是完美的），但错误也不算多。举个例子，如果我们用托勒密体系来预测，比如，明年的今天晚上火星在夜空中的位置，或者我们用这个体系来预测火星下次逆行运动会在何时出现，会持续多长时间，预测的结果会与我们的观察结果非常接近。值得强调的是，在托勒密之前或之后的 1400 年内，没有其他关于宇宙结构的理论在进行解释和预测方面达到与托勒密体系相近的程度。因此，正如托勒密的著作题为《至大论》，这个体系确实与这个题目非常相称。《至大论》这个名字出自这部著作的阿拉伯语翻译人员之手，其词根的意思是“最伟大的”。尽管在我们看来这个理论可能有些陈旧，但托勒密体系确实是一个非常令人赞叹的成就。

我们应该花点时间来澄清托勒密做了哪些以及没有做哪些。托勒密的方法以数学为基础，使用了多种数学工具，而且过程十分复杂。不过，托勒密所使用的大多数数学工具并不是他自己创造出来的，而是几个世纪以前就已经存在的。

当然，托勒密也不是第一个在宇宙结构方面提出地心说的人。正如我们前面看到过的，“地球是球形的、静止的，而且是宇宙中心”的观点可以追溯到亚里士多德之前，比托勒密的时代要早 500 年。

因此，托勒密的地心说角度并不是他自己创造出来的，同时，托勒密所使用的数学工具也不是他自己发展出来的。然而，托勒密所做的是利用这些粗略的概念，把它们发展成一个精确的理论，而这个理论则是历史上第一个可以对相关天文学事件进行准确预测的理论。或者换句话说，在托勒密之前，要对天文学事件进行预测，并没有什么合适的理论或方法，最多只有些大致框架。托勒密体系是一个经过雕琢的理论，可以准确地进行预测和解释，令人印象深刻。

作为这一小节的最后一点，我想探讨的是，有时你会听说，根据“体系”这个词的标准含义，托勒密体系实际上并不是一个体系。从某种意义上说，这个说法是正确的，因为针对不同的天体，托勒密使用的方法也有所不同，而不是一直使用一种统一的方法。举个例子，《至大论》中对火星、金星、太阳等天体分别有单独的一卷专门进行研究，但并没有对整个宇宙进行统一的、体系化的介绍。从这个意义上来说，你可能会觉得，严格来说托勒密的研究并不是关于宇宙体系的，而是对宇宙中各组成部分独立研究的集合。然而，我会继续使用“体系”这个词来描述托勒密的理论，因为所有这些独立的研究汇总到一起，就形成了一种可以用来对宇宙中所有组成部分进行预测的方法。

了解了这些背景知识，我们将开始对托勒密体系进行概括性介绍。为了便于讨论，我们将只关注托勒密对一个行星的研究，也就是对火星的研究。让我们首先了解一下托勒密火星研究的内容，然后探讨这些内容背后的基本原理。

托勒密火星研究的简要介绍

图 13-1 展示了托勒密对火星研究的关键内容。在托勒密的研究里，火星沿一个点运转，也就是图中的点 A。火星运动轨迹形成的圆形，也就是以点 A 为圆心的一个小圆圈，被称为本轮。

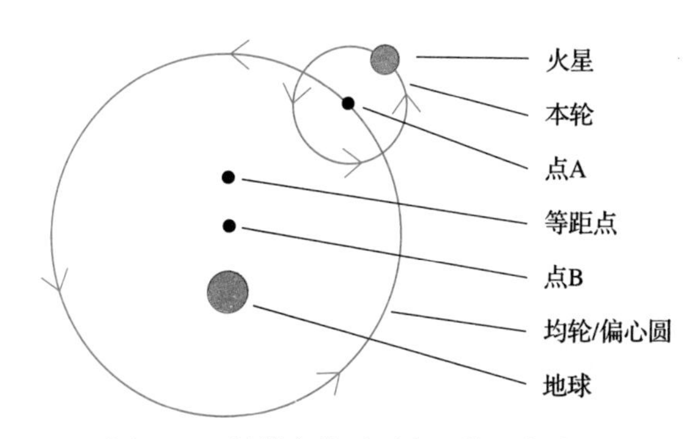

图 13-1　托勒密体系对火星的研究结果

本轮的圆心，也就是点 A，沿一个半径更大、以点 B 为中心的圆圈运转。像这样半径更大的一个圆圈被称为均轮或偏心圆，具体是哪一个，取决于点 B 的位置是在系统中心（在这里指地球中心），还是与系统中心相比有所偏移。在图 13-1 这个具体的例子里，这个圆圈是偏心圆，因为正如你所看到的，本轮运转所围绕的中心，也就是点 B，并没有位于地球中心。

为了说明均轮和偏心圆之间的区别，请注意，地球是托勒密体系的中心。也就是说，托勒密体系最远的边界就是恒星球面（这是宇宙的边缘），由于地球是恒星球面的中心，因此地球就位于整个系统的中心。如果点 B 刚好与地球中心重合（与系统中心重合），那么这个以点 B 为中心的半径更大的圆圈就将被称为“均轮”。在另一种情况中，如果点 B 不是位于系统中心，就像图 13-1 所示，那么这个更大的圆圈就将被称为“偏心圆”。

简言之，均轮和偏心圆的相同之处在于，它们都是由本轮运转轨道形成的半径更大的圆圈。可以认为偏心圆是圆心发生偏移的均轮。

等距点是与火星所在的本轮运转速度相关的一个点。等距点是最难解释的一个部分，因此当我们要讨论托勒密研究的基本原理时，我才会对等距点进行详细解释。

最后，这一类结构，也就是本轮沿半径更大的一个圆圈运转，被称为本轮－均轮系统。为了便于讨论，即使严格来说系统中使用的是偏心圆而不是均轮，我们也将这个结构称为本轮－均轮系统。

这些研究内容背后的基本原理

托勒密对火星的研究结果显然多少有些复杂，有圆圈又沿圆圈运转，有圆圈存在圆心偏移，还涉及更加神秘的等距点概念。这些研究结果背后的原因又是什么呢？

首先，本轮－均轮系统非常灵活，因为只需要改变一下其中各组成部分的大小、运动速度和运动方向，就可以产生大量不同的运动。也就是说，在任意一个本轮－均轮系统中，在本轮和均轮的半径大小上，你的选择非常宽泛，同时对行星在本轮上的运动速度，以及本轮在均轮上的运动速度（或者在某些情况中是本轮在偏心圆上的运动速度），你也有多种选择，另外，你还可以选择在本轮和均轮上所进行的运动是顺时针方向还是逆时针方向。

正是基于这种灵活性，你只需要调整前面提到的这些选项，就可以创造出大量不同的运动。举个例子，图 13-2 所展示的所有运动，基础都是一个本轮在均轮上运动。虚线代表的是火星运动形成的轨迹，其中火星本身在其本轮上运动，而本轮又围绕地球运动。要获得所有这些运动（以及其他一系列种类繁多的运动），只需要改变本轮的半径、均轮（或偏心圆）的半径以及火星在本轮上的运动速度、本轮的运动速度等因素。

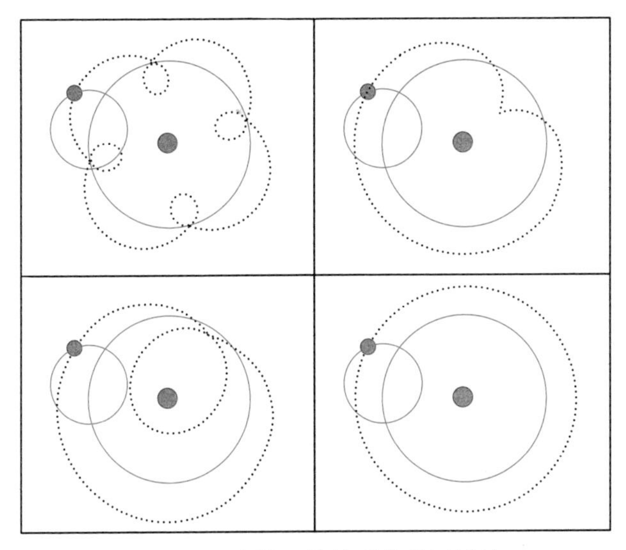

图 13-2　本轮 - 均轮系统的灵活性

由于有高度的灵活性，本轮 - 均轮系统非常有用。不过，除此之外，任何一个地心说理论都需要本轮（或其他像本轮一样复杂的方法）来解释行星的逆行运动。回忆一下，我们在第 11 章中讨论过，逆行运动是指行星所进行的看似与其通常运动方向相反的运动。举个例子，火星相对于恒星的位置通常每天晚上都会稍稍向东偏移一点，但是每两年都有那么几个星期，火星相对于恒星的位置会向西偏移，随后会重新向东偏移，并持续两年时间。

要理解本轮如何解释逆行运动，可以先假设我们关注的重点是地球、火星和恒星。如果我们以地球为起点画一条视线，穿过火星，到达恒星，这条线所表示的就是，从地球上观察，火星在夜空里相对于恒星的位置（见图 13-3）。

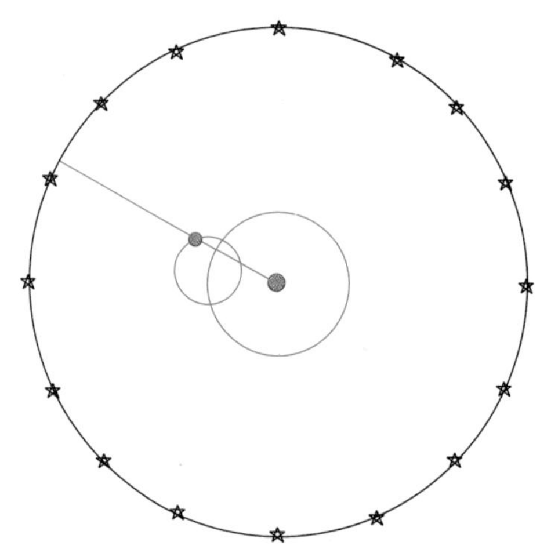

图 13-3　火星相对于恒星的位置

现在，假设我们想象火星在其本轮上运动，而这个本轮则围绕地球运动。如果我们以地球为起点，画几条连续的视线穿过火星，这些视线所展示的就是在一段时间内，在夜空中，火星相对于恒星的位置（见图 13-4）。图 13-4 中的数字代表火星连续出现的位置。可以看到，火星相对于恒星的位置，通常似乎是沿一个方向运动。也就是说，数字 1 到 7 代表的是火星相对于恒星的位置在稳定向东运动。然后，在数字 8 处，火星开始向西运动。在数字 9 和 10 处，火星继续向西运动，然后从数字 11 到 15 处，火星重新开始通常的东向运动。一般来说，这就是本轮－均轮系统解释逆行运动的方法。事实上，如果你坚定地支持地心说体系，而且笃信天体沿圆形轨道匀速运动，那么你就会发现本轮是解释逆行运动的最好方法。

顺带提一句，需要注意的是，这些图中本轮与均轮的半径大小和运动速度并不是火星真正的半径大小和运动速度。选择这些半径和速度是为了做一个更简单的说明。不过，通过调整大小和速度（同时使用偏心圆，正如接下来所描述的），你可以得到火星向相反方向运动的现象，从而得出结论，也就是该模型准确预测和解释了火星会在何时进行逆行运动。

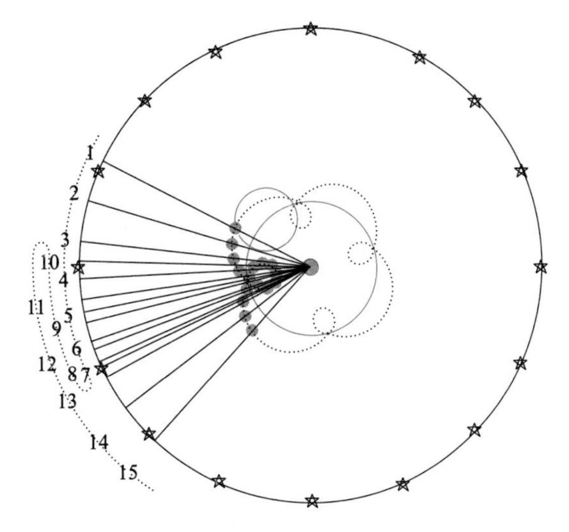

图 13-4　托勒密体系对逆行运动的解释

现在，让我们研究一下托勒密为什么使用一个圆心偏离的均轮，也就是偏心圆。原因很简单，如果使用的是一个简单的本轮和均轮（同样地，均轮就是一个以地球为中心的圆圈），那么你就无法获得一个可以做出准确预言和解释的模型。也就是说，这个模型完全不能完成它所需要完成的工作，也就是做出准确预言和解释。不过，对这样简单的本轮和均轮组合，可以有两种修改方式，其中任何一种都会形成一个可以对火星运动进行准确预言和解释的模型。

第一种修改方式是在前面图 13-1 中的本轮上引入一个额外的小本轮，结果将会如图 13-5 所示。这个额外的本轮给整个模型带来了额外的灵活性。有了额外的灵活性，你现在可以对模型进行调整，从而使其能够对火星进行极为准确的预测和解释。

这种额外的本轮有时被称为次要本轮，从而区别于主要本轮，也就是像图 13-1 里那个单独的本轮一样或者像图 13-5 里那个更大的本轮一样的本轮。主要本轮和次要本轮之间，不同点在于在解释逆行运动时需要主要本轮。主要本轮也提供了灵活性，但是它们的主要功能是用来解释逆行运动。相比之下，次要周转圆在解释逆行运动时并不需要，而是主要用来给系统增加额外的灵活性。

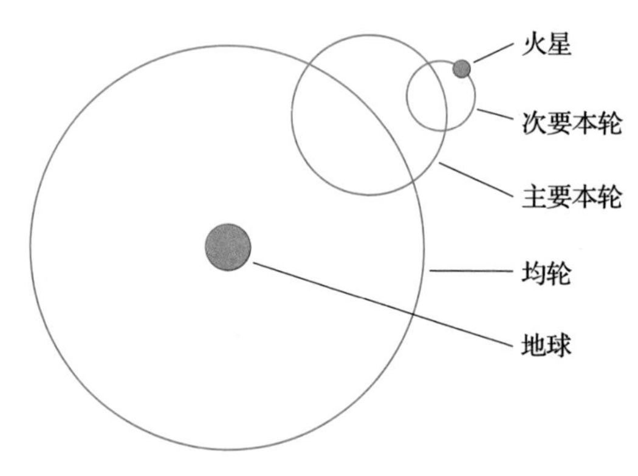

图 13-5　次要和主要本轮

正如前面提到过的，加入次要本轮是得到关于火星的正确预测和解释的一种方式。另一种修改方式就是使均轮偏离圆心，也就是使用偏心圆。这种方式如图 13-1 所示。

不管是加入次要本轮，还是使用偏心圆，任何一种方式都可以使预测和解释重新与观察所得的数据相一致。事实上，两种方式在数学上是等价的，所以会产生同样良好的效果。托勒密选择使用偏心圆，因此他对火星的构建看起来就会如图 13-1 所示。

最后一个需要解释的研究内容是等距点。这同样与能否获得一个可以正确预测和解释观察所得数据的模型相关。具体来说，这个问题与“匀速运动”这个哲学性 / 概念性事实相关。回忆一下，托勒密体系所需尊重的两个关键哲学性 / 概念性事实是正圆事实（天体的所有运动都是沿正圆轨道进行的）和匀速运动事实（天体运动的速度是稳定的，不会加速也不会减速）。

如果看一下本章中的示意图就会发现，托勒密体系显然尊重了正圆事实，也就是说，所有运动都是沿正圆轨道进行的。我们实际上只探讨了托勒密对火星的研究，但是在托勒密的全部构建中，所有次要本轮和主要本轮、均轮和偏心圆都是正圆形。因此，显然正圆事实得到了尊重。

匀速运动事实的情况就不同了，它给托勒密体系提出了一个问题。这个问题有时很难理解，所以我们将逐渐深入。

首先，请注意物体运动看起来的速度和方向取决于观察者从哪个角度来观察这个运动。举个例子，假设你坐在一列火车上，有一个包放在你的脚边。从你的角度来看，这个包并没有在运动，因为它与你和你的脚的相对位置没有发生变化。但是，如果观察者并没有坐在火车上，那么从他的角度来看，你的包（以及你和火车上的所有人）在运动。同样地，这个例子说明，物体是否在运动，以及如果在运动，那么运动速度是多少，都是相对于所选择的观察点而言的。

所以，当我们思考匀速运动事实，也就是所涉及的运动速度均保持一致的事实时，一个合理的问题是，“相对于哪个观察点保持一致”，对这个问题自然而然的回答是，“相对于这个运动所围绕的中心”，速度保持一致。

如果我们只看火星在其本轮上的运动，不存在任何问题，这个运动确实是匀速的。也就是说，随着火星围绕本轮圆心运动，火星相对于这个圆心做匀速运动。

然而，现在思考一下本轮圆心所进行的运动。如果我们提出下面这个问题：“这个运动相对于哪个点来说是匀速的？”对于这个问题，有两个自然而然的答案：第一个答案是，本轮圆心应该相对于整个系统的中心，也就是地球的中心，做匀速运动；第二个答案是，本轮圆心应该相对于其运动所沿的偏心圆圆心做匀速运动。

问题是，如果采用以上两个答案中的任意一个，也就是说，如果认为火星的本轮圆心相对于地球中心或者火星的偏心圆圆心做匀速运动，那么这个系统就行不通。当我说系统行不通时，我的意思只是你无法用这个系统做出准确的预测和解释。换句话说，如果托勒密试图以最简单直接的方式来尊重匀速运动事实，那么托勒密系统对数据的预测和解释就无法让人接受。

解决这个问题的一个方法是不再坚持匀速运动事实。然而，重申一下，这个事实早已深入人心，在托勒密之前几个世纪就已存在，甚至早于亚里士多德的时代。除此之外，正如我们在前一章中讨论过的，匀速运动事实与对天体运动的理解紧密相联，因此，不再坚持这个事实就相当于动摇了关于天体运动早已深入人心的一些理解。简言之，不再坚持匀速运动事实并不是一个可取的做法。

托勒密的另一个选择就是让火星运动所沿的本轮圆心相对于地球中心和偏心圆圆心之外的一个点做匀速运动，而这正是托勒密实际做出的选择。后来证明，火星的本轮圆心沿偏心圆运动，在这个偏心圆里，可以经过计算找到一个点，如果火星的本轮圆心相对于这个点做匀速运动，那么这个模型所做的预测和解释将重新与数据一致，这个点就被称为等距点。

总结一下，火星的本轮圆心相对于一个点做匀速运动，而这个点就是火星的等距点。不过，这个点从某种程度上说是构建出来的，是为了使系统做出准确预测而计算出来的点，而不是匀速运动一般所围绕的两个中心点中的任意一个。

那么，关于火星运动需要研究的主要内容，我们的讨论就到此为止。很明显，这是一个很复杂的系统，然而从其令人赞叹的准确程度来说，这个系统确实可行。

结语

在前面，我们只描述了托勒密体系中有关火星的部分。托勒密对火星的研究结果已足以让我们对托勒密体系有所体会。正如前面提到过的，托勒密对五颗行星、月球、太阳和恒星分别进行了单独研究。托勒密对其他行星的研究，以及从某种程度上说对月球和太阳的研究，都与其对火星的研究有相似之处。也就是说，解释其他行星运动所需的系统与解释火星的系统是相似的（尽管并不是完全相同的），也就是每颗行星都有其本轮、偏心圆和等距点。解释水星和月球运动所需的系统多少比前面所描述的火星系统更复杂一些，而解释太阳运动的系统，其复杂性多少要低一些。总的来说，很明显，托勒密体系是一个相当复杂的系统集合，其中包括为解释太阳、月球、恒星和行星运动而构建的各个系统。

然而关键是，尽管很复杂，但托勒密体系在处理数据方面表现卓越，是历史上第一个可以准确预测和解释种类繁多、数量巨大的天文学数据的理论。

第 14 章

哥白尼体系

在前一章中，我们探讨了托勒密体系。我们看到，托勒密体系在预测和解释相关数据方面相当成功。尽管在托勒密去世后的几百年间，其理论得到了修改，但都是些相对较小的修改，因此在接下来的 1400 年间，占主导地位的天文学理论实际上还是托勒密的理论。

在 16 世纪，尼古拉·哥白尼（1473—1543）发展出了另一个关于宇宙的理论。哥白尼在 16 世纪早期发展出了自己的理论体系，并在去世那一年出版了这个理论。本章的主要目的之一就是探讨哥白尼体系是如何进行解释和预测的。除此之外，我们将对哥白尼体系和托勒密体系进行一个简要的对比，包括讨论哪个体系的宇宙模型更为可行。最后，我们将探讨是什么因素驱动了哥白尼，而这里的重点将是讨论某些哲学性 / 概念性观点是如何影响哥白尼的研究工作的。

背景信息

哥白尼体系是一个日心说体系。今天，我们认为太阳是太阳系的中心，然而值得注意的是，在哥白尼体系中，太阳不仅是行星运转的中心，甚至哥白尼认为太阳是整个宇宙的中心。

哥白尼体系和托勒密体系在很多方面都是相似的，但是其中地球和太阳的位置发生了对调。举个例子，像托勒密一样，哥白尼认为所有恒星与宇宙中心的距离是相等的，也都镶嵌在所谓的恒星球面上。与在托勒密体系中一样，这个恒星球面就是宇宙最远的边界。哥白尼的宇宙比托勒密的宇宙大，也就是说，哥白尼体系中的恒星球面比托勒密体系的支持者通常所认为的要更大、更遥远，不过与我们现在对宇宙大小的认识相比，哥白尼体系的宇宙与托勒密体系的宇宙一样，都是相对较小的宇宙。同样，与托勒密体系一样，哥白尼体系也运用了本轮、均轮和偏心圆，尽管这个体系明显不需要等距点。再次说明，总的来说，哥白尼体系与托勒密体系有许多共同点，而最明显的区别就在于太阳和地球的位置不同。

同样值得注意的是，哥白尼与托勒密所面对的经验事实其实是一样的（也就是第 11 章所讨论过的主要事实）。但是，数据并不是完全一样的，因为哥白尼和托勒密生活的年代毕竟相差了 1400 年，在这期间，出现了很多新的天文学观察结果，有些已有的错误观察结果得到了修正，还出现了几个新的但错误的观察结果（这些错误要么是因为观察错误，要么是在观察结果记录的过程中出现了错误）。不过，总的来说，在哥白尼生活的时代，可以在研究中使用的经验数据仍然以肉眼观察为基础，而这些数据与托勒密在研究中使用的数据非常相似。

除此之外，值得强调的是，哥白尼所坚信的哲学性 / 概念性事实也与托勒密所相信的相同。也就是说，哥白尼（以及几乎所有与他同时代的人）坚定地认为，一个可以让人接受的宇宙模型必须尊重正圆事实和匀速运动事实。

关于哥白尼和哥白尼体系，有很多流传广泛的错误观念，其中最有名的是认为哥白尼体系远比托勒密体系简单，在预测和解释方面更胜一筹，而且哥白尼体系发现或者说证明了地球围绕太阳运转。不过，很快我们就会看到，这些都是错误的。哥白尼体系很容易就可以变得像托勒密体系一样复杂，而在预测和解释方面也没有比托勒密体系更好（或更糟）。直到在 17 世纪初新的数据（主要是由于运用了新发明的望远镜）出现之前，当时现有的证据都一直强有力地表明地球是宇宙的中心。当有人说哥白尼体系比托勒密体系更简化且可以给出更好的预测和解释时，他们最有可能想到的其实是开普勒体系，那是一个在哥白尼去世 70 年以后才发展出来的体系，我们将在第 15 章中进行讨论。

了解了这些背景信息，让我们开始对哥白尼体系的概述。

哥白尼体系概述

与我们讨论托勒密体系时一样，为了简化系统，我们将重点关注某一个行星的运动。我们将再次以火星为例，并同样从一幅示意图开始讨论。应该指出的是，图 14-1 中的圆圈半径大小并不是按比例计算的，而是为了能更容易地进行分辨来确定的。在哥白尼体系中，火星围绕点 A 沿圆形轨道运转（同样地，像这样的一个小圆圈就被称为本轮）。点 A 围绕点 B 沿圆形轨道运转（同样地，这样的圆圈被称为均轮，或者如果这个圆圈是偏心的，那就是偏心圆）。点 B 同样在运动，但在运动的同时，它相对于点 C 的位置保持不变。地球沿偏心圆运转时，偏心圆圆心就是点 C（为了简化示意图，图中没有标出地球，但是如果图中有地球，那么点 C 就将是地球沿偏心圆运转时的偏心圆圆心）。点 C 沿点 D 外围的一个圆圈运转，最后，点 D 围绕太阳沿圆形轨道运转。所以，我说哥白尼体系像托勒密体系一样复杂是有原因的。

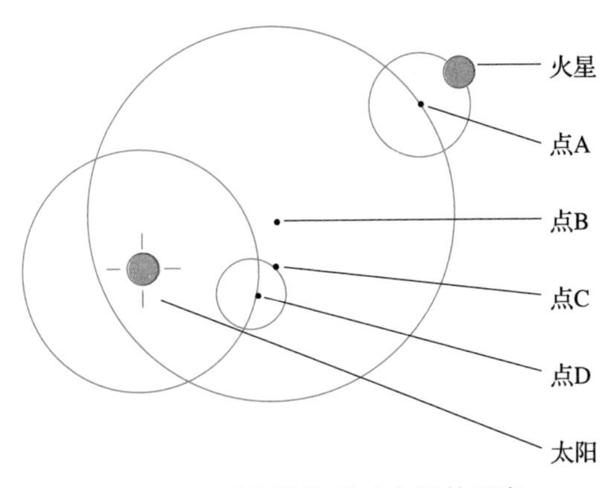

图 14-1　哥白尼体系对火星的研究

同样地，与托勒密体系非常相似，哥白尼体系也是一个圆圈围绕圆圈运动的复杂体系，其中使用了本轮、均轮和偏心圆。然而，请注意，图中没有等距点，事实上，哥白尼体系并不需要等距点。同时，尽管哥白尼体系确实需要本轮，它们带来了一些灵活性，但是，不像托勒密体系那样用本轮来解释逆行运动。

如果我们提出这样一个问题："为什么哥白尼需要如此复杂的一套设置？"简单地说，答案会是，如果没有这样一个复杂的设置，就不能给出合适的预言和解释。换句话说，与托勒密体系的情况一样，通过使用这样复杂的设置，哥白尼发展出了一个能够很好地给出预言和解释的体系（尽管并没有比托勒密体系更好，但至少是一样好）。如果没有这样的设置，哥白尼就不能够得出与已知数据相符合的模型。简言之，就像托勒密体系一样，哥白尼体系也非常复杂，但是归根结底，这个系统是行得通的，也就是说，它对相关数据的解释和预测可以说是非常准确的。

到目前为止，我们只是讨论了火星的运动。在哥白尼体系中，描述其他外行星时，也就是描述木星和土星时，所需的设置与前面的示意图相似。描述地球所需的设置，复杂程度稍低一些，月球的情况也是如此。最后，解释内行星运动，也就是解释水星和金星运动所需的设置比火星的设置要更复杂一些。简言之，应该明确的是，哥白尼体系可以很容易就变得跟托勒密体系一样复杂。

托勒密体系与哥白尼体系的对比

尊重事实

正如我们在前面几章中讨论过的，不管我们对科学理论还有什么其他期望，它们首先必须能够预测和解释相关数据。因此，也就是说，在解释经验数据的准确性方面，托勒密体系和哥白尼体系实际上是一样的。没有一个理论是完美的，但两者都相当不错。举个例子，如果我们分别用这两个理论来预测一年以后的今天晚上火星会在夜空中的哪个位置出现，或者预测未来 10 年里每年的夏至具体会在哪天，或者对种类繁多的天文学事件中的任意一件进行预言，两个体系分别都会给出与事实非常贴近的预言。

至于正圆事实和匀速运动事实这两个哲学性 / 概念性事实，哥白尼体系稍好一些。两个体系都尊重正圆事实，也就是两个体系都认为行星和恒星只沿正圆轨道运动。然而，回忆一下，我们在第 13 章中讨论过，托勒密体系仅通过使用等距点这样一个相当勉强的概念，来与匀速运动事实相匹配。相比之下，哥白尼成功绕过了这个障碍，直接明确地尊重了匀速运动事实。强调一下，尽管这些“事实”对我们来说非常陌生，但是托勒密时代和哥白尼时代的大多数人都对这些事实深信不疑，因此尊重这些事实是相当重要的。值得注意的是，哥白尼本人认为，不再使用等距点是其体系更胜一筹的重要原因之一。

简言之，在预言和解释经验事实方面，哥白尼体系和托勒密体系几乎没有区别。在哲学性 / 概念性事实方面，哥白尼体系更直接明确地尊重了匀速运动事实。

复杂性

在复杂性方面，两个体系几乎没有什么不同。举个例子，如果我们看两个体系所需要的设置（比如本轮、均轮、偏心圆等），以及这些设置的数量，那么哥白尼体系几乎与托勒密体系同样复杂。就算这样的系统复杂性无法精确量化，因而对两个体系的复杂性很难进行准确对比，但是我仍然认为可以得到一致认可的是，两个体系都很复杂，在复杂程度方面，并没有什么因素可以把两个体系区分开来。

逆行运动和其他更“自然”的解释

回忆一下托勒密体系对逆行运动的解释，也就是对行星偶尔向“相反方向”运动的解释。在托勒密体系中，每个行星都需要一个主要本轮，其根本目的是解释行星的逆行运动。

相比之下，哥白尼体系对逆行运动的解释则大为不同。我们将同样以火星为例，不过类似的解释也适用于其他行星的逆行运动。

在哥白尼体系中，地球是与太阳的距离排名第三的行星，火星排名第四。除此之外，地球围绕太阳运转两圈时，火星只能围绕太阳运转一圈。因此，地球每两年可以追上火星一次，然后超过火星。在地球经过火星的这段时间里，从地球上观察，火星似乎是相对于背后的恒星在向相反方向运动。图 14-2 可能有助于说明这一点。图中的直线同样是从地球看火星和后面恒星的视线，这些直线可以显示出火星与后面恒星的相对位置。请注意，这些直线通常沿一个方向运动，代表火星与恒星的相对位置通常向东偏移运动。举个例子，从数字 1 到 3，火星表现出的是其通常的向东运动，而从数字 4 到 6，火星是向西偏移，最后从数字 7 到 8，火星又恢复了其通常的向东偏移。

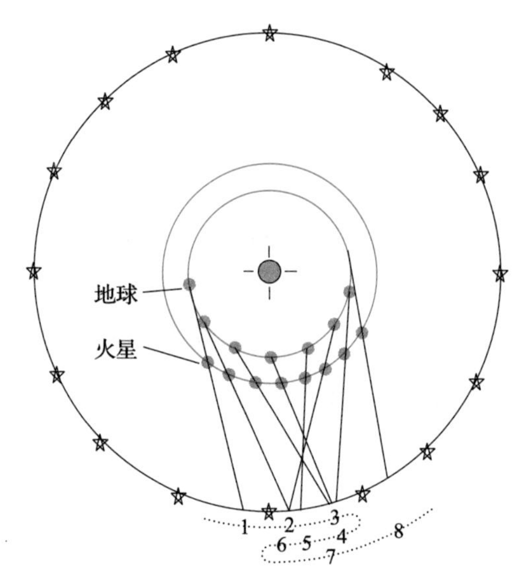

图 14-2　哥白尼体系对逆行运动的解释

关于逆行运动，回忆一下我们在第 11 章最后讨论过的一个看似无关紧要的经验事实，也就是火星、木星和土星都是在进行逆行运动的时候亮度最大。再看一下图 14-2，我们可以发现为什么会出现这种情况。在哥白尼体系中，火星只有在被地球追上并被赶超的过程中才会进行逆行运动。请注意，在这段时间里，地球和火星距离最近，因此在这段时间中，可以预期看到火星比其他任何时候都要更亮。木星和土星也都是相同的情况，也就是说，这些行星只有在大约与地球距离最近的时候才会进行逆行运动。所以，对火星、木星和土星的逆行运动与这些行星达到自身最大亮度的时间点之间的相互关联，哥白尼体系给出了相当自然的一个解释。

谈到更自然的解释，同样地，回忆一下另一个看起来无关紧要的经验证据，我们曾在第11章结尾进行过讨论，也就是金星和水星从来不会出现在距离太阳很远的地方。在哥白尼体系中，金星和水星是内行星（它们位于太阳和地球之间）。所以，无论金星和水星处于各自围绕太阳运转的轨道上的哪个位置，从地球上观察，它们一定与太阳出现在天空中的同一片区域内。

简言之，对于行星的逆行运动，对于火星、木星和土星逆行运动与这些行星最大亮度之间的相互关联，以及对于金星和水星总是出现在距离太阳不远处的事实，哥白尼体系都给出了更自然的解释，而这些就是哥白尼体系的优势所在。

从现实主义者的角度出发，哪个体系的宇宙模型更为可行

回忆一下我们在前面对工具主义和现实主义的讨论。重申一下，工具主义是看待理论的一种态度，秉持这种态度的人最关心的是理论对相关数据的预测和解释能力有多强。秉持现实主义态度的人所关心的不仅是理论的预测和解释能力，还有理论是否可以模拟或描绘出事物真实的样子。

几乎所有人都用工具主义态度来对待这些体系中的各种设置，比如本轮。也就是说，通常人们认为这些设置并不是真实存在的，而是为了进行准确预测和解释所必需的数学工具。所以，现实主义通常不适用于像本轮这样的设置。

但是，对这两个理论中的地心观点和日心观点来说，现实主义就很有意义了。所以，一个有意义的问题是，从现实主义角度来看，哪个宇宙模型更为可行，是托勒密的地心模型还是哥白尼的日心模型？

关于这个问题，当时可用的数据有力地支持了托勒密体系。回忆一下第10章里的论据，它们支持了“地球是静止的，并位于宇宙中

心”的结论。这些都是非常有力的论据（尽管最终这些论据被证明是错误的，但错误的原因都很难察觉），所以关于哪个体系可以与当时最先进的科学更为一致的问题，答案是很明显的：托勒密体系优于哥白尼体系。

总结一下，在预测、解释和复杂性方面，托勒密体系和哥白尼体系是相当的。由于没有使用等距点，哥白尼体系可以说是更直接明确地尊重了匀速运动事实，而且对逆行运动、多颗行星的不同亮度与它们逆行运动时间点之间的相互关联，以及金星、水星总是出现在距离太阳不远处的事实，做出了更直接明确的解释。然而，与当时已有的证据相比，也就是与托勒密体系更为一致的、支持了“地球是静止的”观点的优势证据相比，这些似乎都是相对较小的优势。

是什么因素促动了哥白尼

正如在前面讨论中提到过的，哥白尼体系与托勒密体系十分相似。举个例子，两个体系都大量使用了本轮、均轮和偏心圆。在大多数方面（除了不使用等距点和对逆行运动的解释两方面），哥白尼体系并没有比托勒密体系更好，在某些重要方面（比如，在“地球是静止的”和“地球是运动的”两个观点中，哪一个观点更为合理），哥白尼体系远不如托勒密体系。

所以，如果哥白尼体系只有几个无足轻重的优势，同时因为无法与当时最前沿的物理学保持一致而具有明显劣势，那么到底是什么因素促动了哥白尼来发展他的体系呢？生命短暂，然而哥白尼仍然把一生中的大量时间都用来发展这个理论。如果有很好的理由认为地球不可能在运动，那么为什么哥白尼要花费这么多时间来发展一个以太阳为中心、地球围绕太阳运转的、看起来似乎不可能正确的体系呢？

在这一小节中，我并没试图找到这个问题的完整答案。然而，我们可以用这个问题来探索哲学性/概念性命题是如何促使像哥白尼这样的一位科学家来进行研究工作的。具体来说，很多学者都认为哥白尼向新柏拉图主义的倾斜，以及他对正圆事实和匀速运动事实等哲学性/概念性观点的坚持都是促动他发展其日心说体系的关键因素。接下来我们将对这些观点进行一下概括了解。

新柏拉图主义

简单地说，新柏拉图主义就是一种“基督教化”的柏拉图哲学。柏拉图生活在公元前400年，粗略地说，他认为有很多各种各样客观存在，但又没有实体的永恒“形式”。这些形式是知识的客观存在，也就是说，与仅是秉持一个信念或观点相比，当我们得到了知识时，我们所得到的就是关于这些形式的知识。举个例子，当我们知道了毕达哥拉斯定理，或者数学中的其他真理，我们所得到的知识并不是关于地球上某种物体的（比如画在纸上的三角形）知识，而是关于一个客观存在，但又没有实体的永恒形式的知识。

根据柏拉图的观点，这些永恒形式不仅涉及数学真理，还涉及“更高”的形式，比如真理和美的形式（这些形式“更高”，不仅在于它们更难以掌握，还因为它们具有更强的重要性）。所有形式中的最高层次是至善的形式。柏拉图几乎没有直接对至善的形式进行过讨论。但是，他确实明确指出这个形式是最高、最重要的形式。

柏拉图并没有试图直接描述至善的形式，而是用暗喻来探讨。具体来说，柏拉图总是用太阳来暗喻至善。举个例子，柏拉图说，就像太阳是所有生命的来源，至善的形式也是所有真理和知识的来源。同样地，在洞穴之喻中，柏拉图描述了一个囚徒逃离了洞穴，并终于可以看到太阳了。在这个寓言中，囚徒代表的是一个热爱智慧的人，他已经完成了智慧之旅，脱离了无知状态（也就是洞穴所代表的状态），最终理解了最高的真理，即至善的形式（也就是太阳所代表的含义）。简言之，在洞穴之喻中，就像柏拉图的一贯做法，太阳就是对至善的暗喻。

柏拉图去世几百年后，一个名为“新柏拉图主义”的运动把柏拉图哲学与基督教精神相融合。我会忽略新柏拉图主义的大部分细节，只想强调，对新柏拉图主义者来说，柏拉图的至善形式与基督教的“上帝”画上了等号。而太阳，就是柏拉图对至善的暗喻，也就变成了“上帝”的代表。

作为一个哲学体系，新柏拉图主义经历了西方历史上的多个时期。在哥白尼时代，新柏拉图主义并不是一个冷门哲学体系，然而，把哥白尼和新柏拉图主义联系在一起的证据并不像人们所期待的那么明确。哥白尼很有可能在学生时代就接触到了新柏拉图主义思想，他的一些文章读起来就像是出自有新柏拉图主义倾向的人之手。根据这些文章，同时结合哥白尼可能自学生时代起就接触到了新柏拉图主义的情况，有些学者认为哥白尼深受新柏拉图主义影响；我则必须指出，而另一些人对这一观点并不是那么深信不疑。不过，如果哥白尼是受到了对新柏拉图主义的影响，那么这与日心说观点之间的联系是非常直接而明确的：如果认为太阳是“上帝”在宇宙中的实体代表，那么“上帝”的实体代表最合适的位置将是宇宙的中心。在这个解释中，为什么哥白尼会秉持一个以太阳为中心的宇宙观，其实基本原因就在于他深受新柏拉图主义影响的哲学性观点。

哥白尼对匀速圆形轨道运动的坚持

大多数天文学家对“恒星和行星的运动必须是沿正圆轨道，而且从不加速或减速的匀速运动”的观点深信不疑，我也在前面很多地方都已经讨论过。现在回过头去看，这些天文学家的坚持主要是一种哲学性 / 概念性的坚持。尽管存在少量经验证据支持这个观点（比如，恒星确实看起来沿圆形轨道运动），但是大多数天文学家对这个观点深信不疑的程度已经远远超过了经验证据所带来的支持力度。

正如在第 13 章中所描述的，托勒密只有通过使用等距点这样一个相当勉强的概念，才实现了对匀速运动事实的尊重。我们来快速回顾一下，行星的本轮，比如火星的本轮，相对一个想象出来的点做匀速运动，这个想象出来的点就被称为等距点。用一条直线连接等距点和火星本轮的圆心，这条线将在相同时间内扫过相同的角度，从这个意义上来说，火星本轮相对于等距点做匀速运动。然而，火星本轮很明显并没有相对于地球做匀速运动，也没有相对于本轮运动轨道的圆心做匀速运动。

鉴于托勒密体系能够很好地解释经验数据，因此它是一个非常有用也非常有价值的模型，几乎所有天文学家都愿意接受这样一个想象出来的等距点。然而，哥白尼并不接受。他对匀速运动事实深信不疑，因而无法接受像等距点这样一个概念，而对匀速运动事实的坚持也促使哥白尼想要发展出一个不需要等距点的体系。

这就很好地说明了哥白尼是如何在哲学性 / 概念性事实而不是经验事实的促动下发展出其理论的。后来证明，这并不是特例。在科学史上，哲学性 / 概念性事实通常都是促使科学家发展新理论的部分因素。因此，从这个意义上来说，哥白尼完全算不上是一位特殊的科学家。

作为这一小节的最后一点，值得注意的是，我们都会秉持这样的哲学性 / 概念性观点，其中很多在我们的思维方式中都已根深蒂固，因而看起来似乎是直接明确的经验事实。当我们回望历史去找出那些主要算

是哲学性 / 概念性事实的观点，比如正圆事实和匀速运动事实，是相对比较容易的；看到这些事实如何激发了包括哥白尼在内的科学家，也是相对比较容易的。相比之下，要找出我们自己的观点中那些伪装成经验事实的哲学性 / 概念性观点，就比较困难了。随后在本书中，我们会探讨一些在时间上距离我们更近一些的科学史中的例子，尝试从中找出我们自己对一些哲学性 / 概念性观点的坚持。

对哥白尼理论的评价

回忆一下，当时所有的证据都支持“地球是静止的”这一观点，因此似乎哥白尼的理论完全没有可能是正确的。考虑到这一点，你可能会认为哥白尼的理论在发表之后并不会受到重视，当然也就不会被广泛阅读或探讨。

然而，事实上，从哥白尼去世（也就是他发表其体系的同一年）后几年开始，一直到 16 世纪末，哥白尼的理论被广泛阅读、讨论、纳入课堂，并运用到实际生活中。造成这一情况的部分原因是，哥白尼体系是自托勒密体系以后，在 15 世纪里发表的第一个全面、复杂的天文学体系。哥白尼体系在当时颇为引人注目，很多人将哥白尼称为“托勒密第二”。

另一个原因与制作天文学表格有关。这些天文学表格就是像托勒密体系这样的天文学体系在现实生活中的一个实际应用。做一个类比可能有助于说明这一点。假设我需要了解某种天文学事件，比如，假设我计划傍晚时出门办事，需要知道太阳什么时候落山。我利用现在最先进的天文学理论来计算出日落时间是完全有可能的，但是这么做会特别麻烦。因此，我将用一个更简单的办法，也就是我很有可能会上网搜索关于日落时间的信息。

我在网上（或从其他渠道，比如从当前的天文年历中）找到的关于日落时间的数据来自当前的天文学理论，不过编纂出这些数据的人们其实进行了大量辛勤的工作。天文学表格与此多少有些相似，它们源自当时最好的理论，而这个最好的理论在我们的大部分历史上都是托勒密理论，有了这些表格，需要天文学数据的人们可以把它们当作一个数据来源。

在16世纪，人们急需一套新的天文学表格（前一套表格产生于13世纪，当时已经过时了）。后来证明，做出新一套表格的这位天文学家正是以哥白尼理论为基础的。同样地，由于在预测和解释方面，哥白尼体系和托勒密体系实质上是同等价值的，这位天文学家本来也可以使用托勒密体系，会得到一套几乎一样好的表格。但是，他使用了哥白尼体系，这使哥白尼体系得到推广，并且威望大增。

因此，在16世纪下半叶，哥白尼体系在欧洲的大学中已广为人所知、所阅和教授。然而，重点是，几乎所有人都用工具主义态度来看待哥白尼体系。也就是说，除了少数一些例外情况（当时存在某些新柏拉图主义者和少数其他人用现实主义态度看待哥白尼体系），哥白尼体系都被当作一个实用工具，并没有人认为它是对宇宙真实情形的反映。简言之，在16世纪末，托勒密体系和哥白尼体系和平共存。（至少，在天文学家之间，情况确实如此；一些强烈反对哥白尼体系的宗教领袖对哥白尼体系进行了攻击，不过是出于宗教原因，而不是经验原因。）总的来说，在天文学界，托勒密体系都被用现实主义态度来对待（或者至少，其中关于地球是宇宙中心的部分一直被用现实主义态度来看待），而哥白尼体系则被用工具主义态度来对待。也就是说，哥白尼体系被认为是一个有用的系统，但并不是对宇宙真实情况的反映。

结语

在本章中，我们概括研究了哥白尼体系，并把这一体系与托勒密体系进行了对比，探讨了促动哥白尼发展这一体系的因素，讨论了当时的人们对哥白尼体系的接受情况，并发现尽管在 16 世纪末天文学家都用工具主义态度来看待哥白尼体系，但这一体系还是得到了广泛接受。我们的这些研究和讨论是相当简短的，用非常短的篇幅涵盖了诸多话题，但这样做应该至少让你对哥白尼体系和围绕这一体系的某些关键命题有了一些体会。

这个相对和平的形势将在 17 世纪初发生天翻地覆的变化。那个时候，望远镜已问世，并且带来了新的天文学数据，这至少是自人类有记录以来第一次出现这种情况。在接下来的两章里，我们会简要探讨两个更关键的天文学体系，然后再对望远镜带来的新数据进行研究。

第 15 章

第谷体系

在这个简短的章节中，我们将对第谷的天文学体系进行概述性的了解。这个体系从某种程度上说是部分托勒密体系和部分哥白尼体系的混合体。由于第谷体系实际上是对人们已熟知的内容进行重新编排，而不是引入新的内容，因此我们可以很迅速地进行大致了解。首先，我们将进行一个简要介绍。

第谷·布拉赫（1546—1601）是 16 世纪下半叶备受尊敬的一位天文学家。他的主要贡献是发展出了现在被称为第谷体系的天文学体系，并且在几十年间给出了非常精确的经验性观察结果。第谷的天文学观察结果在开普勒体系的发展过程中发挥了非常关键的作用，不过我们将在下一章中讨论这个命题。现在，让我们简要研究一下第谷的天文学体系。

与当时的大多数天文学家一样，第谷对哥白尼体系非常熟悉。第谷也承认，相较于托勒密体系，哥白尼体系在某些方面更具优势。举个例子，在第 14 章中我们讨论过，与托勒密体系的解释相比，哥白尼体系对逆行运动的解释要更直接明确，从某种意义上说也更为简练。

然而，与当时大多数天文学家相同，第谷也发现大多数证据所指向的结果都是地球是静止的，因此，从现实主义者的角度来说，哥白尼体系不可能是正确的宇宙模型。于是，第谷凭借自己的能力发展出了一个体系，其中既包括了大多数哥白尼体系得到认可的优势，又保留了“地球是宇宙中心”的观点。

根据第谷体系，地球是宇宙的中心，恒星球面同样被定义为宇宙边界。月球和太阳围绕地球运转，但行星围绕太阳转动。也就是说，尽管地球是静止的，而且是宇宙中心，月球和太阳都围绕地球运转，但是行星运动的中心是太阳。如果用一张示意图来表示第谷体系，略去像本轮这样的内容，那么就会如图 15-1 所示。从描述或者示意图来看可能并不明显，但是实际上，从数学角度来看，第谷体系是等同于哥白尼体系

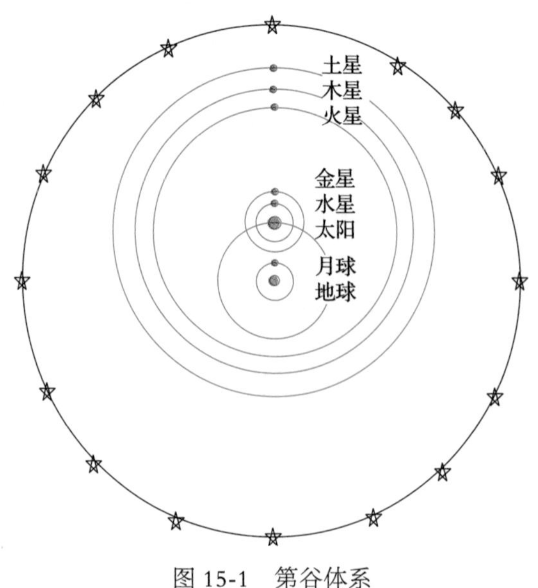

图 15-1　第谷体系

的。也就是说，用数学的方法把哥白尼体系转化成第谷体系是完全有可能的（反之亦然）。基于这一点，第谷体系在预测和解释我们在第 11 章中讨论过的经验数据方面，与哥白尼体系是等效的。具体来说，与哥白尼体系的情况完全相同，第谷体系对经验数据可以进行解释和预言，但也并不完美。

正如前面提到过的，第谷体系得到认可的一个优势是它保留了哥白尼体系的优势，同时也保留了"地球是宇宙中心"的观点。因此，尽管第谷体系在我们看来多少有点奇怪，但它实际上综合了托勒密体系和哥白尼体系这两者最为人们认可的特点。

除此之外，第谷去世后不久，望远镜问世，带来了更多新的证据，表明至少某些行星是围绕太阳运转的。第谷体系因而成了一个理论选项，使人们既可以根据最新发现的证据接受行星围绕太阳运转的事实，同时又可以继续根据我们在第 10 章中讨论过的证据和论据来认为地球是静止的。简言之，当同时面对地心说和日心说的一些让人难以抗拒的特点时，第谷体系提供了一个可行的妥协方案，从而同时保留了两者的这些特点。

除了以上的简短介绍，另外值得一提的是，第谷体系在今天仍然是一个活跃的理论。近些年来，至少有 4 本相关著作问世，它们都为第谷体系辩护（更准确地说，是为一个稍做了修正的第谷体系进行辩护，比如，去掉了本轮，采用椭圆轨道），认为这是宇宙的正确模型。但是，仍有为数不少的人继续认为地球是宇宙中心（其中大多数人，包括前面提到的几本著作的作者，之所以会有这种想法，都是源于对某些宗教文献的字面解读）。而且，如果对地心说观点深信不疑，那么第谷体系将是最好的理论选择。

至此，我们就完成了对第谷体系的概述。我们将再讨论一个重要的体系——开普勒体系，然后开始研究随着望远镜的问世而出现的新证据。

第16章

开普勒体系

在本章中，我们将探讨由约翰尼斯·开普勒（1571—1630）提出的体系，并且研究那些对开普勒有促动作用的因素。我们将看到，开普勒实际上“得到了正确的答案”。也就是说，开普勒最终提出了一个体系，不仅在预测和解释方面完全准确，而且比其他任何可选体系都简单得多。除此之外，从现实主义者的角度来看，开普勒体系似乎描述的正是月球和行星真正的运动模式。

开普勒是个有趣的人。我们将研究的不仅是开普勒所发展的体系，还有促使他发展新体系的某些原因。就像我们在对哥白尼的讨论中所看到的那样，其中一些原因所涉及的因素很明显与其说属于科学范畴，不如说属于哲学 / 概念范畴。在研究这些原因之前，我们将首先探讨一些背景材料。

背景信息

开普勒生于1571年，也就是在哥白尼体系发表几十年后，同时距离可以提供新经验数据来支持日心说观点的望远镜的发明也还有几十年。在快到30岁时，开普勒开始为我们在第15章中简要讨论的天文学家、观察家第谷·布拉赫工作。开普勒与第谷合作的时间不长，因为第谷在开普勒加入不到两年就去世了。但是，第谷对开普勒最终发展出开普勒体系产生了至关重要的影响。基于这一点，接下来我将简要探讨第谷对开普勒的影响。

第谷·布拉赫的经验观察

正如在第15章中提到过的，第谷的主要贡献是发展出了第谷体系，以及他准确到超乎寻常的经验观察。在第15章中，我们简要探讨了第谷的天文学体系。然而，事实上，第谷的天文学观察对开普勒最终发展出其体系产生了更重要的影响。

简单来说，第谷是至此为止在那个时代里最谨慎、准确和勤奋的观察者，就这一点而言，他很有可能是人类历史上仅靠肉眼进行观察的人中最为优秀的一位。在20年的时间里，第谷收集了关于太阳、月球和行星运动非常准确的数据（其准确性实际上已经达到了肉眼观察所能达到的极限），特别是关于火星，他收集了大量关于观察到的火星位置的数据，而且在很大程度上说，在开普勒发展其体系时，这些关于火星的数据是一个关键因素。

第谷和开普勒

第谷去世后，开普勒获得了第谷积累的部分关键数据，而且在很大程度上说，正是因为获得了第谷的数据，开普勒才有可能发展出自己的体系。

这绝不意味着开普勒的研究工作是根据第谷的数据进行简单或直接的推断。开普勒为了发展自己的体系进行了异常努力、认真的研究，在这个过程中，仅为了找到正确的方法，开普勒就花费了多年时间。有关火星的数据尤为重要，因为开普勒根据这些数据推理得出，不管是托勒密体系、哥白尼体系，还是第谷体系，都无法完全解释第谷观察到的火星位置。因此，开普勒明确地认为这些体系都不是特别正确。

开普勒开始探索新的体系，其关注的重点就是火星的运动。值得注意的是，开普勒所探索的新体系都以日心说为基础。造成这种情况的原因有很多，不过其中部分源于他的学生时代，那时他的老师是哥白尼体系的一个热情的支持者。

顺带提一下，此时用“体系”来指代开普勒的研究成果多少有些不恰当，因为他早期研究工作的重点仅仅是对火星运动进行解释。然而，最终他将对火星的成功研究推广到了其他行星、太阳和月球上，那时把他的研究成果称为“体系”就合适了。为方便起见，我仍将使用“开普勒体系”这个术语，但同时你要明白，一个完整的体系实际上是多年以后才形成的。

与几乎所有和他同时代的人相同，开普勒最初也坚信正圆事实和匀速运动事实。因此，他花了相当长的时间来尝试修正哥白尼体系，保持太阳位于宇宙中心、宇宙中所有运动都是沿正圆轨道进行的匀速运动的状态。实际上，开普勒也确实对哥白尼体系进行了某些重要改进。

然而，到了 17 世纪初，主要根据第谷的数据，开普勒已经可以推理得出所有以匀速运动为基础的体系都无法解释已观察到的火星位置。此时，他开始研究其他使火星可以在其轨道不同位置上以不同速度运动的体系。不久以后，开普勒得出类似结论，也就是所有仅以正圆轨道为基础的体系也都无法解释已观察到的火星运动，因此他开始探索不同形状的轨道。

请注意，重点是，开普勒此时已摒弃两个关键的哲学性 / 概念性事实，即正圆事实和匀速运动事实。接下来，我们将探讨一些因素，正是基于这些因素，开普勒才可以比他之前的大多数天文学家更容易地考虑到除沿正圆轨道匀速运动之外的其他运动。不过，现在我们将继续开普勒研究成果的概述。

最终，开普勒发现，椭圆轨道和行星以变化的速度沿椭圆轨道围绕太阳运动，可以完美地解释火星的数据。在 1609 年，开普勒发表了他关于火星运动的模型，也就是火星沿椭圆轨道以变化的速度运动，不久之后，开普勒把这个模型扩展到了其他行星。现在，我们将更详细地研究一下开普勒的模型。

开普勒体系

让我们首先更详细地了解一下开普勒的两个关键性创新，也就是椭圆轨道和变速运动。

你可能知道椭圆形是一种拉长了的圆形。对椭圆形可以进行精确的数学描述，但是要直观地看到椭圆形，最简单的一个方法就是想象你用两颗图钉把一根皮筋的两端固定在了一张白纸上。现在，想象你用一支铅笔把皮筋拉紧，然后让铅笔围绕图钉运动，在这个过程中保持笔尖一直在纸上，最后铅笔画出来的图形就是一个椭圆形。图 16-1 可能有助于你理解。图钉所占据的点被称为椭圆形的焦点。我们在前面提到过，开普勒的第一个创新就是让行星围绕太阳沿椭圆轨道运动，太阳所在的位置就是椭圆形的两个焦点中的一个。举个例子，火星的运行轨道将如

图 16-2 所示。在这个示意图中，为了更好地进行说明，我对椭圆形进行了夸张处理。

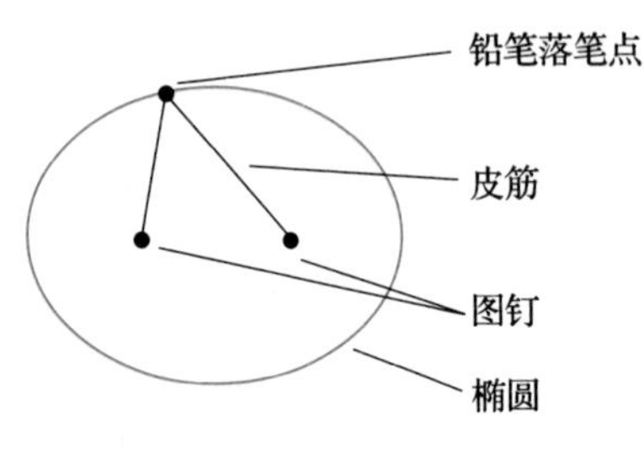

图 16-1 椭圆形

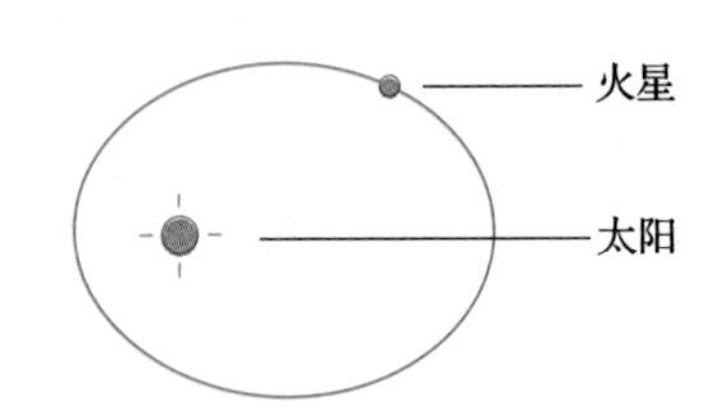

图 16-2 开普勒体系中的火星轨道

对行星轨道的这种描述，也就是“行星围绕太阳沿椭圆轨道运动，太阳占据椭圆轨道两个焦点之一的位置”，通常被称为开普勒行星运动第一定律（简称“开普勒第一定律”）。

开普勒的另一个主要创新是让行星在沿其轨道围绕太阳运动的过程中进行变速运动。更具体地说，根据开普勒体系，如果以行星为起点画一条直线把太阳连接起来，这条直线在相等的时间内扫过的面积相同。这个对行星运动速度的描述就被称为开普勒行星运动第二定律（简称“开普勒第二定律”），图 16-3 中的示意图是对此最简单的说明。要理解开普勒第二定律，假设有一条直线将火星和太阳连接起来。在 1 月 1 ～ 30 日的 30 天内，这条线会扫过某个面积（也就是图 16-3 中的区域 A）。根据开普勒第二定律，在另一个 30 天内，这条线将会扫过相等的面积。举个例子，在从 11 月 1 ～ 30 日的 30 天内，这条线会也会扫过某个面积（也就是图 16-3 中的区域 B）。根据开普勒第二定律，区域 A 和区域 B 的面积大小将会是相等的。一般来说，连接行星和太阳的直线将在相等的时间内扫过相等的面积。

开普勒第二定律对行星运动提出了一个非常重要的推论。由于行星（比如火星）在其轨道上的某个点处距离太阳更近（在图 16-3 中，火星在左侧时距离太阳最近），因而当火星运动到其轨道的这一部分时，运动速度会更快，而当它运动到其轨道距离太阳更远的部分时，运动速度则会更慢。换句话说，根据开普勒第二定律，行星的运动不是匀速的。相反，在其轨道的不同阶段，行星的运动速度会发生变化。

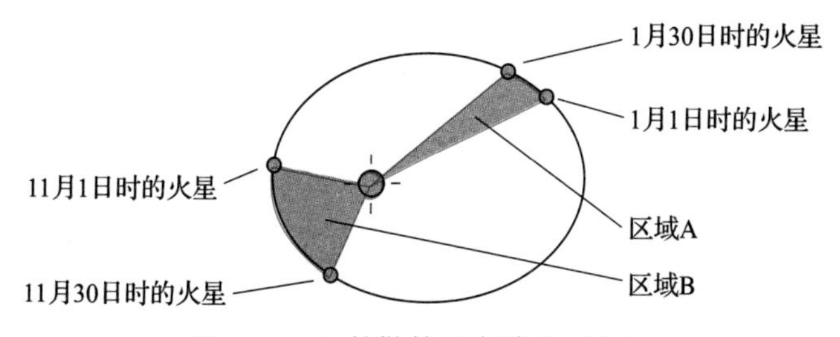

图 16-3　开普勒第二定律的示意图

运用了椭圆轨道和非匀速运动的开普勒体系可以完美地预测和解释经验事实。除此之外，这个体系也远比托勒密体系或哥白尼体系简单。在简单性这一点上，请注意，开普勒体系没有使用本轮、均轮、偏心圆、等距点或其他类似概念。相比之下，在开普勒体系中，每个行星只有一个椭圆轨道，仅此而已。

然而，同样需要注意的是，开普勒体系摒弃了正圆事实和匀速运动事实。回忆一下，这两个事实在2000多年间一直是核心观点。因此，尽管开普勒体系完美地处理了经验数据，但其仍然需要亚里士多德世界观体系发生重大的观念变化。

什么因素促动了开普勒

根据我们到目前为止的讨论，你可能会觉得开普勒是一个相当纯粹的研究人员，促使他进行研究的主要因素是他渴望发展出一个能够处理经验事实的理论。开普勒实际上远比此复杂。与我们之前对哥白尼的讨论相同，我不会试图对开普勒发展其体系时所涉及的不同因素进行全面探讨，而是提供足够的信息，让你可以对开普勒的发现所涉及的哲学性 / 概念性命题有所体会。具体来说，我们的重点将是：在开普勒有生之年始终促使他进行研究的一个因素，也就是开普勒渴望读懂“上帝”所思。

开普勒渴望读懂“上帝”所思

究其一生，开普勒都坚信“上帝”对构建宇宙可以说有一个确定的计划、蓝图。开普勒被强烈地吸引，渴望发现这个蓝图来读懂上帝所思，并了解上帝在创造宇宙时就准备好的计划。开普勒的这一渴望在很多方面都有所体现，下面几个例子将足以说明情况。

在快到 30 岁时，开普勒去为第谷 · 布拉赫工作。为什么开普勒想和第谷一起工作？这个问题的答案，在很大程度上关乎开普勒几年前的一个“发现”，对这个发现的探讨将有助于解释开普勒脑中的上帝所筹划的蓝图是什么样子，以及读懂上帝所思包括什么内容。

开普勒的第一部重要著作发表于他为第谷工作的大约 4 年之前。在这部著作中，开普勒发表了一个他认为在其一生中都将非常重要的发现。开普勒所关心的问题包括：为什么上帝创造宇宙时正好创造了 6 颗行星（水星、金星、地球、火星、木星和土星），而不是 5 颗、7 颗或其他数量？为什么上帝要将行星如此排列，而不是排列成其他样子？开普勒相信这样的问题都有答案。

多年间，对这些问题，开普勒尝试了多种答案。举个例子，他曾尝试使用多种数学比例和函数来解释，但没有一个可以给出令人满意的答案。然而，到了 16 世纪 90 年代中期，开普勒想到了使用被称为“正多面体”的概念来回答这些问题。接下来我会对正多面体做个简要解释，顺带提一句，请忍受一下我在这里的讨论，因为这确实需要一些时间来解释。然而，当我们结束这段讨论的时候，我认为你会更好地理解开普勒是多么不寻常的一个人。

思考一下正方体，因为正方体很有可能是正多面体最好的一个范例。正方体是三维的，其每一面都是相同的，而且都是正方形。请注意，正方形本身是二维的，其每一个组成部分（也就是每一条边）都是相同的，具体来说，每一条边都是与其他边长度相等的直线。一般来说，一个正多面体也具有正方体的这些特点，其每一面都是完全相同的二维图形，而每一个二维图形本身也都由相同的部分，也就是长度相等的直线组成。

自古希腊时代起，人们就知道只存在 5 种正多面体，具体如下：①正方体，有 6 个面，每个面都是正方形；②正四面体，有 4 个面，每个面都是等边三角形；③正八面体，有 8 个面，每个面都是等边三角形；④正十二面体，有 12 个面，每个面都是正五边形；⑤正二十面体，有 20 个面，每个面都是等边三角形。

现在，假设我们有一个任意大小的球体，在球体里面，我们找到了一个正方体。也就是说，我们把一个大小合适的正方体放进球体里，使正方体的每个角都刚好顶住球体。然后，假设在这个正方体里面，我们又找到了另一个球体，也就是说我们把一个大小合适的球体放在了正方体里，使球体的面刚好顶住正方体的各个面。尽管我们在这里谈论的是三维画面，但是如果用二维示意图来表示的话，那就将如图 16-4 所示。

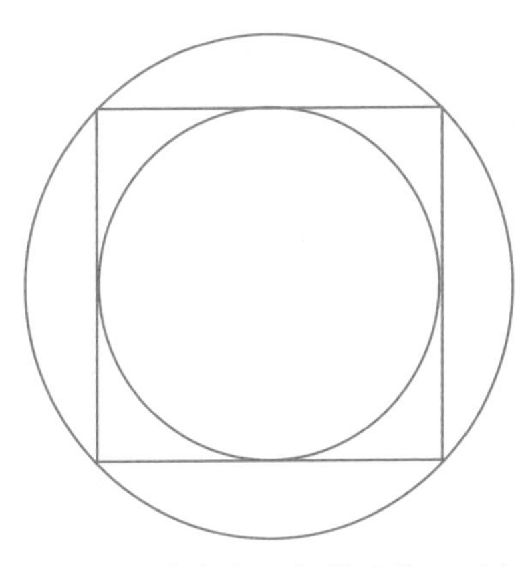

图 16-4　嵌套在一起的球体、正方体和球体

现在，假设我们继续按照如下

顺序把正多面体和球体嵌套在一起：把一个大小合适的正四面体放在图 16-4 中最里面的球体里，然后在这个正四面体里面再放入一个大小合适的球体，然后是一个正二十面体，接下来是另一个球体，球体里再放入一个正八面体，然后在正八面体里放入最后一个球体。这样，我们所得的结构将如图 16-5 所示（同样地，这虽然是对一个三维结构的二维示意图，但已可以很好地表示这个结构了）。

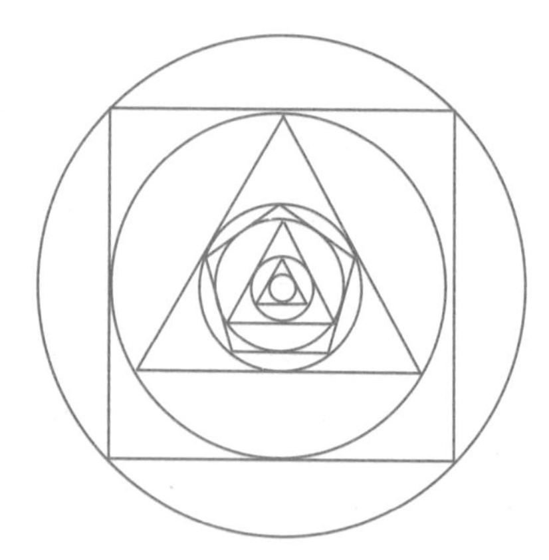

图 16-5　开普勒架构

重申一下，请再忍耐一下，因为接下来将是我对这个结构最后的评论了。让我们关注一下这个结构中的球体。请注意，最开始所选择的球体的大小将决定往里面放的正方体的大小，进而决定正方体里的球体大小，以此类推。也就是说，第一个球体的大小会决定所有球体的大小，同样也会决定每个球体之间的实际距离。

然而，尽管每个球体之间的实际距离取决于我们所选择的第一个球体的大小，但是球体之间的相对距离并不取决于此。也就是说，不管我们所选择的第一个球体尺寸如何，球体之间的相对距离都是相同的。

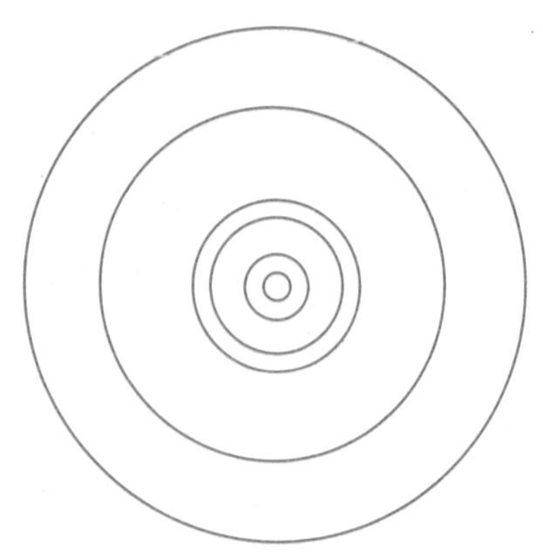

图 16-6　去掉正多面体后的开普勒架构

如果我们只看示意图中的圆形，可能更容易理解这一点。示意图也就是图 16-6，这个图与图 16-5

类似，只是去掉了5个正多面体的部分，从而使球体的排列模式更清晰可见。重申一下，不管我们在开始构建这个球体和正多面体的结构时所选择的第一个球体的大小如何，球体之间的相对距离都将会如图16-6所示。

现在，理解了以上内容后，就出现了一个很有意义的问题：以上的这些架构与天文学有什么关联？答案如下：这些架构表明，根据哥白尼体系（或者任何其他的日心说体系），计算出行星之间的相对距离是有可能的。后来事实证明，行星之间的相对距离与开普勒构建的球体之间的相对距离相当接近。

这是一个很有趣的事实，我认为，毫无疑问这个事实只是一个关于我们这个太阳系的有趣的巧合。然而，在开普勒脑中则并非如此。对开普勒来说，这是他在读懂上帝所思方面取得的第一个突破。图16-5中的架构就是上帝在构建宇宙时脑中所想的，也就是上帝想模仿这个反映了球体和正几何多面体之间关系的架构。这就是为什么上帝创造的宇宙里有6颗行星，而不是5颗、7颗或其他数量，也就是每一颗都代表上面架构中的一个球体。这就是为什么在上帝所创造的宇宙中行星会如此排列——行星的排列模式反映的是开普勒架构中球体的排列模式。除此之外，最外层也最重要的正多面体，也就是第一个正方体，其每个角都由3条互成直角的直线组成，上帝以此来反映宇宙空间的三个维度，等等。

正如前面提到过的，这是开普勒的第一个重要“发现”，而这实际上也是开普勒希望为第谷·布拉赫工作的主要原因之一。也就是说，开普勒希望与当时最好的观察者一起工作，部分原因是为了帮助自己确认这个发现。这个发现在开普勒的第一部主要著作中发表了。但是，在他的一生中，开普勒始终渴望读懂上帝所思，也始终笃信嵌套的球体体系是上帝蓝图的关键组成部分。举个例子，很久以后，在开普勒晚年，他对上面所描述的模型进行了拓展，加入了和声的因素，也就是说，上帝在构建宇宙的时候，不仅反映了几何结构，还反映了音乐结构。简言之，开普勒利用正多面体所进行的构建，以及他对读懂上帝所思的渴望，并不只是在其青年时期。托马斯·库恩对此有过评论，我也相当喜欢，他说，开普勒用正多面体所进行的构建“并不只是年轻的奢侈品，或者，如果这确实是年轻的奢侈品，那么开普勒就从来没有长大”（库恩，1957，p.218）。

开普勒利用正多面体所进行的构建并没有直接让他找到那些令他青史留名的发现，也就是沿椭圆形轨道进行的变速运动。然而，他在找出上帝构建宇宙的规律性方面倾注了巨大的热情，事实上他毕生坚持对关于多面体的架构进行研究，正是这种热情引领开普勒找到了他的核心发现，也就是我们现在所说的开普勒行星运动第一和第二定律。终其一生，开普勒始终致力于发现这种规律。事实上，他发表了十几个“定律”，都反映了他所发现的规律，或者他认为自己所发现的规律。今天，这些定律中的大部分已经被忽略，只有三条得到了认可（其中两条在上面已经进行了解释，第三条定律描述的是行星与太阳之间的距离和沿轨道围绕太阳运动的时间），然而，对开普勒来说，这些就是他研究工作的主要内容，也就是发现宇宙中固有的规律，从而读懂上帝所思。

科学总是不可思议的。开普勒得到了正确的结果。在构建一个完全准确的天文学体系的问题上，经过了2000多年的研究后，开普勒成为第一个发现正确体系的人，这个体系也就是沿椭圆轨道变速运动的体系。开普勒是个与众不同的人。他的研究方法在我们看来，绝大部分都很古怪，但却是开普勒其人不可分割的一部分。如果没有这些古怪的方法，开普勒就不可能取得这些成就。

结语

在第 14 章中，我们讨论了哥白尼体系，随后我们花了一点时间来探讨人们对这个体系的接受情况。我们看到，总的来说，几乎所有天文学家都很快就熟悉了哥白尼体系，很多人开始使用这个体系，而且在使用时大多采用工具主义态度来对待这个体系。在结束本章之前，我想讨论一下人们是如何接受开普勒体系的。

讨论人们是如何接受开普勒体系的，在某种程度上说并不像讨论人们是如何接受哥白尼体系的那样直接明确。其中一个原因是，许多天文学家试图在保留正圆轨道和匀速运动的同时，复制开普勒的成功。也就是说，这些天文学家承认开普勒的成就，也就是他所建立的体系在解释经验数据方面优于任何已有理论，但是，同时他们错误地认为可以利用开普勒的研究成果获得新的发现，来修正当时已有的使用正圆轨道和匀速运动的众多体系，从而使这些体系可以像开普勒体系一样准确。因此，从某种意义上说，这些天文学家承认了开普勒的成功，却没有完全接受他的方法和模型。

第二个使情况变得复杂的因素与开普勒的研究所处的时代背景有关。开普勒于 1609 年发表了他的体系（至少是关于火星运动的研究成果）。天文学命题通常都是专家的命题，也就是说，通常是那些受到过数学训练的天文学家才会关注这些命题，因而这些命题并不会引发太多的大众争论。然而，第二年，伽利略发表了使用望远镜所得的发现。我将在第 17 章中对伽利略的这些发现进行更详细的解释，不过在这里，你只要知道伽利略的发现对更广泛的受众来说是很容易理解的，就已经足够了。除此之外，这些发现都非常令人激动，或多或少淹没了开普勒的研究成果，因此伽利略的研究成果自然获得了比开普勒的研究成果更广泛的受众和关注。

还有最后一个使情况变得复杂的因素值得一提。伽利略发表其使用望远镜取得的发现后不久，天主教会正式表示反对日心说观点，并限制关于这个观点的讨论和著作。前面提到的开普勒在1609年发表的著作，也就是有关火星运动的著作，以及开普勒后续的一些著作，都被列入了禁书清单（这个清单实际上就是禁止天主教徒阅读的出版物清单）。由于这些形势的变化，很多人本来计划就地心说观点和日心说观点之争撰写并发表文章或著作，此时也都决定全部搁置。因此，开普勒发表其最重要的著作时，刚好有关其他体系的公开争论和讨论也变少了。

所以，想要清晰理解开普勒研究成果的接受情况并不那么容易。尽管如此，可以明确的是，最终，开普勒体系的优势，也就是其体系的简单性以及对经验数据更好的解释，与伽利略通过望远镜所获得的、可以支撑日心说观点的证据一起，得到了广泛认可。除此之外，在开普勒晚年，也就是17世纪20年代末，开普勒基于其体系做出了一套天文学表格，效果远优于基于其他竞争体系所做出的天文学表格。因此，到了17世纪中期，持续关注这些天文学命题的人都已经很清楚，包括地球在内的行星确实是沿椭圆轨道以变化的速度围绕太阳运转。终于，在17世纪中期，关于沿正圆轨道匀速运动的哲学性/概念性“事实”不再被当作事实了。

第 17 章

伽利略和通过望远镜得到的证据

在从地心说观点向日心说观点转变的过程中，另一个发挥了核心作用的人物就是伽利略（1564—1642）。伽利略对天文学、物理学和数学都做出了重要贡献，但是在这里，我们最为关心的是他那些影响了天文学的著作。本章的主要目标是理解通过望远镜得到的新数据，研究这些数据如何冲击了不同天文学体系支持者之间的争论，并探讨人们对伽利略的各种发现的接受情况。

我们将看到，随着望远镜的出现，伽利略的研究工作首次提供了与地心说和日心说之争相关的新经验数据。然而，我们同样也会看到，这些新证据本身并没有使这个争论尘埃落定。伽利略认为这些新证据支持了日心说观点，但是其他同样熟悉这些证据的人们则不这么认为。与前面几章一样，我们首先从一些背景知识开始。

背景知识

伽利略与天主教会

望远镜发明于17世纪初，伽利略于1609年开始使用望远镜进行天文学观察。伽利略是第一批将望远镜用于天文学观察的人之一。通过使用望远镜，他发现了有趣的新数据，这些数据对地心说和日心说支持者之间的争论产生了极大的影响。伽利略于1610年发表了第一批观察结果，在随后几年又发表了其他观察结果。

这些新数据以及主要由于这些数据引发的争论最终把伽利略卷入了一场与天主教会的著名争端中。考虑到这一点，接下来将简单介绍一下伽利略时代的宗教状况。

尽管我们在前面并没有对此进行深入讨论，但是对于教会更偏爱地心说观点，我们也不应该感到意外。教会偏爱地心说观点的部分原因（但并不是唯一原因）与天主教经文中的许多段落有关，这些段落都暗示地球是静止的、太阳围绕地球运转。因此，伽利略与教会之间的争论必然会涉及对经文的解读。

同样值得注意的是，总的来说，天主教会在历史上对新科学观点相当宽容。举个例子，在大多数情况下，教会并不反对哥白尼体系。当然，直到通过望远镜得到的新证据出现，之前人们通常都用工具主义态度来看待哥白尼体系，因此与经文并没有矛盾之处。不过，重点是教会通常不会反对新科学观点，也愿意在新发现需要的时候重新对经文进行解读。

然而，17世纪对天主教会来说却非常棘手。宗教改革已经于16世纪开始，天主教会积极投入其中，试图阻止其认定的异教思想观点的传播。因此，伽利略通过望远镜进行研究工作的时候，教会刚好对新科学观点并不像从前那么宽容。

值得一提的是，伽利略本人是一位虔诚的天主教徒。他当然并没有削弱教会的意思，对他的某些观点可能会最终被认为是异教思想的担忧，伽利略也没有草率对待。后面我们将会看到，在对经文的解读上，伽利略的观点确实有很多不同点，而这些不同点在他与教会的交锋中扮演了重要角色。

对由望远镜得到的证据性质的说明

关于地心说体系和日心说体系支持者之间的争论，不要忘记仅凭肉眼观察得到的数据无法平息这场争论。事实上，正如我们一直以来所强调的，肉眼观察得到的数据强烈支持了地心说观点。

值得注意的是，即使有了望远镜，也没有办法直接确定地心说和日心说观点哪个正确。我想花一点时间来讨论这一点，因为我认为它常常被误解，而且，理解了这一点将有助于人们更好地理解由望远镜得到的证据的性质。

假设我们暂时离开伽利略，跳回到距今400年前的时代。就算是相比400年前取得了巨大科技进步的今天，我们仍然没有技术可以直接证明到底是地球围绕太阳运转还是太阳围绕地球运转。我们对于地球围绕太阳运转最为直接的证据是终于在20世纪90年代首次被观测到并记录在案的恒星视差。然而，恒星视差这样的证据并不是我们在第3章中所讨论的那种由直接观察所得到的证据，甚至从太空拍摄的照片都不能直接证明地球是否围绕太阳运转。

要理解这一点，假设我们有一张照片，如图17-1所示，照片里是太阳、水星、金星和地球。提示一下，实际上我们并没有这样的照片。这样的照片需要从地球轴线以上或以下的

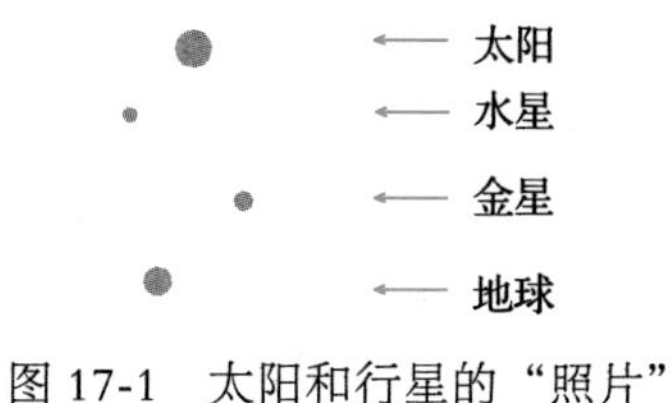

图17-1 太阳和行星的“照片”

一个制高点来拍摄，但事实上，我们并没有向这两个方向发射宇宙飞船。我们这个太阳系有趣的特点，包括行星、小行星等的特点，基本或多或少都是由一架沿地球赤道切线飞行的飞机所提供的。因此，我们的宇宙飞船通常都是随飞机一起发射出去，而不是在地球轴线的方向上。然而，重点是，就算我们有这样的照片，也不能证明地球和太阳到底哪一个才是我们这个太阳系的中心。

要理解这一点，请注意，图 17-1 中的“照片”与地心说体系和日心说体系都是同等匹配的。也就是说，这张照片与图 17-2 中展示的日心说观点是相适应的。然而，这张照片同样也可以与图 17-3 所展示的地心说观点相适应。

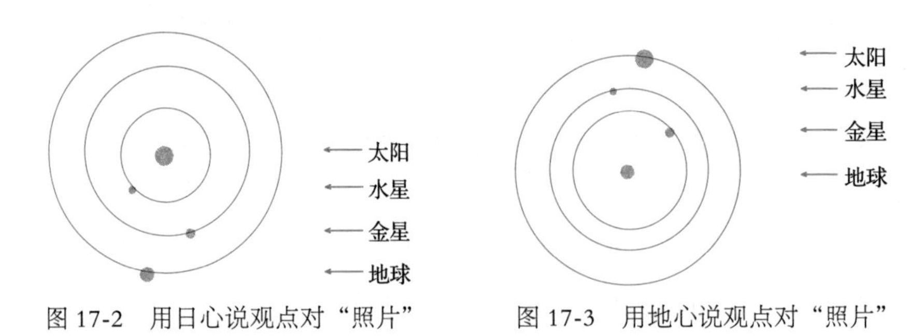

图 17-2　用日心说观点对“照片”的解读

图 17-3　用地心说观点对“照片”的解读

简言之，就算我们可以给太阳系拍一张这样的照片，这张照片也不能证明地球或太阳哪个是中心。甚至假设我们拍一段时间很长的视频，并画出太阳和行星在一段时间内的位置变化，这样的视频也只能证明太阳和行星之间的相对运动。也就是说，这样的视频只能展示出太阳和行星相对于彼此是如何运动的。然而，在以地球为中心的第谷体系中，太阳与行星的相对运动，与日心说体系中太阳与行星的相对运动是完全相同的。换句话说，就算我们有这样的视频，它们也可以被证明与以地球为中心的第谷体系相一致。（我必须指出这样的视频并不适用于最初的第谷体系，也就是包括本轮、正圆轨道和匀速运动的体系，但是可以与一个经过修正、已经“现代化”了的第谷体系相一致。这样一个经过了修正的第谷体系与图 15-1 相似，但运用了椭圆形轨道，而且行星以变化的速度在轨道上运行。在第 15 章结束时，我们提到过现在仍然有地心说观点的支持者，他们所偏爱的正是这个经过了修正的第谷体系。）对于这个命题，我进行了较详细的讨论，但这都是为了说明很常见而又很重要的一点：我们通过技术得到的证据很少会像我们通常所认为的那样直接。这是很重要的一点，当我们思考伽利略通过望远镜得到的证据时，需要把这一点记在脑中。

因此，伽利略通过望远镜得到的证据尽管令人陶醉，也十分重要，但是并没有直接解决日心说体系和地心说体系支持者之间的争论。不过，这些证据确实提供了一系列间接证据，对这个争论当然产生了一些冲击。接下来，让我们开始思考伽利略的证据。

伽利略通过望远镜得到的证据

伽利略发表了一系列通过望远镜得到的新观察结果。对地心说观点来说，其中一些数据提出了相对无关紧要的问题，而另一些数据则让这一观点遇到了大问题。我们会逐一进行讨论，在这个过程中，我们不仅会讨论伽利略发表的观察结果，还会探讨这些新数据如何影响了日心说观点和地心说观点之间的争论。

月球上的山峰

伽利略是首先将望远镜用于观察月球地表特征的人之一，所观察的地表特征包括山峰、平原以及我们现在所说的月坑。从某种程度上说，这些特征可以用肉眼观察到，伽利略之前的人曾经推断月球上有山峰，但只有在望远镜的帮助下人们才能看清这些地表特征的细节。

月球上有山峰这样的地表特征并不能直接证明地球围绕太阳运动。事实上，这一观察结果之所以对地心说与日心说之争有一定影响，原因在于它破坏了亚里士多德世界观中宇宙整体的样子。回忆一下，在亚里士多德世界观中，天空中的物体仅由以太组成，这一点成为亚里士多德世界观解释天体运动的关键点。因此，如果月球像是一个巨大的岩石体，且在外观上与地球有很多相似之处，那么这就很清晰地证明了亚里士多德世界观中“天空中的物体都由以太组成”的观点不可能正确。

值得一提的是，这个证据本身绝不足以严重破坏亚里士多德世界观。确实，亚里士多德世界观包括“天体由以太组成”的观点，这个观点是亚里士多德世界观拼图中的一块拼板，可以在不对整个观点体系进行大量改变的情况下得到修正。举个例子，月球是在月上区和月下区的分界线上，因此，如果认为月球既包括月上区的元素，又包括月下区的元素，并不是不合理的。换句话说，关于月球的观点并不是亚里士多德世界观中的核心观点。然而，毫无疑问，月球上有山峰这样的地表特征存在，表明在面对通过望远镜得到的新证据时，亚里士多德世界观不可能保持不变。

因此，对日心说和地心说之争来说，月球表面有山峰的观察结果之所以会对其有影响，很大程度上在于它表明了亚里士多德世界观存在瑕疵。这个观察结果还从另一个角度表明了日心说观点更有道理。回忆一下有关“地球是静止的”这一论点（我们在第10章中讨论过），这个论点的基础是没有什么可以使地球保持运动状态。如前所述，地球是一个很大的岩石体，很像我家前院里的大卵石，它会保持静止，除非存在什么因素持续使它运动。这个论据似乎非常令人信服。然而，通过望远镜，我们现在可以看到，月球似乎也是一个巨大的岩石体，而且很明显，月球始终在运动。所以，如果像月球这样巨大的岩石体可以围绕地球持续运动，也许同样是巨大岩石体的地球也可以围绕太阳持续运动。

太阳黑子

伽利略同样是第一批用望远镜观察太阳黑子的人之一。太阳黑子是在观察太阳的时候会出现的一些黑暗区域。人们不能直接用望远镜来观察太阳，因为这样做会使视网膜受到伤害，但是可以通过往纸上投影的方式来观察望远镜里太阳的图像。伽利略用这种方法来观察太阳黑子。利用观察所得的结果，伽利略得以令人信服地论证出太阳黑子一定是太阳表面本身就有的区域，而不是其他图像，比如说从太阳前面经过的小行星的图像。

与月球表面的山峰情况相同，关于太阳黑子的观察结果并没有带来坚实的理由来让人们相信日心说观点是正确的。不过，与位于月上区和月下区边界上的月亮不同，太阳毫无疑问在月上区。因此，如果太阳黑子在太阳上，就像伽利略论证的那样，那么月上区不可能像亚里士多德世界观所认为的那样是没有变化的完美区域。因此，就像月球表面的山峰一样，关于太阳黑子的数据被证明是亚里士多德世界观的另一个瑕疵。

土星的光环或“耳朵”

伽利略关于土星的证据所带来的结果，与关于月球和太阳的证据相似。伽利略是第一个观察到土星有时会有边缘凸出现象的人，这个凸出的边缘看起来就像把手或耳朵。现在我们知道伽利略所观察的就是土星光环，尽管他所使用的望远镜解析度并不足以看清光环，而只能看成是土星边缘的凸起。（后来又过了半个世纪，这个凸起才被正确地假定成围绕土星的一个环形结构。）

同样地，这个数据表明了亚里士多德世界观的又一个小瑕疵。回忆一下，天体由以太组成，以太的天然形状就是正球体，因此由以太组成的行星一定也是正球体。伽利略的观察结果则表明土星并不像亚里士多德世界观所预期的那样是正球体，月球和太阳也不是。

木星的卫星

在伽利略的望远镜可以观察到的所有现象中，木星的卫星很有可能是观察起来最让人愉悦的。通过望远镜，伽利略观察到了四个小亮点，它们围绕在木星周围，位置随时间而变化，伽利略正确地推断出这四个小亮点是围绕木星运转的卫星。就算是在今天，木星的卫星可能仍然是用小望远镜就能看到的最令人愉悦的亮点（跟土星光环一样让人观察起来感到心情愉悦）。

为了谋求一个好的职业发展，伽利略把木星的卫星命名为"美第奇星"，用来向美第奇家族致敬。美第奇家族是当时意大利最强大的家族之一，伽利略希望通过这样做能进入美第奇宫，很快他就获得了成功，随后不久就被任命为美第奇宫的首席数学家和哲学家（"哲学家"在这里的意思更像是我们现在所说的科学家）。

伽利略花了很多时间来仔细观察木星的卫星，绘制出它们的位置，并确定这些卫星确实是围绕木星运转。这也是一个无法与亚里士多德世界观简单拼合在一起的证据。回忆一下，根据亚里士多德世界观，特别是在托勒密体系中，地球是宇宙中所有圆周运动唯一的中心。所有天体，包括月球、太阳、恒星和行星，都围绕宇宙中心，也就是地球的中心，沿圆形轨道运转，而这又与元素以太的性质相关，也就是元素以太总是要围绕宇宙中心做正圆运动。但是，现在出现了像木星的卫星这样的天体，它们应该是由以太组成，但没有围绕宇宙中心运转。简言之，伽利略发现有天体围绕木星运转，这决定性地证明了，与亚里士多德世界观中的观点相反，宇宙中的圆周运动并非都围绕唯一的中心，同时也表明了亚里士多德关于以太性质的观点并不是完全正确的。

木星的卫星还有一个相关的影响也值得一提，那就是地心说观点的支持者认为，根据日心说的观点，卫星的运动模式多少有些奇怪。也就是说，如果有卫星围绕地球运转，然后地球又围绕太阳运转，那么日心说多少都有些不够简明。相比之下，他们进而认为，地心说观点更为简明，因为存在一个唯一而简单的中心，所有天体都围绕这个中心做圆周运动。然而，伽利略发现的木星的卫星却使这个论据被丢到了一边，因为即使是地心说观点的支持者也必须接受，至少有一个天体，也就是木星，在自身运动的同时，还有其他物体围绕它运动。

金星相位

金星相位提供了某些与地心说和日心说之争有关的最为引人注目的证据。仅用肉眼观察，你不可能观察到金星实际上像月球一样，会经历一个周期性的相位变化。但是，通过望远镜很容易就可以观察到金星相位，而伽利略就是第一个发现金星相位的人。除此之外，金星不仅会经历周期性的相位变化，而且它的大小也会根据所处的相位发生变化。图 17-4 展示了金星在不同相位的样子，包括满月位、亏凸月位 / 盈凸月位、上弦月位 / 下弦月位、蛾眉月位 / 残月位和新月位。要理解这些数据的重要性，我们需要理解为什么金星在不同的时间会处于不同的相位。由于这个解释从本质上来说与对“为什么月球会经历不同相位”的解释是相同的，所以让我们首先讨论一下月球，然后再回到金星。

图 17-4　金星相位

月球相位是太阳、月球和地球三者间相对位置变化的结果。在任意一个给定的时间点，月球的一半会被太阳照亮，另一半会在黑暗中。当月球和地球所处的位置使我们可以完整地看到月球被太阳照亮的表面时，我们所看到的就是满月；当我们只能看到月球被太阳照亮的表面的一半时，我们所看到的就是弦月；当我们只能看到月球被太阳照亮的表面的一小部分时，我们所看到的就是蛾眉月或残月。图 17-5 可能有助于理解。被标注为 1/4、3/4 等点处的月球代表的是月球在围绕地球运转一周，也就是将近 27 天的过程中，其所在的相对于地球和太阳之间的不同位置。顺带提一下，这幅示意图完全不是按比例描绘的。举个例子，通过这幅图可能会感觉月球经常处在地球的阴影中，但这只是因为要把整个情形压缩简化成一幅二维示意图而产生的人为效果。事实上，因为太阳足够大，月球和地球之间的距离足够远，而月球的轨道又是“倾斜”的，月球只是偶尔会处在地球的阴影中（这也就是为什么月食很少发生，而并不是在月球每绕地球一周时就发生一次）。

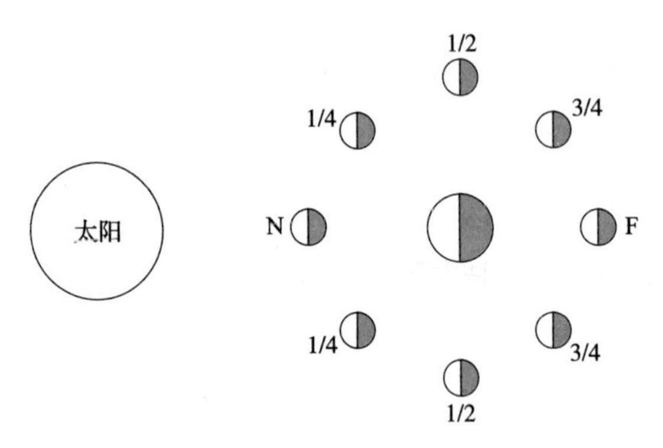

图 17-5　月球相位

当月球位于点 F 处时，被太阳照亮的表面面对地球，我们会看到一个满月；当月亮处于 3/4 点处时，我们将看到亏凸月 / 盈凸月；然后是上弦月 / 下弦月接着是蛾眉月 / 残月；最后是新月，也就是我们在夜空中看不到月球的时候（在点 N 处）。

如果金星经历的一系列相位变化正如伽利略所发现的，那么像月球一样，金星相位一定也是太阳、地球和金星之间相对位置变化的结果。重点是，如果使用日心说体系，那么对金星相位的预言会与托勒密体系的预言非常不同。具体来说，根据日心说体系，我们会预计金星经历一个完整的周期性相位。相比之下，如果托勒密体系是正确的，那么我们最多只能看到在蛾眉月位 / 残月位的金星，而永远都看不到在上弦月位 / 下弦月位、亏凸月位 / 盈凸月位或满月位的金星。

要说明这些不同的预测，最好的方法就是通过图表。让我们首先思考一下图 17-6 展示的托勒密体系中的地球、太阳和金星。这幅图展示了我们在第 11 章结尾时讨论过的一个关键经验事实是如何发挥作用的。回忆一下，事实上金星从来不会出现在距离太阳很远的地方。也就是说，不管太阳在天空中的哪个位置，金星总会在不远处。重申一下，这就是为什么我们只能在刚刚日落后（一年中特定的某些时间）或者马上要日出前（一年中的其他时间）看到金星。除此之外，在白天和夜晚的其他时间段，我们都看不到金星，因为金星要么随着太阳在地平线以下（夜晚的时候），要么就是白天在太阳附近，太阳的光线使我们无法看到它。

在托勒密体系中，对这个事实有且只有一种解释，那就是太阳和金星围绕地球运转一周所需的时间相同（或者更准确地说，太阳和金星的本轮围绕地球运转一周所需的时间相同）。换句话说，地球、太阳和金星的本轮的中心一定总是成一条直线，如图 17-6 所示。

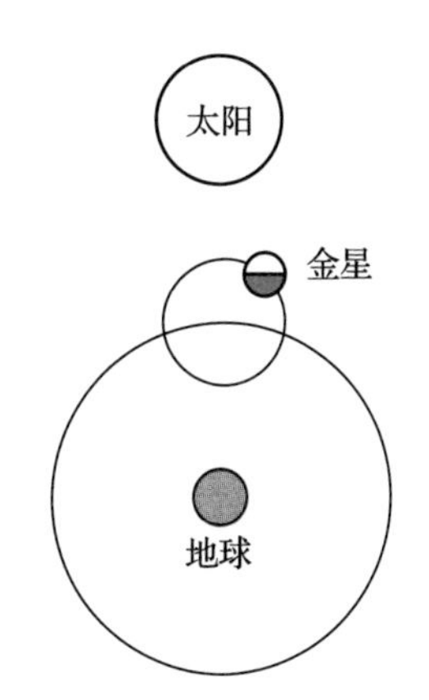

图 17-6　托勒密体系中的太阳、金星和地球

然而，请注意，这就决定了金星

被太阳照亮的一半总是不能正对地球。因此，就像月球被照亮的一半没有正对地球时的情况一样，金星总是看起来（最多）像一个月牙。换句话说，在托勒密体系中，我们最多只能看到金星被太阳照亮的一半中的一小部分。我们永远看不到一颗完整的金星，或者处于亏凸月位 / 盈凸月位或上弦月位 / 下弦月位的金星。前面提到的这些相位所要求的金星、地球和太阳的相对位置，在托勒密体系中都不可能实现。

伽利略发现的金星相位，为反对托勒密体系提供了确凿不证实的证据。相比之下，就像下面要解释的，在日心说体系中，人们可以预期看到金星经历一个完整的周期性相位变化，因此，金星相位为日心说观点提供了证实证据。

在解释日心说观点如何描述金星相位之前，首先请注意，对“在天空中金星总是距离太阳不远”的经验事实，日心说体系的解释是，金星是一颗内行星。也就是说，金星与太阳之间的距离小于地球与太阳之间的距离。在图 17-7 中，请注意，以地球为观察点，不管金星位于其轨道上的哪个位置，总不会出现在距离太阳很远的地方。除此之外，在日心说体系中，由于金星围绕太阳运转一圈的时间比地球短（金星只需要 225 天，而地球需要 365 天），因此以地球为观察点，金星有时会在太阳背对地球的一侧，看起来就是满月的形状；有时又会在太阳的侧面，因而看起来像弦月的形状；还有时会在地球和太阳之间，从而完全看不见，或者看起来只是个月牙形，等等。简言之，根据日心说观点，我们可以预计金星会经历一个完整的周期性相位，因此，伽利略的发现为日心说观点提供了证实证据。

日心说观点不仅正确地预言了金星应该经历一个完整的周期性相位，还对金星相位与人们观察到的金星大小之间的关系做出相当自然而然的描述。

请注意，在图 17-4 中，金星在满月位时看起来最小，而在新月位时看起来最大，这恰好就是在日心说体系中我们预计可以看到的情况。由于金星只能在位于太阳背对地球一侧时处于满月（或者将近满月）的相位，此时金星与地球之间的距离达到最大值，那么我们预计能看到的将是最小的金星。同样地，金星只有位于地球和太阳之间时，也就是位于距离地球最近的点时，才能处于新月位，金星看起来最大。

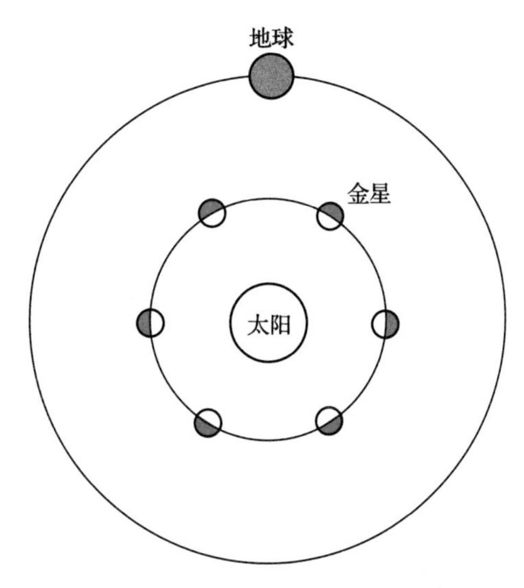

图 17-7　日心说体系中的太阳、地球和金星

尽管金星相位为反驳托勒密观点提供了重要的不证实证据，但仍要重点指出的是，金星相位并不足以解决日心说观点和地心说观点之间的争论。再回忆一下第 15 章中描述的第谷体系。重申一下，第谷体系是一个地心说体系，其中月亮和太阳围绕地球运转，行星则围绕太阳运转。根据第谷体系，我们同样可以预计看到金星将展现出一个完整的周期性相位变化，并且在满月位时看起来最小，而在新月位时看起来最大。同样地，你也可以修改托勒密体系，让金星（可能加上水星一起）围绕太阳运转，而其他天体仍然围绕地球运转。这样一个修改了的托勒密体系也同样可以与金星相位相一致。简言之，金星相位在为日心说体

系提供证实证据的同时，也在同等程度上为像第谷体系或者前面刚刚描述过的经过修改的托勒密体系这样的地心说体系提供证实证据。因此，尽管金星相位提供了证据来反驳最初的托勒密体系，但完全没有解决日心说和地心说之争。

接下来我要简要讨论的是这个例子如何精妙地说明了我们在第 5 章中讨论过的理论的不充分确定性。也就是说，即使是像金星相位这样重大的发现，最终也被证明与日心说体系（包括哥白尼和开普勒的理论）和地心说体系（比如第谷体系以及我们在前面描述过的经过修改的托勒密体系），都可以完美地保持一致。这种情况在科学中很典型——新证据甚至是非常重要的新证据，通常都同时与两个或多个相互竞争的理论相一致。换句话说，可用的证据通常不能单独决定某个具体的理论是否正确。

最后，值得注意的是，尽管金星相位没有解决日心说和地心说之争，但无论如何它需要人们在观点上做出重要改变。也就是说，在过去 1500 年间，托勒密体系一直是默认体系，而现在这个体系需要被替换了。所以，人们要么转而选择相信日心说观点，要么相信第谷体系，要么相信经过修改的托勒密体系，无论是哪种选择，人们都必须对自己关于宇宙结构的观点进行重大调整。

恒星

最后还有一个发现值得讨论，哪怕只是简短的讨论。通过望远镜，伽利略发现除了肉眼可看见的恒星，还存在其他无数恒星。这至少意味着宇宙很可能比之前猜想的大得多，甚至有可能无限大，其中包括无限多的恒星。伽利略本人并不支持这个观点，然而，在接下来的几十年间，“宇宙可能很大，甚至无限大”的观点占据了主导地位，而伽利略的发现，也就是宇宙中还有数量众多的恒星，可以与这个关于宇宙的新观点拼合在一起。

对伽利略发现的接受情况

可以理解，伽利略通过望远镜取得的发现被认为是令人激动的新发现，并使伽利略成为当时最著名的科学家之一。伽利略于 1610 ～ 1613 年发表了他的大部分发现。在这些著作中我们可以看到，伽利略当时开始认为日心说观点肯定是正确的宇宙模型。回忆一下，到那个时候，以太阳为中心的哥白尼体系已经为人们所使用并在学校中教授了 70 余年，但是，在这段时间内，哥白尼体系通常都被以工具主义态度来对待。此时，伽利略开始建议用现实主义态度来对待日心说观点。

教会（也就是天主教会，在欧洲的天主教国家有很强的影响力）可以接受以太阳为中心的哥白尼体系，前提是要用工具主义态度来对待这个体系。然而，当出现了“日心说观点可能真的是宇宙构建的方式”的声音时，教会就开始认为这个观点很有问题了。

伽利略在 1615 年晚些时候来到罗马，试图阻止教会将日心说观点列为异教学说。此时，伽利略意识到仅凭通过望远镜得到的证据本身，不足以说服日心说与地心说之争中后者的支持者，因此他又提出了一个以潮汐为基础的论据来支持日心说观点。这个论据由伽利略在 1615 年发表的文章中提出。他实际上论证的是海洋因为地球运动而出现潮汐现象，就像船甲板上的水因为船的运动而翻滚一样。顺带提一下，伽利略对潮汐的描述后来被证明是错误的。

尽管伽利略付出了很多努力，但在 1616 年年初，教会还是做出了反对日心说观点的正式裁决。具体来说，“太阳是静止的，并且位于宇宙中心”的观点被裁决为“愚蠢的，是可笑的哲学，被正式裁定为异教观点”。这个裁决意味着从科学 / 经验观点的角度来看，这个观点是假的（愚蠢的，是可笑的哲学）；从宗教角度来看，这是个异教观点，因为它直接与经文相悖。同样地，“地球在运动”的观点，不管是围绕自身轴线运动还是围绕太阳运动，也被裁决为愚蠢可笑的，而且从宗教角度来看是错误的。(在这里，“错误的”意思是尽管这个观点并没有直接有悖于宗教经文，但其隐含的是“太阳是静止的”，而这是与经文直接相反的。)

日心说观点被裁定为异教观点后，秉持这个观点或为其辩护都是被禁止的。然而，教授日心说观点并没有立刻被禁止，事实上，被禁止的是教授、相信或支持日心说观点是现实的做法。日心说观点仍然可以以“假设”的形式被教授或出现在书面文献中，也就是说，可以用我们称为工具主义的态度来对待这个观点。哥白尼本人早在 1543 年就已出版的关于这个话题的著作仍然可以被教授，但前提是要做出修正，删除哥白尼认为日心说观点是现实的几页内容。

由于伽利略此时已开始用现实主义态度来对待日心说观点，而且公开支持这种现实主义态度，教会的一系列做法本可以是单独针对伽利略的。但是教会并没有选择单独对他进行调查，在教会对日心说观点的正式裁决书中也并没有提及伽利略本人或他的任何著作。然而，伽利略仍然受到了传唤，参加了教会的一个私人会议。会议由在教会这一系列做法中作为主要领袖之一的枢机主教贝拉明主持。在会议中，伽利略被明确告知，他自己不能教授“日心说观点是现实”的观点，也不能论证维护这个观点。不过实际上，尽管 1616 年的裁决对伽利略来说是个坏消息，但绝不是最糟糕的情况。

可证伪性命题

关于教会否定日心说体系是现实的裁决，我们应做何评论？考虑到伽利略通过望远镜所得证据的说服力，关于教会对这些证据所采取的态度，我们应做何评论？这是不是一个甚至拒绝思考这些证据的案例？教会是不是不管证据有多充分，都不愿意接受任何否定其观点的证据，因此教会是否认为地心说观点是不可证伪的?

如果我们仅看 1616 年教会做出裁决后那些年的情况，那么对于前面这些问题，我们几乎都可以肯定地回答“是的”。也就是说，当教会把日心说观点裁决为假的、异教观点，并且禁止教授、支持或相信“日心说观点是现实”的观点后，要认为教会所秉持的不是不可证伪的态度，可就十分困难了。但是，如果问题是教会在这个裁决之前是否对此秉持不可证伪的态度，那么这就更加有趣了。通常情况下，这个问题比其看起来要复杂得多。正如前面提到过的，贝拉明主教是与这一事件相关的主要教会领袖之一，为了让我们的讨论更具体明确，让我们关注一下他在 1616 年裁决之前所持有的观点，并与伽利略的观点进行对比。

首先，接受伽利略通过望远镜取得的证据并没有问题。贝拉明是一位很有能力的天文学家，他和其他教会天文学家，包括著名的数学家、天文学家克里斯托弗·克拉维斯，复现了伽利略的观察结果，证实了它们是准确的。教会天文学家不仅验证了伽利略的发现，而且对伽利略赞赏有加。除此之外，当时的普遍共识是，通过望远镜所得的证据让地心说观点遇到了麻烦，特别是托勒密体系(尽管我们在前面强调过，第谷的地心说体系是可以与通过望远镜所得的证据保持一致的)。

对于承认经文的权威性，也不存在任何问题。伽利略和贝拉明都认为经文是绝对正确的，也就是说，《圣经》中的所有内容都是准确的。同时，两人也都同意《圣经》中的某些段落意味着地球是静止的且位于宇宙中心。

伽利略与贝拉明之间的主要分歧在于如何衡量证据，如何理解作为证据的经文，又如何理解通过望远镜得到的证据。

一篇撰写并发表于 1615 年的相对简短的文章是对贝拉明观点最好的总结，这篇文章通常被称为《给福斯卡里尼的书信》。对伽利略观点最清楚的表述则出现在伽利略 1613 年撰写的《给卡斯泰利的书信》一文中。随后伽利略在1615年发表了《给克里斯蒂纳公爵夫人的书信》。这篇文章篇幅稍长一些，在这篇文章中，伽利略更全面、审慎地阐述了自己的观点。（顺带提一下，克里斯蒂纳是美第奇家族中地位显赫的一位成员，伽利略试图消除这位公爵夫人及其他人对于其观点与宗教经文或天主教经文相悖的顾虑，从而使自己保持与美第奇家族之间的良好关系，而这对伽利略来说非常重要。）

在这些文章中，伽利略清楚地表明，他认为《圣经》里的每一个字都是正确的。然而，他同时表示，《圣经》是写给所有人看的，包括那些生活在很久以前、科技还不发达年代的人们，以及几乎没有受过教育或者仅接受过少量教育的人们。因此，《圣经》的写法决定了其真正的含义通常很难确定。于是，伽利略认为，当我们面对可以有经验性 / 科学性证据来支撑的经验性 / 科学性命题时，我们应当认为经验证据的说服力比宗教经文所提供的证据更强，而且我们决不应该依靠《圣经》来对这样的经验命题做出最终裁决。

除此之外，伽利略还表示，这些命题，比如到底是太阳围绕地球运转还是地球围绕太阳运转，都与救赎无关，也就是说，不管在这些命题上持怎样的观点，都不会让人得到或得不到救赎。这就成了另一个理由，让人们在判断什么样的经验观点最为合理时不依赖于宗教经文给出的证据。

伽利略还提到，如果教会基于《圣经》经文对一个经验性命题做出最终裁决，而这个裁决被经验性证据证明肯定是不正确的，这对教会来说并不是件好事。所以，伽利略认为，对教会来说，一个通常可行的做法不应基于《圣经》经文给出的证据来对经验性命题做出任何裁决。

贝拉明在《给福斯卡里尼的书信》中明确表示，在上述这些问题上，他不同意伽利略的观点。首先，贝拉明指出，《圣经》里有关"地球是静止的，太阳围绕地球运转"的段落似乎并不复杂，而且贝拉明指出，教会的专家对如何解读这些段落也不存在分歧。所有相关的教会权威人士，也就是在神学和宗教经文解读方面得到过系统培训的人士，都认为相关经文段落清楚地表明太阳围绕地球运转。所以与伽利略所指出的情形相反，这种情况并不涉及复杂的经文解读。

除此之外，与伽利略的观点相反，贝拉明指出，不管是相信太阳围绕地球运转还是地球围绕太阳运转，都与救赎相关联。《圣经》说的是太阳围绕地球运转，那么否认了这个观点就意味着认为相关段落是不正确的，而认为这些段落是不正确的，就意味着认为上帝所说的某些话是不正确的。贝拉明认为这就使有关太阳围绕地球运转还是地球围绕太阳运转的观点，与救赎联系了起来。

最后，值得指出的是，在这封信中，贝拉明明确提出，如果有证据可以证明地球围绕太阳运转，那么我们就必须接受这个证据。然而，同时（很有可能是出于前面解释过的宗教经文的原因，以及基于那些表明地球不可能在运动的经验证据），贝拉明指出，他认为这样的证据不会也不可能出现。尽管如此，贝拉明确实至少考虑了这样一个证据的可能性，并且指出，如果出现这样一个证据，教会领袖们将需要谨慎思考他们在这一点上是如何如此严重地误读宗教经文的。

请注意，伽利略和贝拉明在一些命题上意见一致。他们两人都接受通过望远镜获得的数据，都承认宗教经文的权威性。两人也都认为宗教经文提出的是太阳围绕地球运转，都同意通过望远镜获得的数据表明了地球围绕太阳运转。

然而，伽利略和贝拉明在如何衡量不同的证据方面，是有不同意见的。伽利略的观点是在有关救赎的问题上，宗教经文所提供的证据会胜出。但是，在其他问题上，也就是无关乎救赎的问题上，经验证据应该更有分量，而且如果需要的话，应该对宗教经文重新进行解读，使其可以与经验证据相适应。

由于根据伽利略的观点，到底是地球围绕太阳运转还是太阳围绕地球运转的问题与救赎无关，因此，在这里，通过望远镜获得的证据可以胜过宗教经文给出的证据。

相比之下，贝拉明的观点是，由于《圣经》涉及了这些问题，那么是持地心说观点还是日心说观点就与救赎有关了。由于我们几乎不可能误解经文中有关静止的地球和运动着的太阳的段落，因此，在日心说与地心说之争中，来自经文的证据胜过通过望远镜获得的证据。简言之，我认为比较公平地说，如果被问到是否会放弃地心说观点，贝拉明应该会同意“愿意在出现足够多证据时放弃这一观点”的说法。但是，至于什么样的证据最能说明问题，贝拉明的确与伽利略的观点不同，而且考虑到他所支持的证据类型，贝拉明认为那种足以让他放弃地心说观点的证据可能出现的概率非常小，或者说也许根本不可能出现。

这恰恰是我们在第 7 章中第一次讨论可证伪性命题时所讨论过的情形。在第 7 章中我们看到，有关可证伪性的命题说到底通常归结为“怎样的证据最为有力”的命题，而这又通常关乎一个人的整个观点体系。贝拉明非常尊重科学发现，但他首先是一位宗教领袖，这也是他最重要的身份，对他来说，宗教经文提供的证据要胜过科学证据。另一方面，伽利略也很尊重宗教事务，但他首先是一名科学家，这也是他最重要的身份，因此对他来说，通过新科学发现获得的证据要胜过宗教经文提供的证据。

那么，对于“贝拉明是否认为地心说是不可证伪的”，我们现在有了什么结论呢？我认为，如果是现在，在经过了 400 年后，当科学在尊重经验事实的基础上取得了超乎想象的成功和发展时，贝拉明仍然支持地心说观点，那么他的态度就像史蒂夫的态度（我们在第 7 章中讨论过）一样没有道理，就一样是认为这个观点是不可证伪的。但是，在 17 世纪初，没有很好的理由认为伽利略所支持的那种以经验为基础的方法在未来也会像在过去一样成功。因此，我认为唯一公平的回答是，对于“在这段时间贝拉明是否认为地心说是不可证伪的”，完全不能简单地用“是”或“不是”来回答。随着我们对类似事例的研究，我们发现它们远比看起来要复杂得多。我认为，可以说正是这个复杂性使科学史和科学哲学变得如此有趣。

结语

正如我们在前面讨论过的，尽管教会在1616年做出了否定日心说观点是现实的裁决，但伽利略本人在这个过程中相对没有受到什么影响。但几年之后，他就没有那么幸运了。在1632年早些时候，伽利略出版了《关于托勒密和哥白尼两大世界体系的对话》一书。这本书内容丰富，对支持和反对地心说体系和日心说体系的论据分别进行了讨论。回忆一下，总的来说，对日心说体系进行讨论并没有被禁止，被禁止的只是支持这个观点就是现实的做法。

这本书并没有得到教会的接受，教会认为它跨过了讨论日心说观点和支持这个观点之间的界线。伽利略与教会之间的这场争论以及对伽利略最终的审判都是相当复杂的，我们只能触及其中几个因素，还有很多问题使整体情况变得更加复杂。这本书以对话的形式呈现，所以从技术角度来说，伽利略可以说是书中对话里的角色支持这些观点，而不是他本人，但这说服不了任何人。这本书明确而有力地支持日心说观点是现实。在前面我们提到过，1615年伽利略参加了一个由贝拉明主持的会议（包括书面文件），在会议中，他被告知不能相信或支持日心说观点是现实。考虑到这一背景，毫无疑问，伽利略确实跨过了那条界线。然而，这本书通过了教会的标准审查流程，得到了出版许可。但是，即使是教会的审查，也涉及很多复杂的因素（比如，伽利略因为没有将 1616 年贝拉明所主持会议的情况告知审查人员，而受到了欺诈的指控）。同样与此关联的是，在那些年中，伽利略冒犯了多位很有影响力的人物。在其著作中，伽利略有时表现出非常强的讽刺意味，而且对很多人都表现出不屑，因此他成功地为自己树立了很多敌人，其中有些很有权势，而且很不喜欢他。除此之外，伽利略有时似乎对政治环境缺乏敏感性。与现在一样，那时也有很多政治现实需要认清。举个例子，就像今天我们要向国家科学基金提出资金申请，但如果在开始这个申请流程时就冒犯了负责对申请进行裁定的评审小组，这显然是缺乏政治智慧的。对伽利略来说，出版一本含有冒犯教皇内容的书，也是缺乏政治智慧的。然而，他于 1632 年出版的书似乎确实冒犯了教皇。而且，还有一些人试图让教皇相信自己应该被冒犯，这显然是火上浇油。

对伽利略审讯的细节很复杂，而且从某些方面来说也颇具争议，然而最终的结果是他的书被教会列为禁书，伽利略本人被裁定为有持异教思想的嫌疑，并且被判终身监禁。同时，他还被要求正式宣布日心说观点是假的。伽利略在家中度过了余生，于 1642 年逝世。然而，在被软禁在家时，伽利略仍然得以继续工作，他回顾了自己早期关于运动物体力学的著作，并写出了关于这一话题的某些重要著作。

考虑到与教会有关的一些问题，与伽利略同时代的很多人对公开支持日心说观点都持犹豫的态度，这完全可以理解。然而，新发现不断出现，比如开普勒发现一个包含椭圆轨道和变速运动的体系可以比其他任何体系都更好地解释数据；基于这一体系，开普勒于 1627 年发表了远优于其他人的天文学表格；还有伽利略通过望远镜取得的证据，等等。最终，这些新发现的累积效应将会说服大多数关注过“地球和行星确实围绕太阳运转，并且沿椭圆轨道变速运动”一类问题的人。这反过来又会给当时存在的世界观造成一系列问题。接下来我们将探讨这些问题。

第 18 章

亚里士多德世界观所面临问题的总结

假设我们生活在 17 世纪上半叶，一直关注新发现的发展。我们对伽利略通过望远镜得到的证据都很熟悉，也发现这些证据让传统的托勒密地心说观点遇到了问题。我们同样很熟悉开普勒的更为简单的宇宙模型，在这个模型中，行星沿椭圆轨道运动，而且在轨道不同点上的运动速度也有所不同。我们承认开普勒体系可以做出更好的预测和解释。我们也意识到，开普勒在 17 世纪 20 年代发表的天文学表格以其构建的新体系为基础，具有明显的优势。总的来说，假设我们已经相信开普勒的日心说观点是正确的（而且很有可能的是，至少到 17 世纪中叶，大多数一直关注这些发展的人也都会跟我们一样，相信开普勒的观点是正确的）。简言之，此时我们认为地球和其他行星围绕太阳运转，并且沿椭圆轨道变速运动，同时地球沿其自身轴线转动，一天转动一圈。这些观点会给亚里士多德世界观带来多种多样的问题，而本章的主要目标就是对这些问题进行总结。

值得指出的是，此时并不是每个人都已接受了日心说观点。我们在前面提到过，第谷的地心说体系可以与所有通过望远镜获得的证据保持一致。如果对最初的第谷体系进行一下修改，加入开普勒提出的椭圆轨道和行星做变速运动的因素，那么所得到的新体系将几乎与开普勒体系一样简单，在预测和解释方面的能力也相同。总之，地心说仍然是一个可行的选项。

尽管如此，似乎很明确的一点是，到了17世纪中叶，大多数跟踪着新发现发展的人都已经相信日心说观点是正确的。正如我们在前面提到过的，这些做法又会给亚里士多德世界观带来一系列难题。接下来，我们将简要总结这些问题。

亚里士多德世界观的问题

如果地球在运动，既围绕自身轴线旋转又围绕太阳运转，那么是什么使我们停留在地球上，为什么重量大的物体会向下落？回忆一下，在亚里士多德世界观中，重量大的物体有一种向宇宙中心运动的天然趋势，我们正是因此而留在地球上，这同时也是重量大的物体向下落的原因。但是，如果地球不是宇宙中心，那么亚里士多德世界观拼图中的这块拼板就不能保留了。

除此之外，是什么因素使地球始终保持运动？在亚里士多德世界观中，运动的物体总会停下来，除非有外界因素使这个物体保持运动。这个观点与我们日常生活中的经验一致，但如果地球是运动的，那么这块拼板一定也是错的。

同样地，当我们将一个物体竖直向上抛出后，为什么它会重新落到我们手里？在亚里士多德世界观中，关于这一点的标准观点是，如果地球在运动，那么物体在空中运动时，我们应该已经因为运动而离开了物体所在位置的下方。因此，抛出的物体所做的运动，成了亚里士多德世界观拼图中又一块不能保留的拼板。

如果地球每天围绕自身轴线旋转一周，那么由于这个运动，我们应该是以 1000 英里 / 小时的速度在运动。如果地球围绕太阳运转，那么地球一定是以超乎想象之快的速度在其围绕太阳的轨道上运转（现在我们知道这个速度是将近 70 000 英里 / 小时）。但是，根据亚里士多德世界观中的常识性观点，我们应该预计能注意到这些高速运动所带来的效果。那么为什么我们并不觉得自己在运动呢？为什么没有强劲的风吹过脸颊？为什么我们感受不到高速运动通常会产生的震动和其他效果？

另外，开普勒体系的椭圆轨道和不断变化的运动速度又产生了什么影响？根据亚里士多德世界观，要解释行星和其他天体的运动，需要依赖于“天空是个完美的地方”的观点。沿正圆轨道匀速运动才是适合天空的运动。也就是说，如果天空是个完美的地方，我们就不能预计在天空中看到天体沿椭圆轨道变速运动。所以，新出现的观点对亚里士多德世界观中“天空是个完美的地方”的观点提出了严峻挑战。

同样地，亚里士多德世界观拼图中“宇宙比较小而舒适”的观点所对应的那些拼板也不能保留了。如果地球围绕太阳运转，当我们选取地球轨道上一点，然后与 6 个月后我们在地球轨道上所处的位置相比，两个位置之间的距离会非常远（我们知道这个距离将近 200 000 000 英里）。随着地球围绕太阳运转，我们也进行了运动，而且因这个运动经过的距离非常非常远，那么要解释为什么我们没有观察到恒星视差，唯一的答案就是恒星与我们之间的距离非常远，远到无与伦比、难以置信、几乎超乎想象，因此，宇宙一定大到无法想象，甚至是无限大的。

为了与这样一个“宇宙可能无限大”的新观点相匹配，恒星不再被看作镶嵌在恒星球面上，而是分布在一片浩瀚的宇宙之海中。在这个新的图景中，已经不再需要任何恒星球面了。回忆一下，恒星球面定义了宇宙的边界，其中心定义了宇宙的中心。因此，没有了恒星球面，再谈宇宙有一个独特的中心也就变得没有意义了。当宇宙没有了中心，亚里士多德对基本元素天然运动的描述，不管是朝向宇宙中心的运动（比如重量大的元素的运动），还是远离宇宙中心的运动（比如火的运动），也就都站不住脚了。

除此之外，亚里士多德关于宇宙的观点中最广为接受的一点，也就是认为宇宙有神学属性、有本质存在的观点，同样遇到了问题。我们已经看到，对“行星沿椭圆轨道变速运动”观点的接受，撼动了亚里士多德体系对天体运动的描述，也就是，由于元素以太是有目的的且具有其本质特性，因此天体都沿正圆轨道匀速运动。我们也看到，新的观点同样撼动了对月下区内元素天然运动的描述，也就是这些运动的原因都在于元素具有以目的为导向的内在属性。尽管这些新发展并没有直接表明人们长期以来所秉持的宇宙观（也就是“宇宙具有神学属性，有本质存在”的观点）是错误的，但是对基本元素运动已经不能再从神学、本质论角度来描述了，这就使认为“宇宙具有神学属性，有本质存在”的整体观点受到了质疑。

某些常见的宗教观点也面临类似的情况。回忆一下，亚里士多德世界观最初是没有与宗教命题相关联的。然而，到了中世纪，特别是在欧洲，基督教神学和亚里士多德宇宙观已经紧密结合在一起，因此亚里士多德宇宙观所遇到的问题，也给传统宗教观点带来了问题。举个例子，新的观点认为宇宙比人们所能想象的要大得多，可能是无限大，而这样一个观点几乎没有意义。为什么上帝要创造一个有这么多空间似乎都被浪费了的宇宙？在这样的宇宙中，地球只是一粒尘埃，在浩瀚而空荡荡的宇宙中运动。那么人类在宇宙中扮演怎样的角色呢？同样地，亚里士多德和托勒密的地心模型并不是出于宗教原因而发展出来的，然而尽管如此，地心模型后来仍然与西方宗教观点很好地拼合在了一起。这样的宗教观点倾向于认为人类是上帝创世的中心，这与亚里士多德世界观中“地球是宇宙中心”的观点很好地拼合在了一起。同样地，回忆一下，在亚里士多德世界观中，神明对解释天体的持续运动有至关重要的作用。在中世纪，基督教的上帝取代了这个神明的位置，也就是说，天体因为渴望模仿宗教中上帝的完美而运动。这样一来，基督教的上帝就在关于宇宙运转的科学解释中扮演了一个角色。不过，我们在前面提到过，当“行星沿椭圆轨道变速运动”的观点出现后，“天体因为渴望模仿上帝之完美而沿正圆轨道匀速运动”的解释就行不通了。总之，这些新发现动摇了“宗教中的上帝在有关宇宙运转的科学观点中占有一席之地”的观点。

回忆一下我们在第 1 章中就提出来的拼图的比喻。在这里，我们看到了当核心观点，也就是拼图的一块核心拼板，发生了变化，会迫使与其相连的观点发生变化，这就是一个实实在在的例子。前面所概述的问题源自对于“地球围绕太阳运转”的认知，因此亚里士多德世界观中的一条核心观点，也就是地球是静止的且位于宇宙中心的观点，就无法再为人们所接受。很快，如滚雪球般，这给亚里士多德体系中的其他一切观点都带来了问题。换句话说，亚里士多德世界观所面临的并不是相互孤立的、只涉及外围拼板的小问题。正因如此，对亚里士多德世界观进行修正，也就是用新的拼板替换拼图中的旧拼板，但同时仍然保持整个拼图基本不变，并不是一个现实可行的选择。相反，此时需要的是一个新的世界观。重点是，新的世界观需要新的科学观点。总之，新的世界观将需要一种新科学作为自身的一部分。接下来，我们将简要探讨一下那时所需的是什么样的新科学。

对新科学的需求

正如前面强调过的，17 世纪早期新科学发现的影响远远超过判断地心说和日心说哪一个是正确观点的范畴。在 2000 多年的时间里，整个亚里士多德科学体系一直占统治地位，而这个科学体系的基础几乎完全是一个以地球为中心的宇宙。因此，地心说观点的瓦解同时意味着亚里士多德科学体系的瓦解。更糟糕的是，那时并没有别的科学体系来替代它。

我们在前面提到过，亚里士多德世界观对下落物体的解释是，重量大的物体有一种向宇宙中心运动，也就是向地球中心运动的天然趋势，而当地球围绕太阳运转时，这个解释就不再适用了。因此，在 17 世纪早期，即使是对“为什么石头会向下落”这样简单的问题，也不存在解释。同样地，“为什么地球是其围绕太阳的轨道上以难以想象的高速运动时，我们却觉得自己似乎是静止的”，这个问题也没有答案。与此类似，“当我们竖直向上抛出一个物体时，为什么它会落到我们将其抛出时的位置”，这个问题也没有得到解释。开普勒提出的椭圆轨道，以及是什么因素使行星获得了最初的运动，也都没有得到解释。

这只是一个很简单的例子，反映了当时的基本状况，也就是可以让人接受的解释都已经瓦解，需要一种新科学来给出解释。从根本上说，新科学必须能与运动的地球保持一致。

结语

我不想让你产生这样一种印象，亚里士多德世界观拼图从亚里士多德时代到 17 世纪一直保持完好无损。事实上，在这 2000 多年间，亚里士多德世界观拼图经历了很多变化。举个例子，在最初的亚里士多德世界观拼图中，西方世界的主要宗教并不是其中一部分，但是这些宗教观点在中世纪被加入了亚里士多德世界观。同样地，最初的亚里士多德世界观对运动的观点也得到了修改，其中一些修改为 17 世纪发现惯性定律创造了条件。

然而，尽管有这么多变化，这个世界观仍然是亚里士多德世界观。根据这个世界观，地球是宇宙的中心，月球之外的区域是完美的天空，宇宙被认为有目的、有本质存在，而且相对较小、较舒适。这些关于宇宙的观点与当时占统治地位的宗教观点都可以很好地拼合在一起。

17 世纪早期的新发现，不仅使人们关于宇宙的具体观点发生了变化，更使人们对“我们生活在怎样的宇宙中”的整体认识发生了变化。过去那个有目的、有本质存在、以地球和人类为中心的宇宙已经不复存在，一起消失的还有关于“我们生活在怎样的宇宙中”的整体认识。接下来两章的重点将是替代了亚里士多德宇宙观的观点。

几点注意

在这里，简要重复一下最初在前言部分提到过的要注意的几点，可能是个明智的做法。我们现在所研究的是在很长一段时间内留下了浓重一笔的人物和事件。在这种情况下，关于这些人物和事件之间的相互影响和关联，会存在一些过于简单化而又会产生误导的观点，这些观点很容易把我们引入歧途。

举个例子将会有助于解释这一点。我们刚刚探讨过，基于 17 世纪的一些发现，亚里士多德世界观已经站不住脚了。除此之外，我们看到，当时需要的是一种新科学，也就是一种可以与运动的地球保持一致的新科学。在接下来的两章中，我们将看到牛顿所做的努力如何为当时所需的新科学提供了核心部分。

确实，亚里士多德的科学体系行不通了，对新科学的需求确实存在，牛顿也确实为新科学提供了核心内容。然而，如果认为牛顿本人有意直接尝试填补因亚里士多德科学体系瓦解后出现的真空地带，这就不是真的了，或者至少这个观点会产生误导。举个例子，如果认为牛顿是在我们刚才所讨论问题的直接影响下直接解决了这些问题，那么我们就很容易偏离本来所要讨论的人物和事件，但这样的偏离将会是错误的。

通常来说，真实情况要复杂得多。牛顿，跟我们大家一样，是一个复杂的个体，会受到一系列复杂因素的影响。牛顿与当时支持竞争理论的人进行的较量、其早期研究成果的接受情况、其本人的性格冲突、当时社会上对什么人首次发现了什么事的争论，甚至可能还有牛顿童年时期与母亲的关系，都会对牛顿产生影响和激励。总的来说，大量复杂的因素在牛顿的研究工作进程中扮演了重要角色。

通常，对诸如我们在此所研究的那些人物和事件来说，其背后总有很多复杂因素。正如在前言里提到过的，我认为通常的研究方法，比如本书所采用的方法，都是很有价值的，但我鼓励你牢记，在我们所研究的人物和事件背后都有很多微妙的因素。同时，我在前言里也提到，当你读完本书时，我希望你发现自己受到了启发，想要继续深入研究这些复杂微妙的因素。

理解了前面这简要的几点，让我们开始探讨新科学和新世界观的发展。

第 19 章

新科学发展过程中的哲学性 / 概念性关联

17 世纪是个美妙的时代，出现了数量众多的变革，包括科学、哲学、宗教和政治等领域的变革。这些领域之间的相互作用和相互促进令人惊叹，而且与人们通常所认为的情形大为不同。17 世纪哲学 / 概念领域的变革影响了科学发现，反之亦然。同样地，宗教、政治和科学领域的变革之间也都产生了相互影响。总的来说，在我们通常认为相互独立的领域之间其实存在着出人意料的相互影响。

本章的主要目标是解释这些领域如何相互影响。受篇幅所限，我们无法细致讨论，但至少可以大致了解这些看起来不同的领域对彼此所造成的影响。具体来说，我们将研究的内容包括尼古劳斯·冯·库斯和乔达诺·布鲁诺的某些宗教和哲学观点如何影响了 17 世纪的发展，以及原子论中某些在很大程度上说是形而上学的观点如何在这个过程中发挥作用。以上只是两个例子，但已足以让我们体会到这些看似不相关的理论如何相互影响、相互联系。首先，我们将探讨某些关于宇宙大小的命题。

宇宙的大小

回忆一下，根据亚里士多德世界观，宇宙应该相对较小。恒星被认为镶嵌在一个球面上，球面的中心就是地球的中心。这个球面通常被称为恒星球面，被认为是宇宙最外侧的边界。尽管我们的前人认为宇宙很大，但还是无法想象宇宙到底能有多浩瀚。事实上，相对于我们对宇宙大小的概念，他们所知道的宇宙仍然相对较小。

我们在第 18 章提到过，这个相对较小的宇宙的概念，在 17 世纪将出现变化。让我们简要回顾一下：在望远镜的帮助下，伽利略发现了无数前所未知的恒星，这本身就意味着宇宙可能比人们先前所认为的要大得多。说得更直接一点，由于没有观察到恒星视差，同时“地球围绕太阳运转”的观点也越来越被人们广为接受，这就迫使人们去接受“宇宙一定是大到超乎想象”的观点。

在 16 世纪晚期和 17 世纪早期，如果说宇宙很大，可能是无限大，这很难让人接受。即使是今天，宇宙的大小仍然让人难以想象。宇宙到底有多大，似乎并没有多少人能理解。要体会一下我们所说的宇宙有多大，让我们首先思考一下太阳和太阳系。假设我们有一个太阳系的模型。我们要首先给模型确定一个比例尺，那么就让我们把地球想象成一个常见的地球仪那么大（通常直径为 1 英尺）。如果地球的大小与一个常见的地球仪相当，那么太阳就相当于一幢 10 层高的大楼，距离地球大约 2 英里。让我们暂停一下，想象一下这种情形：地球就是一个地球仪，太阳在 2 英里之外。刚刚我们所考虑的太阳与地球之间的距离，其实已经是一个相当远的距离了。长期以来冥王星一直被认为是我们这个星系里离太阳最远的一颗行星（现在已经被认定为是矮行星），根据这个比例尺，它的大小就会与一个网球相当，位置将在 80 英里之外。近期，很多新的矮行星被发现，其中一颗被命名为“塞德娜”（Sedna），根据我们这个比例尺，它的大小将会比网球小一点，位置将在 20 英里以外。但是，塞德娜的运行轨道极其古怪，（就我们现有的知识而言），它会是距离太阳最远的行星或矮行星，因为大约再过几十年，根据我们这个例子里的比例尺，塞德娜的位置将会在 2000 英里以外。

同样，让我们再停下来想一想这种情形：一幢 10 层高的大楼代表太阳，在距其 2 英里之处，有一个直径 1 英尺的地球仪代表地球，而我们这个行星和矮行星的大家庭中距离最遥远的一员已经到了 2000 英里之外。如果想对我们的行星系统做一个准确的比例模型，那么我们需要占据的面积将是美国大陆面积的一大半。我们的太阳系非常巨大。

现在，请注意，太阳只是银河系中上千亿颗恒星中的一颗。根据前面所描述的比例尺，如果地球是常见的地球仪那么大，那么除太阳以外，距离地球最近的恒星将位于 500 000 英里之外。在整个宇宙范围内，这颗恒星是紧挨着我们的邻居，那么在银河系中距离地球最近的邻居将在 500 000 英里之外。简言之，恒星彼此之间相隔的是几乎超乎想象之大的空间。

除此之外，到目前为止我们所讨论的仍然是自己所在的星系，也就是银河系。银河系由我们所在的宇宙区域内上千亿颗恒星组成。顺带提一下，即使在最黑暗的夜晚、在最好的观测条件下，你也只能看到这些恒星中很少的一部分，大约有 3000 颗，而且你在夜空中所看到的所有恒星都是银河系中的恒星。

由于有数以千亿计的恒星存在，理解我们所在星系之浩瀚非常困难。然而，在看得见的宇宙中，我们所在的星系只是数以千亿计的星系之一，每个这样的星系都像我们所在的银河系一样包含上千亿颗恒星。就算是对我们来说，也会发现，宇宙之大，难以想象。

现在，请尝试想象自己生活在 17 世纪早期的欧洲。从小到大，你所接受的观点极有可能都是“上帝为人类创造了宇宙”，你也很可能认为“宇宙较小、较舒适，而且地球位于宇宙中心”是很有道理的。这样的画面看起来很舒服，画面中的宇宙看起来似乎也有道理。然而，现在，几乎是一夜之间，就有了理由来认为地球不是宇宙中心，宇宙一点也不小、也不舒适，而是大到超乎想象，我们的地球就像落入大海中的一滴水。要理解这些观点在当时有多么让人难以接受，一点都不困难。

在此之前的几个世纪里，几位哲学家和神学家都曾经从哲学角度提出，宇宙是无限大的，其中有无限多的恒星，唯有这样的宇宙才可以与无限伟大的上帝相称。这些人中最值得注意的是尼古劳斯·冯·库斯（1401—1464）和乔达诺·布鲁诺（1548—1600）。这里，必须强调的是，尼古劳斯·冯·库斯和乔达诺·布鲁诺都不是科学家，他们的观点几乎全都是以哲学和宗教为基础的。

在其有生之年，冯·库斯和布鲁诺关于宇宙无限大的观点都没有得到广泛认可（比如，布鲁诺因其观点而遭到宗教裁判的迫害，在 1600 年被当作异教徒而活活烧死）。然而，到了 17 世纪早期，人们对于“宇宙很大，而且可能是无限大”的认识开始逐渐变得清晰，此时冯·库斯和布鲁诺的观点则使这个“宇宙无限大”的观点变得更易于接受了。他们认为，无限大的宇宙反映了上帝的无限伟大，这个观点有助于使这些难以理解的新观点得到接受。

从某种意义上说，我们现在所讨论的就像是某种概念上的创可贴。

在17世纪，我们不得不接受宇宙比我们曾经所想象的要大得多的观点。从概念上来说，这个巨大的宇宙并没有什么意义，我们需要某种方法使这个新观点与我们对整个宇宙的认识拼合在一起。冯·库斯和布鲁诺的观点发挥了这种作用，也就是，在关于宇宙大小的新观点融入当时现存世界观的过程中，两人关于“无限大的宇宙反映了上帝的无限伟大”的观点发挥了作用。

不仅如此，同时值得注意的是，冯·库斯和布鲁诺的观点还与一种被称为“原子论”的古老哲学联系在了一起。原子论可以追溯到古希腊哲学家留基伯和德谟克利特（公元前5世纪），以及继承了这两人思想的伊壁鸠鲁（公元前341—前270年）和卢克莱修（公元前99—前55年）。后来，原子论在16世纪晚期和17世纪成为在欧洲广受欢迎的一种观点（在17世纪，这种原子论观点通常被称为“微粒”观点）。原子论在这一时期复兴，背后有很多原因，其中部分原因就与冯·库斯和布鲁诺的哲学变得越来越受欢迎有关。

根据原子论，世界说到底是由原子和虚空两部分组成的。原子被认为是微小的、不可分割的粒子，也就是实际上可能存在的最小粒子。另外，虚空与我们所知的真空十分相似，也就是说，是一个完全空旷的空间。有些原子聚集在一起，形成了我们在身边所看见的物体。另外有一些原子只是在空旷的空间（也就是虚空）中飞过。在虚空中飞过的这些原子，其运动模式就像台球一样，也就是说，它们沿直线运动，除非与其他单个或多个原子发生碰撞。如果发生了碰撞，这些原子会像台球碰撞后一样，彼此弹开。

原子论更多的是一个形而上学的哲学性/概念性观点，而不是一个经验性观点。不可能观察到原子在虚空中运动，也不存在任何好的经验证据来支持“世界归根结底由原子和虚空组成”这一观点。然而，尽管原子论更多的是一个哲学性/概念性观点，但仍然可以与当时逐渐兴起的观点很好地拼合在一起，而且在发展新的科学观点方面成果显著。

举个例子，思考一下惯性定律。根据惯性定律，一个运动的物体将会永远保持直线运动，除非有外力作用于它。我们在前面讨论过，笛卡尔是第一个对现在所说的惯性定律给出清晰表述的人。笛卡尔受到了原子论观点（或微粒观点）的影响，但这并不是巧合。回忆一下，我们在前面讨论过，惯性定律是一个特别反直觉的定律，而且是17世纪人们所能得出的比较难以理解的定律之一。然而，思考一下原子论和无限大的宇宙。让我们关注一个在空间中运动的原子，并假设这个原子绝不会与另一个原子相碰撞。根据原子论，这个原子将会如何运动？答案是：它将永远保持直线运动。实际上这就是惯性定律。换句话说，如果接受了"宇宙无限大"的概念，而且根据原子论来认识整个宇宙，那么惯性定律就不那么难以理解了。因此，我们发现，"宇宙无限大"的概念和原子论哲学有助于人们理解17世纪发现的主要科学定律，也就是惯性定律。

重点是，我不想让你觉得惯性定律的发现只是接受"宇宙无限大"的概念并同时运用了原子论哲学的结果。惯性定律是通过各种实验，运用了认识宇宙的新方法并由很多人在很长一段时间内付出巨大努力后才发现的。不过，就像与宇宙大小有关的情形一样，有些领域通常被认为是相互独立的，但彼此之间的相互影响事实上多到令人惊讶。

17世纪的发展和变革是一个非常复杂的故事，我们在前面只是简要讨论了一部分。认识到"宇宙可能无限大"，以及发现惯性定律，主要涉及科学领域的命题。但是，正如我们在前面讨论中所看到的，与这些科学领域新观点的发现和接受相关的，是大量形而上学的、哲学性/概念性以及宗教领域内的观点，这些观点数量之多，超乎想象。

结语

在本章开头，我们强调，17 世纪是充满变革的时代，包括哲学/概念领域变革、宗教变革、政治变革，当然还有科学领域的变革，这些领域在 17 世纪的相互影响很复杂也很迷人。在这简短的一章中，我们的目标只是大致了解一下某些哲学性/概念性观点与某些更直接明确的科学观点是如何相互影响并推动彼此发展的。与在其他章的做法相同，如果你想进一步研究这些领域之间的互动，那么可以在书后章节注释里找到更多的解释和推荐阅读书目。

第 20 章

新科学和牛顿世界观概述

17 世纪新科学的发展是很多研究人员共同努力的结果。然而，将这些努力汇集在一起的，是牛顿在 1687 年发表的著作《自然哲学的数学原理》，通常被简称为《原理》(*Principia*，源于这部著作的拉丁文名称 *Principia Mathematica Philosophiae Naturalis*)。《原理》展示了一种新的物理学，与运动的地球保持一致，同时建立了我们现在所认为的牛顿科学的核心。这部著作还提供了一个易于使用的方法，可以用来研究牛顿世界观，也就是一个新的观点拼图，一个可以替代亚里士多德世界观的观点拼图。

我们在这一章的主要目标是探讨牛顿科学和新（牛顿）世界观。我们将从对牛顿科学的概述开始。

新科学

我们在第 18 章中讨论过，亚里士多德世界观的核心部分无法与运动的地球拼合在一起，因此，接受了地球围绕太阳运转，就意味着需要一种全新的科学。当时出现的新科学是许多人经过几十年不断努力的结果。正如前面提到过的，这个新科学随着牛顿著作的出现而最终成型。正因如此，我们将主要研究一下牛顿科学，尽管我们不应该忘记牛顿的研究也得益于其他科学家的努力。虽然我们在本章中不会深入探讨，但仍然值得一提的是，在牛顿独立创立微积分学的同一时期，戈特弗里德·莱布尼茨（1646—1716）也创立了微积分学。微积分学是牛顿科学发展过程中的一个重要数学工具，直到今天，也仍然是应用最为广泛的数学工具之一。

《原理》是一部内容丰富翔实的著作，其最新英文译本一共有大约 600 页。然而，究其核心，通常认为牛顿科学由三大运动定律和万有引力定律组成。当然，在这 600 页中，牛顿并不只是提出了一系列运动定律和万有引力概念。尽管如此，把万有引力概念和运动定律当作牛顿科学的核心，仍然是有一定道理的。那么，接下来，我们将对此进行探讨，同时也将对某些与牛顿科学相关的普遍命题进行讨论。

三大运动定律

牛顿《原理》的第一部分是定义，在这部分里，牛顿解释了在书中他将如何使用各种术语。接下来是一个较为简短的部分（大约 10 页），在这部分里，牛顿提出了三大运动定律。

牛顿第一运动定律是我们现在通常所说的惯性定律。我们在第 12 章中第一次讨论了惯性定律，在那一章中，对惯性定律的表述与现在通常所使用的表述相同：任何物体在不受任何外力的作用下，总保持匀速直线运动状态或静止状态，直到有外力迫使它改变这种状态。牛顿对惯性定律的表述稍微有些不同，但他的表述与现代通常所用的表述在意思上是等价的。我们在前面讨论过，惯性定律与我们的日常经验相矛盾，是能在17世纪得出的比较难以理解的定律之一。惯性定律的多种前身在16世纪得到了广泛探讨。在17世纪早期，伽利略对运动的物体进行了一系列研究，几乎正确总结出了惯性的核心概念，但还是差了那么一点儿。到了17世纪中叶，笛卡尔对惯性进行了准确的总结表述，牛顿第一运动定律在很大程度上借鉴了笛卡尔的表述。

要理解牛顿第二定律，可以思考一下击打棒球时的情形。你越用力击打棒球，棒球飞出的速度就会越快，飞出的距离会越远。也就是说，棒球运动的变化与其所受到的力（也就是你击打棒球时所用的力）是成正比的。更全面地说，牛顿第二运动定律的表述是，物体运动的改变与其所受作用力成正比，而且与其所受作用力在一条直线上。这条定律通常被归纳为$F=ma$，也就是物体所受作用力等于质量乘以加速度。在击打棒球的例子里，根据这条定律，物体的加速度将等于其所受作用力除以物体的质量。

牛顿第三运动定律的表述是，对任何作用力，总会存在一个方向相反、大小相等的反作用力。对这条定律的标准解释运用了手枪的后坐力，也就是射出一颗子弹的动作会使手枪在子弹射出的相反方向产生大小相等的反作用力，也就是手枪在相反方向上的后坐力。

万有引力

三大运动定律是牛顿科学的核心组成部分，然而在《原理》中只占了两页纸的篇幅。另一个关键组成部分——万有引力概念，解释起来多少更加复杂一些。在这一节，我想解释一下牛顿在《原理》中是如何逐渐建立起万有引力概念的，然后在本章的最后一节（也就是结语之前），我想探讨一下为什么牛顿要采用这种逐步推进、小心谨慎的方法。让我们从现在对万有引力概念的通常表述开始。

万有引力通常被表述为任意两个物体之间的相互吸引力。举个例子，太阳的万有引力作用吸引着地球向太阳靠近，与此同时，地球的万有引力作用也吸引着太阳向地球靠近。同样地，当我扔出一本书，地球的万有引力作用将书往地球的方向吸引，然而与此同时，书的万有引力作用也把地球向书的方向吸引。书的万有引力作用实际上对地球没有效果，这是因为地球的质量远远大于书的质量。同样地，在前面关于太阳和地球的例子中，太阳的质量远远大于地球的质量，这就解释了为什么相较于太阳的万有引力作用对地球的效果，地球的万有引力作用对太阳可以说几乎没有影响。

更具体地说，两个物体之间的万有引力作用与物体的质量成正比例。也就是说，物体质量越大，万有引力作用越强。同时，万有引力作用与两个物体之间距离的平方成反比例，因此，随着物体之间距离的增加，它们之间的万有引力作用迅速减弱。

以上所说的就是现在我们通常对万有引力的表述。事实上，这种对万有引力的表述也是《原理》中的表述。然而，相较于在开篇即得到了完整、简明表述的运动定律，万有引力概念的提炼和描述则有所不同，是一个逐渐展开的过程。

除去序言，在《原理》最开始的几页中，也就是在关于定义的那个部分中，牛顿就首次讨论了重力。然而，此时牛顿用“重力”指代把物体往地球方向吸引的作用力，很明显，这里所使用的这个术语，其含义并不是“万有引力”。随后，在书中（实际上是400页以后），牛顿表明地球的重力作用肯定至少影响了月球，而且是月球轨道形成的原因。同时，牛顿还表明，不管其他行星的卫星（如木星的卫星）是在什么力的作用下保持在其自身轨道上运行，那个作用力，一定与地球的重力特点相同（也就是，这个吸引力与物体的质量成正比，与物体之间距离的平方成反比）。牛顿还表明，使行星始终沿其轨道围绕太阳运转的作用力，一定也与地球的重力特点相同。此时，也就是在《原理》第三卷的命题七中，牛顿一切准备就绪，提炼出了重力的概念：重力普遍存在于一切物体中。

那么在这里，我们最终得到了一个完整的“万有引力”概念。在《原理》结尾的部分，牛顿向我们展示了“万有引力”概念与运动定律的解释能力，让人印象深刻。《原理》是一部革命性著作，虽然其中的概念数量不多（也就是三大运动定律和万有引力），却可以解释种类广泛、数量众多的现象，确实令人赞叹。

牛顿世界观概述

重申一下，亚里士多德世界观是一个以地球为中心的世界观。“地球在宇宙中心”的观点并不是一个简单的外围观点，而是核心观点，不能在不替换观点拼图中其他大多数拼板的情况下替换这个观点。牛顿科学为一个新的观点拼图提供了很多科学拼板，具体来说，牛顿所提供的科学体系在解释方面能力卓著，而且值得注意的是，这个科学可以与运动的地球保持一致。回忆一下，亚里士多德世界观拼图中的大多数拼板，不只是科学相关的拼板，也包括哲学性 / 概念性拼板，都不能与这个新科学相适应。换句话说，我们需要一系列新的哲学性 / 概念性拼板来与牛顿所提供的与科学有关的拼板进行组合。

举个例子，在亚里士多德世界观中，宇宙被认为是有目的、有本质存在的。物体因内在的本质性质而形成其运转模式。在牛顿科学中，物体运转模式的形成原因不再是其内在本质；相反，物体是在外力的影响下而形成其运转模式。整个亚里士多德世界观中关于宇宙的观点，也就是认为“宇宙充满了目标和目的”的观点，不能与新科学拼合在一起，而且事实上，此时宇宙已开始被看作一台机器。在一台机器中，不同的零件之间彼此推拉，而各种零件之所以会有如此表现，原因正是其他零件所施加的作用力。同样地，宇宙中的物体也开始被认为是在其他物体的推拉和外力的影响下而形成其运转模式。

这个机器的比喻在新世界观中占了主导地位。在这样一个宇宙中，外力的推拉是理解宇宙中物体运转模式的核心，而这样的宇宙观几乎与亚里士多德的整体观点完全相反。简言之，与亚里士多德世界观科学紧密相连的宇宙观，也就是认为“宇宙是有目的、有本质存在”的观点，被一个新的机械论的宇宙观所替代，而且这个把宇宙当作机器一样的宇宙观与新科学紧密相联。

随着机器比喻的出现，人们对神明的观点也发生了变化。重申一下，对亚里士多德本人来说，神明并不是宗教的神明，而是解释恒星和行星为什么可以持续运动时所需的因素。正如我们在前面提到过的，几百年后，亚里士多德关于神明的概念被基督教、犹太教和伊斯兰教中上帝 / 真主的概念替代了。所以，尽管亚里士多德世界观中神明的概念发生了一些变化，但是亚里士多德世界观中的一个核心概念并没有发生变化，也就是，在宇宙运转中，上帝是一个必要的组成部分。换句话说，在亚里士多德世界观中，出于科学原因的考虑，需要有上帝或者类似上帝的存在，因为这是天体能够保持运动的原因。

然而，在新科学中，不需要这样的因素来使宇宙运转。举个例子，行星的运动被解释成惯性（运动的物体会保持运动，由于行星本身就是运动的物体，所以会保持运动）及重力作用（重力作用解释了行星为什么围绕太阳运动，而不是沿直线运动）共同的结果。简言之，新科学不再需要上帝来使宇宙运转。

宗教观点通常都不容易改变，所以毫不意外，大多数人并没有放弃自己的宗教观点。然而，上帝的概念则发生了相当大的变化。具体来说，人们开始认为是一位类似于工程师或钟表匠这样的上帝设计、构建了宇宙，并让宇宙运转了起来。但从这以后，宇宙可以自行运转，并不需要前一个世界观里所必需的神明来持续介入。

与此同时，对个人在社会中所扮演的角色，普遍认知也发生了变化。亚里士多德世界观中所包括的应该是一种可以被称为等级观的观点，就像每个物体在宇宙中都有其天然的位置一样，每个人在其所处的整体环境中同样有自己天然的位置。举个例子，思考一下国王们所拥有的神圣权利。这背后的逻辑是，成为国王的人命中注定要成为国王，这是他在自己所处的整体环境中合适的位置。有趣的是，在坚持“国王有神圣权利”信条的最后一代君主之中，有一位是英国国王查理一世。直到 17 世纪 40 年代，查理一世国王被推翻、审判并处决时，他仍然在维护这个并不能让人信服的信条。西方世界近代史上主要的政治革命，也就是发生在 17 世纪 40 年代的英国革命，以及随后发生的美国和法国革命，其过程中都以个人权利为重点诉求，这些革命都发生在亚里士多德世界观被摒弃以后，很可能这并不是巧合。

总的来说，在亚里士多德世界观中，宇宙是一个比较小而舒适的空间，同时，地球在宇宙的中心。宇宙充满了天然目标和目的，因此这是一个目的论、本质论的宇宙观。这个宇宙观也延伸到了人的身上，每个人在自己所处的整体环境中都有其天然位置，就像物体在宇宙中都有各自的天然位置一样。而且，在日常生活中，需要有上帝或与上帝类似的存在来使宇宙保持运转。

随着新世界观的出现，以上所有观点都发生了变化。现在，宇宙被认为是广阔的，甚至可能是无限大的，太阳只是太阳系的中心，行星围绕太阳运转。宇宙现在还被认为像机器一样，物体不再为了实现某个目的或目标而运转。相反，物体是在没有目的的外力作用下运转。同时，也不需要上帝或类似上帝的存在来使宇宙运转。事实上，宇宙一天一天保持运转，就像钟表每天嘀嗒嘀嗒走个不停。

哲学思考：对待牛顿重力概念的工具主义和现实主义态度

牛顿世界观中通常的重力概念有一个方面相当有趣，值得我们在结束这一章之前花点时间讨论一下。这个有趣的方面与我们在前面讨论过的某些核心哲学命题息息相关，而且从某种程度上来说，也可以解释我们在前面所提到过的牛顿在《原理》中为什么要采取一种渐进且谨慎的方式来提出重力概念。

我想花点时间来探讨，为什么重力概念从某个特定角度来看是个相当奇特的概念。让我首先举个例子，在本书后面的篇幅中，我还会用到这个例子。假设我把一支钢笔放在桌子上，我让你把钢笔移动一下，但前提是不能跟钢笔有任何形式的联系。你不能碰钢笔、不能向钢笔吹气、不能向钢笔扔东西、不能摇桌子等，总之就是根本不能与钢笔有任何形式的联系。尽管不允许你与钢笔有任何形式的联系，但我还是要求你把钢笔移动一下。你几乎肯定会认为我在让你完成一个不可能完成的任务。之所以这样认为，是基于一个已经成为常识的判断，它的起源至少可以追溯到古希腊。这个判断说的是，一个物体（比如你）不可能在不存在任何形式的联系或交流的情况下，对另一个物体（比如钢笔）产生影响。用通俗的话来说，这个判断通常都被总结为，“超距作用”不可能存在。

现在，让我们回到重力概念。重力通常都被认为是物体之间的吸引力。举一个典型的例子，地球的重力作用吸引了我的钢笔，因此当我松开手中的钢笔时，它会向地面下落。如果我们提个问题："钢笔为什么会下落?"通常的答案会是，钢笔下落是因为受到地球的重力作用。

同样地，如果我们的问题是，重力是不是一个真实的力，也就是重力是否真实存在，通常的答案是，"当然，重力是真实存在的"。人们通常用一种现实主义态度来看待重力，认为重力真实存在，而这在很大程度上解释了我们日常生活中所观察到的大部分现象。

我怀疑我们大多数人都用现实主义态度看待重力，主要是因为从我们很小的时候就开始被灌输重力的概念，因此不容易注意到重力，或者说，至少用现实主义态度来看待的重力，具有某些相当奇怪的特点。要理解这些奇怪的特点，我们可以把重力和在其他情况下两个物体之间的吸引力进行对比。举个例子，假设我把一根橡皮筋绑在两支钢笔上，然后把两支钢笔拉开，绑在两支钢笔上的橡皮筋就被拉长了。在这个例子里，从某种意义上说，两支钢笔彼此互相吸引。如果我松开两支钢笔，它们会迅速向彼此移动。不过，在这个例子里，吸引力的性质很容易理解，两支钢笔由一根拉长了的橡皮筋连接起来，这根拉长了的橡皮筋正是两支钢笔之间吸引力的来源。

在前面的这个例子中，也就是当两支钢笔被一根拉长的橡皮筋绑在一起时，我们很容易理解其中吸引力的性质。不过，现在回到向地面下落的钢笔的例子，请注意钢笔和地球之间似乎不存在联系，并没有橡皮筋把地球和钢笔绑在一起，也没有细绳，什么都没有。然而，尽管如此，钢笔在被松开以后仍然向地球移动。从这个角度来看，重力听起来并不像是科学，而像是魔法。

简言之，如果用现实主义态度来看待重力，认为重力是一个真实存在的力，那么重力的效果听起来非常像某种神秘的超距作用。这种在远距离外就可以产生作用而又看不见的力通常被称为“超自然”的力，人类在摒弃似乎包含这类力量的观点方面，拥有悠久的历史。举个例子，在17世纪早期，开普勒曾提出潮汐可能是受到月球影响的结果（这个观点最终被证明方向是正确的），但因为这个观点涉及了这种超自然的力量，开普勒遭到大肆批评，其中包括来自伽利略的批评。至少追溯至古希腊时期，人们都认为，很显然这世界上不存在可以在远距离产生作用的动作，也不存在超自然的力量。

当牛顿初次发表《原理》时，很多批评人士攻击牛顿的切入点，也就是牛顿所引入的这个力，需要一种神秘的超距作用。在这些批评人士中，有些人很有影响力，这样的人很多，暂且举一个例子，比如戈特弗里德·莱布尼茨（我们在前面提到过他是微积分学的共同创立者）。莱布尼茨尤其攻击牛顿在科学中引入了“超自然”的力，而莱布尼茨这种观点的基础正是我们在前面提到过的那个问题，重力似乎涉及某种神秘的超距作用。

面对这样的批评意见，一个可行的做法就是向工具主义转变，采用工具主义态度来看待重力。实际上，牛顿本人通常都声称自己是用工具主义态度来看待重力的。要更好地理解这种会有怎样的影响，可以再思考一下向地面下落的钢笔。牛顿的方程式，包括与重力相关的方程式，可以对钢笔将如何下落（比如钢笔下落的加速度）做出很好的预测。采取工具主义态度，实际上就是认为这些方程式可以很好地描述物体运动模式，同时对物体为什么会有这样的运动模式保持不可知论的态度。换句话说，你可以用牛顿的方程式，特别是与重力相关的方程式，来进行很好的预测，但同时对重力是不是一个“真实”的力保持沉默。

牛顿确实始终希望对重力给出一个现实主义的描述，与他在《原理》中给出的数学计算保持一致，并且从某个意义上说，这个描述仅涉及数学计算而没有超距作用。不过，尽管在后来的两个世纪里，看待重力的方法多少有些不同（比如，出现了一个新概念，那就是物体是在不需要超距作用的情况下，对一个在局部有效的重力场做出反应的，这可以是看待重力的另一种可行选择），但仍然没有出现一种对重力完全没有问题的解释。至少从现实主义角度来看，这些解释都有问题。只要采取完全的工具主义态度，那么所有解释，包括牛顿的解释，都是没有问题的。最终，爱因斯坦的广义相对论将会对重力给出一个不涉及超距作用的解释，我们在后面的章节将对此进行讨论。然而，我们也将看到，爱因斯坦对重力的解释，与我们大多数人从小到大所理解的牛顿关于重力的观点之间存在巨大差异。

结语

旧的亚里士多德世界观不能与17世纪的新发现保持一致。它的替代者当然不是一夜之间就建立起来的，不过，最终我们在前面所描述的新的世界观出现了，这正是我们所说的牛顿世界观。与亚里士多德世界观的情况相同，牛顿世界观也随时间推移而经历了发展，不过一个机械论的、像机器一样的宇宙一直保留了下来，并且成为这一世界观的核心观点。

科学在17世纪得到发展，在这个过程中，特点之一就是出现了越来越多的定律，比如开普勒行星的运动定律和牛顿的运动定律。科学定律变得越来越重要，而这也带来了一些有趣的哲学问题，比如什么是科学定律。在第21章中，我们将简要研究围绕这些定律产生的某些令人困惑的命题。然后，在第22章中，我们将简要描述牛顿世界观在随后两个世纪中的发展轨迹。

第 21 章

哲学插曲：什么是科学定律

从 17 世纪开始，科学定律的概念在科学中所扮演的角色变得越来越重要。举个例子，在前面几章，我们讨论了开普勒行星运动定律、牛顿运动定律，以及牛顿对万有引力定律的描述。在第 22 章中，我们将简要探讨在牛顿体系得到广泛接受后的几个世纪里出现的其他定律，比如，我们将讨论解释电现象和磁现象之间关系的有关电磁效应的定律，还有其他很多定律。前面提到的这些通常都被认为是科学定律。这一类定律似乎抓住了物理现象的一些根本性因素。对这些定律的探索和提炼归纳，自 17 世纪科学革命以来一直是科学的重要组成部分。

但是，什么是科学定律？在这简短的一章里，我的主要目的就是说明，当我们开始探讨这个问题时，很快就会遇到一些让人深感困惑的命题，而这样的情形十分常见。为解决这些命题以及其他围绕在科学定律周围的命题，人们进行了很多尝试，这些尝试带来了一系列相当复杂的主张、论据、反主张、反论据以及类似的东西，这种情形在过去大约 50 年里尤为突出。有一点很明确，尽管很多不同观点的支持者进行了几十年的争论，其中不乏知识渊博、能言善辩之人，但是，对于“科学定律是什么”或“怎样对科学定律进行界定”的问题，仍然没有达成共识。

这个争论的细节已经超出了本章的讨论范围，不过与其他章节一样，书后章节注释中有一些额外的相关内容供希望深入研究的人参考。但是，如果只是想大致了解这些在探讨科学定律概念时很快就会出现的令人困惑的命题，并不是特别困难。因此，本章另一个小目标就是让你对这些令人困惑的命题有一些初步体会。

科学定律

哲学家一直乐于对科学定律和自然规律进行区分，在过去大约 50 年中尤为如此。关于两者之间的区别，已经有很多文献说明，不过接下来将是对这个区别的一个简要总结。我们通常所认为的科学定律，比如开普勒行星运动定律、牛顿运动定律和万有引力定律等，通常都只是近似地描述了物体的运转模式（后面我们还将对此进行详述）。举个例子，开普勒第二定律只是描述了在一个二天体体系中，也就是这个体系中只存在一颗行星和太阳，那么行星将会沿怎样的轨道运动。在实际的太阳系中，所有行星都受各种因素的影响，包括其他行星的万有引力影响，因此，开普勒第二定律只是对行星运行轨道进行了非常近似的描述。

然而，由于像开普勒第二定律这样的科学定律已经非常接近物体的运转模式，因此通常都认为“这些定律尽管只是近似的描述，但仍然在某种程度上反映了世界一些深层次的特点”，而由科学定律所反映的世界更深层次的特点有可能就被认为是自然规律。因此，粗略地说，通常都将自然规律定义为“负责宇宙运转的宇宙基本特点”，而将科学定律看作是近似地反映了这些自然规律的定律。

接下来，我将把重点放在科学定律上，尽管总会存在其他一些命题，都与这些科学定律通常所反映的世界基本特点有关。让我们从通常认为科学定律所具有的两个特点开始。

与科学定律相关的特点

通常认为，一个科学定律反映了宇宙某个基础且无例外的方面，也就是说，科学定律反映的是事物应当具有的运转模式，而不仅是事物的某个偶然行为。以我们通常所说的开普勒第二定律为例，这一定律也被称为“等面积定律”，我们在第 16 章中首次对这一定律进行了讨论。回忆一下，简单地说，这条定律是：如果用一条直线把一颗行星和太阳连接起来，那么这条直线在相同时间内扫过的面积相等。（回去查阅一下图 16-3 可能会有帮助。）

正如在前面提到过的，我们通常认为这条定律反映了，或者至少部分反映了，宇宙中某个基本的、无例外的规律性。值得注意的是，我说的是至少部分反映了，因为严格来说，最多只有在理想状态下，比如这颗行星不受任何其他外力影响，包括太阳系中其他天体所施加的万有引力作用，这样一个定律才会完全准确。下面我们将对与理想状态相关的命题进行进一步的讨论。

这里我想让你关注的关键点是，通常认为这条定律反映了（或者至少部分反映了）一个无例外的规律性，也就是说，行星总是按照这个模式来运转，而且很有可能过去也是按这个模式来运转的，而将来只要行星继续存在，它们还将继续按照这个模式运转。因此，通常认为科学定律与我们所观察到的其他大多数规律性有所不同。举个例子，我们本地的餐馆只要开门营业就可以提供热咖啡，这就是一个规律性。但是这不是一个无例外的规律性，我们本地的餐馆还是偶尔不能提供热咖啡的，尽管这种情况并不常见。同样，“6 月的平均温度高于 5 月”是一个规律性，但这也不是一个无例外的规律性。尽管不常见，但有时 5 月还是会比 6 月热。

然而，通常认为像开普勒第二定律这样的一个表述所描述的是行星一直会遵循的运转模式，而不仅是行星通常如何运转，这通常被认为是科学定律的一个关键特点。目前，让我们暂时记下这个观点，也就是反映无例外的规律性似乎是科学定律的一个关键特点。

通常与科学定律联系在一起的另一个关键特点是，我们认为科学定律反映了世界的客观特点。尽管我们在本书中已经对客观性这个话题有所涉及，但并没有详细探讨。因此，接下来我将讨论一下这个话题。

我在这里所使用的“客观”，其关键点是某个东西是否依赖于人类。更具体地说，我们通常认为如果即使人类不存在，某个东西也可以存在，那么这个东西就是客观的，如果情况相反，那么我们通常就认为它不是客观的。我必须指出，这不仅是“客观”这个词的意思，也是我在这里所要使用的这个术语的意思。

举个例子，思考一下某些特别受欢迎的甜点，比方说巧克力慕斯。巧克力慕斯似乎于 17 世纪首先出现在法国，随后在世界各地变得越来越受欢迎。巧克力慕斯毫无疑问是人类的一个发明，而且，如果人类不存在，放到这个例子里那就是如果法国人不存在，那么巧克力慕斯同样也就不会存在。从这个意义上来说，巧克力慕斯并不是这个世界的一个客观特点（重申一下，我在这里使用的是前面提到过的“客观”这个词的意思）。

相比之下，我们通常认为木星是客观的。也就是说，我们大多数人所持的观点是，即使人类从来不曾演化发展，甚至人类从来不曾存在，木星也仍然存在。我们倾向于认为木星与巧克力慕斯有显著不同，也就是木星不依赖于人类而存在，而巧克力慕斯则依赖于人类而存在。（顺带提一下，“木星”这个名字当然不是客观的，这个词显然是人类发明的。但是，我们通常认为这个名字所指代的物体，也就是我们称为木星的行星，即使在人类从来不曾存在过的情况下也仍然存在。）

除此之外，在前面所描述的那样一个没有人类存在的场景里，我们通常认为木星仍会像现在这样围绕太阳运转。这里我们就回到了开普勒第二定律。具体来说，我们通常认为，如果人类从来没有存在过，木星仍将根据开普勒第二定律所描述的轨道运转。换句话说，我们通常认为开普勒第二定律抓住了这个世界的一个客观特点。

与“木星”这个词的情况相同，如果人类没有存在过，“开普勒第二定律”这个短语当然也不会存在。然而，正如我们通常所认为的，即使人类不存在，“木星”这个词所指代的物体也仍然存在；我们还认为，即使人类不曾存在，“开普勒第二定律”这个短语所反映的规律性也仍然是宇宙的一个特点。重申一下，我们通常认为开普勒第二定律和其他科学定律抓住了这个世界的客观特点。

如果总结一下关于科学定律的常见观点，其实还有很多内容可以探讨。然而，为了我们的讨论，让我们先把重点放在前面所分析的科学定律的两个特点上：第一个特点是，我们通常认为科学定律反映了无例外的规律性；第二个特点是，我们通常认为科学定律反映了宇宙的客观特点。当我们探讨这两个特点时，很快就会遇到难以解决而又让人感到困惑的命题。

无例外的规律性

让我们从前面讨论过的科学定律的第一个特点开始，也就是，科学定律反映了无例外的规律性。首先，请注意，不存在意外情况的规律性随处可见，不过其中大多数都是我们并没想作为潜在科学定律的。下面是两个例子。第一个例子是，在所有曾被写出来的英文句子中，出现过的所有单词数量略少于 100 万，因此，这是一个关于英文句子的无例外的规律性。但是，我们从来不会把“所有英文句子包含的单词数量略少于 100 万”当作一个潜在的科学定律。第二个例子是，就我个人的记忆而言，我穿裤子时通常先穿左腿（也并没有什么很好的理由）。假设我的记忆是正确的，这也是一个无例外的规律性，不过当然我们并不会想把它当作潜在的科学定律。我们可以坐在这里，想出上千个类似的无例外的规律性，其中大部分，我们都不会将其当作潜在科学定律。

那么，看起来尽管反映某个无例外的规律性是成为科学定律的一个重要条件，但实际上我们并不想把如此大量的无例外的规律性都当作潜在的科学定律。这就带来了一个既简单又难以回答的问题：那些是潜在科学定律的无例外的规律性与不是潜在科学定律的无例外的规律性之间有什么区别？

对于这个问题，有一个相当常见的答案，尽管这个答案本身也会带来一些难以解决的命题。这个答案所涉及的是我们通常所说的“反事实条件句”，或者也可以叫“反事实”。需要指出的是，反事实除了在这里的讨论中发挥作用，在其他讨论中，包括科学的和非科学的，也都会发挥作用。因此，我们的下一个任务是搞清楚反事实是什么。

反事实

反事实是日常语言与思维的一个共同特点。所以，几乎可以肯定，就算你之前从来没有听说过“反事实”或“反事实条件”这样的术语，你也一定已经非常熟悉它们所表达的核心概念。

与我们在本书中通常的做法一样，让我们首先从例子开始。想象你自己说出了下面这样的话，“如果那次考试之前学习再努力一些，那么我应该能考得更好”，或者“如果昨天晚上没有在外面玩到那么晚，那么我今天早上就不会睡过头了”，或者“如果我记得手机该充电了，那么现在电池就不会完全没有电了”，或者“如果我早点到售票处，那么就能买到票了”，等等。

这些都是反事实条件句的实例，通常它们被简称为“反事实”。首先，请注意，这些例子都是条件句，它们都是“如果……那么……”的句式结构，这就解释了“反事实条件句”中“条件句”的部分。

同样需要注意的是，在这些例子中，“如果”的部分所反映的都是过去没有发生而且你也知道没有发生的事情。为了准备考试，你本来应该更加努力学习，但你实际上并没有这么做；你昨天晚上本应该早点回家，但你并没有这么做，等等。在这些例子里，“如果”反映的是不正确的、与事实相反的情况。或者换句话说，这些例子中“如果”反映的是反事实，而这就是“反事实条件句”中“反事实”的来源。

反事实在日常生活和日常思维中扮演一个非常重要的语言学角色，因为它们使我们得以表达我们认为在条件发生变化时，会有怎样的情况。如果与事实相反，也就是你更加努力学习了，那么你就能考得更好；如果与事实相反，也就是你记得给手机充电了，那么现在手机电池就不会完全没有电了，等等。这一类的表达非常常见，同样具有重要作用，因为它们使我们能够表达我们认为在与事实不同的条件下，会有怎样的情况。

就像前面所指出的，在区分我们通常认为是潜在科学定律的无例外的规律性，与通常认为不能作为潜在科学定律的无例外的规律性时，反事实通常被当作一个关键因素。下面将解释一下反事实如何在区别两种规律性时发挥作用。

再思考一下我们在前面提到过的那些例子，也就是我们不会当作潜在科学定律的无例外的规律性，比如，所有英文句子包括的单词数量略少于 100 万个，或者我穿裤子时通常先穿左腿。请注意，这些规律性尽管准确描述了事物在某种条件下的情形，但是如果条件发生变化，它们就不会是真的了。举个例子，如果有一个比赛，奖品是丰厚的奖金，比赛内容是写出长度最长而又语法正确的英文句子，那么很有可能会有人造出一个英文句子，包含超过 100 万个单词。因此，在这样一个反事实情境中，关于英文句子的规律性就站不住脚了。同样地，如果一位电脑程序员只是为了取乐，研发了一款可以造出长英文句子的程序，那么关于英文句子的规律性可能也同样不准确了。关于我穿裤子时通常先穿左腿的习惯，情况也是如此。如果在过去某个时候，我把腿摔断了，这就很有可能改变我的行为习惯，那么关于我穿裤子时通常先穿左腿的规律性就不是一个无例外的规律性了。同样地，如果有人给我一大笔钱，让我改变行为习惯，或者有其他任何一种反事实条件，关于我穿裤子的规律性都将不再是一个无例外的规律性了。简言之，这一类规律性在条件发生变化后就可能不是真的了。

相比之下，开普勒行星运动第二定律所描述的规律性，似乎不管在什么样的反事实条件下都是一个无例外的规律性。举个例子，不管木星距离太阳是近一点还是远一点，木星的质量是更大一些还是更小一些，或者木星是岩石星球还是气态星球，或者存在其他任何一种反事实条件，木星都仍将按照开普勒第二定律来运转。

简言之，我们通常认为科学定律所反映的那些无例外的规律性，比如开普勒第二定律，通常从某种意义上说都不受反事实条件的影响。具体来说，这样的规律性即使在多方面条件都发生了改变的情况下，通常也仍然是真的。

通常认为，可以作为潜在科学定律的无例外的规律性与不能作为潜在科学定律的无例外的规律性之间，一个关键的区别就是，前者即使面对多种反事实条件，仍然可以保持为真，而后者则无法做到这一点。

利用反事实条件是否足以区分两种规律性？很不幸，并不是这么简单。具体来说，利用反事实条件可以对这两种规律性进行区分，但同时也产生了问题严重的命题。这些命题涉及两个方面，其中一个与语境依赖性有关，另一个与通常所说的“其他条件不变句”有关。接下来，我将对这两个方面逐一简要讨论。

语境依赖性　尽管前面对反事实条件的应用，至少一开始似乎让我们在合理区分能否作为潜在科学定律的规律性方面取得了实质性进展，但是正如经常会出现的情况一样，这并没有为揭示更深层次的问题发挥多少作用。这里所说的更深层次的问题，第一个就与反事实条件的语境依赖性有关。

前面对反事实条件的初步讨论中，我保留了反事实条件的一个重要特点，也就是，我们通常认为一个反事实条件是真还是假，在很大程度上取决于其所处的语境。再思考一下前面提到过的一个例子，“如果我记得手机该充电了，那么现在电池就不会完全没有电了”。在前面的讨论中，我们暗自假设了一个多少比较正常的语境，也就是你大概希望自己记得给手机充电。在这样一个语境中，我们倾向于认为这个反事实条件为真。

不过，现在请考虑另一个语境。假设你明天要参加一个重要考试，而你决定直到考试结束才给手机充电，这样你就不会把时间都浪费在打电话上。在这个语境中，“如果我记得手机该充电了，那么现在电池就不会完全没有电了”，这个反事实条件就是假的，因为在这个语境中，你大概会不想记得给手机充电，而且会让电池继续处于没电状态。

或者，你跟一个朋友吵架了，希望暂时失联，因此更愿意把手机放着不充电，这样就为自己不回电话找了一个合理的借口，或者还有无数其他可能性。简言之，有无数种语境可以使我们所讨论的这个反事实条件为真，同样也有无数种可能性使这个反事实条件为假。几乎对每一个反事实条件，情况都是如此。

总之，众所周知，一个反事实条件的真假依赖于其所处的语境。这属于一条科学定律，但是这也带来一个问题，通常来说（也可能总是如此），当某个事物的真假依赖于语境时，那就意味着其真假依赖于相关人士的知识或利益，而这反过来又表明真实或虚假都依赖于人，以及这些人的利益和知识。

到这里你可能已经看出了其中的问题。回忆一下，在这一节开头我们讨论过典型科学定律的一个主要特点，通常认为科学定律反映了世界的客观特点，也就是不依赖于人而存在的特点。然而，现在我们似乎把自己逼进了死胡同。我们似乎需要利用反事实条件来描述什么能算作科学规律，具体来说，就是对可以作为潜在科学定律的无例外的规律性与偶然出现的无例外的规律性进行区分。然而，对反事实条件的使用同时带来了语境依赖性。所以，如果对科学定律进行描述需要反事实条件，而反事实条件又是依赖于语境的，那么反事实条件是依赖于人的（或者更准确地说，反事实条件的真假是依赖于人的）。因此，反事实条件的使用破坏了科学定律的表面客观性。

其他条件不变句　认为科学定律反映了无例外的规律性，还导致了另一个基础性命题。再思考一下开普勒第二定律。如果我们更仔细地研究一下行星实际到底是如何沿轨道运动的，就会发现一些有趣的现象，严格来说，开普勒第二定律所反映的并不是有关行星轨道的无例外的规律性。

基本问题在前面已经提到过，而且很容易看出来。很多因素都可以影响行星的轨道。举个例子，行星有时会遭到小行星和彗星的撞击，这样的冲击会影响行星的轨道。20 世纪 90 年代就发生了一次惊人撞击。当时，一颗巨大的彗星撞击了木星，尽管这次撞击并没有使木星进入一个全新的轨道，但毫无疑问对木星的轨道产生了巨大影响，导致木星在撞击过后的一段时间里并不是完全按照开普勒第二定律来运动的。那次撞击格外惊人，不过不那么惊人的撞击随时都在发生。甚至是更近期，木星再次遭到一个大型物体撞击，这次撞击在木星大气层留下了一个地球体积大小的扰动，同时再次改变了木星轨道。或者，让我们再思考一下 2011 年发生在日本东部沿海地区的大地震。这次地震中最广为人知的影响来自地震所引发的海啸，它夺去了许多人的生命，摧毁了日本北部的福岛核电站内的多个核反应堆。然而，还有一个影响就不那么引人注目了，那就是这次地震同样影响了地球的自转，并相应地（尽管非常微小）影响了地球的轨道。

尽管像这样的事件多少有些夸张，但不那么夸张的事件随时都在发生。行星随时受到各种影响，从其他行星的万有引力到从它们旁边经过的彗星和小行星，甚至是我们偶尔发送到太空中的宇宙飞船都会对其产生影响。这些影响尽管都不大，却使行星从来无法严格按照开普勒第二定律描述的那样运转。

这样的事件带来了一些干扰，似乎使科学定律不能再适用于其本该适用的情形，而这样的情况可能在所有涉及科学定律的情形中都会存在。或者换句话说，很有可能并没有任何一条科学定律能够被直接而严格地遵循。

为了尽量避免这一问题，通常的做法是引入通常所说的“其他条件不变句”（ceteris paribus clauses），这里拉丁文短语“ceteris paribus”的大致意思是“其他一切条件都相同”。因此，举个例子，我们可以说如果木星是一颗行星，那么在其他一切条件都相同的情况下（比如，没有小行星和彗星撞击的冲击，没有其他行星的影响，等等），木星将遵循开普勒第二定律。

毫无悬念，这个解释也引发了新的问题，我将讨论其中两个。首先，你可能已经注意到，对其他条件不变句的讨论与前面对反事实条件的讨论之间是存在联系的。两个讨论确实相互关联，当我们认为开普勒第二定律是一个伴随着其他条件不变句的定律时，就相当于说（同样以前面提到过的木星为例），这个定律所说的就是木星在没有受到其他外力影响的情况下，就将按照开普勒第二定律描述的轨道运转。然而，我们从一开始就知道木星实际上是受到各种外力影响的。因此，前面这个描述就把自己变成了一个反事实条件，因而也具有我们在前面讨论过的反事实条件的各种问题。

除此之外，请注意，一一列举所有可能的其他条件不变句也是不可能的，因为存在太多可能性。我们在前面提到了小行星撞击、彗星撞击、地震，以及从木星旁边经过的航天器的影响等。然而，毫无疑问，存在无数种与上述类似的影响，我们不可能把它们全都列举出来。我们所能做的，最多就是列出包括彗星、小行星和经过的航天器在内的影响，然后加上一句“以及其他类似的影响”。然而，相似性概念显然与人类的利益有关。举个例子，两个事物是否相似，关键取决于做出判断的人的利益。所以，我们再次遇到了与前面讨论有关的一个问题。如果界定科学定律的特点需要使用其他条件不变句，而使用这类句子又依赖于相似性概念，相似性概念本身又取决于人类的判断，那么我们对科学定律的界定似乎又不符合“科学定律具有客观性”的概念了。

结语

作为总结，我想回到本章开头所讨论的一点，也就是，与科学定律相关的命题一直都在经历广泛探讨和争论，尤其是在过去大约50

年间。这些探讨和争论包括了本章讨论过的一些命题，但并没有止步于此。

我在这一章的主要目标并不是对过去几十年来关于科学定律的所有讨论进行总结。实际上，我的主要目标是说明一旦开始探索“什么是科学定律”，我们很快就会遇到很多难以解决的命题。我希望，前面提供的材料可以让你对某些难以解决的命题有了那么一点儿体会。从多个角度来看，有一种模式尽管肯定不是一个无例外的规律性，但确实反复出现，那就是，一旦我们深入到一个看似相对直接明确的科学命题或概念中时，我们很快就会遇到难以解决和令人困惑的问题。

第22章

1700～1900年 牛顿世界观的发展

与亚里士多德世界观一样，牛顿世界观也不是一系列完全静态的观点。在17世纪以后的几个世纪里，牛顿世界观得到了修改和发展，但尽管如此，这个新世界观的核心元素，也就是17世纪众多科学家的研究所得，特别是与17世纪末面世的牛顿的《原理》紧密相关的内容，仍然基本保持不变。牛顿最有影响力的研究成果集中在物理学领域，而在17世纪之后的几个世纪里，总体趋势则是其他学科，包括化学、生物学以及我们现在所说的电动力学等，都发生了重大变化，从而或多或少地具备了牛顿科学体系的一些特征。

在本章，我们的主要目标就是对发生在1700～1900年的某些关键科学发展进行说明，然后，在本章结尾处，我们会简要探讨在跨入20世纪之时仍未解决的两个关键科学问题。在这200多年间出现了大量的科学发展，我们只能大概了解其中某些发展。总的来说，我们的切入点将是试图展现牛顿世界观在这一时期的发展是多么让人欢欣鼓舞，展现几个科学主要学科是如何发展变化，并最终进入广阔的牛顿体系的大伞之下的。从某种意义上说，这些科学领域都“被牛顿化”了。这一时期特别让人振奋，以至于到了大约1900年，似乎大多数有关这个世界的主要问题都已经在牛顿科学体系中得到了解答。让我们首先对几个科学主要学科所取得的发展进行概括的了解。

对科学主要学科发展的评述，1700 ~ 1900年

我们的第一个任务将是对科学的某些主要学科进行简要评述，比如化学和生物学，并探讨这些科学主要学科在1700～1900年是如何发展的。这些评述将有助于说明科学的不同学科是如何在范围广阔的牛顿科学体系中变化发展的。我们将从现代化学的发展开始。

化学

现代化学的起源可以追溯到18世纪晚期，以安托万·拉瓦锡（1743—1794）的研究为标志。要理解为什么这是现代化学的起源，首先了解一下17世纪以前的化学研究将很有帮助。

今天，当我们谈到化学时，通常所想到的，在很大程度上说是一个以定量研究为主的学科。如果你在高中或大学上过包括实验的化学课，那么你无疑对化学的定量研究有过一些体会。今天的实验室工作通常涉及对重量、体积、温度等因素的精确测量。简言之，今天的化学基本上是一门定量学科。

在17世纪以前，情况并非如此。相比之下，当时的化学更多地被

认为是一门定性科学。也就是说，化学家所关心的主要是定性的变化，比如颜色的变化。众所周知，炼金术士的目标之一是将铅变成黄金，这可以作为范例来说明这一点。定性地说，铅和黄金很相似。两者都是密度很高且具有高度延展性的金属。事实上，铅和黄金主要质的区别在于颜色，铅是暗灰色，而黄金是闪亮的淡黄色。

如果你可以让铅发生一个相对较小的质变，具体来说，就是将黄金淡黄色的性质引入铅，那么所得结果应该就是黄金（至少按照当时已有的观点是如此）。请注意，火焰通常是淡黄色的，因此认为与火焰有关的元素都和淡黄色的性质有关联是合理的。所以，也许我们可以用火把淡黄色的性质传递给铅，从而把铅变成黄金。

以上是对炼金术士的部分理论及其所进行的部分活动的简化描述，不过，关键点是要注意其中对定性的强调。顺带提一下，炼金术士的方法从化学的角度看来可能相当原始，至少按照现代标准是如此。但是，如果考虑到当时的科学水平，他们的做法就相当合理了（牛顿也是炼金术的研究人员之一，他在这一领域做了大量研究）。如果我们把现在最前沿的科学放到500年以后，按照那时的标准，可能看起来也很原始。也就是，你只能利用自己所处时代的全部知识来尽自己之所能。

不管怎样，化学的定性研究方法在18世纪晚期发生了巨大变化。安托万·拉瓦锡开始以天平作为主要实验工具来进行大量化学研究。通过这种做法，拉瓦锡提出了新的观点，这些观点的解释和预测能力要优于当时现有理论，很快他的定量研究方法就开始成为化学研究的主流。

到了19世纪早期，化学家已经可以明确阐述许多定量规律。举个例子，此时，约翰·道尔顿（1766—1844）构建了他的原子理论，这是一个基本在牛顿科学体系内的理论。道尔顿认为理解气体运动模式最好的方法是，把它们看作粒子因互斥力而相互作用的结果。请注意这种研究方法与牛顿的研究方法之间的相似之处。比如，牛顿认为行星的运动是天体受外力影响的结果。类似地，道尔顿认为气体的运动从根本上说，所涉及的就是物体和作用于物体上的力。

这些相互作用可以用（过去确实也是用）定量的规律来描述，最终，这些规律都通过数学表达出来。在这里，我们看到化学被纳入了特色鲜明的牛顿方法，也就是把物体受外力影响的思路运用到化学中，并且用数学对其中的外力进行了描述。最终，在整个19世纪以及20世纪初，通过运用牛顿方法，化学研究取得了卓著成果，化学的某些分支甚至逐渐变成了物理学的分支，从而使物理学和化学不再是两个完全分离的学科，而是在不同层级来研究这个世界的方法。不管是化学还是物理学，它们所研究的世界基本上被构建为一个可用牛顿科学体系来探究的世界，也就是在这个世界中，物体都受到外力影响，而这些外力都可以通过数学法则来精确描述。

生物学

在这段时期，生物学同样转变成了现代生物学。生物学是一门范围颇广的学科，值得注意的是，生物学中很多非常重要的著作都完成于16世纪和17世纪。但是，直到18世纪和19世纪，“生物学现象并没有脱离牛顿宇宙观”的认识才变得清晰起来。

要简明地说明这一点，可以简要探讨一下生物活力论者与生物机械论者所争论的命题。活力论者的观点是，有生命的物质和无生命的物质是不同的，因此适用于无生命物体的规律（比如牛顿定律）并不一定也适用于有生命的物体。凭直觉来看，活力论者的观点很容易理解。比如，看看你的胳膊，然后把你的胳膊与一块石头进行对比。从表面上看，两者似乎全然不同。总的来说，有生命的物体看起来与无生命的物体非常不同，所以，用来解释无生命物体的规律是否同样可以解释生命，这一点还远不明确。

然而，从 18 世纪开始，一直延续到 19 世纪和 20 世纪，生物学领域的研究都清楚地表明，活力论者的观点是错误的。这些研究涉及许多领域，有许多研究人员参与其中。接下来，我们将仅简要探讨其中两个例子，但这已足以让你很好地体会一下，究竟什么样的研究结果可以让人们意识到生物现象与生物学以外的现象都是同类型的。

第一个简要例子，让我们思考一下有关神经结构和功能的某些发现。对神经的研究，包括对神经纤维的解剖研究，以及对运动神经元和感觉神经元之间区别的认识，可以至少追溯到公元前 500 年。神经纤维长期以来一直被认为是维持生命所需的液体或生命力在流动时所经过的通路或管道，而关于神经纤维的这种观点可以与活力论者的主张拼合到一起。然而，在 18 世纪晚期，路易吉·伽伐尼（1737—1798）进行了一系列实验，实验结果表明，电流会使青蛙腿部肌肉收缩。不久之后，亚历山德罗·伏特（1745—1827）延续了伽伐尼的研究工作，并且有所扩展。随着伽伐尼和伏特（还有其他许多人）研究的深入，“神经传导是一种电现象”的观点很快就建立起来了，这与过去关于“神经是维持生命所需的液体或生命力的通路或管道”的观点相比相当不同。

随着相关研究在 19 世纪不断深入，与神经有关的电波活动的物理、化学基础都将会被很好地理解。我们讨论的关键点是，这些现象最初被认为是纯粹的生物学现象，而且可以与活力论者的观点拼合在一起，但此时已开始被认为是一种电学现象，而且引起这种现象的物理、化学过程与生物学之外的物理、化学过程是相同种类的。事实上，人们普遍认为生物学的这个领域，可以与牛顿世界观对物理、化学过程的机械论理解拼合在一起。

第二个简要例子是早期的有机化学。在 19 世纪初，标准观点是通常所说的“有机”化合物只能由活的有机体产生。除此之外，有机化学最初被认为与活力论紧密相连，因为通常认为产生有机化合物需要维持生命所必需的液体或生命力。在一段时间内，这个观点似乎很有道理，事实上，没有人曾经利用活的有机体之外的物质成功产出有机化合物，这在很大程度上也支持了这个观点。

然而，1828 年，弗里德里希·维勒（1800—1882）成功用一种无机化合物合成了尿素，也就是一种很明确的有机化合物。不久之后，化学家就具备了用无机化合物合成其他有机化合物的能力，所能合成的有机物也变得越来越复杂了。到 19 世纪 50 年代中期，这项技艺成了日常工作，也严重动摇了活力论者关于“有生命和无生命物体之间存在显著差异”的观点。

最后一个例子涉及演化理论研究，主要在 19 世纪早期到中期开展。最终结果是广义的生命，比如物种的多样性，开始被视为依据自然法则展开的自然过程所产生的结果。达尔文本人特意用了牛顿体系的方法来进行研究。就像牛顿运动定律是物体在运动时（运动着的行星、下落的物体等）所遵循的规律，达尔文想过要找到物种随时间发生变化时所遵循的规律。关于演化理论的发展历程，我们将在第三部分中对其中部分内容进行详细讨论，因此，在这里我们不会继续深入讨论，而只需要看到达尔文的研究很好地表明了牛顿科学和相对较新的牛顿世界观对其他科学主要学科所产生的深远影响。牛顿的研究方法，也就是在自己所属的研究领域内探寻并精确阐述研究对象的行为所遵循的规律，已经被视作进行科学研究的正确方法了。

以上是对这些发展的一个简要概括，但已可以说明在 1700 ～ 1900 年生物学领域出现的主要发展。重点是，这些例子说明了人们是如何逐渐认识到生物现象与非生物现象实际上并无差异的。甚至到了 20 世纪初，仍然有一小部分人坚持为活力论辩护，但此时已经很明显的是，机械论观点才是正确的。20 世纪的发现（比如在遗传学领域的发现），使这一点成为定论，并让人们很好地理解了生命活动是如何从分子层面产生出来的。总的来说，到 20 世纪初，生物、化学和物理出现了融合，并开始被视为在不同层面对同一个处于牛顿科学体系内的世界所进行的研究。

电磁理论

最后再举一个例子，这个例子将足以说明多种现象是如何融入牛顿科学体系的。对于电和磁相关现象的研究，至少从古希腊时期就已经开始了，然而，我们对这些现象的理解最为引人注目的进展则是出现在 18 和 19 世纪。

在 18 世纪中期，本杰明·富兰克林（1706—1790）证明了闪电是一种电学现象，同时还证明了电现象和磁现象之间存在一系列有趣的联系。然后，在 18 世纪晚期和 19 世纪早期，研究人员，包括查尔斯·库仑（1736—1806）和迈克尔·法拉第（1791—1867），当然还有其他很多人，让我们对电和磁的认识有了重大进展。举个例子，库仑发现磁和电的斥力和引力遵循平方反比的规律，也就是说，两个物体之间的电引力 / 斥力或磁引力 / 斥力与两个物体之间距离的平方成反比。值得注意的是，库仑定律平方反比的性质与牛顿万有引力定律力平方反比的性质非常类似。回忆一下，根据牛顿对引力的描述，两个物体之间重力吸引力的大小与两个物体间距离的平方成反比。库仑定律也是如此，因此库仑定律与牛顿世界观的本质精神非常一致。更概括地说，此时研究电磁现象的方法出现了变化。在人类大多数历史中，至少追溯到古希腊时期，对电磁现象都是进行定性描述。然而，此时这些现象开始被认为是遵循精确的数学规律，从本质上说与牛顿世界观的方法是一致的。

在 19 世纪上半叶，法拉第发现了电现象和磁现象之间更多的联系。

到目前为止，从实际生活的角度来看，法拉第最有影响力的发现是磁场可以通过感应产生电流。这个原理至今仍然是发电的基本原理，在我们每天使用的电力中，实际上有很大一部分来源于法拉第的发现。

尽管这可能是法拉第对实际生活最有影响力的发现，但是法拉第的另一个观点，也就是“电、磁和光可能是同一潜在源头的不同形态”，则具有深远的理论影响力（尽管这个想法其实也很快就广泛应用于实际生活了）。法拉第的这个观点，很快得到了发展，成了由詹姆斯·克拉克·麦克斯韦（1831—1879）在 19 世纪中期提出的电磁理论。法拉第的发现主要是定性描述，但是麦克斯韦则发现了光、电力和磁力现象背后的基本数学方程式。这些方程式通常被称为“麦克斯韦方程组”，它们将光、电力和磁力现象统一了起来，被广泛认为是这一时期最重要的发现。

再强调一下，以上对有关电力、磁力和光的部分关键研究发展的概述是非常简短且有所选择的。但是，请再次注意一下其中大致相同的模式：在这段时期，这些领域都出现了超乎寻常的发展，许多现象过去都曾经被认为是独特的，而且要用定性的方法进行研究，此时却逐渐统一了起来，而且都可以用牛顿科学体系中的基础数学定量方法来进行研究。

概括评述

尽管我们只是具体研究了三个科学领域，但也应该已经足以让我们体会到，在 1700 ～ 1900 年，科学的诸多领域是如何被纳入牛顿科学体系中的。值得注意的是，这一时期长达 200 年，其间许多不同的科学领域都出现了令人印象深刻的成果和发现。总的来说，到了 1900 年，多个学科都在快速发展。牛顿科学体系中具有普遍性的方法被证明极富成效。到了大约 1900 年，有一种感觉是我们已经几乎完全了解自然，只剩下几个无足轻重的问题还有待解决。接下来，让我们对其中几个问题进行探讨。

几朵小乌云

英国著名物理学家之一开尔文勋爵在1900年发表了一段经常被引用的谈话，在谈话中他指出，在现代科学本应晴朗的天空里，现在只有几朵“小乌云”了。开尔文所指的“小乌云”中，有两朵比较重要，分别是对迈克尔逊–莫雷实验结果和黑体辐射理解上的某些问题。

事实上，对迈克尔逊–莫雷实验结果的理解有赖于爱因斯坦相对论的确立，而对与黑体辐射相关命题的理解，以及对下面要讨论的其他命题的理解，都有赖于量子理论的创立。这些理论是现代物理学最重要的两个分支，两者都对牛顿科学和牛顿世界观的某些方面产生了举足轻重的影响。考虑到以上几点，开尔文所说的小乌云实际上一点都不小。在本章剩余的篇幅中，我们将简要了解迈克尔逊–莫雷实验、与黑体辐射相关的命题，以及其他看起来无足轻重的命题。在后续的章节中，我们将探讨相对论和量子理论，以及这些理论对牛顿世界观的影响。

迈克尔逊–莫雷实验

迈克尔逊–莫雷实验涉及光速和光传播的方式。阿尔伯特·迈克尔逊（1852—1931）和爱德华·莫雷（1838—1923）进行了大量有关这些命题的实验，最重要的几个发生于19世纪80年代末。一些背景信息将有助于理解该实验。

思考一下水波的运动。波是介质之间机械干涉的结果，而正是通过这种介质，波才得以运动，这种介质就是水。当然，在没有基础介质

（也就是没有水）的情况下，就不可能有水波的运动。

声波与此相似。声波也是介质之间机械干涉的结果，也是通过介质才可以传播。空气是典型的介质，尽管声波也可以通过其他多种介质进行传播。同样地，基础介质对声波的传播也是必需的，没有基础介质，也就没有波。

总的来说，为了与整体牛顿科学体系保持一致，任何波的运动都被认为是需要某种基础介质的机械干涉。由于我们有很好的理由来认为光是波，所以在牛顿科学体系内，光传播应该需要依赖于某种基础介质。下面这段话摘自德夏内尔的《自然哲学》，对光的传播进行了精准总结。在 19 世纪 80 年代末这本书是物理学的标准教科书。（在“科学”这个单词成为标准之前，“自然哲学”用来指代我们所说的科学。顺带提一下，德夏内尔的书出版于迈克尔逊 - 莫雷实验之前，后来，这个实验给这本书中牛顿科学体系内关于光传播的观点提出实质性问题。）

> 和声音一样，光被认为是来源于振动，但它不像声音那样，需要空气或其他有形物质的存在才能使它的振动从源头传播到感知者。……似乎需要假设存在一种远比普通物质更为稀薄的介质……【这种介质】可以用远远超过声速的速度来传播振动。……这种假设存在的介质被称为“以太”。（德夏内尔，1885，p. 947）

“以太”（ether）这个名字源于过去的“以太”概念，也就是在亚里士多德世界观里被认为可以在月上区找到的元素以太。然而，除了名字，亚里士多德世界观里的以太和被当作光传播所需基础介质的以太并没有什么相似点。

请注意这个关于光传播的观点，是如何与牛顿科学体系中机械论的宇宙拼合在一起的。与声波和水波等现象一样，光传播被认为需要某种基础介质的机械干涉。迈克尔逊－莫雷实验的目的是找出更多直接证据来证明以太的存在。实验的核心设想是，从一个点发射出两道光，夹角为 90 度，随后（通过镜子反射）使两道光从两个方向反射回来。如果光通过以太这样的介质来传播，那么由于地球很有可能像船在水面上划过那样在介质以太中运动，预计将看到两道光反射回来时有微小的时间差。举个与这个实验核心想法相似的例子，假设让两个人从运动着的船上出发去游泳。思考一下图 22-1 所示的关于船和游泳者的类比。假设三条船都以同样的速度在水中运动，比方说是 1 英里 / 小时，船 B1 与船 B3 之间的距离和船 B2 与船 B3 之间的距离相等。假设两个游泳者以相同的速度在水中游泳，比方说是 3 英里 / 小时。其中一人（图中的 S1）的任务是游到位于图示上方的船 B1，然后回到他最初出发的船上（也就是船 B3）。由于船在水中运动，因此这个人需要以一定的角度游向船 B1，然后同样以一定的角度游回船 B3。另一个人（图中的 S2）的任务是追上位于他出发的船 B3 前面的船 B2，然后回到船 B3。

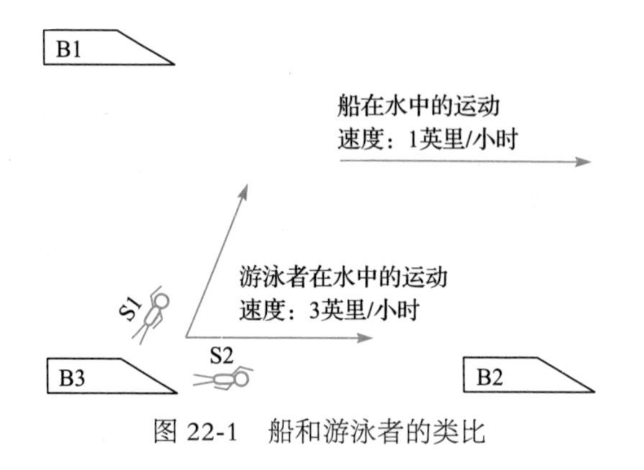

图 22-1　船和游泳者的类比

相对于最初的船 B3，两个人往返的距离相等。但是，请注意，相对于两个人所游过的介质（也就是水），两人游过的距离就不相等了。具体来说，相对于水，S1 游过的距离比 S2 稍微短一些。（如果你感兴趣，可以运用勾股定理和一些代数算法算出每个人所游的确切距离。）

由于相对于他们运动所在的介质，两个人游过的距离不同，因此他们将在不同时间点回到最初的船上，如图 22-2 所示。

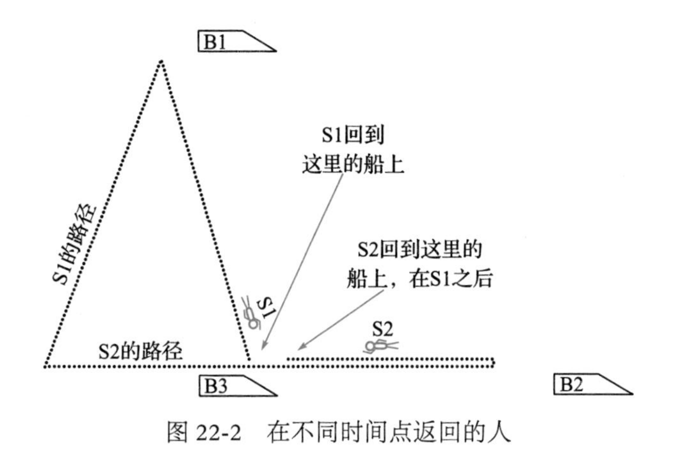

图 22-2　在不同时间点返回的人

迈克尔逊－莫雷实验的核心想法完全可以与这个船和游泳者的例子进行类比。在实验中，迈克尔逊和莫雷从一个定点发射出两道光，这个定点就相当于类比中两个人出发的船 B3。两道光发出时夹角为直角，而这两道光就相当于类比中的两个人 S1 和 S2。两道光分别通过与光源距离相等的两面镜子反射回来，这两面镜子就相当于船 B1 和船 B2。

如果牛顿科学体系内关于光传播的机械论观点是正确的，也就是光通过介质以太来传播，那么光源和镜子应该在以太中运动。这是因为光源和镜子本身在地球上，而地球在围绕太阳运转的时候就将在以太中运动。那么，以太就相当于船与游泳者类比中的水。尽管相对于光源，两道光传播的距离相等，但是由于光源和镜子同时在以太中运动，那么对于以太，两道光传播的距离将是不相等的（造成这种情况的确切原因，与两个人相对于其所在介质游过的距离不同是一样的）。因此，我们预计可以看到两道光回到光源处时有微小的时间差。

然而，与大家所预期的相反，两道光总是在相同时间点回到光源处。这个结果非常出人意料，在这种情况下，应该反复进行这个实验，不断验证。事实也正是如此。但是每次实验结果都相同，也就是两道光总是同时回到光源处。

请注意，这一点符合第 4 章讨论过的不证实推理模式：如果牛顿科学体系内关于光传播的机械论描述是正确的，那么光应该在不同的时间点回到光源处。然而，事实并非如此，所以一定是哪里有问题。

由于牛顿科学体系非常成功，因此科学家如果因为这个实验结果而放弃牛顿科学体系内的观点，将是非常不明智的。但是，一定有哪里不太对，正如开尔文勋爵提到过的，迈克尔逊－莫雷实验的结果似乎是本应晴朗的天空中为数不多的几朵小乌云之一。后来证明，这些有关光的命题根本不是小问题，正如我们在前面提到过的，直到爱因斯坦相对论问世，这些问题才最终得以解决。后面我们将看到，相对论本身对我们通常关于宇宙的观点将会有一些有趣的影响。我们将会在第 23 章对此进行研究，在那之前，我们先简要讨论一下其他几朵看起来无足轻重的小乌云。

黑体辐射

在不讨论具体细节的情况下，让我来粗略介绍一下有关黑体辐射的问题。“黑体”是物理学里的一个技术术语，指的是一个理想化的物体，可以吸收所有指向它的电磁辐射。举个例子，光是电磁辐射的一种形式，所以，如果我们向一个黑体投射光线，黑体将吸收所有光线，因而表现出黑暗的性质（因此才被称为“黑体”）。在日常生活中，我们不会遇到这样理想化的物体，但是我们确实会对某些黑体有所体会，尽管它们与物理学中理想化的黑体有些不同，但会有助于解释某些问题。

举个例子，思考一下电炉上的黑色线圈炉头。这样的一个物体吸收了大部分投向它的光线，因此它看起来（大多数情况下）是黑色的。除此之外，加热的时候，这个物体将会对外进行辐射。比如，电炉上的线圈炉头可以同时以热和光的形式对外进行辐射（举个例子，当足够热时，线圈炉头会发出红光）。当然，我们可以测量线圈对外进行辐射的模式。

一个理想化的黑体在受热时应该对外进行辐射。根据牛顿科学体系，也就是在18世纪和19世纪牛顿世界观的发展，一个受热的黑体预计将以某种特定模式对外进行辐射。事实上，关于受热黑体对外进行辐射的模式，存在已经明确且与牛顿世界观定量计算传统保持一致的方程式，应可以进行相当准确的预测。到了19世纪末和20世纪初，物理学家已经构建出能够对外进行辐射的设备，其对外辐射的模式应该与受热黑体对外进行辐射的模式相同。然而，实际观察到的辐射模式与根据牛顿科学体系预测的辐射模式却有显著差异。简单来说，情形是这样的：当仅观察波长较长的辐射时，所观察到的辐射模式与预测的模式十分相近。但是，到了短波时，观察到的辐射模式则与预测模式大相径庭。（顺带提一下，这些有问题的短波位于电磁波谱的紫外线一端，因此这个问题有时被称为“紫外灾难”。）

这个情形与迈克尔逊－莫雷实验的情形有些类似，也是一个不证实证据的例子：根据当时存在的有关辐射的观点（符合牛顿科学体系的观点），人们预期看到某些实验结果。但是，在黑体辐射上，那些预期可以看到的结果实际上都没有出现。所以，在这里，与迈克尔逊－莫雷实验的情形一样，牛顿科学体系似乎哪里有些不对。

同样，人们当然不会因为少数几个问题就轻易放弃一个本来很成功的理论，更不要说是一个已经非常成功的牛顿科学体系。尽管如此，黑体辐射问题确实似乎是另一朵小乌云。

最终，量子理论的出现才解释了黑体辐射。我们在后续章节中将会看到，量子理论对我们有关这个世界的许多假设都产生了非常深远的影响，具体来说，它对牛顿世界观的多个重要内容都产生了巨大影响。所以，与迈克尔逊－莫雷实验的情形一样，黑体辐射的问题后来被证明并不只是一朵小乌云。

其他问题

尽管迈克尔逊－莫雷实验结果和黑体辐射问题，是开尔文勋爵所谈到的小乌云中最为突出的两朵，但在20世纪初，仍然有其他几个令人困惑的命题。在结束本章之前，我将对其中几个命题依次进行简要探讨。

在20世纪初，物理学家意识到某些元素受热后发出的光具有出人意料的模式。举个例子，假设我们加热一个钠样本。我们会注意到样本发出淡黄色的光（餐桌上的食盐包含钠元素，你只要加热一小撮盐，就会对这个效果有所体会）。这个现象本身并没有问题，某些物质受热后会散发出特有光线是人们早已知道的事实。在20世纪早期，令人惊讶的是物理学家发现某些元素（比如钠）受热后发出的光，其中仅有某些特定波长的光线。（后来证明，每个元素发出的光的波长模式都是这个元素所特有的，而在确定未知物质及遥远星球的元素组成时，这个特点被证明有十分重要的作用。）受热元素所发出光线具有特定波长模式，以及这些光仅由特定波长的光线组成，都是令人惊讶的事实。根据牛顿科学体系的观点，元素发出的光应该是由连续波长的光线组成，而不是仅由几种离散波长的光线组成。

因此，我们又遇到了一个关于牛顿科学体系的不证实证据，尽管在当时，这看起来同样是相对不重要的问题，然而，这个问题后来也被证明只能靠量子理论来解决。

同样是在这一时期，也就是19世纪末和20世纪初，一系列研究的结果都无法直接与当时已有理论相符合。这些结果并不一定是已有理论所直接面临的问题，但是当时也没有一个完整体系来容纳这些研究结果。接下来的几个例子可以说明这一类命题。

在这一时期，很多物理学家，包括很多著名的物理学家，都在对现在通常所说的“阴极射线”进行研究。现在，我们知道阴极射线实际上是一个电子束，但在那时，这些研究人员的实验结果通常不一致，而且正如在前面提到过的，当时不存在一个完整体系来容纳这些研究结果。因此，同样地，尽管这些结果并没有直接与当时通常的观点相矛盾，但它们多少令人感到困惑。

大约在同一时期，现在所说的X射线被发现了。现在人们认为X射线是一种电磁辐射，与可见光相似，但波长更短。与阴极射线相同，关于X射线的许多早期研究结果都让人很困惑。简单举一个例子，有些实验表明X射线应该是粒子，但另一些实验则同样有力地表明X射线不可能是粒子，而应该是波。所以，在那个时候，尽管X射线的许多性质都被发现了，但对X射线是什么仍没有很好地理解，像阴极射线一样，这些实验结果都无法被纳入一个完整的体系中。

再举一个例子，放射性也是在这一时期被发现的，相关研究中包括玛丽·居里（1867—1935）和皮埃尔·居里（1859—1906）的研究和重要发现。（玛丽·居里是第一位获得诺贝尔科学领域奖项的女性，同时也是第一位两次获得诺贝尔奖的人。）同样，放射性元素的性质也被证明令人困惑。与前面提到的例子一样，尽管放射性没有与已广为接受的牛顿科学体系的观点产生直接矛盾，但是与放射性相关的发现不能被简单地纳入牛顿科学体系。

前面讨论的几个命题，既没有涵盖20世纪初物理学全部的活跃研究领域，也不是对研究结果仍存在困惑的领域的完整描述。但是，这些例子应该已经足够让我们体会到那些“尽管并没有与通常的牛顿科学体系观点发生直接冲突，但也不容易与这些观点拼合在一起”的结果究竟是怎样的。

结语

1700 ～ 1900 年出现了大量科学研究成果，它们都融入了 17 世纪的科学家所提出的架构体系，其中最值得注意的就是牛顿提出的科学体系。新研究成果的融入，使这些架构体系看起来前景无限。所有内容似乎都完美地拼合在一起，结果就是得到了牛顿体系的宇宙观，它看起来几乎可以解释一切，或者至少人们希望如此。

在结语之前的小节里，我们讨论了 19 世纪末两个最突出的问题——迈克尔逊 - 莫雷实验问题和黑体辐射问题。我们随后又简要讨论了在这一时期其他几个同样令人困惑的研究结果。当时，人们都期望在通常的牛顿科学体系内解决迈克尔逊 - 莫雷实验结果和黑体辐射问题。而对前一个小节结尾部分讨论的那些令人困惑的其他研究结果，情况也是如此。

然而，后来事实证明，这些结果对牛顿世界观来说并不是无足轻重的小问题。在剩下的几章中，我们将探讨新近的一些发展，这些发展大部分出现在 20 世纪以后。相对论和量子理论是其中两个主要发展，它们最终对迈克尔逊 - 莫雷实验和黑体辐射的有趣结果进行了解释。另一个新近的主要发展是演化论，我们在本书的下一部分也会对这个理论进行探讨。我们将看到，所有这些新近发展都对我们的观点，至少是对我们自牛顿时代开启以来所秉持的观点，产生了重要影响。

在第三部分中，我们将研究爱因斯坦的相对论、量子理论和演化论。所有这些理论都需要我们的世界观进行重大改变。与 17 世纪发生的情况一样，我们将看到一些我们一直认为显而易见的经验事实，根据新近科学的发展，都被证明是错误的哲学性 / 概念性事实。在第二部分中我们已经看到，17 世纪的新科学发展要求人们的世界观发生变化，现在我们看到一些新近科学的发展也要求我们的世界观发生变化。

第三部分

科学及世界观的新近发展

第 23 章

狭义相对论

在第 22 章中我们看到，自牛顿发表《原理》起的 200 年间，牛顿世界观是如何蓬勃发展的，还看到了到 1900 年，只有少数几个看起来微不足道的问题无法与牛顿世界观很好地契合。其中一个问题是迈克尔逊－莫雷实验的结果，直到 20 世纪初相对论问世后才得以解决。本章的主要目标就是理解狭义相对论的主要内容。在第 24 章中，我们将会探讨广义相对论。

阿尔伯特·爱因斯坦（1879—1955）于 1905 年发表了狭义相对论，正如这个理论的名称所体现的，该理论并不能广泛适用于所有场合，而是仅适用于某些特定情况。1916 年，爱因斯坦发表了广义相对论，同样如其名称所体现的，这个理论可以广泛适用于各种情况，并不局限于（更为简单的）狭义相对论所要求的情况。

在本书前面的部分中，我们曾花时间探讨了亚里士多德世界观中错误的哲学性 / 概念性事实，特别是正圆事实和匀速运动事实。在本章中，我们将首次研究一下我们自己的某些观点，因为我们一直认为这些观点是显而易见的经验事实，但是根据相对论，它们实际上是错误的哲学性／概念性事实。我们首先简短讨论下述两个观点。

绝对空间和绝对时间

我们接下来要讨论的两个主要哲学性／概念性事实，通常被称为“绝对空间”和“绝对时间”。这些关于空间和时间的观点都是基本常识，大多数人都把它们当作显而易见的经验事实。我们将从一个例子开始，来说明与绝对空间相关的某些问题。

假设我们面前有一张桌子，上面有一个中等大小的物体，暂且假设这个物体是一根金属棒。假设我们拿出一根非常可靠的尺子，把它放在金属棒旁边一量，发现金属棒正好一米长。“金属棒长度为一米”这个事实是我们可以拿出的一个明确的经验事实。我们有直接明确的经验性证据来证明金属棒的长度确实为一米。很好，到目前为止，一切都很顺利。现在，假设我们有一根基本相同的金属棒，我们把这根金属棒放在第一根金属棒旁边，确认这两根金属棒长度相同，也是一米。现在，假设我在第二根金属棒上系了一根绳子，然后开始在头顶上方快速转动连着金属棒的绳子。那么，现在的情景就是，我在头顶上方以最快的速度转动绳子和金属棒。假设这时我问你，在我转动金属棒的时候，金属棒的长度是多少？

我猜你会凭直觉说金属棒的长度和原来一样，也就是一米。这种反应非常合理。但是，这个观点——“转动着的金属棒长度与放在桌子上时相同，都是一米”，并不是一个直接明确的经验事实。请注意，当金属棒在你头顶上转动的时候，你绝对没有办法直接测量金属棒的长度。

所以，不管你关于“金属棒长度为一米”的观点从何而来，它都不可能是基于直接的经验证据。

我猜你认为运动中的金属棒长度仍然是一米，主要基于以下两点：①你在此之前刚从直接的经验证据得出了观点，也就是金属棒长度为一米；②你秉持绝对空间的观点，也就是认为空间并不会因为运动而缩小或扩大（因此，像金属棒这样的刚性物体，其两端之间的距离并不会因为这个物体刚好在运动就缩短或加长）。

观点②，也就是距离不因为运动而改变，正是绝对空间概念的一种表述。这个概念的关键点是空间就是空间，也就是不管你从哪个角度看——是坐在书桌上，还是在太空中围绕地球高速运动，一米就是一米。当我谈到绝对空间时，我脑中出现的就是这个概念，空间不会仅仅因为运动就发生变化，就像前面例子里提到的金属棒两端之间的距离。（值得一提的是，绝对空间和绝对时间有时被用于多少有些不同的语境，用来代表通常被称为空间和时间的实体论观点和关系论观点。在本章正文中，我不会讨论实体论支持者和关系论支持者之间的争论，但是在书后章节注释中，可以找到我对两者之间区别的简短讨论。）

下面我们将会看到，相对论对这个关于空间的常识性观点提出了挑战。不过，在讨论相对论之前，我们首先研究一下绝对时间。同样地，我们将从一个例子开始。

假设我们知道约翰和乔伊是一对同卵双胞胎，他们俩同一时刻出生。双胞胎在同一时刻出生是非常困难的（但并不是不可能，比如通过剖宫产手术），不过现在让我们暂时忽略这种难度，并认为他们俩在同一时刻出生。同时，假设你从来没有见过乔伊。现在，假设我告诉你约翰和乔伊都是健康的普通人，而且约翰今年 20 岁。接下来我问你，乔伊今年多大了？

我猜你会凭直觉说，乔伊今年也是20岁。这似乎非常合理，但是同样要注意，你的观点不可能是完全以直接的经验证据为基础的。毕竟，你从来没有见过乔伊，所以关于乔伊，你几乎没有直接的、由观察得来的证据。我猜你认为乔伊今年20岁，主要是基于以下两点：①你相信约翰和乔伊是双胞胎，而且约翰今年20岁；②你持绝对时间的观点，也就是说，不管在哪里、对谁来说，时间的流逝都是相等的（所以，当时间对约翰来说过去了20年，对乔伊来说也一定过去了20年）。

观点②，是对绝对时间概念的一种表述。这个概念的关键点是，时间就是时间，对于任何人、在任何地点，时间的流逝都是绝对的、相同的。

与绝对空间概念所面临的情况相同，绝对时间概念也因为相对论的出现遭遇到了挑战。了解了这些背景知识，现在我们开始探讨狭义相对论，然后会回过头来明确一下相对论对空间和时间的概念产生了怎样的影响。

狭义相对论概述

狭义相对论的某些方面确实有些特别，但理论本身并不是很艰深。相比之下，广义相对论更加难以理解。在本章中，除非特别指明，否则当谈到相对论时，所指的都是狭义相对论。然后，正如在前面提到过的，我们将在第24章探讨广义相对论。

通常情况下，用示意图解释会很有帮助，因此让我们也从示意图开始。假设乔伊站在地面上，（从乔伊的角度来看，过一会儿我们还会从萨拉的角度来看）萨拉从其头顶上方飞过。

当有高速运动牵涉其中时，相对性的影响是最显著的，所以，让我们假设这种情境中的运动速度很快，比方说 180 000 千米 / 秒（这个速度已经远远超出人类以现有科技所能达到的最大速度）。要说明空间和时间会有什么变化，一个非常有帮助的做法就是为萨拉和乔伊分别设置几个相隔一定距离的时钟。具体来说，假设我们为萨拉设置了两个时钟，分别称为 SC1 和 SC2（分别代表“萨拉时钟 1”和“萨拉时钟 2”）。假设萨拉测量了这两个时钟之间的距离，结果为 50 千米，我们把这个结果写成“50（s）千米”，其中 s 表示这是萨拉测量出的结果。我们同时假设乔伊也有两个时钟，分别为 JC1 和 JC2（分别代表“乔伊时钟 1”和“乔伊时钟 2”），乔伊测量得出两块时钟之间的距离是 1000 千米。图 23-1 展示的就是我们所假设的情境。

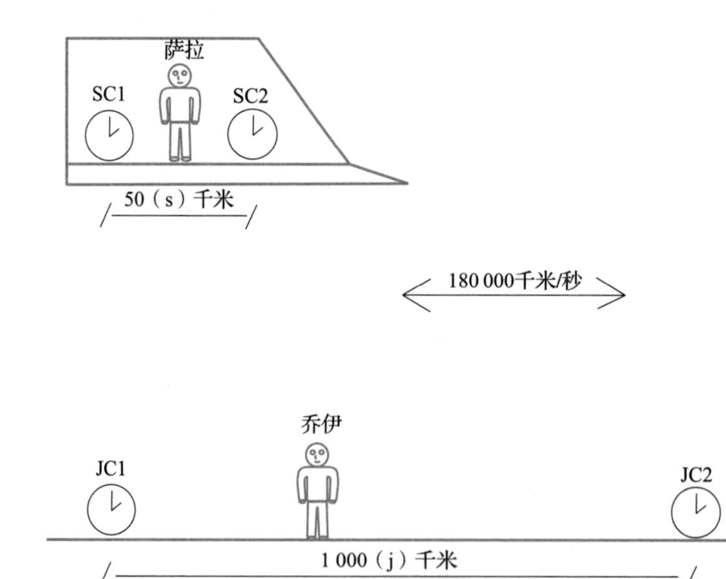

图 23-1　狭义相对论示意图

稍后我们将用这个示意图来探讨狭义相对论的影响。不过，首先，这个示意图将帮助我们理解能够产生这些影响的两个基本原理。第一个是光速不变原理。

> 光速不变原理：**在真空中，光速的测量值总是相同的。**

举个例子，如果乔伊和萨拉在一个真空环境中分别测量光速，他们会得到相同的结果。真空中的光速接近 3.0×10^8 米 / 秒，或 300 000 千米 / 秒。顺带提一句，光速通常用字母 c 来表示。所以，如果萨拉和乔伊测量光速，他们所得结果都将是 300 000 千米 / 秒。

值得注意的是，如果光速不变原理是正确的，那么光的运动模式跟一般物体就非常不同。举个例子，假设萨拉和乔伊要测量一个棒球的运动速度，而不是光速。假设萨拉把棒球向前扔出，也就是在图 23-1 中，萨拉把棒球朝右侧水平扔出。假设从萨拉的角度看，球出手时的速度是 100 千米 / 秒。在这个例子里，当萨拉测量棒球的速度时，所得结果将会是棒球以 100 千米 / 秒的速度运动。

然而，从乔伊的角度来看，棒球的速度是它被水平抛出时的速度（100 千米 / 秒）加上萨拉运动的速度（180 000 千米 / 秒）。所以，当乔伊测量棒球的速度时，所得结果将是棒球以 180 100 千米 / 秒的速度运动。

然而，如果光速不变原理是正确的，那么光的运动就与棒球不同。举个例子，如果萨拉在乔伊上方打开一盏闪光灯，那么当萨拉和乔伊测量光束前端的运动速度时，他们将会得到完全相同的结果，也就是 300 000 千米 / 秒。总之，如果光速不变原理是正确的，那么光的运动模式就与棒球大为不同。

重申一下，光速不变原理是狭义相对论的基本原理之一。

另一个原理通常被称为相对性原理（注意，不要把相对性原理与相对论相混淆）。粗略地说，相对性原理表述如下：

相对性原理（粗略版）：**不存在一个优先视角来判定谁在运动而谁是静止的。**

举个例子，在图 23-1 的情境中，乔伊完全可以认为自己是静止的，而萨拉在运动。然而，如果相对性原理是正确的（我们有足够的理由相信它确实是正确的），那么萨拉同样可以认为自己是静止的，而乔伊在运动。

正如前面提到的，相对性原理的表述多少有些粗略。关于这个原理，较严谨些的表述如下：

相对性原理（较严谨的版本）：**如果两个观察者在两个完全相同的实验室里，只是两个实验室相对于彼此在做匀速直线运动（也就是既不加速也不减速），如果此时两个实验室里正在进行完全相同的实验，那么这两个实验的结果将完全相同。**

举个例子，还是在图 23-1 的情境中，萨拉和乔伊相对于彼此在做匀速直线运动。如果相对性原理是正确的，那么萨拉所得的实验结果会与乔伊的结果相同；同样，乔伊所得的实验结果也会与萨拉的结果相同。

重点是，如果相对性原理是正确的，那么在两个相对于彼此做匀速直线运动的实验室中进行实验，得到的结果也就不会存在差异。因此，在上面萨拉和乔伊的例子里，要说他们其中一个“真的”在静止，而另一个“真的”在运动，就没有经验依据了。让我们花点时间来理解一下这个事实的重要性：如果相对性原理是正确的，无论如何都没有经验性基础去说萨拉或乔伊其中一位“真的”在静止，而另一位“真的”在运动。

在发表于 1905 年的论文《论动体的电动力学》中，爱因斯坦首次提出了现在所说的"狭义相对论"。论文中，他提出了相对性原理和光速不变原理，并把它们假定为前提条件，也就是说，爱因斯坦实际上假设这些原理是确定存在的条件，并证明在这两个原理基础之上有一个完整的理论（狭义相对论）。随后，爱因斯坦证明了，这个新的理论可以用于解释当麦克斯韦电磁理论（我们在第22章进行了讨论）应用到运动物体时出现的一些问题。（这也就是为什么论文标题的焦点为动体的电动力学，而没有提及任何新的相对性理论。）

然而，尽管相对性原理和光速不变原理在最初的论文中被假定为前提条件，但这两个原理似乎是相当合理的。比如，在迈克尔逊－莫雷实验（在第22章中讨论过）和其他大量类似实验中，不管是什么样的实验条件，最终测量得的光速都是相同的，这些都表明光速不变原理是存在的。事实上，在介绍光速不变原理时，爱因斯坦提到了上面这些实验。（爱因斯坦是否对迈克尔逊－莫雷实验特别熟悉，这一点并不清楚，不过他对其他类似实验确实很熟悉。）

相对性原理也是一个看起来很合理的原理。再思考一下图23-1中乔伊和萨拉的例子。根据示意图，乔伊在地面上（假设乔伊就站在地球表面），而萨拉是在某个船上。我们凭直觉很可能会说乔伊是静止的，而萨拉在运动。然而，请注意，我们更青睐以地面为基础的视角，毫无疑问，这是因为我们大部分时间都在地面上度过。因此，既然我们自然而然地选取以地面为基础的视角是可以理解的，那么关于这个视角当然也就没有什么特别的。如果我们大部分时间是在火星表面上度过，我们自然会把火星表面当作我们通常的视角；如果我们在月球上出生长大，我们自然就会把月球表面当作我们通常的视角；如果我们大部分时间都在萨拉所在的那种船上度过，我们自然就会从船的角度出发。

这其中的基本准则是，这些视角中没有一个是特别的，换句话说，没有哪个视角是优先的。因此，说乔伊是真的静止的，而萨拉是真的在运动，或者说萨拉是真的静止的，而乔伊是真的在运动，都是没有根据的。我们所能说的只是，从乔伊的视角来看，萨拉在运动，而从萨拉的视角看，乔伊在运动。总之，尽管在爱因斯坦最初的论文中，相对性原理和光速不变原理都被当作假设的前提条件，但它们其实都相当合理。

如果我们接受了相对性原理，那么当我们谈到运动时，必须把它理解为相对运动，也就是说，运动都是相对于某个视角而言的。这一点很重要，必须一直记在脑中，要说某人或某个物体在运动并没有问题，但这不能理解为绝对运动，而应该是相对运动，也就是从某一个视角来看的运动。

简单回顾一下：狭义相对论的基础是光速不变原理和相对性原理。同时，光速不变原理和相对性原理似乎都是非常合理的原理。

然而，要接受光速不变原理和相对性原理，同时必须接受的是，对运动中的物体来说，空间和时间会发生一些让人惊讶的变化。具体来说，光速不变原理和相对性原理会共同造成以下结果。

（1）时间膨胀。对运动的人和物体来说，时间流逝变得更慢。具体来说，在运动时，时间流逝按以下比率变慢：

$$\sqrt{1-\left(\frac{v}{c}\right)^2}$$

这个方程式被称为洛伦茨－菲茨杰拉德方程式。

（2）长度收缩。对运动的人和物体来说，长度会收缩。具体来说，在运动时，长度按以下比率收缩：

$$\sqrt{1-\left(\frac{v}{c}\right)^2}$$

（请注意，这个方程式与（1）中的相同，也就是洛伦茨－菲茨杰拉德方程式。）

（3）同时性的相对性。从一个正在运动的视角来看是同时发生的事件，而从一个静止的视角来看就不是同时发生的。举个例子，假设从萨拉的角度来看，她的两个时钟 SC1 和 SC2 是同步的，那么从乔伊的角度来看，这两个时钟是不同步的。具体来说，SC1 会比 SC2 快，快的时间如下：

$$\frac{\left(\dfrac{lv}{\sqrt{1-\left(\dfrac{v}{c}\right)^{2}}}\right)}{c^{2}}$$

在这个方程式中，l 代表的是两个时钟之间的距离。这个方程式可以简化为 $\frac{lv}{c^2}$，其中 l 代表对移动观察点来说两个时钟之间的距离。在接下来的讨论中，我将使用这个简化的方程式。同样，请注意，相对于运动方向来看，位置在后面的那个时钟，时间将会走得更快。

值得强调的是，（1）（2）和（3）都是光速不变原理和相对性原理经过演绎推理所得的结果。也就是说，只要运用高中代数知识，就有可能在光速不变原理和相对性原理的基础上以数学的方法得出（1）（2）和（3）。所以，如果光速不变原理和相对性原理是正确的，那么只要基础性数学方法值得信赖，（1）（2）和（3）所表达的效果一定也是正确的。

要理解（1）（2）和（3）如何应用，最简单的做法就是设想一个具体场景。所以，让我们再次以图 23-1 中的情境为例。首先，让我们从乔伊的角度来看，这个情境究竟是什么样子的。

从乔伊的角度来看，萨拉在运动。重申一下，对运动的人和物体，时间流逝会变慢。具体来说，从乔伊的角度来看，时间对萨拉来说，流逝速度将会以按照（1）中计算出的比率变慢，也就是以按照洛伦茨－

菲茨杰拉德方程式计算出的比率变慢。所以，如果根据乔伊的时钟，时间过去了15分钟，那么在萨拉的时钟上，时间只过去了15分钟乘以 $\sqrt{1-\left(\frac{v}{c}\right)^2}$，也就是12分钟。重点是要看到，这个结果并不是因为萨拉的时钟有问题，也不是乔伊的某种想象，而是在运动时，时间流逝得更慢。既然从乔伊的角度来看，萨拉在运动，那么对萨拉来说，时间的流逝和她的时钟走过的时间，都会少于对乔伊来说的时间流逝和时钟所走过的时间。

同样地，对运动的人和物体，距离会收缩。举个例子，尽管萨拉测量出她的两个时钟相距50千米，但是从乔伊的角度来看，这两个时钟之间的距离只有50千米乘以 $\sqrt{1-\left(\frac{v}{c}\right)^2}$，也就是40千米。简言之，从乔伊的角度来看，与萨拉有关的距离变短了。

值得指出的一点是，只有在运动方向上的距离才会按照上述比率收缩。这个细节至今一直没有提到，这里我将只做简要探讨。在萨拉和乔伊的例子里，运动方向可以说是水平的，因此（从乔伊的角度来看）与萨拉有关的距离，在水平方向上会以按照洛伦茨-菲茨杰拉德方程式计算出的比率收缩；在垂直方向上，与萨拉有关的距离完全不会收缩。所以，在萨拉和乔伊的例子里，从乔伊的角度来看，萨拉会变瘦，但不会变矮。如果你感兴趣，下面是更详细的计算方法：假设运动方向为 $\theta=0°$，那么 $\theta=90°$ 就代表与运动方向垂直的方向，当所需计算或测量的距离的方向与运动方向之间的夹角 θ 在 $0°\sim90°$ 时，这个距离将会以按照下列方程式计算出的比率收缩。

$$\frac{\sqrt{1-\left(\frac{v}{c}\right)^2}}{\sqrt{1-\sin^2\theta\left(\frac{v}{c}\right)^2}}$$

请注意，当 $\theta=0°$ 时（计算在运动方向上的距离时），这个方程式就可简化成为洛伦茨－菲茨杰拉德方程式（因此，当计算在运动方向上的距离时，这个方程式计算出的结果与使用洛伦茨－菲茨杰拉德方程式的计算结果相同）。当 $\theta = 90°$ 时（计算在与运动方向垂直的方向上的距离时），这个方程式就简化为 1 了，因此在与运动方向垂直的方向上，不存在空间缩减。接下来，我们要探讨的例子将只涉及在运动方向上的距离，因此，上面讨论的这个细节也就不需要再考虑了。

最后，让我们思考一下（3），也就是同时性的相对性。正如在（3）中提到过的，从萨拉的角度看同时发生的事件，如果从乔伊的角度看就不是同时发生的了。举个例子，假设从萨拉的角度来看，她的两个时钟是同步的，而从乔伊的角度来看，它们就不是同步的。正如在前面（3）中解释过的，SC1 将比 SC2 快 $\frac{lv}{c^2}$ =0.0001 秒。所以，从萨拉的角度来看，两个时钟同时读出正午 12 点这个时刻。也就是说，对萨拉来说，SC1 指向正午 12 点整与 SC2 指向正午 12 点整是同步的两个事件。然而，从乔伊的角度来看，情况并非如此。SC1 比 SC2 快 0.0001 秒。也就是说，当 SC1 指向正午 12 点整时，SC2 距离中午 12 点还有 0.0001 秒。

到目前为止，我们一直从乔伊的角度来描述这个情境。不过，请回忆一下相对性原理。从萨拉的角度来看，她自己是静止的，而乔伊在运动。因此，让我们再从萨拉的角度来看看这个情境。从萨拉的角度来看，由于乔伊在运动，因此对乔伊来说时间流逝以按照洛伦茨－菲茨杰拉德方程式所算出的比率变慢。比如，对萨拉来说过去了 15 分钟，对乔伊来说只过去了 12 分钟。同样地，由于乔伊在运动，距离会收缩，因此乔伊的两个时钟只相距 800 千米。假设从乔伊的角度来看，他的两个时钟 JC1 和 JC2 是同步的，那么从萨拉的角度来看，它们就会是不同步的。具体来说，JC2 会比 JC1 快 $\frac{lv}{c^2}$ =0.002 秒。

因此，正如前面提到过的，如果光速不变原理和相对性原理是正确的，运动的物体就会出现奇怪的现象——长度收缩，时间流逝变慢，从一个视角来看同步发生的事件从另一个视角来看就是不同步的了。

不可抗拒的为什么

值得强调的是，前面所描述的运动对长度、时间和同时性的影响已经被无数实验证实。因此，运动会产生这些令人惊讶的效果，已经是毋庸置疑的了。在这种情况下，一个几乎不可抗拒的问题就是：为什么会如此？为什么对运动的人来说，长度和时间会被压缩？为什么两个事件是否同时发生取决于观察事件的视角是否在运动？与大多数人所持的有关空间和时间最基本且根深蒂固的观点相比，我们前面的讨论大相径庭。如果我们前面刚刚讨论过的内容是正确的（当然，这些内容几乎毫无疑问是正确的，因为这些效果已经被无数经验证明），那么为什么运动会对长度和时间产生这些看起来很奇怪的效果？当了解到这个问题的准确答案后，我相信恐怕大部分人的第一反应都会是觉得它不能令人信服，然而过上一段时间后，这个答案会让你产生兴趣（至少我是这么认为的）。为什么运动对空间和时间会产生这样的效果，最好、最准确的答案是，我们居住的宇宙本来就是这个样子。我们的前人发现，出乎他们的意料，他们所居住的宇宙与自己先前所认为的并不一样，比如，宇宙并不是有目的性的、有本质属性的，天体也并不是沿正圆轨道匀速运动的。同样地，我们也发现，在所居住的宇宙中，空间和时间与我们大多数人一直所认为的并不一样。换句话说，正如我们的前人发现他们一直坚信的经验事实其实是错误的哲学性 / 概念性事实，我们也发现，我们大多数人一直认为自己关于空间和时间的某些常识性观点是显而易见的经验性事实，但其实都是错误的哲学性/概念性事实。

狭义相对论自相矛盾吗

相对论看起来似乎有某种潜在矛盾。举个例子，从乔伊的角度来看，时间对萨拉来说流逝得更慢，因此萨拉比乔伊衰老得更慢。而从萨拉的角度来看，乔伊衰老得更慢。凭直觉来说，这两点似乎不可能同时是正确的。比如，假设萨拉和乔伊是双胞胎，那么从乔伊的角度来看，他自己是双胞胎中年龄较大的那个，而从萨拉的角度来看，她才是年龄较大的那个。根据相对论，他们两人都是正确的。那么，如果不是相对论存在自相矛盾之处，他们怎么可能都是双胞胎中年龄较大的那个人呢？

本节的目标就是让你相信相对论不存在自相矛盾之处。据我所知，解释这一点最好的方法，就是大卫·默明在其1968年的著作《狭义相对论中的空间和时间》中所使用的方法。下面的讨论主要得益于大卫·默明在解释狭义相对论为什么不存在自相矛盾之处时所使用的方法。

再思考一下萨拉和乔伊的情境。在这次的解释中，我们只需萨拉有一个时钟，因此将忽略她的第二个时钟。同时，把所有时钟都想象成数字时钟，这将会更方便我们解释（比如，我们因此可以说，时钟读数为0.00，而不是指向正午12点）。接下来，我将会展示两个时刻的快照示意图，分别标识为时刻A和时刻B。作为讨论的前提，让我们假设以下陈述都为真：

（1）从乔伊的角度来看，他的两个时钟相距1000（j）千米。

（2）从乔伊的角度来看，他的两个时钟是同步的。

（3）情境中的运动速度为 180 000 千米 / 秒。

（4）在时刻快照 A（接下来会讨论）中，萨拉的时钟（SC1）和乔伊的第一个时钟（JC1）读数均为 0.00。

第一个时刻快照 A 是萨拉的时钟（SC1）刚好位于乔伊的第一个时钟（JC1）正上方时。基于前面给出的背景信息，这个时刻快照如图 23-2 所示。零点几秒后，萨拉的时钟将位于乔伊的第二个时钟（JC2）正上方，这就是时刻快照 B，如图 23-3 所示。

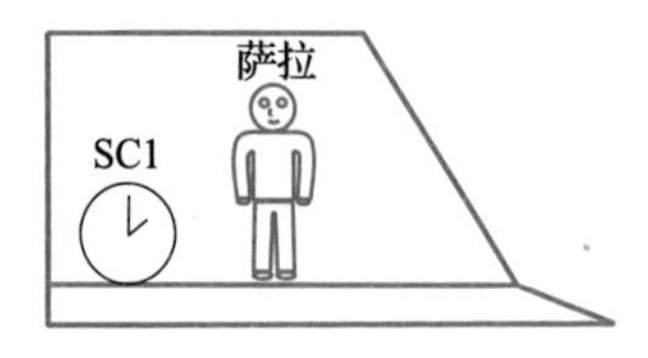

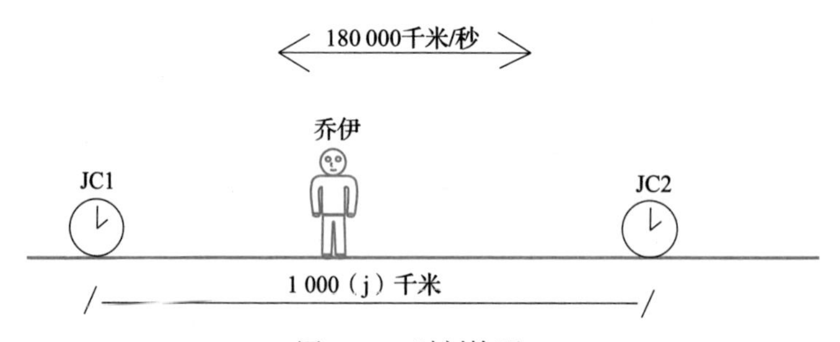

图 23-2　时刻快照 A

根据上面所描述的情境，下面是分别从乔伊和萨拉的角度看到的情况。

从乔伊的角度：

（J1）萨拉在运动，从左到右，速度为 180 000 千米 / 秒。

（J2）时钟 JC1 和 JC2 相距 1000 千米。

（J3）时钟 JC1 和 JC2 是同步的。

（J4）在时刻快照A中，时钟SC1位于JC1正上方，所有三个时钟时间的读数是相同的，SC1、JC1和JC2的读数均为0.00。

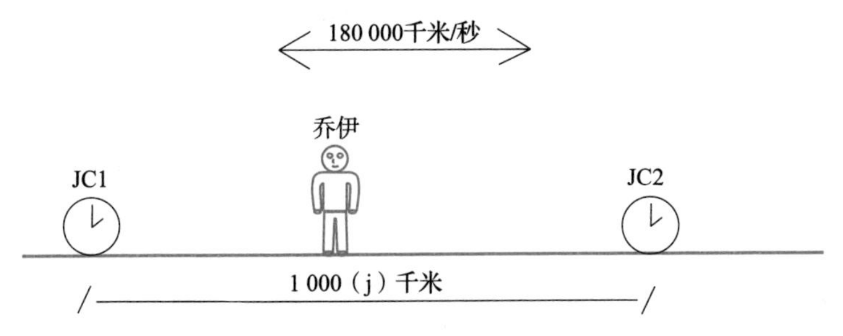

图 23-3　时刻快照 B

（J5）在时刻快照B中，也就是零点几秒钟后，SC1移到了JC2正上方。从时刻快照A到时刻快照B，萨拉以180 000千米/秒的速度移动了1000千米，因此，从时刻快照A到时刻快照B，时间过去了 $\frac{1\,000}{180\,000}$=0.005 555秒。所以，在时刻快照B中，当SC1位于JC2正上方时，JC2读数为0.005 555。由于JC1与JC2是同步的，JC1的读数也是0.005 555。

（J6）由于萨拉在运动，时间流逝对她和她的时钟来说会变慢。具体来说，尽管对乔伊来说，从时刻快照A到时刻快照B，时间过去了0.005 555秒，但对萨拉来说时间仅过去了0.005 555× $\sqrt{1-\left(\frac{v}{c}\right)^2}$（秒），也就是0.004 444秒。换句话说，在时刻快照B中，SC1读数为0.004 444。

现在，让我们从萨拉的角度来看看情形是怎样的。

从萨拉的角度：

（S1）乔伊在运动，从右往左，速度为 180 000 千米 / 秒。

（S2）时钟 JC1 和 JC2 相距仅为 $1000\times\sqrt{1-\left(\frac{v}{c}\right)^2}$ =800 千米。

（S3）时钟 JC1 和 JC2 不是同步的，JC2 比 JC1 快 $\frac{lv}{c^2}$ = 0.002 000 秒。

（S4）在时刻快照 A 中，JC1 位于 SC1 正下方，SC1 和 JC1 读数都为 0.00。但是，由于 JC2 与 JC1 不同步（参考 S3），其读数为 0.002 000。

（S5）在时刻快照 B 中，也就是零点几秒钟后，JC2 移到 SC1 正下方，乔伊以 180 000 千米 / 秒的速度移动了 800 千米，所以时间过去了 $\frac{800}{180\ 000}$ =0.004 444 秒。因此，在时刻快照 B 中，当 JC2 位于 SC1 正下方时，SC1 读数为 0.004 444。

（S6）由于乔伊在运动，时间流逝对他和他的时钟来说就会变慢。从时刻快照 A 到时刻快照 B，尽管对萨拉来说时间过去了 0.004 444 秒，但对乔伊和他的时钟来说，时间仅过去了 $0.004\ 444\times\sqrt{1-\left(\frac{v}{c}\right)^2}$ = 0.003 555 秒。不过，回忆一下，在时刻快照 A 中，JC2 的读数为 0.002 000（参考 S4）。由于在时刻快照 A 中，JC2 读数为 0.002 000，而从时刻快照 A 到时刻快照 B，时间对乔伊来说过去了 0.003 555 秒，那么在时刻快照 B 中，当 JC2 位于 SC1 的正下方时，JC2 的读数将为 0.002 000 + 0.003 555=0.005 555。

请注意，对于乔伊和萨拉可以共同验证的所有经验事实来说，有一点很重要。比如，在时刻快照 A 中，乔伊和萨拉的两个时钟相邻，因此他们两人可以共同验证时钟上的时间。我们可以想象乔伊和萨拉分别在时刻快照 A 时拍了一张照片来展示 SC1 和 JC1。两人的照片应该是一样的，因为它们所反映的是在空间和时间上相同的一个点。确实，两人的照片会表明 SC1 和 JC1 在时刻快照 A 时的读数都是 0.00。

在时刻快照 B 中情形是相同的。这里 JC2 和 SC1 彼此相邻，因此萨拉和乔伊可以分别拍一张包含两个时钟的照片。同样地，两张照片应该看起来一样，除非这个宇宙比我们想象的还要更加难以理解。事实上，两张照片将显示 SC1 读数为 0.004 444，而 JC2 读数为 0.005 555。

然而，尽管乔伊和萨拉都认为他们可以共同验证这些事实，但对发生了什么，他们的认识却会存在巨大差异。从乔伊的角度来看，从时刻快照 A 到时刻快照 B，时间对自己来说过去了 0.005 555 秒，而对萨拉来说只过去了 0.004 444 秒。因此，从乔伊的角度来看，自己是双胞胎中较年长的那一个。

但是从萨拉的角度来看，从时刻快照 A 到时刻快照 B，时间对自己来说过去了 0.004 444 秒，而对乔伊来说只过去了 0.003 555 秒。因此，从萨拉的角度来看，自己才是双胞胎中较年长的那一个。

简言之，乔伊和萨拉都认为自己是双胞胎中较年长的那一位。而且，从他们各自的角度来看，他们的观点是同等正确的。

对于其他时钟的读数，乔伊和萨拉意见不同，这该如何解释

在结束这一节之前，让我们思考一下乔伊和萨拉的一些不同意见，这将对我们很有帮助。正如我们在前面看到的，当他们两人可以共同验证时钟读数时，乔伊和萨拉对时钟读数的意见一致。那么，他们的不同意见在哪里呢？具体来说，在时刻快照 A 中，萨拉和乔伊对距离乔伊较远的时钟 JC2 的读数意见不同；同样，在时刻快照 B 中，他们对 JC1 的读数意见不同。

在前面，我们讨论了让萨拉和乔伊分别给时钟拍照的想法，因为他们就在彼此旁边。我们意识到他们的照片将看起来相同。如果他们对远处的时钟拍照，情况会如何呢？回忆一下，在时刻快照 A 中，萨拉和乔伊对远处的时钟 JC2 读数意见不同。乔伊认为，在时刻快照 A 中，JC2 的读数为 0.00，而萨拉认为 JC2 的读数为 0.002。因此，假设在时

刻快照 A 中，萨拉和乔伊都给时钟 JC2 远距离拍一张照片，这种远距离拍摄的照片在技术上很难实现，但并不是不可能。那么，这样的一张照片，会不会显示萨拉和乔伊观点中的矛盾之处呢？

答案将是否定的，但是要理解这一点，我们需要考虑关于光和远距离照片的事实。首先，不要忘了，虽然光速很快，但也是一定的。也就是说，光从一个物体运动到你眼睛所在位置或者照相机所在位置，也需要一定的时间。要说明这个事实，考虑一下太阳发出的光线。太阳距离地球大约 93 000 000 英里（或 150 000 000 千米），以 300 000 千米 / 秒的速度运动，太阳光从太阳到达地球大约需要 8 分钟。所以，当你看到太阳的时候，照亮你眼睛的光线（或者说，让你产生太阳这个视觉画面的光线）8 分钟以前就离开了太阳。换句话说，你看到的并不是当下这个时刻的太阳，而是 8 分钟以前的太阳。

当你思考其他恒星发出的光线时，这个效果更为显著。举个例子，仙女座星系是你仅凭肉眼所能看到的最远的物体，它距离地球 2 500 000 光年。当观察这个星系时，你所看到的是 250 万年前的仙女座星系，而不是当下的仙女座星系，而如果此时给这个星系拍一张照片，你所拍摄的将是仙女座星系 250 万年前的样子。

所以，如果在时刻快照 A 时，萨拉和乔伊对远处乔伊的那个时钟 JC2 拍一张照片，他们必须考虑到形成照片的光线需要花些时间才能从时钟运动到相机所在的位置。当考虑到这一点时，他们所处的情形将会是下面这样：

> 当萨拉和乔伊为 JC2 拍照片时，他们的照片所反映的 JC2 上的读数将是一样的。具体来说，他们的照片都会显示 JC2 的读数为 -0.003 333。不要忘了前面的负号，这表示这个时钟比 0.00 还要早 0.003 333 秒。

当萨拉和乔伊考虑了光线从JC2运动到相机所在位置需要的时间后，情形将如下。

从乔伊的角度：

乔伊的工作很简单。从乔伊的角度来看，光线从JC2到他的相机所在的位置，运动了1000（j）千米。光线以300 000千米／秒的速度运动，需要0.003 333秒才能到达乔伊的相机。在按下快门的时刻，也就是时刻快照A的时刻，乔伊推断JC2的读数为−0.003 333 + 0.003 333 = 0.000，这是正确的（对乔伊来说）。接下来，乔伊得出结论，在时刻快照A时，他的两个时钟读数都是0.00，因此这两个时钟是同步的，这也是正确的（对乔伊来说）。

从萨拉的角度：

萨拉的计算有点困难。尽管如此，其中所需的也仅仅是基本代数知识。如果想跳过细节，你可以信任我的计算结果，然后跳到本节结尾。不过，如果你感兴趣，下面就是萨拉的推理过程。

从萨拉的角度来看，乔伊在向自己运动，速度为180 000千米／秒。由于来自JC2的形成萨拉照片的光线以300 000千米／秒的速度向萨拉运动，所以形成萨拉所拍摄照片的光线应该是在JC2与JC1之间的距离远大于800（s）千米时就从JC2出发了。另一方面，乔伊以180 000千米／秒的速度向萨拉运动。因此，在时刻快照A时，形成萨拉照片的光线和乔伊同时到达萨拉所在的位置，但形成萨拉照片的光线早在JC2与JC1之间的距离远大于800（s）千米时就已经从JC2出发了。

要算出这束光线运动了多远的距离，萨拉的推理如下。假设d代表光线运动的距离（同样是指形成萨拉JC2照片的光线），t代表这束光线以300 000千米／秒的速度从JC2出发到达萨拉相机所在位置花费的时间。然后，萨拉可知：

$$t=\frac{d}{300\,000}$$

不要忘了，乔伊与萨拉之间的距离比JC2与萨拉之间的距离少800（s）千米，而且乔伊在以180 000千米/秒的速度运动。因此，萨拉可知如下：

$$t=\frac{d-800}{180\ 000}$$

根据这些事实，只需要进行少量代数计算，萨拉就可以推断出形成照片的光线在JC2与自己相距2000（s）千米时就从JC2出发了。所以，这束光线以300 000千米/秒的速度运动了2000（s）千米，需要0.006 67（s）秒。由于JC2在运动，时间流逝对它来说会变慢。具体来说，如果时间过去了0.006 67（s）秒，那么在JC2上，时间仅仅过去了0.005 333（j）秒。因此，当光线到达萨拉的相机所在位置时（也就是时刻快照A，乔伊和他的第一个时钟位于萨拉正下方时），JC2上的时间过去了0.005 333（j）秒。

所以，萨拉推断，在拍照的时刻，JC2的读数为-0.003 333 + 0.005 333 = 0.002 00，这是正确的（对她来说）。萨拉进而得出结论，乔伊的两个时钟是不同步的，这也是正确的（对她来说正确）。事实上，乔伊的第二个时钟JC2比第一个时钟JC1快了0.002 00秒。

重申一下，请注意萨拉和乔伊对他们各自照片中的时钟读数意见一致，也就是，两张照片都是时刻快照A时，JC2的读数都是-0.003 333。但是对于这个数据的意义，他们两人的意见不同。对乔伊来说，这明确了自己的两个时钟是同步的，而他自己是双胞胎中较年长的那一位。对萨拉来说，这明确了乔伊的两个时钟是不同步的，而她自己才是双胞胎中较年长的那一位。请注意这里出现的一个趋势，萨拉和乔伊在经验数据上不存在分歧，但对于数据所表达的意思，却持有不同意见。具体来说，对于时间过去了多少秒、物体之间的距离是多少，以及不同事件是否同步等命题，他们两人的意见是不一致的。

总的来说，狭义相对论并不存在自相矛盾之处。尽管似乎有些反直觉，但在我们刚刚所讨论的那种情境中，萨拉和乔伊确实（从他们各自的角度）都会认为自己是双胞胎中较年长的那一位，而他们也都是正确的。

时空、不变量以及研究相对论的几何学方法

在爱因斯坦发表狭义相对论后不久，他早年的一位数学老师——赫尔曼·闵可夫斯基（1864—1909），发现了所谓的时空间隔是狭义相对论的一个不变量属性。理解时空间隔将使我们在一定程度上了解与相对论有关的一个核心概念——时空，也会让我们理解变量和不变量的性质。同时，这也可以让我们简要了解另一种常见的研究相对论的方法——几何学方法。

有时，人们会听到这样的说法：根据爱因斯坦的相对论，“任何事都是相对的”，或者其他含义相似的表述。我们在前面已经看到，从静止和运动两个观察点来看，长度、时间和同时性确实会有所不同，因此这些属性是相对于观察点的。但是，如果认为所有属性都是相对的，那就大错特错了。

我们已经看到有一个属性不是相对的，那就是光速。根据光速不变原理，不管从哪个观察点来看，光线（在真空中）运动速度的测量值总是相同的。那么，根据相对论，光速就不是相对的。不管从哪个观察点看，始终保持不变，比如相对论中的光速，这种属性就被认为是不变量属性。

请注意，不同的理论常常对不同属性是变量还是不变量有不同的结论。举个例子，长度、时间（也就是两个事件相隔多长时间）和同时

性（也就是两个事件是否同时发生）在牛顿世界观中被认为是不变量，但是正如我们在本章前面所看到的，根据相对论，这些属性并不是不变量。另一方面，根据相对论，光速是不变量，然而，牛顿体系却不认为光速是不变量。（回忆一下，第 22 章里我们讨论过用来测量不同光速的迈克尔逊－莫雷实验。正如在那里提到的，根据牛顿世界观对光运动模式的通常观点，对这个实验结果的预言是，在不同环境下，光速会有所不同。换句话说，在牛顿世界观中，光速被认为是一种变量属性。）

尽管根据相对论，随着观察点的变化，时间的流逝和两个地点之间的距离会发生变化，但闵可夫斯基发现，与空间和时间的组合体相关的属性并不随观察点的变化而变化。也就是说，根据相对论，闵可夫斯基所引入的这个属性，即被称为“时空间隔”的概念，是不变量。要理解时空间隔，我们要首先理解时空的概念。尽管“时空”和“时空连续统”听起来非常神秘，但它们的基本概念其实相当直接明了。

要理解时空的概念，让我们首先思考一个典型的二维笛卡尔坐标系，如图 23-4 所示。我们通常（即使并不总是）认为横轴和纵轴代表在空间中的位置。举个例子，假设我们把点（0，0）当作一个足球场的中心点。如果我们以米为单位，那么点（8，11）可能代表的点就是在一个方向上（比如在球场的一条边线方向上），与球场中心相距 8 米，而在另一个方向上（比如在球场上一个球门的方向上），与球场中心相距 11 米。

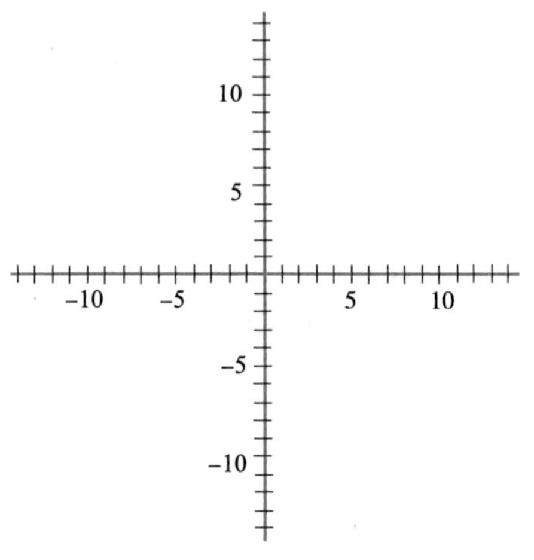

图 23-4　一个典型的笛卡尔坐标系

接下来，假设横轴代表空间中的位置，具体来说，假设这根轴线代表的是足球场边线方向上的距离。但是，接下来我们并不把纵轴当作另一个空间维度，而是代表时间。假设有个人在球场中心点，并在时刻0时开始向边线前进，速度为2米/秒。那么诸如（0，0）（2，1）（4，2）（6、3）此类的点将代表这个人以1秒为间隔在空间和时间中的位置。也就是说，（0，0）代表的是这个人在时刻0时位于点0，（2，1）代表这个人在时刻1时位于点2，（4，2）代表这个人在时刻2时位于点4，以此类推。

实际上，这就是时空的概念。这个概念只是一种把一个点在空间和时间中的位置同时呈现出来的方式。像我们刚刚在前面所描述的，除了时间，只有一个空间维度，这就是一个二维时空。如果除了时间，还包括所有三个空间维度，那就是一个四维时空，在这个时空中的任意一点都可以用一个四元组（x，y，z，t）来表示，其中x、y和z表示通常的三个空间维度，t表示时间。

现在既然我们对时空概念有了初步认识，让我们开始对时空间隔概念的讨论。再次思考一下图23-1中萨拉和乔伊的情境。我们很容易就可以想象出一个与乔伊的角度相关联的时空坐标系。假设我们把乔伊第一个时钟的中心作为这个坐标系空间维度的起始点，把乔伊第一个时钟读数为“0.00”的时刻作为时刻0。那么，我们就可以说，乔伊第一个时钟读数为0.00的这件事发生在时空坐标（0，0，0，0）处。假设我们把x轴设置为运动的方向，并把坐标系的空间单位设置为千米。就像我们一直以来的做法那样，假设（从乔伊的角度来看）乔伊的两个时钟是同步的，那么我们就可以说乔伊第二个时钟读数为0.00的这件事发生在时空坐标（1000，0，0，0）处。

现在，让我们思考一下这两个事件之间的时空间隔，也就是乔伊第一个时钟读数为0.00的事件和乔伊第二个时钟读数为0.00的事件之间的时空间隔。我们可以看到，x 轴上的空间间隔是 1000，y 轴和 z 轴上的空间间隔是 0，时间间隔也是 0。如果我们用 Δx、Δy 和 Δz 分别表示两个事件在 x、y 和 z 轴上的空间间隔，用 Δt 表示两个事件之间的时间间隔，那么两个事件之间的时空间隔 s，可以用下面这个方程式来表示：

$$s^2 = c^2(\Delta t)^2 - (\Delta x)^2 - (\Delta y)^2 - (\Delta z)^2$$

因此，在这个例子里，两个事件之间的时空间隔就是 $\sqrt{c^2 0^2 - 1000^2 - 0^2 - 0^2}$。（顺带提一下，在这个例子里，结果将会是一个虚数，也就是一个与 -1 的平方根有关的数字。虚数并不像自然数或有理数那么广为人知，但是虚数仍然是一种很容易理解的数字，在许多领域都有应用，尤其是在数学和物理学的某些分支中。）

从某种意义上说，时空间隔是事件之间的距离。不是两个事件在空间上相隔的距离，也不是在时间上的间隔，而是运用一种同时涉及空间和时间的测量方法后得出的两个事件间的间隔。

我们在前面提到过，根据相对论，时空间隔是一个不变量属性。要说明这一点，让我们把萨拉重新考虑进来。在前面的例子里我们看到，可以设想出一个与乔伊的角度相关联的时空坐标系。当然，我们也可以设想一个与萨拉的角度相关联的时空坐标系。为了便于讨论（不是必须这么做，但是这将简化我们的讨论），我们将假设萨拉时空坐标系的起始点与乔伊时空坐标系的起始点相同。请注意，从乔伊的角度来看，与萨拉相关联的坐标系是一个移动坐标系。由于这个坐标系在运动，根据我们在本章前面的讨论可以知道，时间、长度和同时性都会受到影响。

举个例子，我们刚刚在乔伊的坐标系里看到，乔伊第一个时钟读数为 0.00 的事件与他第二个时钟读数为 0.00 的事件，分别发生在坐标点（0，0，0，0）和（1000，0，0，0）。然而，在萨拉的坐标系中，这两个事件发生时的距离并不是1000千米，也不是同步发生的。总的来说，同样的事件在萨拉坐标系中的时空坐标与其在乔伊坐标系中的时空坐标会有所不同。

然而，有一系列直接明了的方程式，被称为“洛伦茨变换”，可以让我们把一个静止时空坐标系中的坐标，转换成运动时空坐标系中的坐标。（在本章中，我没有给出这些方程式，但如果你感兴趣，可以在本书后的章节注释中找到它们。同时，这里与我们在本章中一直假设的一样，我们认为坐标系相对于彼此进行匀速直线运动。）使用洛伦茨变换方程式把乔伊坐标系中的坐标点（0，0，0，0）和（1000，0，0，0）转换成萨拉坐标系中的相应坐标点，就分别得到了（0，0，0，0）和（1250，0，0，-0.0025）。

如果用上面的方程式计算这两个事件在萨拉坐标系中的时空间隔s，我们将会看到，结果与在乔伊坐标系中计算得出的结果相同。一般来说，任意事件之间的时空间隔在相对于彼此进行匀速直线运动的不同坐标系中都是相同的。所以，尽管相同事件在不同坐标系中的空间间隔和时间间隔会发生变化，但它们的时空间隔不会发生变化。重申一下，时空间隔在相对论中是一个不变量属性。

在这一节，我们对时空的概念有了一些了解，探讨了一个与时空相关联且更具重要意义的不变量属性——时空间隔。作为这一节的最后一点，值得一提的是，这种“几何学”方法，也就是，认为所有的点都是在相对于彼此进行运动的四维时空坐标系中的点，并使用洛伦茨变换将一个坐标系中的点转换到另一个坐标系中，是研究相对论的一个常用方法。这种几何学方法为解释与相对论相关的命题提供了一种便利的做法，可以满足多种不同目的。当然，通过这种几何学方法，你同样会发现我们在本章前面讨论过的那些相对论的效果，也就是，时间膨胀、空间收缩和同时性的相对性。

结语

在本章中，我们探讨了爱因斯坦的狭义相对论，并且看到，对于我们通常认为是常识的有关空间、时间和同时性的观点，这个理论具有非同小可的意义。有了爱因斯坦的狭义相对论，我们可以看到某些我们长期所秉持的观点，尽管大多数人都认为它们是显而易见的经验事实，但实际上是错误的。因此，相对论让我们不得不重新审视这些我们长期以来所持的观点。在第 24 章中，我们将简要探讨广义相对论，注意，它对我们的常识性观点同样产生了非常有意思的影响，这一点在我们对重力的认识上尤为明显。

第24章

广义相对论

1907～1916年，爱因斯坦花了大量时间和精力来发展广义相对论。正如前面提到过的，广义相对论比狭义相对论要复杂得多。我们在这一章的主要目标是大致了解广义相对论的主要内容，并探讨这个理论的主要影响。首先，我们将探讨几个作为广义相对论基础的基本原理。

基本原理

在第23章中我们看到，狭义相对论以两个基本原理为基础，也就是相对性原理和光速不变原理。广义相对论同样以两个基本原理为基础，通常被称为广义协变性原理和等效原理，这对广义相对论来说具有重要意义。

广义协变性原理通常概括为，在任何参考系中，物理定律都是相同的。要解释这个原理，最简单的方法就是把它与第23章所讨论的相对性原理进行对比。回忆一下，相对性原理是说，如果有两个实验室，它们唯一的不同之处是相对于彼此在进行匀速直线运动，那么如果在两个实验室中进行完全相同的实验，实验结果将完全相同。因此，以图23-1为例，如果萨拉和乔伊唯一的区别在于，他们相对于彼此在进行匀速直线运动，那么如果他们进行相同的实验，就将得到相同的结果。

在狭义相对论那一章（第23章）中，我经常谈到观察点，比如首先从乔伊的角度描述一个情境，然后再从萨拉的角度描述。这样的观察点通常被称为"参考体系"(或简称为"参考系")。像萨拉和乔伊这样仅涉及匀速直线运动的参考系被称为"惯性参考系"（或简称为"惯性系"）。利用惯性参考系的概念，相对性原理可以更简明地表述为，在所有惯性参考系中，相同的实验可以得到相同的结果，或者换个说法，物理定律在所有惯性参考系中都是相同的。确实，相对性原理常常如此表述。

请注意，当我们重新表述相对性原理后就会发现，广义协变性原理其实是一个更为概括的相对性原理（事实上，尽管这个原理现在通常被称为广义协变性原理，但爱因斯坦常常称之为"相对性广义原理"）。因此，相对性原理从本质上是说，物理定律在所有惯性参考系中都是相同的，而广义协变性原理所表述的则是，在所有参考系中，物理定律都是相同的，不管这些参考系相对于彼此在进行怎样的运动。这恰恰就是广义相对论被认为是一个广义理论的原因。狭义相对论适用于满足了某种特定条件的特殊情况，也就是与惯性参考系有关的情况，而广义相对论则突破了这个限制，可以适用于所有参考系。

现在让我们转向广义相对论的另一个基本原理——等效原理。等效原理表述为，加速度产生的效果和重力产生的效果是无法进行区分的。要说明这个原理，最好的方法可能就是借用爱因斯坦常用的例子，详情如下。

假设你在一个大小和形状与电梯轿厢类似的封闭房间中，因此看不到房间外面的情况。在第一种情境中，假设这个“电梯轿厢”在地球表面上（但你并不知道），因此你会感受到地球的引力场，具体是什么样的感受呢？最明显的感受是，你觉得自己好像是在被拉向轿厢地面，也会注意到下落的物体以 9.8 米 / 秒 ^{2} 的加速度向轿厢地面加速运动。

现在假设（你同样不知情）你和这个电梯轿厢位于宇宙中一个多少有些空旷的区域（因此不受任何一个引力场的明显影响），但是电梯轿厢正在以 9.8 米 / 秒 ^{2} 的加速度加速“上升”（也就是从轿厢地面向天花板画一条直线，你和轿厢就是沿这条直线的方向“上升”）。你将会从这种上升运动中感受到怎样的效果？同样地，你会觉得自己被拉向轿厢地面，也会注意到下落的物体以 9.8 米 / 秒 ^{2} 的加速度向轿厢地面加速运动。

需要注意的核心点是，第一种情境中重力产生的效果与第二种情境中加速度产生的效果相比，是无法彼此区分的。重力效果和加速度效果之间这种紧密的联系早在牛顿时代就被发现了。尽管如此，在牛顿物理学中，这两种效果仍被当作彼此独立的现象，而它们之间紧密的联系似乎只是巧合。但是在相对论中，等效原理则表明，从本质上来说这两种效果不存在差异，也就是这些效果无法彼此区分开来。

那么总结一下，像狭义相对论一样，广义相对论也是以两个基本原理为基础的，这一点具有重要意义。了解了这一点，我们接下来将简短地讨论广义相对论的几个核心方程式，并探讨这个理论的一些证实证据。

爱因斯坦场方程和广义相对论的预言

在前面我们已经讨论过，广义相对论是以广义协变性原理和等效原理为基础的，这一点具有重要意义。在第 23 章中，我们看到了狭义相对论同样以两个基本原理为基础，同时我们也看到了狭义相对论两个基本原理的数学“表达”展现了某些与长度、时间和同时性相关的令人惊讶的效果。我们同样提到过，想要推导出与这两个基本原理相关的数学表述并没有那么困难（在第 23 章里我们实际上并不是从基本原理中推导出了与长度、时间和同时性相关的效果，但我说过，这个推导过程只需要高中代数知识，尽管不算简单，但也不是特别困难）。

广义相对论的情况则大为不同。尽管广义相对论的两个基本原理表述起来并不困难，但实际上要推导出遵循这些原理的数学方程式却并不容易。爱因斯坦花了几年时间来推导这些方程式，很多初期结果后来都需要撤回或者大量修正。简言之，两个基本原理所需的数学表述是花费了大量时间才推导出来的。而且与狭义相对论的方程式不同，广义相对论的方程式本身也都相当复杂。

不过，到了 1916 年，爱因斯坦终于推导出了他一直在寻找的方程式，并于同年发表了一篇题为《广义相对论的基础》的论文，将这些方程式公布于众。这些方程式现在被称为“爱因斯坦场方程”，是广义相对论的数学核心，其基本思路是，这些方程式所得的解，可以表明空间、时间和物质是如何相互影响的。举个例子，其中一个解表明，当存在一个像太阳这样的物体时，空间和时间会受到怎样的影响；另一个解则表明，当一个大质量恒星坍缩形成一个密度非常大的残骸，也就是通常所说的黑洞时，空间和时间会受到怎样的影响。（简单几句题外话，黑洞在很长一段时间里被认为只是在理论上有存在的可能，而并不是实际存在的。不过，在 20 世纪下半叶，这一观点发生了变化，现在普遍接受的观点是，黑洞并非罕见，在大多数星系的中心很可能都存在黑洞。）

与狭义相对论相似，广义相对论同样做出了一些预言。我会简要讨论这些预言，然后多花些时间来探讨广义相对论带来的另一个影响——时空曲率。

在第 8 章开篇我们简要讨论过，曾经有那么几十年的时间，人们一直都可以观测到水星轨道的一些奇怪之处。回忆一下，行星沿椭圆轨道运转，这与牛顿科学的预言完全一致。现在，设想一下水星轨道上距离太阳最近的一个点，这个点被称为近日点，而从 19 世纪中期到末期的几十年间，人们所观察到的是，水星每绕太阳转一周，其轨道近日点就会发生一点变化，好像近日点在以非常非常缓慢的速度围绕太阳运动。水星近日点每年的移动量非常非常小，但是仍然可以测量到，而且这样的变化并不符合牛顿科学对行星运动的描述。然而，在 1916 年的论文中，爱因斯坦指出，根据他的广义相对论方程式，水星近日点应该每年都有进动，而爱因斯坦利用广义相对论所预言的进动量，恰好就是人们实际观察到的水星近日点移动量。这就是关于广义相对论的一个相当直接明确的证实证据，也是我们在第 4 章中讨论过的一类证据。

与此类似，在 1916 年的论文中，爱因斯坦还提出，如果广义相对论是正确的，那么远离强引力场的光线，其波长应该会向光谱的红色端偏移。这个效果被称为“引力红移”。由于恒星都具有一个很强的引力场，离开恒星的光线，比如离开太阳的光线，应该会发生红移。要验证广义相对论所预言的红移并不容易，不过在已经进行过的实验中，观察到的红移现象都与广义相对论的预言相吻合，再次为广义相对论提供了证实证据。从质量较小的物体离开的光线，比如离开地球的光线，同样会有红移现象，尽管根据广义相对论的预言，这个红移量相当小，但仍然被测量到了，而且测量结果与广义相对论的预言完全一致。

在第 23 章讨论狭义相对论时，我们看到，运动对空间和时间都会产生影响。在广义相对论中，运动对空间和时间也会有类似影响。同时，重力（或者换个等同的说法，就是加速和减速的效果）同样会对空间和时间产生影响。举个例子，当存在一个强引力场时（或者换个等同的说法，就是在一个正在加速的参考系中），时间流逝会变慢。重点是，与狭义相对论不同，从某种意义上说，这些效果不是对称的。举个例子，假设乔伊继续留在地球表面，萨拉则出发去执行一项在高速空间中的任务。假设萨拉加速运动了一段时间，在抵达目的地时减速，然后调头，开始返回地球，因此，萨拉又进行了一段加速运动，并在靠近地球时减速。在这次旅行期间，萨拉将会感受到加速和减速产生的效果，而乔伊则不会体验到这些效果。在这种情况下，广义相对论预言，对萨拉来说，时间的流逝会比对乔伊少，萨拉和乔伊也都会认可这一点。

由于我们现有的计时工具已经非常准确，因此验证时间上的效果并不困难，而广义相对论所预言的效果也都得到了很好的证实。根据相对论，即使是一幢高楼的一层和顶层之间，引力差异也非常小，顶层时间流逝速度和一层时间流逝速度相比也会存在差异。即使是这些时间流逝速度上的微小差异也都已经被测量到了，而且与广义相对论所预言的相同。总之，有很多证实证据可以证明广义相对论。

在第 4 章开篇我们提到过，1919 年日食期间所观测到的恒星光线弯曲成了广义相对论的一个早期证实证据，并得到了广泛宣传。这个观测结果同时让我们看到了广义相对论更有趣的一个预言，那就是时空曲率。因此，值得我们放慢速度来探讨一下。

要理解广义相对论所预言的时空曲率，举个例子可能会有所帮助，这个例子与相对论无关，但便于我们与相对论进行对比。假设我们有一块棒状磁石，并在磁石上面盖一张纸。接下来，我们在纸上放一些铁屑，并轻轻摇晃一下，这时铁屑会以一种特定的方式在纸上分布，这种分布方式就反映了围绕在磁石周围的磁场。磁场本身通常被描绘成图 24-1 中的样子。在图中，每一条线都被称为“磁力线”，代表了磁场的强度和方向。具体来说，在磁场较强的地方，磁力线更密集；在磁场较弱的地方，磁力线之间的距离更大。（为了便于呈现，图 24-1 实际上比大多数磁场示意图更简化了一些。通常，磁场示意图会包括更多磁力线，线上还会有箭头表明磁力的方向。）现在，请注意这个示意图的一个重要特点，磁力线代表的是存在于空间中，也可能存在于时间中的力。也就是说，磁力线表明，在磁石附近的一个特定空间中，铁屑将受到磁力作用，而且可能会以一种特定方式在空间和时间中运动。简言之，空间和时间通常是这些磁力线的背景，或者换句话说，这些磁力线似乎是存在于空间和时间中的。

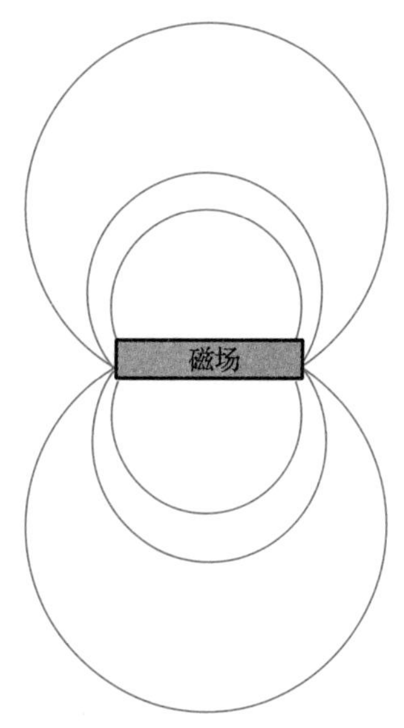

图 24-1　磁力线

现在思考一下图 24-2，这也是讨论广义相对论时常见的一种示意图。乍看起来，这个图中的磁力线与图 24-1 中的磁力线非常相似。但是，这两个示意图有一处关键不同，那就是图 24-2 中的磁力线所代表的并不是存在于空间和时间中的一个磁场；相反，这些磁力线所代表的是时空曲率本身。（顺带说一下，我们在第 23 章中已经看到，时空是一个四维连续统，其中三个维度是常规的空间三维，第四个维度是时间。像图 24-2 这样的示意图通常代表的是四维时空的一个二维“切片”。）

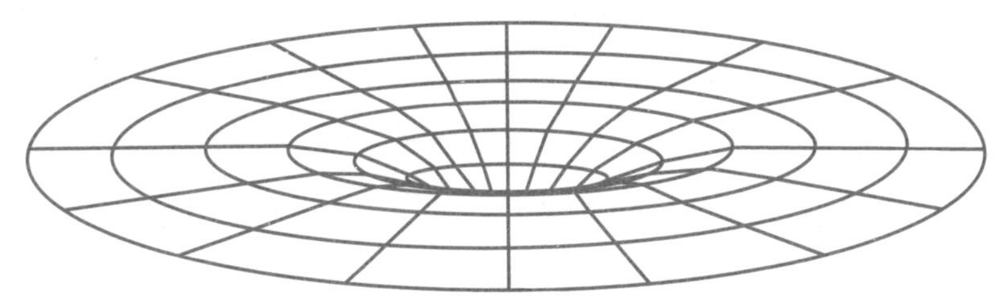
图 24-2　广义相对论中的典型的磁力线图

根据广义相对论，大质量物体的存在导致了时空曲率的形成。在图 24-2 这样的示意图中，磁力线所代表的是，由于存在像太阳这样的大质量物体而形成的时空曲率。在这样的示意图中，如果一个物体沿“切片”表面运动，两点之间的最短路径将是一条曲线（这样一条最短路径被称为“测地线”）。由于光线会沿着最短路径传播，因此，当经过像太阳这样的大质量物体时，光线会沿一条看起来弯曲的路径传播。简言之，如果广义相对论是正确的，像太阳这样的大质量物体会导致时空曲率，那么我们应该可以观察到，恒星光线在太阳这样的物体附近发生弯折。

在 1916 年的论文中，爱因斯坦给出了恒星光线经过太阳附近时发生弯折的具体数据。在第 4 章里我们已经讨论过，在 1919 年日食过程中观察到了恒星光线弯折，而且与爱因斯坦的预言非常一致，这成了广义相对论的又一个重要的证实证据。

关于时空和时空曲率，近期的一个实验可以算是对相对论的一个终极证实证据，在这里值得一提。爱因斯坦等人早先曾表示，广义相对论预言了一种“引力波”的存在。从某种意义上说，引力波是时空中的涟漪。再思考一下图 24-2，然后想象一下，一列涟漪划过这个时空切片，而那列涟漪就是引力波。如果把一块卵石扔进池塘，池塘水面上的涟漪将以卵石入水的地方为中心向外扩散，与此类似，引力波会以一个巨大的能量释放源（比如，超新星的能量释放，也就是一颗巨大的恒星在其演化接近末期时所发生的剧烈爆炸）为源头向周围扩散。

应该经常会有引力波穿过我们所处的这个时空区域，然而，实践证明探测引力波却是件极其困难的事情。就像池塘水面上的涟漪，在从中心向外扩散的过程中不断变小，引力波也是如此。引力波在源头时可能非常猛烈，但当它们在时空中以光速运动了上百万年甚至数十亿年到达地球时，就已经变得难以探测了。然而，在 2015 年年底，恰巧是爱因斯坦关于广义相对论的论文发表 100 周年之际，两个经过特殊设计的探测器分别独立记录到了一列引力波。这列引力波似乎发源于大约 10 亿年前，由两个相距 10 亿光年的巨大黑洞碰撞而产生。尽管在几十年前就已经有了关于引力波的间接证据，但这是第一次直接证实了广义相对论的这一预言。(顺带提一下，探测引力波本身就意义重大，但它同时也带来了一种新的收集有关外太空信息的方法，也就是现在时有提到的“引力波天文学”，从这个意义上说，对引力波的探测也是非常令人欢欣鼓舞的。)

总结一下，广义相对论做出了许多不寻常的预言，比如我们在前面讨论过的那几个。实际观察结果与这些预言一致，而且总的来说，广义相对论已被广泛认为是一个得到了充分证实的理论。

哲学反思：广义相对论和重力

在结束本章之前，最后还有一个与广义相对论紧密相联的命题值得讨论，那就是这个理论对重力的解释。说对重力的解释是与广义相对论紧密相联的一个命题可能有点轻描淡写，因为对广义相对论通常的解读是，它从根本上说就是一个关于重力的理论。

在前面的讨论中我们看到，光线会沿着最短路径传播。在广义相对论中，不受任何力作用的物体会沿着最短路径运动，也就是说，这些物体通常沿测地线运动。重点是，像行星这样的物体，并不是受到了吸引力才呈现出其运动模式，这与牛顿世界观中关于重力的观点相比，是一个关键不同点。比如，火星围绕太阳沿椭圆轨道运转并不是火星与太阳之间相互的吸引力或者说万有引力的结果。相反，与其他运动的物体一样，火星沿直线运动。

然而，在一个弯曲的空间中，“直线”其实是测地线。正如我们在前面看到的，根据广义相对论，像太阳这样的大质量物体会导致时空曲率。根据广义相对论方程式，这个曲率之大，会使火星运动所沿的测地线变成围绕太阳的一个椭圆形。换句话说，在广义相对论中，像火星和太阳这样的物体之间不存在吸引“力”。事实上，火星只是沿直线运动，但是由于时空曲率，这条直线变成了围绕太阳的一个椭圆形。

请注意，广义相对论中有关重力的观点与牛顿科学中有关重力的观点有显著不同。在牛顿科学中，重力通常被认为是物体之间的吸引力。在第 20 章结尾处我们看到，如果采用现实主义态度，这样的力似乎是远距离产生作用的动作。同样，在第 20 章中我们也讨论了，正是这层“超距作用”的意思，让牛顿非常烦恼，因此他通常选择用工具主义态度来对待重力。

尽管牛顿本人采用了工具主义态度，但是大多数在牛顿世界观教育下长大的人们都倾向于采用现实主义态度来对待重力。再引用一下我们在前面用过的例子，如果我往地上扔一支笔，然后问“为什么笔会下落”，标准答案是“这支笔因为重力而下落”。如果问题是“重力是否真实存在”，那么通常的回答是“当然存在”。也就是说，人们总的来说倾向于把重力当作物体之间真实存在的吸引力。简言之，在牛顿世界观中，人们通常采用现实主义态度来看待重力。

然而，现在请注意，广义相对论中有关重力的观点有一个有趣的结果。正如前面提到过的，广义相对论是一个得到了充分证实的理论。如果我们用现实主义态度来对待广义相对论，实际上就等于让我们不得不用工具主义态度来对待牛顿世界观中重力的概念。也就是说，如果物体落向地球或行星围绕太阳沿椭圆轨道运行，都是时空曲率导致的结果，而不是物体之间吸引力作用的结果，那么说重力是一种吸引力充其量是一个为了方便讨论但并不完全正确的说法。

总结一下，广义相对论是一个得到了充分证实的理论。值得注意的是，在预言和解释方面（列举其中两个，对水星近日点进动和对恒星光线弯折的预言和解释），广义相对论的表现优于牛顿理论。牛顿理论仍然是一个非常有用的理论，但是，如果我们要说哪一个理论更准确地描述了已知数据，答案几乎毫无疑问是广义相对论。

因此，如果我们倾向于用现实主义态度对待物理学理论，那么我们就应该用现实主义态度对待相对论，而用工具主义态度对待牛顿理论（毕竟牛顿物理学仍然非常有用，尽管它的描述严格说来并不正确）。请注意，我们因此而不得不采用工具主义态度来对待“重力是一种吸引力”的概念。换句话说，广义相对论使我们不得不对一种最容易被当作理所当然的态度（也就是对待“重力是一种吸引力”的概念时的现实主义态度）进行重新评估。总之，与狭义相对论一样，广义相对论使我们不得不重新审视某些通常的观点。

结语

在本章和第 23 章中我们看到，狭义相对论和广义相对论对我们大多数人一直认为是基础性、常识性的观点，产生了很有意思的影响。

这些观点涉及长度、时间间隔和同时性，以及对重力性质通常的认识。特别是关于重力，广义相对论使我们不得不用工具主义态度来对待“重力是一种吸引力”的常识性概念。

回忆一下，在 17 世纪，新发现迫使人们改变了对世界通常的认识。同样地，我们现在也看到，新发现也在迫使我们重新评估自己某些关于这个世界通常的观点。在第 31 章，我们将再次就爱因斯坦相对论对牛顿世界观的影响进行讨论。不过，首先我们探讨一下 20 世纪物理学的另一个主要分支——量子理论。

第 25 章

哲学插曲：科学理论是不可通约的吗

在本章，我的主要目标是概括讨论有关不可通约性的命题，从而使你可以对这些命题有一定的了解，为后续的探索打下基础。跳出科学史和科学哲学领域，“不可通约性”这个名词可能并不特别为人所熟知。所以，眼下我们的首要任务就是初步了解一下，当我们说某些科学术语或理论是不可通约的，我们到底要表达什么意思。

与我们探讨过的其他命题一样，围绕在不可通约性周围的命题都很有争议。已经有很多文献对这些命题的不同观点进行了探讨和论证，与科学史和科学哲学领域里其他有争议的话题一样，关于不可通约性，也不存在被广泛认可的共识。与讨论其他命题时一样，如果你希望更深入地研究这一命题，在本书最后的章节注释中可以找到推荐阅读书目。接下来，我们将首先了解一下涉及不可通约性的一般性命题，然后对某些围绕这一话题出现的更具体、更复杂的命题展开讨论。

初步考察

要大致理解“不可通约性”现在通常是如何使用的，可以想想“质量”这个概念，无论是在早已问世的牛顿物理学中，还是在较前沿的相对论物理学中，“质量”都扮演着重要角色。有些人认为，在这两个理论中，“质量”这个术语存在于概念上有所不同的环境中，并扮演着不同的角色，因此，要在相对论物理学框架中精准表达牛顿物理学中的“质量”概念是不可能的。如果这个论点是正确的，也就是说，如果我们无法用新近物理学中的概念和术语来适当且准确地表达牛顿物理学中的概念及其使用情况，那么我们就会说牛顿物理学中的“质量”概念与较前沿的相对论物理学中的“质量”概念是不可通约的。如果把这个观点延伸到整个理论本身，我们会说牛顿物理学与相对论物理学是不可通约的，也就是说，我们无法用新的理论来准确体现或者说精确表达或理解旧的理论。

为什么人们可能会觉得，不同理论里的概念甚至不同的理论，可能是不可通约的呢？在本节下面篇幅中，我会尝试初步回答这个问题。然后，在下一节我们将了解一下人们是从哪些不同的角度来论证不可通约性是存在的，同时也将具体探讨一下不可通约性的一些复杂之处。

让我们从“重量”的概念开始，这个概念似乎算是我们日常生活中最常见、最简单、最直接明了的概念之一。想一想这个概念在亚里士多德体系和牛顿体系中是如何应用的。值得注意的是，尽管现代物理学，特别是相对论物理学对我们关于重量的理解产生了影响，但出于实用的目的，我们今天使用的仍然是牛顿体系中的重量概念。因此，我通常将这一概念称为“现代重量概念”。

亚里士多德认为物体的下落速度与其重量成正比，如果一个物体的重量是另一个物体的两倍，那么其下落速度也会是另一个物体的两倍，这一观点至少自伽利略起就饱受批判。接下来这个实验表明亚里士多德关于下落物体的观点是错误的，相关描述在众多物理学教科书、实验手册、科学史书籍等文献中都可以找到。实验过程是这样的：首先，对两个物体称重，确定其中一个重量是另一个的两倍；然后，让两个物体在同一高度同时开始下落。实验结果表明，亚里士多德不仅是错了，而且是大错特错。

人们普遍认为，亚里士多德所秉持的观点是“一个物体的重量如果是另一个物体的两倍，那么其下落速度也会是另一个物体的两倍”，而他的这个观点是严重错误的。然而，如果我们更深入地探讨这个命题，那么很快就会发现一切并非如此简单。同时，我们也会很快发现，在亚里士多德物理学中，“重量”概念所发挥的作用与现代物理学中“重量”概念的作用存在明显差异。

让我们回到前面所描述的那个实验，假设我们用一台在亚里士多德时代非常常见的天平来给两个物体称重，确定了其中一个物体的重量是另一个物体的两倍。到目前为止还不错。亚里士多德会同意的是，当把两个物体放在天平上来确定重量时，其中一个物体的重量是另一个物体的两倍。值得注意的是，亚里士多德不会用一个物体对天平所产生的影响来定义这个物体的重量（在现代物理学中，我们也不会用这种方法来定义物体的重量），不过他会同意物体对天平产生的影响的确反映了与这个物体重量有关的信息，而这一点很快就将扮演重要的角色。

现在，让我们进入实验的下一步，也就是把两个物体从天平上拿下来，让它们从同一高度下落。我们注意到其中一个物体，也就是重量是另一个物体两倍的那个物体，肯定没有以两倍的速度下落。因此，我们得出结论，亚里士多德的观点，也就是“两倍重的物体会以两倍的速度下落”的观点是错误的。

然而，在这个论证过程中，有一个关键的假定前提。现在，也许你会想暂停一下，看看自己是否能找出这个前提。

准备好了吗？为了得出结论，需要假定在整个实验过程中，物体的重量始终保持不变，或者换句话说，我们需要假定的是，在用天平测量时，其中一个物体重量是另一个的两倍，而当我们转换场景，也就是让两个物体下落时，它们的重量与在天平上时相同。

在现代物理学中，这个假定前提是没有问题的。相对论物理学对重量概念有一些极其微小的影响，但从实用角度考虑，在现代物理学框架内，认为这些物体的重量在整个实验过程中都保持不变，是没有问题的。（顺带说一下，在现代物理学框架内，有时会认为物体在自由落体时是没有重量的。不过一般来说，这是个错误观点。正确的观点是，物体在自由落体时的表现*好像*是它已经没有重量了，这种情况有时被描述为物体在自由落体时没有“视重”。但是，一个物体的实际重量，也就是在现代物理学框架中定义的重量，从实用角度考虑，不管是当物体放置在天平上时还是在下落时，都是保持不变的。）

然而，亚里士多德会认同“物体的重量在整个实验过程中都保持不变”的观点吗？答案直接明了：不会。在亚里士多德科学体系中，场景是至关重要的，当物体放置在天平上时是一个场景，当物体下落时是另一个场景，这两个场景是不同的。根据亚里士多德的观点，物体所处的场景不同，其重量也就有所不同。

思考一下，一个物体如果正在下落，那么此时它对天平所产生的影响与它静静躺在天平托盘上时所产生的影响相比是有实质性差异的。让我们运用牛顿体系中的概念（比如力、质量和加速度）来理解这个差异。然而，对照力、质量和加速度等概念在牛顿物理学中所扮演的角色，在亚里士多德体系中，并不存在能够扮演此类角色的概念。相比之下，当亚里士多德理解这个差异时，他会对比同一个物体在下落时和静置在天平托盘上时对天平所造成的影响，认为对比所得的差异就表明了当物体处在不同场景中时重量是不同的。

我们在前面刚刚讨论过的一切，都无法决定性地证明亚里士多德的重量概念与现代重量概念是不可通约的。我们将在下一节对此进行进一步讨论。不过，尽管在这个有关重量的例子上我们只是浅尝辄止，但已经完全可以得出一些概括性结论了。首先，当我们想把那些在我们自己的科学体系中合理而自然的前提假设应用于其他科学体系时，必须非常谨慎。基于这一点，马上可以推论出，如果我们认为现代科学体系中的某个术语或概念出现在其他科学体系中时，含义和用法仍然保持不变，那就犯错误了，而且是非常严重的错误。

基于以上论述以及其他一些思考，很多人认为，至少某些存在于不同科学理论中的术语和概念是不可通约的，或者也许这些不同的科学理论本身也确实是不可通约的。理解了这一点，让我们开始更深入地探索一下不可通约性。

探索不可通约性

回顾历史，不可通约性的概念最早由古希腊数学家提出，他们对这一概念的理解基本上就是判断两个长度是否大致是“同测度的”。现在假设有两根棍子，一根是 4 米，另一根是 6 米。如果有一把量尺，长度是 2 米，它可以把前面的两根棍子分别平均分成几份，那么前面两根棍子的长度就是可同测的，因为存在第三种长度可以把这两个长度都分别平均分成几份。在这种情况下，长度 4 米和长度 6 米就是可通约的长度。(换个等价的说法，你也可以用长度的比例来定义此类可通约性。在前面这个例子中，长度的比例是 2/3。如果两个长度的比例可以用有理数来表达，也就是一个 a/b 形式的数字，a 和 b 都是整数，那么我们就说这两个长度是可通约的。)

现在让我们用一个在古希腊数学发展过程中扮演了重要角色的例子来做个对比。假设有一个正方形，并画出其中一条对角线。假设正方形边长为 1 米，那么根据毕达哥拉斯定理，我们知道正方形的对角线为 $\sqrt{2}$ 米。我们无法用同一种长度或同一根量尺来分别把 1 米和 $\sqrt{2}$ 米平分成几份，要证明这一点，一点都不困难（据我们目前所掌握的知识，最先证明这一点的就是古希腊数学家）。正因如此，1 米和 $\sqrt{2}$ 米就是不可通约的长度。(顺带说一下，除了证明了这两个长度是不可通约的，也带来了一个重要的发现，那就是除了整数和有理数，还存在无理数。如果你对数学的历史感兴趣，书后章节注释里提供的参考信息可以让你进一步去探索。)

在 19 世纪末到 20 世纪初，数学领域的不可通约性概念开始或多或少地带有一些隐喻意味，比如皮埃尔 · 迪昂（1861—1916，我们在第 5 章中已经探讨过迪昂的部分贡献）在其有关科学史和科学哲学的著作中就应用了这一个概念。在数学以外的领域运用“不可通约性”概念，仍然是以不可同测性为基础的，不过此时这个概念已经被赋予了更宽泛的含义，并且更多地侧重于“可共同定义性”或“可共同理解性”。

到了 20 世纪末，不可通约性的概念开始变得越来越重要。这一方面主要归功于托马斯 · 库恩（Thomas Kuhn，1922—1996）的研究，另一方面则得益于保罗 · 费耶阿本德（Paul Feyerabend，1924—1994）的研究。自 20 世纪 60 年代开始，直至他们科研生涯的终结，库恩和费耶阿本德在某种程度上深入研究了对不可通约性的各种理解，以及不可通约性在我们理解科学时可能产生的各种影响。我并没有试图详细总结库恩、费耶阿本德和其他人在这一领域数量众多而又仅存在微妙差异的观点，因为这样做超出了本章的范围，不过我们当然可以探讨某些论证过程和方法，它们都表明在涉及不同科学体系时，不可通约性就会出现。

让我们继续使用在本书中已经讨论过的几个科学体系，也就是亚里士多德物理学体系和牛顿物理学体系。在接下来的三个小节中，我们关注的重点是几个虽有重叠但仍相互区别的论证过程和方法，它们表明了这两个科学体系的某些特点是不可通约的。

术语的不可通约性

关于通常所说的术语的不可通约性，本章的第一节至少已经说明了其中一个方面。在那一节中，我们看到我们常常用牛顿体系中的重量概念来理解亚里士多德体系中的重量概念，但这其实是一种误解。不管亚里士多德体系中的重量概念的含义如何，都不是牛顿体系中的那个概念。同时，亚里士多德体系中的重量概念似乎也无法与牛顿体系中的任何概念直接明确地对应起来。部分原因在于，在牛顿体系中，对于重量概念，存在其他一些至关重要的概念，比如质量、力和加速度等，这些概念在亚里士多德体系中并没有完全对应的存在。

值得注意的是，缺乏此类对应概念本身并不意味着完全不可能把一个体系中的术语转换到另一个体系中去，至少可以进行大体上的转换。举个例子，如果亚里士多德用物体对天平造成的影响来定义重量，而考虑到我们是用质量、力和加速度来理解物体对天平造成的这种影响的，那么我们其实很有可能早就可以用现代术语来对亚里士多德体系中的重量概念进行相当准确的描述了。

然而，正如我们在前面提到过的，亚里士多德并不是这样定义重量的。如果我们仔细阅读那些阐述亚里士多德对重量理解的文章段落，很快就会遇到一个对术语的不可通约性来说十分关键的命题—— 一个科学体系中的术语和概念通常是借助同一体系中的其他术语和概念来定义或描述的。库恩尤其认为，一个体系中的术语总的来说只能通过借助于这一体系中的其他术语来理解。这些其他术语和概念也面临着同样的命题，也就是这些其他术语和概念通常无法转换成其他体系中的术语和概念。

要更清晰地理解库恩的观点，让我们继续以亚里士多德的重量概念为例子。在我们所能看到的流传至今的文献中，亚里士多德从来没有清晰地定义或描述他及其追随者所理解的重量是什么。不过，关于亚里士多德对于重量的理解，我们至少可以拼凑出毫无争议的几点。

首先，很明确的一点是，亚里士多德认为重量与他自己的“dunamis”概念紧密相联。dunamis 通常被译为“潜力”或“潜能”。“潜能”是亚里士多德自然科学体系中最核心的概念之一，然而不幸的是，你可能也已经发现，对于应如何理解亚里士多德的潜能概念，并不存在共识。从广义上说，橡果是由某种物质构成的，而这种物质的排列方式让橡果有了一种内在的、目标导向的潜能或潜力，在合适的条件下，这种潜力可以让橡果成长成为一棵成熟的橡树。这段描述反映了亚里士多德潜能概念的某些方面。

不过，与前一段过于简单化的描述相比，亚里士多德对潜能的理解以及潜能在亚里士多德自然科学体系中的角色就更为微妙了。关于我们应该如何理解亚里士多德潜能概念更微妙的方面，已经有大量文献，特别是都写于近些年，其中包含许多不同的论证过程，以及许多根本性的分歧。然而，与此同时，其中并没有出现一丁点儿可以算是取得了共识的意见。

你马上就可以看出其中的问题。亚里士多德认为，一个物体的重量与它自身的潜能紧密相连。然而，潜能这个术语本身并不能简单地与任何一个现代体系中的概念对应起来。亚里士多德对潜能的理解反过来又与现实、形式、运动的原因等其他在亚里士多德体系中处于核心地位的观念紧密相联。毫无悬念，这些亚里士多德体系中的概念同样无法直接明确地在现代科学体系中找到对应或类似的概念。

库恩花了大量笔墨来论证，要思考审视一个科学体系中的概念，比如亚里士多德科学体系中的概念，最好是把它放在一个相互关联的概念网络内，或者可以放在一个相互关联的概念拼图中，而这正是我们在本书中经常提到的一个比喻。因此，此类不可通约性的支持者认为，如果概念网络发生了变化，比如从亚里士多德科学体系变成了现代科学体系，那么这样的概念就无法得到合适的定义或描述。事实上，想要这些概念能够得到充分的理解，只有通过理解它们在其所处的概念环境中所扮演的角色才能做到。

方法论的不可通约性

除了在前一节讨论的术语的不可通约性，库恩及其他学者同时认为，不同科学体系的不可通约性通常还体现在一种更广义的范畴上。他们认为，这种更广义的不可通约性并不仅限于无法把一个体系内的术语适当地转换成另一个体系内的术语。事实上，尤其是当一个主流科学体系替代了另一个体系时（比如牛顿物理学替代亚里士多德物理学时），这种不可通约性指的是新科学体系中的方法论通常与被替代的科学体系的方法论有着显著不同。

这种不可通约性背后的核心是，在面对“如何进行科学研究”这样宏大的话题时，不同的科学体系在很多基础性命题上通常会存在分歧。对于科学应解决的核心问题是什么，不同的科学体系会给出不同的答案；同时，不同的科学体系会在研究中运用不同的假设和前提；对于“科学解释应如何合理地铺开”等问题，不同的科学体系所秉持的观点也会存在根本性差异。

为了说明不可通约性的某些方面，让我们再思考一下亚里士多德科学体系和牛顿科学体系，想想这两个体系是如何对待与运动有关的命题的。回忆一下，在17世纪前，也就是在牛顿科学体系出现之前，人们关于运动的核心观点是什么。这正是我们在前面（第12章）所定义的“17世纪前的运动观”—— 一个运动的物体最终会停下来，除非有什么因素让它一直保持运动。在亚里士多德科学体系占主流地位时，这种运动观是一种核心运动观（而且在当时这个观点得到了很多经验证据的支撑）。

根据这个观点，对于任何运动的事物来说，一定存在一个因素使它运动起来。这个因素不仅让事物运动起来，而且在整个运动过程中，还会始终发挥作用。总结一下，在亚里士多德科学体系中，存在一个类似于指导原则的基本观点，也就是，任何运动的事物都是因为某些因素而运动起来，而这些因素在运动过程中始终发挥作用。

围绕这个基本观点，产生了亚里士多德科学体系中的一个核心问题和核心研究主题，那就是探索造成各种运动的因素。举个例子，在《论动物运动》(以及其他很多著作）中，亚里士多德深入探讨了在动物身上发现的各种运动的因素。值得注意的是，对于运动，亚里士多德的概念比我们的更为宽泛，它包括生长、营养吸收、胚胎发育，包括人是如何在受到侮辱后因为愤怒而变得满脸通红，以及因为感官输入而引起身体内部变化，等等。一定有个因素造成了所有这些变化或运动，正是这个因素使运动发生，并在运动过程中始终发挥作用。因此，找出造成这些运动的因素，对亚里士多德和亚里士多德科学体系来说，都是一个根本性的重要问题。

在亚里士多德的其他著作中，情况也是类似的。比如在《论天》中，亚里士多德花了相当多的精力来探寻使天体永恒运动的因素。同样地，在《物理学》(及其他著作）中，大量篇幅都聚焦于物体自然的或被动的运动，比如针对一块正在下落的石头（自然的运动)，寻找让石头开始下落并保持下落运动的因素；或者针对一个正在空中飞行的抛掷物(被动的运动)，寻找让抛掷物开始运动并保持运动状态的因素。我还可以举出很多这样的例子，不过相信你已经明白了。基于前面提到的核心观点，在亚里士多德科学体系中，为种类繁多的运动寻找让其产生并保持的因素是一个反复出现的基本问题。

现在思考一下，在牛顿科学体系的研究方法得到认可后，情况是怎样的。回忆一下，牛顿科学体系的一个基本观点就是我们所说的惯性定律—— 一个运动的物体会保持运动，除非有外力作用于它。在这个基本定律得到认可后，请注意，许许多多在亚里士多德科学体系中应该是核心而基础的问题就“啪”的一下消失了。在新科学体系的框架内，它们都已经不再是问题了。

让我来举一个实实在在的例子。思考一下天体的运动，比如火星的运动。在亚里士多德科学体系中，必须存在一个能够保持运动的因素，这个因素时时刻刻都在发挥作用，火星也正是因为这个因素才保持运动状态。是什么可以让事物持续而（至少对亚里士多德来说）永恒的运动，这是一个超乎寻常的难题(在第12章中，我们已经概括了解了亚里士多德对这个问题所给出的答案)。正如我们在前面提到过的，亚里士多德写了大量著作来解决这个问题。

然而，现在让我们在牛顿科学体系的框架内来审视一下这个问题。在牛顿科学体系内，一个运动的物体有一种天然的保持运动的倾向，因此不需要寻找任何能够让火星持续运动的因素。火星的持续运动正是运动的事物本该有的表现，也就是持续保持运动，不需要进一步的解释，也没有什么问题需要解决。或者换一个多少有些不同表述，也就是，在新科学的背景下，一切有关火星运动的因素，以及其他造成各种运动的因素的问题，都自动消失了。

我还可以举出更多例子，来表明许多在亚里士多德科学体系中具有核心重要意义的主题，在进入新的牛顿科学体系框架后，都像这样自动消失了。不过，同样地，我想你应该也已经有所体会了。对于认为存在此类方法论的不可通约性的人们来说，基于像亚里士多德物理学和牛顿物理学这样不同科学体系的基本观点而出现的研究角度和核心问题是存在巨大差异的，因此我们无法在一个科学体系的框架内适当地表达、理解另一个科学体系框架内的核心命题。也就是说，他们认为这两个科学体系的基本研究角度、基本问题以及基本方法论都是不可通约的。

不同世界不可通约性

我在这里所使用的短语“不同世界不可通约性”，并不是一个标准短语。事实上，尽管这一类不可通约性已经得到了广泛讨论，但还没有一个标准名称。要精确描述这一类不可通约性是非常困难的，这一点很明确（库恩本人是这么说的）。同样明确的是，这一类不可通约性并不像前面两节所讨论的那两类不可通约性一样得到了广泛认可。基于这些背景，在本节中，我只想让你大致体会一下这一类不可通约性的支持者的观点。

不同世界不可通约性围绕一个核心观点展开，那就是对于身处像亚里士多德科学体系和牛顿科学体系这样不同体系的科学家来说，他们眼中的世界是不同的。这个观点，或者说至少是隐藏在这一类不可通约性更有趣（也更具争议性）的一个描述背后的观点，并不是说来自不同科学体系的科学家对世界的解读不同，而是说这些科学家看到的是不同的世界。正如库恩所说的，身处不同科学体系内的科学家是“在不同的世界里开展自己的研究”(Kuhn，1962, p.150)。

让我们再举一个经常被引用的例子，这个例子的起源是大约在

1950年进行的一个经典实验。我们大多数人在小时候都玩过纸牌，就是打扑克时用的那种纸牌。这种牌有两个红色的花色，即红桃和方块，还有两个黑色的花色，即黑桃和梅花。众所周知，我们中的大多数人都可以正确地认出纸牌的花色，即使这张牌只是在眼前快速闪过，比如只停留了30毫秒（1秒的3/100，是一个非常短的时间）。

然而，如果展示给我们的并不是常规的纸牌，也就是说，在这副牌里，通常是红色的红桃和方块变成了黑色，通常是黑色的黑桃和梅花变成了红色，而我们对此毫不知情，那会怎么样呢？答案是，我们会把这些牌看成常规的纸牌。举个例子，一张黑色方块7一定会被看成普通（黑色）的黑桃7或普通（红色）的方块7。这就表明，在这个实验中，我们看到了自己所希望看到的。

库恩和其他许多人都以这个实验的结果为起点，认为这些实验结果可以延伸到更广阔的“看”的范畴。让我们再举一个常见的例子。假设我们有一小块石头，石头上面绑着一根1米长的细绳，细绳的另一端绑在一棵大树的树枝上，这样石头就可以自由摆动了。假设我们一边保持细绳绷直，一边举起石头，然后松手，让石头自由摆动。

支持我所说的不同世界不可通约性的人们认为，如果让一个身处亚里士多德科学体系的科学家来看这个例子，他所看到的会是一个自然的物体，具有内在的、以目的为导向的基本性质，试图移动到自己在宇宙中的天然位置上，但这种移动却受到了细绳的限制。相比之下，身处牛顿科学体系中的科学家所看到的则是一个钟摆。

同样地，也是很重要的一点，这里的结论并不是亚里士多德体系内的科学家用一种方式来解读这个例子，而牛顿体系内的科学家则用了另一种方式来解读。事实上，结论是亚里士多德体系内的科学家看到了一个世界，而牛顿体系内的科学家看到的则是另一个世界。

这个结论并不局限于像连着细绳的石头这样单个的例子，而是适用于更广的范畴。现在正是新英格兰的秋季，如果我所接受的是亚里士多德科学体系，那么此时如果我望向窗外，所看到的世界将会是充满了以目标为导向的变化，这些变化之所以会出现，是因为树木、松鼠和鹿发挥了它们各自的潜能，而这些潜能又是由它们自身本质的、内在的又有目的的天性产生的。如果我所接受的是牛顿科学体系，而且进行了生物学的专业学习，那么当我望向窗外，看到的将会是一个机械论的世界，它以一种推与拉的机械性方式运行，这些行为都遵循存在于事物外部的定量的物理学、化学和生物学原理，比如树叶的叶绿素在发生化学变化时要遵循定量的生化原理，而这些变化正是树叶发生颜色变化的原因，等等。

正如我们在前面提到过的，这类更广义的不可通约性，也就是身处不同科学体系的科学家所生活的世界也是不同的，与其他形式的不可通约性相比更具争议性。即使是这一类不可通约性的支持者也都倾向于认为，对于这类不可通约性，要找到说服力很强的论据是非常困难的。当然，在某些情况下（比如在前面提到的非常规扑克牌的例子），我们在看待世界的某些部分时确实会强烈地受制于自身的知识背景，这一点很重要。但在我们看待更广阔的世界时，这类效果是否会像不同世界不可通约性的支持者所认为的那样，目前仍然是一个很有争议的命题。

讨论：不可通约性与科学的进步

在本章的最后一节里，我们关注的焦点将是简要讨论不可通约性的一个核心影响。这个影响所涉及的一个问题是，不可通约性是否意味着，无论如何我们都无法从某个角度出发来说明科学取得了真正的进步。在与不可通约性有关的命题中，与此相关的命题很有可能是最为复杂也最具争议性的一部分。围绕这一点，已经出现了很多文献，但至今没有任何一个观点获得了广泛认可。

有观点认为，接受不可通约性，特别是接受术语的不可通约性，就意味着无法对不同的科学理论进行适当的对比。如果我们无法适当地对比相互竞争的理论，比如牛顿物理学和更为新近的相对论物理学，那么我们就无法根据一个统一的、有原则的标准来判定一个理论优于另一个。在这种情况下，对理论的选择，比如认为相对论物理学优于牛顿物理学，从本质上说不是基于任何合理的标准的。简言之，结论就是，接受了不可通约性，就意味着对理论的选择并不是一个理性的过程。

与此紧密相联的一个说法是，任何有意义的科学进步都是不存在的。根据前一段中的讨论，理论的变化，比如从亚里士多德物理学转变到牛顿物理学，或者从牛顿物理学转变到相对论物理学，不再是一个科学向着某个目标或为了成为完美科学理论而不断进步的过程。事实上，在这种背景下，理论的变化看起来更像是一个科学体系取代另一个科学体系的过程，其中较新的那个科学体系所专注的是不同的问题，运用的方法论也是不同的。简言之，当我们从一个科学体系转换到另一个科学体系，其中并不涉及任何有意义的进步；实际上，我们只是用一个不同的也不具有可比性的体系替换了另一个体系。

至少从表面看起来，不可通约性似乎确实与有关科学进步的观点不相容（不过我必须指出，即使是这个观点，也是存有争议的）。让我们思考一下这个有关科学进步的观点，也就是科学的进步是线性发展的，接连出现的科学体系都在向着完美科学体系的目标不断前进，并且持续逼近“真理”，最终融合汇集在“真理”之处。

在第 1 章和第 2 章中，对于事实、真理和科学三者之间关系的常见观点，我们第一次探讨了某些相关的错误观念。此时我们可以看到，在这两章里所讨论的基础上，如果科学体系是不可通约性的，那么前面所提到的有关科学进步的观点，也就是“科学总是向着某种完美理论进行线性发展”的观点，看起来似乎就不可能是正确的了，或者至少是有问题的。特别是方法论的不可通约性，它使像亚里士多德体系和牛顿体系这样不同的体系在所要解答的问题方面存在差异，而在语言术语上，两者的相同点就更少了。因此，很难让人相信这些体系是朝向同一个目标的，或者也许它们根本就没有什么目标。

然而，这也并不意味着因为不可通约性的存在，就不容许任何有意义的科学进步存在。在接下来的篇幅中，我并不会尝试列出一个长长的清单，把所有在某种意义上可以与我们所讨论过的各种不可通约性并存的科学进步都包括进来。相反，我将只会概括其中一种意义上的进步。

让我们从一个不存在争议的结论开始，也就是不可通约性并不意味着不能进行有意义的对比。思考一个简单的例子：毫无疑问，从我们在本章前面讨论过的数学角度来看，正方形的边和对角线是不可通约的。尽管如此，我们仍然可以对比正方形的边长和对角线的长度。举个简单的例子：有一个正方形边长为 1 米，它的对角线略短于边长的 1.5 倍。正方形的边和对角线可能是不可通约的，但这并不意味着无法对它们进行对比。

同样地，即使亚里士多德科学体系和牛顿科学体系是不可通约的，我们仍然可以从某些重要的角度来对比它们。举个例子，让我们从工具主义的角度出发，特别是从不同科学体系有用性的角度出发，从这个角度来看，可以很有把握地说，相对于亚里士多德物理学，我们更偏爱牛顿物理学。通过运用牛顿物理学，我们可以，也确实已经让人类登上了月球，向火星发射了探测车；我们已经把国际空间站送入了轨道，并使其在轨道上运行了很长时间；还有许多我们在亚里士多德物理学时代做不到的事情，在有了牛顿物理学后都变成了现实。同样地，通过运用更新的相对论物理学，我们也做到了许多在牛顿物理学时代做不到的事情，GPS（全球定位系统）地图和导航就是其中一个例子。简言之，这个实际的以工具主义为基础的角度，似乎让我们可以在存在不可通约性的情况下仍然取得了某种意义上的科学进步。因此，虽然不可通约性确实对科学进步的观点有影响，但我们可以看到，不可通约性的存在并没有让一切有意义的科学进步都变得不可能。

除了我们在前面所概括的这种从实际角度对科学进步所进行的定义之外，关于科学进步，是否有更深入、更具实质性的概念，仍存有争议。与科学进步有关的命题跟与不可通约性有关的话题一样复杂而又有争议，而在这简短的一节里，我尝试概括了对于科学进步最直接明确、争议最少的一个概念。与其他章节的情况一样，如果你希望对此进一步研究，可以在书后的章节注释里找到推荐阅读书目。

结语

关于不可通约性和涉及科学进步的主题，已经有许多文献，数量之多怎么描述都不为过。正如我们在前面提到过的，与不可通约性有关的命题像其他一切与科学史和科学哲学有关的命题一样复杂而又具有争议。我们在本章中所讨论的应该已经让你对不可通约性的基本情况和可能的影响有了一些体会，同时我也希望这些讨论能为你提供足够的背景知识，让你可以对这些话题进行更富有成效的深入探讨。

第 26 章

量子理论导论：量子理论的基本经验事实和数学方法

在前几章中，我们探讨了狭义相对论和广义相对论，看到了与空间和时间的性质及重力性质相关的观点，这些理论和观点都产生了有趣的影响。在本章中，我们将转向现代物理学的另一个分支——量子理论。接下来，我们很快就会看到有关量子理论的新近发现同样产生了重要影响。

量子理论是一个容易让人迷惑的理论，因此，如果我们想准确地了解其概况，就需要非常谨慎。我们的策略是，首先解释三个相关命题之间的关键区别，这三个命题分别是：①涉及“量子实体”的经验事实；②量子理论本身，也就是量子理论的数学核心；③与诠释量子理论有关的命题。澄清了这三个命题后，我们将在本章的后面几节中探讨①和②，而把③留到第 27 章讨论。

事实、理论和诠释

正如前面提到过的，在任何关于量子理论的非技术性探讨中，至少需要区分三个独立的命题：①量子事实，也就是涉及量子实体的经验事实；②量子理论本身，这里我所指的是量子理论的数学核心；③对量子理论的诠释，这在很大程度上与一系列哲学问题有关，比如什么样的现实可以产生量子事实，以及什么样的现实可能与量子理论数学保持一致。不幸的是，在通常关于量子理论的非技术性探讨中，这些命题往往被混为一谈。举个例子，经常可以看到有观点称，量子理论表明西方科学和某些东方哲学在对宇宙的看法上，由于观点相同而融合了。这其实是错误的，一些对量子理论的诠释认为有这样的融合存在，但是对一个理论的诠释和理论本身，两者应该是保持相互独立的命题。再举个例子，同样经常可以看到有观点表示量子理论表明宇宙在持续分裂成多重平行宇宙。然而，同样地，一些对量子理论的诠释表达了这种情况的存在，但量子理论本身并没有。

围绕量子理论的命题非常复杂，这已得到公认。但是，如果我们逐步而又谨慎地探讨这个话题，那么我们就可以很好地概括了解量子理论及其相关命题，重点是这种概括了解也会很准确。我们第一步将是简要描述上面提到的三个命题之间的区别。

量子事实

当我谈到量子事实时，我所指的只是涉及量子实体的经验事实。这样的事实包括：有关电子、中子、质子和其他亚原子粒子的实验结果；有关光子，也就是光线“单元”的实验结果；有关放射性衰变时释放出的粒子等的实验结果。

在本章后续篇幅中，我们将看到这些事实都非常出人意料，但并不存在争议。特别是，对于这些事实是什么不存在争议，存在争议的是如何诠释这些事实，比如什么样的现实可以带来这样不同寻常的事实。但是，涉及诠释的命题需要与对量子事实本身的描述区分开来。

在继续讨论之前，有两点值得简要提一下。第一，对于什么物体可以归为量子实体，我故意保持了模糊。前面提到过的实体，也就是包括电子和质子在内的亚原子粒子、光子及与放射性衰变有关的粒子，都很明确是量子实体。因此，在接下来的大部分讨论中，我们讨论的量子事实都将是关于这些粒子的事实。但是请记住，所有物体，包括你、我、桌椅等，都是由这些较小的实体组成的。然而，正常大小的物体是否应该被当作量子实体，还存在一定争议。因此，接下来，我将主要强调的量子事实所涉及的都是不存在争议的量子实体，比如上面提到的那些粒子。

第二，在谈论光子、电子、放射性衰变所释放出的粒子等量子实体时，通常会用“粒子”这个词。确实，在某些情境中，量子实体的行为模式似乎表明它们是粒子。然而，很快我们就将看到，在其他情境中，量子实体的行为模式则似乎表明它们是波。现在已明确的是，在谈论量子实体时用“粒子”或“波”都不是特别正确。我将继续用“粒子”这个术语，这也是标准做法，不过不应该把这个做法解读为回答了“量子实体究竟是什么性质”的问题。

量子理论本身

与大部分 17 世纪以来出现的物理学理论一样，量子理论是一个以数学为基础的理论。当我谈到“量子理论本身”时，我脑中出现的主要是在量子理论中处于核心地位的数学部分。量子理论的核心数学部分发现于 20 世纪 20 年代末期，它与其他物理学分支中的数学差不多。最值得注意的是，量子理论数学是用来预言和解释涉及量子实体的现象的，包括前面提到的那些量子事实。

最后，我还想简要讨论的一点是，量子理论数学到目前为止取得了巨大成功。量子理论数学在 80 多年中几乎从来没有发生过变化，也没有做出过不正确的预言。在预言和解释方面，量子理论可以说是我们所遇到过的最成功的理论了。

对量子理论的诠释

对量子理论的诠释实际上是一个关于现实的本质的哲学话题，具体来说，对量子理论的多种不同诠释，核心都围绕一个问题，那就是“什么样的事实可以同时与量子事实和量子理论本身保持一致”。也就是说，可能量子事实是由某种业已存在的现实造成的，而且鉴于量子理论数学在预言和解释这些量子事实方面非常成功，那么认为量子理论数学从某种意义上说与现实有联系就是非常合理的。因此，诠释问题就变成了“什么样的现实既与已知的量子事实和量子理论数学相一致，同时又可以导致这些量子事实”。

在接下来的几个小节中，我们将更加详细地探讨一些基本量子事实和量子理论数学，而在第 27 章中，我们将探讨各种各样的现实命题，其中最出名的就是所谓的测量难题，以及各种量子理论诠释。我在前面提到过，量子事实、量子理论本身和有关量子理论诠释的命题很容易被混为一谈，如果出现了这种情况，你就很容易对围绕量子理论的命题和这个理论可能的影响感到困惑，并对它们产生误解。接下来，我不会要求你保持快速，以确保你可以对量子事实、量子理论本身和对量子理论诠释之间的区别保持清醒。

一些量子事实

在这一节中，我们将看到通过涉及电子、光子和其他量子实体的实验所得到的相当直接明确的经验结果。下面描述的实验，或者与之相似的其他实验，通常被用来表示与量子事实有关的一些奇妙之处。这些实验主要涉及电子和光子。电子是原子的组成部分，用一支电子枪就可以轻松发射出电子。电子枪是用来发射电子束的设备，非常常见。举个例子，庞大的老式电视机和电脑显示器（都不是平板的那种）背部有一个电子枪，屏幕上的画面就是通过引导电子枪发射出的电子运动到屏幕上合适的位置而产生的。光子则是光线“单元”，当然，可以由多种方式产生，比如手电筒。

为了便于讨论，我暂时不想把关注点局限于量子事实本身，也就是实验结果本身，而是对现实进行一个简短的讨论。请注意，这将让我们短暂接触与诠释有关的命题，但是这样做会使我们的讨论更简单。很快我们就会回到对事实本身直接明确的思考上来。

对现实命题的短暂讨论

我们马上就会看到，某些涉及量子实体的实验结果与“量子实体是波”的观点最为一致，而某些实验结果则与“量子实体是粒子”的观点最为一致。假设我们现在思考一个现实问题：电子、光子和类似实体到底是粒子还是波？

让我们先花点时间来认清波与粒子颇为不同的事实。首先考虑一下粒子，让我们以棒球为例。粒子是离散的物体，在空间和时间中都有定义好的位置。粒子与粒子之间以典型的粒子方式进行相互作用，比如彼此弹开，或者分裂成更小的粒子。

波则被更多地看作一种现象，而不是离散的物体，在空间和时间中，波通常在相当大的范围内传播，而不是局限在一个相对较小且定义清晰的位置上。比如，沙滩边的波浪并不是在一个特定位置，而是在一个较大的区域内传播。除此之外，波与波之间的相互作用也与粒子颇为不同。有时，两列波通过相互作用，形成更大的一列波；有时，两列波通过相互作用，达到相互抵消的效果；还有时，两列波相交后分离，各自并不产生任何变化。

波和粒子的性质如此不同，两者产生的实验效果也大相径庭。因此，你可能会认为，要确定电子是粒子还是波，并不会特别困难。举个例子，假设我们有一个可以发出稳定粒子束的设备，比如漆弹枪（这个枪可以发射含有油漆的漆弹，漆弹打到之处会留下油漆印）。继续假设我们在房间外用漆弹枪对着两扇打开的窗户射出稳定的漆弹流。如果我们的问题是“着弹点将如何分布”，答案很简单，很多漆弹会打在窗户所在的墙壁上，而那些穿过窗户的漆弹将打在窗户后面、房间里面的墙壁上。也就是说，在房间里面的墙壁上，我们将看到着弹点的分布与窗户所对应的位置一致。

同样地，暂时假设电子为粒子，我们向有两条狭缝的障碍物发射上千个电子，在双缝后面较远的地方有一张相纸[1]。与我们向两扇窗户发射漆弹时一样，如果电子是粒子，那么很多电子将击中障碍物，但那些穿过双缝的电子应该会击中相纸上双缝所对应的区域。相纸可以记录电子，因此在这种情况下，我们所得到的记录看起来应该是上千个离散的粒子击中相纸上双缝所对应的位置，并在这个区域累积起来。（顺带提一句，相纸不能直接记录电子，但是当与被电子击中就会发光的荧光屏搭配使用时，相纸就相当于一个电子探测器。为了便于讨论，我们将继续认为相纸本身可以记录电子。）

如果画个示意图，这个情形看起来会像图 26-1 那样。这个示意图所展示的已经不仅是事实了，这一点很重要，不容忽视。具体来说，在电子与诸如相纸这样的测量设备产生相互作用之前，我们无法探测到或

[1] 关于实验设置的更多内容可参见托马斯·杨（1807）中的“双缝实验”（又称“杨氏双缝干涉实验”）。

观察到电子，因此，图 26-1 中所画的电子枪和相纸之间的电子就是一种诠释，而不是任何一种直接明确的经验事实。重申一下，这是一个示意图，或者说是一种诠释，表明了如果电子是粒子，那么现实可能是怎样的。记住这一点，图 26-1 就是这个情形的示意图。

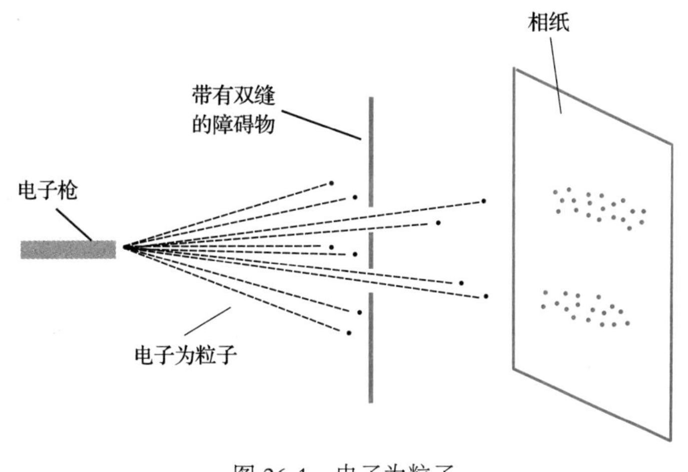

图 26-1　电子为粒子

请注意电子在相纸上是如何累积的。这就是在电子是粒子的情况下，我们预计能看到的情形，而电子的这种累积模式，我们称之为“粒子效应”。

接下来考虑另一种情形，假设电子是波，同时假设我们还是让电子通过同样有双缝的障碍物并落在相纸上。在这种情况下，双缝会把一列波分成两列，这两列波随后会相互作用，其结果将是典型的两列波相互作用所产生的干涉模式。在这个特定的情况下，我们将看到两列波相互作用后在相纸上产生交替分布的亮带和暗带，亮带表示两列波相互叠加的区域，而暗带则表示两列波相互抵消的区域。这样的干涉模式非常著名，自 19 世纪初以来就一直被研究。

因此，如果电子是波，那么有双缝的障碍物应该带来与图 26-2 所示的类似的效果。重申一下，我想强调的是，这样的波无法被直接观察到，所以这幅图再次诠释了潜在的现实可能是什么样子的。理解了这一点，图 26-2 所展示的就是在电子是波的情况下，我们将看到的情形。我将把图 26-2 称为“波效应”。

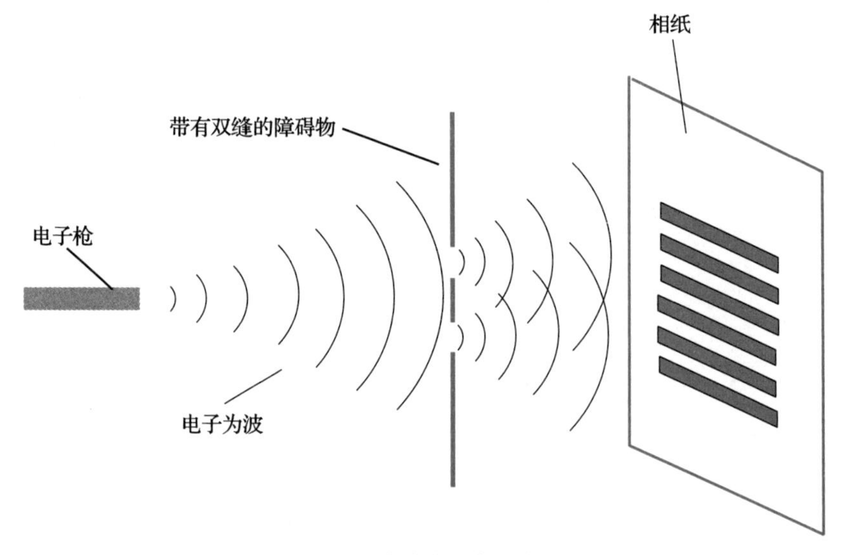

图 26-2　波效应（电子为波）

总之，如果电子是粒子，它们应该会产生一种结果，那就是“粒子效应”；如果电子是波，那么它们应该产生一种相当不同的结果，也就是“波效应”。图 26-3 概括出了粒子效应和波效应。

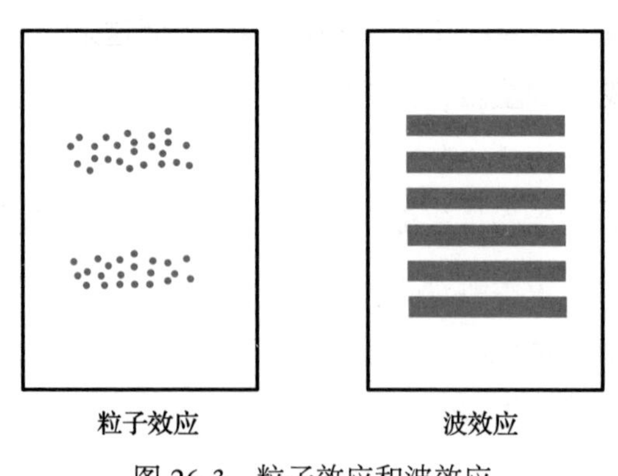

图 26-3　粒子效应和波效应

接下来，我们将描述几个有关电子的实验。从这里开始，我们将结束对诠释 / 现实相关命题的讨论，只简单描述事实。也就是说，在本节剩余篇幅中，我们将描述一些有关量子实体的实验设置和这些实验的结果。

四个实验

下面描述的实验是相当标准的范例，广泛用于说明量子事实的一些令人迷惑的特点。实验 1 如前面的图 26-1 和图 26-2 所示，也就是，我们用一把电子枪向一个有双缝的障碍物发射电子，并用相纸记录电子落点的分布。

根据这个实验设置，结果很明显是波效应。也就是说，相纸上会交替出现暗带和亮带。请再注意一下，从某种意义上说这是一个直接明确的量子事实。我们所描述的只是由观察得来的直接明确的结果：如果你设置一个有双缝的装置，就像前面所描述的那样，那么结果就将是一张有暗带和亮带交替出现的相纸。

至于实验 2，让我们把实验 1 的设置稍做修改。具体来说，假设我们保留了实验 1 的全部实验设置，只是增加了一个被动电子探测器来监测每条缝。也就是说，在上面那条缝的后面，我们放置一个电子探测器，将其称为探测器 A，它将记录所有通过上面这条缝的电子。在另一条缝的旁边，我们放置第二个探测器，将其称为探测器 B，它将监测下面的这条缝。整个实验设置看起来就如图 26-4 所示。

放置探测器是出于以下考虑：如果电子是波，那么波将会同时通过两条缝，因此两个探测器应该总是同时启动，绝对不可能出现只有一个探测器单独启动的情况；如果电子是粒子，那么每个粒子最多只能通过两条缝中的一个，因此每次应该只有一个探测器探测到电子，两个探测器绝不会同时启动。

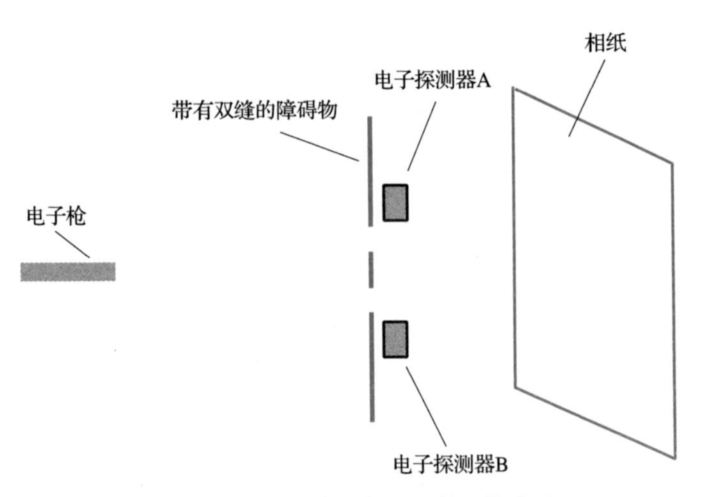

图 26-4　加入了电子探测器的双缝实验

回忆一下，在实验 1 中，结果很明确是波效应。现在我们所研究的实验完全保留了实验 1 的设置，只是多了探测器。由于这些探测器是被动探测器，探测器将不会干扰电子，只会提示电子是否存在。我们最初的判断会是这个实验的结果将同样是波效应。然而，实际情况恰恰相反，这个实验结果很明确是粒子效应。与此相一致的是，在一个时间点，只有一个探测器启动。探测器从来没有在双缝处同时探测到电子，也就是说，从来没有出现在波效应中应该出现的情况。这个结果看起来似乎表明有了探测器的存在，电子的行为模式就变成了粒子。

除此之外，假设我们在电子探测器上安装一个开关（类似电灯开关），这样我们就可以按照自己的需求打开或关闭探测器。只要调整开关的位置，我们就可以在波效应和粒子效应之间转换。当开关在关的位置，我们将看到波效应，在开的位置，将看到粒子效应，而且只需要将开关前后一拨，就可以在两者之间进行转换，频率和速度完全由我们自己控制。

这些实验结果非常出人意料，因为很难想象这样的探测器可以给实验结果带来如此实质性的改变。然而，重申一下，这就是有关量子实体实验的一个事实，也就是说，如果实验设置如实验 1 中所述，结果是波效应；如果我们如实验 2 中那样加入了电子探测器，结果就是粒子效应。同时，就像前面提到过的，仅仅是打开或关闭探测器，我们就可以在波效应和粒子效应之间转换。

至于实验 3，我们将使用光子枪而不再是电子枪。光子枪是一种可以发出光线“单元”的设备。在这个实验设置中，我们将使用一个分束器（实际上只是一面部分镀了水银膜的镜子）、一个合束器（实际上只是一面双向镜）、两个普通镜子和一张用来记录结果的相纸。与实验 2 中相似，我们将加入两个光子探测器，但是在实验 3 中，这两个探测器将保持关闭。总之，整个实验设置看起来就如图 26-5 所示。

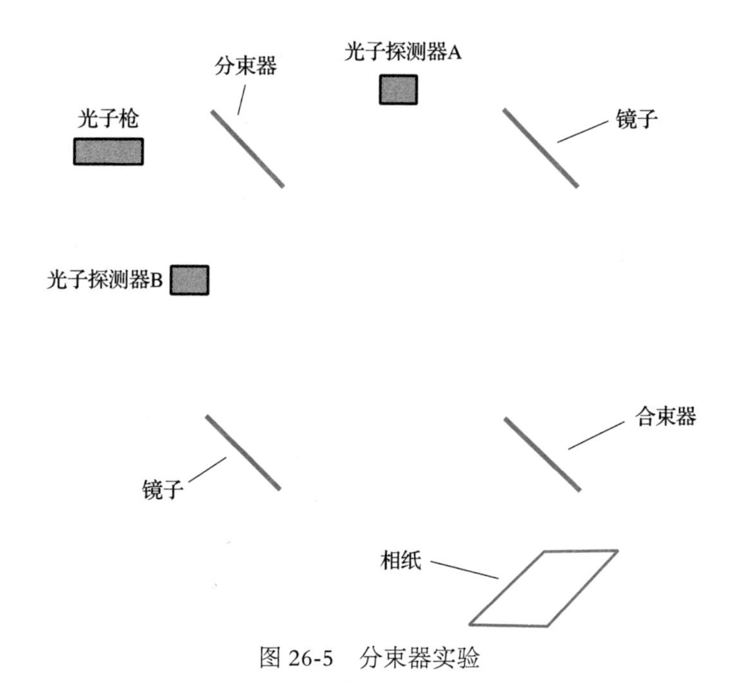

图 26-5　分束器实验

这个实验背后的核心如下：假设光子是波，那么光子枪向分束器发射一束波，分束器将这束波分成两束，其中一束继续直行，到达

图 26-5 中右上角的镜子，而另一束被反射后向下运动，到达图 26-5 中左下角的镜子。这面镜子再次将波反射，使这束波与另一束波在合束器合并，然后到达相纸处。由于在这个情境中存在两束波，因此它们会互相干涉，并在相纸上产生波的干涉模式，也就是波效应。

另外，如果光子是粒子，那么光子的运动路径要么是上方 / 右侧路径，要么是下方 / 左侧路径。在这里，不存在波的干涉，因此我们将看到的应该是粒子效应。

尽管我们在示意图中包括了光子探测器，但在实验 3 中，这些探测器是关闭的，因此没有发挥任何作用。当我们进行这个实验时，结果很明确是波效应，仿佛光子是波。

在实验 4 中，我们将保留实验 3 的全部实验设置，同时把探测器打开。到这时，你很有可能会猜测，如果我们打开探测器，可能会出现奇怪的现象，而且这个猜测确实是正确的。同样地，这些探测器很可能扮演了一个被动的角色，就像实验 2 中的探测器那样。同时，如果光子像前一个实验所表明的那样是波，那么我们将看到的就应该是两个探测器同时启动，毕竟，实验 3 意味着光子是波，因此一列波应该同时到达两个探测器。

然而，事实上，实验结果是同一时间两个探测器中只有一个启动，也就是当光子是粒子而不是波时，我们所应该看到的情况。尽管这个实验几乎与前一个实验一模一样，但是相纸上显示的结果却很明确是粒子效应。

与在实验 2 中的情况一样，在实验 4 中，我们也可以在探测器上安装开关，这样仅通过打开或关闭探测器就可以在波效应和粒子效应之间随心转换。让我们花点时间思考一下这看起来有多奇怪。在实验 3 中，似乎只有光子真的是波时，我们才能得到那些实验结果。而在实验 4 中，似乎只有光子真的是粒子时，我们才能得到相应结果。

上面提到的只是上千个实验中的四个实验及其结果，不过这四个实验结果已经足够体现量子事实的某些奇特之处。在结束这一节之前，让我再简要讨论两点。

第一点，要预测有关量子实体的实验结果，下面是一个粗略指南。如果实验中有对量子实体的探测或测量，那么被探测到的似乎是粒子，也就是说，量子实体在被探测时似乎是粒子。但是，在没有探测或测量时，量子实体的行为模式似乎表明它们是波。因此，作为预测实验结果的粗略指南，我们关心的是对量子实体的第一次测量或探测发生在什么时候。在实验 1 中，第一次测量的设备是相纸。在用相纸进行测量之前，请把量子实体的行为模式当成像波一样。由于在双缝之后才有探测，因此似乎存在波的干涉，而我们所应预计看到的就是一个典型波效应的干涉模式。另一方面，在实验 2 中，对量子实体的第一次测量发生在探测器处，还没有机会发生波的干涉。对另外两个实验，情况也是如此。

请注意，不要误解我在前一段所表达的观点。我并不是说量子实体在被探测时就真的是粒子，在没有被探测时就真的是波。相反，对于到底发生了什么，我持不可知论的态度，只是提供了一个预测此类实验结果的粗略指南。当量子实体被探测时，把它们当作粒子，当没有被探测时，则把它们当作波，这样对上面提到的实验，就有了一种预测实验结果的方法。

第二点，也是密切相关的一点，请注意，在涉及量子实体时，测量或探测行为似乎扮演了一个有趣的角色。举个例子，前面实验中的电子和光子探测器是检测电子或光子是否存在的测量设备。这些测量设备似乎会影响实验现象，也就是影响我们将看到波效应还是粒子效应，而这十分令人困惑。电子、光子或其他量子实体如何“知道”附近有探测器或其他测量设备？基于这一点，什么才真的能算是对量子实体的测量？这些都是很难回答的问题，构成了人们通常所说的“测量难题”。稍后，我们将在第 27 章中探讨这个难题，但是现在我只想让你了解一下这些关于测量的命题，以及测量在量子理论中所扮演的有趣角色。

量子理论数学概述

量子理论数学非常高深，因此不可能在像本书这样的篇幅中进行详细介绍，而同时又确保准确、易懂。然而，尽管在这里可能无法详细介绍量子理论数学，但是要给出一个准确易懂的大致概念，也并不是特别困难。

我的策略将是分别用两种在某些方面有些重叠的方法来描述量子理论数学；第一部分将是对量子理论数学的一个概括性、描述性的概述；第二部分仍将具有一定的概括性和描述性，但其中增加相当多的详细内容。如果你希望有更多的了解，在本书最后的章节注释中有一部分提供了更详细的说明。

量子理论数学的描述性概述

量子理论实际上是一种“波”数学，应与“粒子”数学相区别。对波数学和粒子数学进行简单介绍将会很有帮助。

在物理学中，我们发现有“粒子”数学和“波”数学。说粒子数学和波数学，我所指的是两种数学，一种是在涉及离散式物体（粒子）时所使用的，另一种是在涉及波的情形时所使用的。举个例子，如果我们把一个保龄球从房顶扔下去，这种情形中的物体就是一个离散式物体（保龄球），而且这种物体看起来受到多种力（比如重力）的影响。适用于这种情形的数学就可以算是我所说的“粒子数学”。

然而，波与粒子是不同的（某些关键不同点已经在前面讨论过了），因此适合粒子的数学并不适合涉及波的情形。不过，处理与波相关的情形，也存在已经得到确认的数学方法。在物理学中我们会用到粒子数学，也会用到波数学，具体来说，波数学让我们可以预测，对一个系统，我们将探测到怎样的特性（比如，一列波的能量有多少），以及这个系统将如何发展变化（比如，在未来某个时间点，波峰将在哪里）。

重申一下，量子理论是一种波数学。不过，正如前面提到过的，这并没有什么不寻常之处。波数学在物理学中随处可见，量子理论只是具体呈现了物理学家非常熟悉的一种数学方法。

在结束这一小节之前，我想探讨一个常见的问题，而反过来，该问题又可以用来结束这个概括描述了量子理论数学的小节。总之，量子理论数学是一种波数学，它与其他类型的数学在物理学中的使用方式相同。具体来说，根据一个系统目前的状态，你可以用量子理论数学来预测会观察到这个系统怎样的特点，以及这个系统在未来会呈现怎样的状态。

如果量子理论数学是一种常见的波数学，那为什么我们经常听说量子理论是一个很不寻常的理论呢？在很多关于量子理论的文献中，你很容易有一种感觉，那就是从某种意义上说，量子理论与过去的物理学理论有着显著的差异。的确，从某个角度来看，我认为这种感觉是正确的。举个例子，围绕量子理论的命题迫使我们重新思考人们从古希腊时期就开始秉持的有关这个世界的假设。然而，量子理论数学又是一种常见的波数学，那么量子理论到底在哪些方面与其他物理学理论不同呢？

有一个差异并不大，但是值得一提，那就是量子理论数学给出的通常是概率性预言，而不是确定的预言。举个例子，如果我们用量子理论数学来预言一个电子的位置，数学计算将会告诉我们在不同位置探测到电子的可能性。相比之下，如果是针对从房顶落下的保龄球，数学计算将会给我们提供一个确定的预言。简言之，物理学其他分支所给出的预言通常是确定的（“将在这个方向探测到保龄球”），而量子理论所进行的预言通常是概率性的（“在这个位置探测到电子的概率是多少”）。

不过，这只是量子理论数学与其他物理学分支的一个细微差异。我脑中想到的主要差异是关于对数学的诠释。由于涉及诠释的命题是第 27 章的主要话题，在这里我仅进行简短讨论。

第一个重点是，物理学中使用的数学实际上只是数学。因此，数学与这个世界没有必然或内在的固有联系。这一点很容易被忽视，但要理解量子理论在哪些方面不寻常，这一点是关键。要更好地理解这一点，让我们再思考一下从房顶落下的保龄球的例子。在用数学对下落的保龄球进行预言时，其实并不需要把所运用的数学诠释成关于下落的物体的。所用到的方程式只是一个方程式（一个数学计算），只是一些符号的集合，这些符号根据有关的数学规则组合在一起，并受这些规则控制。

然而，事实上，我们从某个角度对数学进行了诠释（比如把数学诠释成关于下落的保龄球的），这样的诠释一直都非常有成效、非常有用（比如，对进行预言非常有用）。除此之外，在对与下落的保龄球有关的数学进行诠释时，我们通常或多或少从相同的角度出发。举个例子，存在一种广泛的共识，那就是方程式的这个部分代表了下落的保龄球，那个部分代表了时间，另一个部分代表了保龄球开始下落时的位置，等等。简言之，对这个方程式如何表述或者说“描绘”与下落的保龄球有关的情形，存在一种广泛的共识。

前面的例子涉及与下落的保龄球有关的方程式，在与此类似的情形中，我们通常会有一致的诠释，而这恰恰掩盖了我们其实是在进行诠释的事实。换句话说，我们确实是在对数学进行诠释，但是我们是从同样的角度进行诠释，而且在过去几百年间一直如此，因此，我们通常不会发现，使用数学来对这个世界进行预言需要我们把数学诠释成关于这个世界的数学。然而，事实上，我们把数学与这个世界“进行关联”的方式并不是数学内在的固有属性，而是我们对数学的一种诠释。

在前面几段中我试图让你看到，对如何把和下落的保龄球有关的数学与这个世界联系起来，存在广泛共识（“方程式的这个部分代表了下落的保龄球”等）。这正是量子理论数学的主要不同之处，也就是，对如何把量子理论涉及的数学与这个世界联系起来，并不存在共识。

这里我需要谨慎一些，以避免误解。让我们思考一下用量子理论预言电子位置的例子。几乎每个人都认为其中涉及的数学确实是与这个世界相关联的，至少在一般意义上是这样。举个例子，大多数人都认为存在电子这样的物体，认为电子可以影响我们认为是用来记录电子位置的测量设备的物体，还认为量子理论数学使我们可以预测，在涉及电子的某些情况下，这些测量设备会有怎样的表现。因此，一般来说，几乎所有人都认为量子理论数学确实与像电子和测量设备这样的物体联系在一起。

如果你想更进一步了解，那么量子理论数学所展示的现实似乎非常怪异。我们将在第 27 章中更详细地探讨它究竟从哪个角度来说是非常怪异的。在这里，我只想简单陈述如下：量子理论数学所展示的现实非常怪异，这也就是为什么人们常会听说量子理论是一个非常奇怪的理论。

作为对这一小节的总结，有一点值得再次强调，那就是量子理论数学一点都不奇怪，事实上奇怪的是对量子理论数学的诠释。顺带提一下，这里很适合回忆一下我们在本书前面讨论过的一点（在第8章中关于工具主义和现实主义的讨论）。你完全不需要进行这样的诠释。也就是说，用工具主义态度来对待一个理论（在这里就是对待量子理论），是一种常见且值得尊敬的态度。对量子理论，工具主义态度意味着秉持如下立场：我们有量子理论数学；我们有精通使用量子理论数学的专家；量子理论数学使我们可以做出非常准确和可信的预言。谁又能要求得更多呢？

从某种程度上，对量子理论更为详细但仍为描述性的概述

正如在前面所描述的，量子理论数学是一种波数学。在这一节中，让我们首先讨论几个有关波和波数学的事实。

首先是一个相当不起眼的事实，你可能从来都没认真思考过这个事实，那就是波以群组的形式出现。举个例子，由弦乐器（比如吉他和五弦琴）产生的波，彼此之间存在相似之处，但是与管乐器（比如单簧管和萨克斯管）产生的波之间的相似点并不相同，而管乐器产生的波之间的相似点与打击乐器（比如低音鼓和邦戈鼓）产生的波之间的相似点又不相同。这就像是你跟家人之间有相似点，但是与我跟家人之间的相似点并不一样。简言之，我们可以把波按群组分类。

由于波以群组的形式出现，因此适用于波的数学同样也可以按群组分类也就不足为奇了。下面假设图26-6代表了波数学的不同群组。

在图26-6中，左边的家族图标代表了波家族，我把它们称为家族A、B、C、D等。这就像是你的姓氏代表了你的整个家族。右边多个相同的图标代表了每个群组中的各个成员，我用a1、a2、a3等来指代它们。重申一下，这就像是你的名字、父母的名字、兄弟姐妹的名字，它们可能都分别代表了你家族中的一个成员。

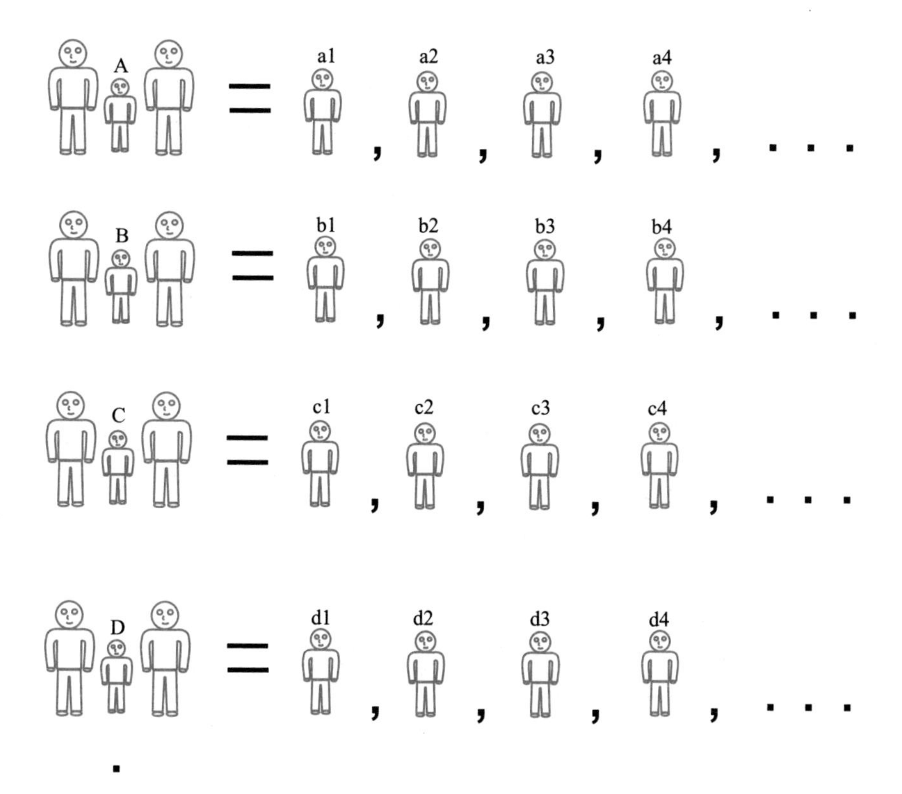

图 26-6　波数学群组

波以群组的形式出现并不稀奇，现在与此形成对比的是，任意特定的波都可以通过把任意波群组中合适的成员组合在一起来产生，这是个相当令人惊讶的事实。以某个特定的波为例，比如拨动吉他上的弦时产生的波。假设图 26-7 代表的是描述了这列波的方程式。现在，从上面的群组图谱中选择任意一个群组，比方说，我们选了群组 A。在群组 A 中有一些成员，当它们组合在一起，就会产生我们所讨论的这列波。也就是说，把群组 A 中合适的成员组合在一起可以产生这列波，如果用示意图来表示，如图 26-8 所示。

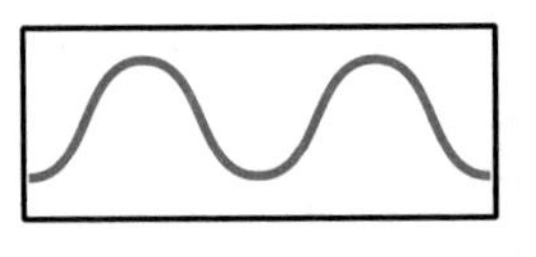

图 26-7　波方程式的表达

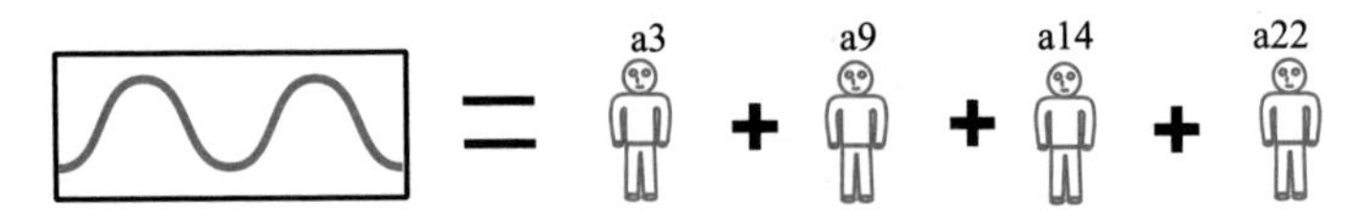

图 26-8　组合群组中合适的成员来产生一列特定的波

值得注意的是，把任意其他群组中合适的成员组合在一起也可以产生同样的波方程式。举个例子，把群组 C 中合适的成员组合在一起也可以产生同样的波方程式，如图 26-9 所示。

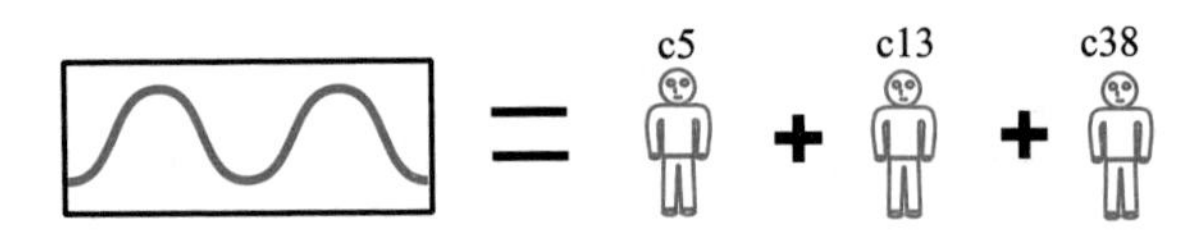

图 26-9　组合另一个群组中合适的成员可以产生同样的波

总的来说，任意一列给定的波都可以通过把任意一个给定的波群组中合适的成员组合在一起来产生。正如前面提到过的，这个关于波的事实相当不可思议，自 20 世纪以来已经得到广泛研究，而且证明会产生很多结果。比如，正是因为这个事实才使得用电子设备复现音乐成为可能。（想一想，一个小小的电子设备，与吉他、鼓或喇叭几乎没有任何相同点，但却可以产生与吉他、鼓或喇叭几乎完全相同的声音，这难道不相当令人震惊吗？为什么会这样？其核心就是前面所讨论的关于波的这些事实。概括来说，打个比方，你用来听音乐的耳机产生了一系列波，组成了一个波群组，因此，根据前面所讨论的关于波的事实，把耳机波群组中合适的成员组合在一起就可以产生由吉他、喇叭、人声或任意物体产生的波。）

实际上，有了这个并不稀奇的事实（波以群组的形式出现）和另一个相当不可思议的事实（任意一列给定的波都可以通过把任意一个给定群组中合适的成员组合在一起来产生），我们就足以更好地理解量子理论数学原理了。那么，这一小节的最后一个任务就是解释如何把这些关于波数学的事实与量子理论关联起来。

尽管清晰解释有关波数学的这些事实与量子理论之间的关联要花费很多工夫，但我们可以进行简略探讨。以下就是最简略的一个总结：

（1）一个量子系统的状态由某个特定的波数学群组所代表，通常其被称为这个系统的波函数。

（2）对一个量子系统可能进行的每一种测量都与某个特定的波群组相关联。

（3）对一个量子系统进行测量时，在（与这个测量相关的）波群组中找到可以组合在一起产生这个量子系统波函数的那些成员，就可以得出有关测量结果的预测。

现在，让我们探讨一下这些意味着什么，首先从对（1）的解释开始。思考一个量子系统，比如在某个特定环境中的某个特定电子。就像吉他弦产生的一列波可以由某个特定的波数学群组来表达一样，在某个特定环境中的电子也可以由一个波数学群组来表达。重申一下，这个波数学群组就被称为此系统的波函数。

让我们假设电子的波函数如图 26-10 所示。因此，理解（1）是相对直接且明确的—— 一个量子系统，比如在某个特定环境中的一个电子，可以用一个波函数来表达。

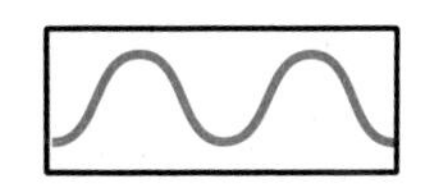

图 26-10　用波函数表达的某个特定环境中的一个电子

理解（2）就要困难一些，但仍然是比较直接明确的。回忆一下，波以群组的形式出现，与波相关联的数学也以群组的形式出现。在量子理论数学里，每一个这样的群组都与某个特定类型的测量有关。比如，电子的位置就是一种可能会对这个电子进行的测量。在各个波数学群组中，有一个群组将会与对位置的测量相关联，另一个群组会与对电子动量的测量相关联，还有一个群组会与对电子自旋的测量相关联……对各种我们可能对电子进行的测量，都会有一个波数学群组与之相关联。

如果用示意图来表示，那么将如图 26-11 所示。该图只列举了三种测量，但实际上对一个量子系统也许能进行无数种测量。正如图 26-11 所示的以及前面（2）中所描述的，每一种这样的测量都会与一个特定的波群组相关联。(顺带提一下，为了便于讨论，我用 P、M 和 S 来代表图中三种测量，但应该注意的是，这些并不是物理学家用来代表位置、动量和自旋的标准缩写。)

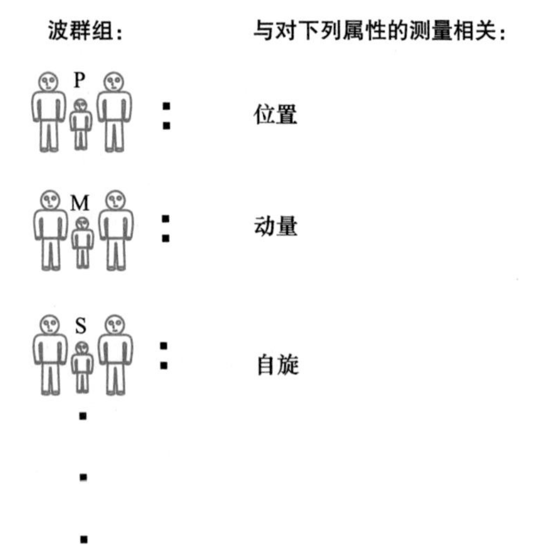

图 26-11　与测量相关联的群组

理解（3）很有可能是这一部分中最难的了。让我们通过例子来理解。假设我们有一个在特定情境中的特定电子，我们想预言对电子位置进行测量会得到怎样的结果。为了便于讨论，假设在这个例子中，可能发现电子的位置只有两个。现在，通过（1）我们知道了有一个波函数与这粒电子相关联（见图 26-12）；通过（2）我们知道了在各个与波相关联的数学群组中，会有一个群组与对位置的测量相关联，让我们假设这个群组是群组 P（见图 26-13）。

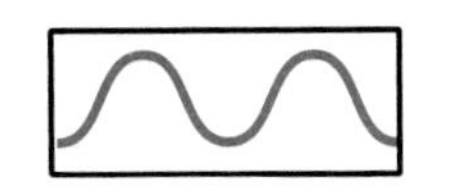

图 26-12　电子的波函数

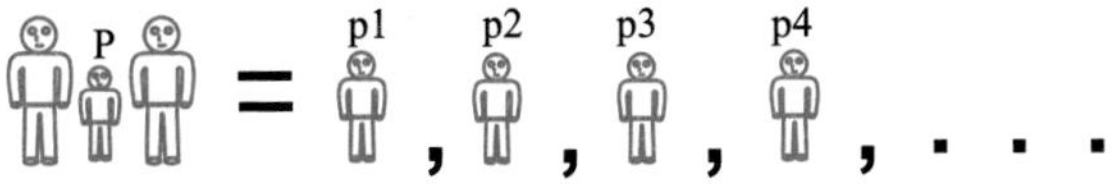

P = p1, p2, p3, p4, . . .

图 26-13　与对位置的测量相关联的群组 P

现在，回忆一下前面提到的那个不可思议的事实，也就是任意一个波群组中合适的成员都可以组合在一起来产生任意特定波函数。因此，具体来说，群组 P 中会有一些合适的成员，当它们组合在一起时可以产生我们假设的特定电子的波函数。让我们假设 p8 和 p11 就是这种成员，如果用示意图来表示，如图 26-14 所示。

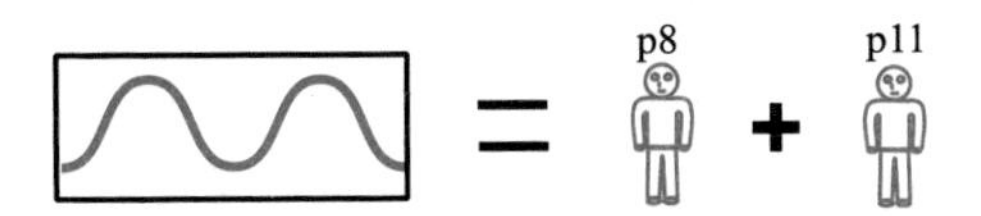

图 26-14　分解成群组 P 成员的波函数

有了这些信息，我们就可以解释（3）了。回想一下，我们想做的是对特定电子的位置进行预言，群组 P 是与对电子位置的测量相关联的群组，同时 p8 和 p11 是群组 P 中可以组合在一起来产生代表特定电子波函数的成员。

这两个群组成员 p8 和 p11，能使我们做出所需的预言。在这个例子中，有两个区域可能找到特定电子。事实证明，对 p8 进行某些直接且明确而标准的数学计算，结果将是 0 或 1，这个数字代表了在第一个区域里找到特定电子的可能性；对 p11 进行同样的数学计算，结果也将是 0 或 1，而这个数字则代表了在第二个区域里找到特定电子的可能性。这就是通过 p8 和 p11 对电子位置进行预言的方式。（虽然前面提到的数学计算并不是理解这段讨论的关键，不过如果你对此感兴趣，下面是对此的概述：p8 是一个与某列特定波相关联的波数学群组，每一列波都有振幅，因此 p8 也有一个与之相关联的振幅。这个数学计算涉及 p8 振幅的平方。在这个计算中，所涉及的数学性质决定了其结果将总是为 0 或 1。正如前面提到过的，这个数字代表了在第一个区域里找到特定电子的可能性。对 p11，计算也是类似的，也就是计算出与 p11 相关联的振幅的平方，所得数字就是在第二个区域里找到特定电子的可能性。）

因此，（1）（2）和（3）描述了量子理论数学如何用于预测对量子系统进行测量时可能观察到的结果出现的概率。总结一下：（1）描述的是一个量子系统是由这个系统的波函数所代表的；（2）描述的是波群组与不同种类的测量相关联；（3）描述的是群组中可以组合在一起产生波函数的成员，让我们可以对与这个波群组相关联的测量结果进行预测。

状态随时间的演变

在结束这一节前，让我再简要介绍一下状态随时间的演变。到目前为止，我们所讨论的只是在一个给定状态下对一个量子系统进行测量的结果。我们在前面讨论过，物理学通常不仅是关心在某个特定时间进行测量时所出现的结果，还会预测在未来可能进行的测量的结果。

在量子理论中，一个系统随时间的演变，可以用薛定谔方程来预测。回忆一下前面提到的（1），也就是一个系统当前的状态由这个系统的波函数所表达。概括地说，通过薛定谔方程，我们可以从表达当前系统状态的波函数出发，计算出这个系统未来将是什么状态。

薛定谔方程与其他学科中方程式所扮演的角色类似。让我们回到从屋顶落下的保龄球的例子，牛顿物理学中有很多广为人们所熟悉的方程式，它们使我们不仅可以预测当下进行测量所得的结果，还可以预测整个系统随时间会如何变化。也就是说，这些牛顿物理学中的方程式控制着状态随时间的变化。与此类似，在量子理论中，薛定谔方程也控制着量子状态随时间的变化。

结语

在本章开篇部分，我们概括了解了一些基本量子事实。对于经验性量子事实是什么不存在任何疑问，尽管从某种意义上来说，它们确实是很怪异的事实。然而，它们的怪异之处更多的是由从现实出发的观察角度所造成的，具体来说，基本上，当我们试图想象什么样的现实可以产生这样的事实时，这些怪异之处就会出现了。我从一开始就已经强调过了，现实问题及与诠释相关的命题要与在本章中所讨论的命题区分开来，我们将在第 27 章探讨这些命题。

在结束本章之前，还有最后一点需要探讨。在前面讨论数学的时候，我主要强调了，实际上量子理论数学与在物理学中存在了上百年的那种数学相比，扮演的角色是相同的。具体来说，就像在本章前面有关章节所介绍的，量子理论数学让我们可以预测在某个特定时刻所进行的测量的结果，同时，也可以通过薛定谔方程来预测在未来某个时刻系统将处于怎样的状态。

然而，很重要的一点是，当与通常所说的“投影假设”（将在第 27 章中讨论）相配合时，薛定谔方程的用法与其他科学学科中的方程式非常不同。不过，要理解这个不同之处，最好是在涉及诠释 / 现实问题的情境中。在第 27 章中，我们将非常小心谨慎地探讨这些命题。

第 27 章

现实问题：测量难题和量子理论的诠释

在本章中，我们将探讨两个围绕量子理论的相互关联的命题。我们将首先研究现在被称为测量难题的命题。测量难题是伴随着量子理论出现的命题，量子理论之前的科学理论从来没有衍生出过这样的命题，而且与测量难题紧密相关的是在涉及量子实体的实验和现象中真正发生的情况，因此值得在本章讨论一下。除此之外，理解测量难题也可以使我们更好地理解与现有量子理论诠释有关的多个命题和难点。

测量难题

描述测量难题的方式有很多种，一些方式更具技术性，而其他方式则不然。在本节中，我想用一种不那么技术性的方式来探讨这个难题，但同时又能让你体会到测量在量子理论中所扮演的角色具有某些让人深感困惑的侧面。测量有一个特点并没有得到广泛的理解，我认为，首先明确一下这个特点将有助于我们的讨论。

下面是对术语的一点简要讨论。在本章剩余的篇幅中，当我谈到“标准量子理论”时，出现在脑海中的是量子理论数学的通常方法，也就是我们在第26章中看到的数学。这是几乎所有关于量子理论的教科书和大学课程（物理学专业课程）中所教授的数学，也是对有关量子实体系统进行研究的物理学家所使用的数学。

测量是什么

让我们设想一个特定的测量装置，比如住宅后门廊里经常会放的室外温度计。此时，我脑海中出现的是一个体积很大、表盘为圆形的温度计，表盘上有一根指针，指着沿着表盘边缘排列的一圈数字，而这些数字代表的则是室外温度。

这样的一个温度计是我们所认为的测量设备的范例，可以说明我们把什么样的物体归为测量装置，在这个例子里，也就是用什么样的装置来测量室外温度。概括来说，下面所描述的就是这种测量装置是如何工作的（或者更准确地说，某种设计是如何发挥作用的）。在设备外壳的里面靠近中央的位置，有一根由两种金属材料制成的螺纹金属条（也就是一根双金属条）。金属会热胀冷缩，但这两种金属热胀冷缩的幅度不同。因此，气温降低时，金属条上的螺纹会变紧；气温升高时，螺纹会变松。如果我们在金属条中央装一根指针，螺纹发生变化时，指针就会移动。如果我们选择合适的金属材料，螺纹金属条的长度、宽度和初始强度也都合适，指针一开始也在正确的位置上，那么我们就得到一个装置，设备内部发生的物理变化会让指针在一定的数字范围内稳定地移动，而这些数字所指示的就是气温。

现在把这个例子与我们不认为是测量装置的事物对比一下。比如某个露台家具，假设就是一把放在温度计旁边的露台折叠椅，有金属框架及织物座椅和椅背。

请注意，温度计会因为气温变化而发生一些物理变化，这把椅子也会出现此类的物理变化。就像温度计里的金属螺纹会热胀冷缩一样，椅子的金属框架也会热胀冷缩。温度计里螺纹的变化会引发其他变化，比如指针位置的变化；椅子金属框架的变化也会引发其他变化，比如椅背的织物会因此变紧或变松。

重点是，温度计和折叠椅之间不存在根本的物理差异，而这一点对理解测量问题的核心也至关重要。说到底，温度计和折叠椅都是存在于这个世界的物体，它们会与自己所处的环境进行互动，并在对环境特征进行回应时经历物理变化。不过，如果这两个物体间并不存在根本的物理差异，那么核心问题是：为什么我们认为其中一个是测量装置，而另一个不是？

我们所能给出的唯一诚实而又准确的答案似乎是，这其中的差异存在于我们自身。我们因为某些原因而对有些物体感兴趣，而对其他物体不感兴趣。比如，你我都想知道早上的气温，从而确定当天该穿什么。因此，我们称为温度计的装置所发生的物理变化，对我来说是有意义的。相比之下，温度计旁边的折叠椅也会发生同类的物理变化，但我找不到理由让自己去对这些变化感兴趣。

让我们暂停一下，想想其他类型的测量设备，就会发现也存在我们在前面讨论的这种情况。举个例子，我们有一把用来测量长度的木质码尺，还有一把用来搅拌颜料的相同的木质码尺，对比两者，除了我们对它们的兴趣，没有其他根本性差异。事实上，在我的工作间里，我确实有两根这样的码尺，多年来我一直用其中一把来测量长度，而另一把几乎只用来搅拌颜料。在这两个情境中，也就是在测量情境和颜料搅拌情境中，两把码尺的物理特性本质上是相同的。然而，我们却会认为其中一把是测量装置，而另一把是颜料搅拌棒。

总的来说，在物理特性方面，我们认为是测量装置的物体，与我们认为不是测量设备的物体相比，并没有任何实质性差异。因此，似乎并不存在一种不依赖于人类兴趣的、可以作为原则的客观方法，来把我们认为是测量装置的物体与我们认为不是测量装置的物体区分开来。很快我们将看到，在过去，这从来没有造成过任何严重的后果。

然而，在面对标准量子理论时，各方面的测量——似乎没有一种客观而又独立的方法来区分测量设备和非测量设备，以及一个物体是不是测量设备似乎取决于我们自身——就扮演了重要角色。在开始探讨测量在量子理论中所扮演的角色前，让我们首先思考一下测量在其他科学体系中所扮演的角色（或者在其他科学体系中没有扮演任何角色的情况），比如在牛顿科学体系中，这对我们将很有帮助。

测量在牛顿科学体系中的角色

假设我们要从一栋高楼房顶抛下一个物体，比如是一个棒球。根据牛顿物理学我们知道，一旦把棒球抛出，棒球的加速度（直到落地时为止）大约是 10 米 / 秒 ^{2}。因此，棒球下落每多 1 秒，下落速度就会增加 10 米 / 秒。这样一来，如果我们要在抛出棒球后到棒球落地之间的任何一个时刻来测量棒球的速度，牛顿物理学会告诉我们可以预计得到怎样的测量结果。同样地，如果我们要在抛出棒球后到棒球落地之间的任何一个时刻来标定棒球的位置，牛顿物理学同样会告诉我们可以预计得到怎样的测量结果。

重点是，在这个例子中，测量在整个过程中没有发挥任何作用，这在理解与量子物理学相关的测量问题时也将是核心的一点。也许我们选择在棒球下落的某个时刻测量其下落速度，或者我们选择不进行这样的测量，不管测量与否，这个系统的演变不会有任何不同。

正因如此，在牛顿科学体系以及其他基础科学的学科中，测量并没有带来什么特别的难题。这是因为在这些理论中，尽管测量可以让我们得到一些自己感兴趣的信息，但并不会影响这些理论对某个系统演变的解释。简言之，在之前的科学体系和现在除了量子理论的基础科学中，测量并没有扮演不寻常的角色。因此，测量也没有带来任何问题，也就是说，不存在测量难题。然而，毫无疑问，你一定会猜测在标准量子理论中，测量扮演了一个不一样的角色。接下来，我们将探讨这一点。

测量在量子理论中的角色

在第 26 章结尾处我们看到，在量子理论中，状态随时间的演变遵循薛定谔方程式。也就是说，就像前面提到过的从房顶抛棒球的例子，我们可以用前面讨论过的牛顿物理学方程式，来预测其中的系统会如何随时间演变。在量子理论中，薛定谔方程式让我们可以预测量子系统会如何随时间演变。

假设我们有一个实验设置，与我们在第 26 章讨论过的那些实验设置类似。具体来说，假设有一个光子枪可以发射出单个光子，我们向分束器，也就是一块部分镀了水银膜的镜子，发射光子，其中大约一半光子会被反射回来，另外一半则会通过分束器。我们将在分束器后面放置两个光子探测器，为了便于讨论，让我们假设光子探测器只要探测到一个光子后就会发出“哔”声。这个实验设置如图 27-1 所示。

假设我们有一个按钮，每次按下按钮，就会向分束器发射一个光子。对于在这个情境中我们能观察到什么，不存在任何疑问，也就是每次按下按钮，探测器 A 和探测器 B 中的一个便会发出“哔”声，但两个探测器永远不会同时发声。除此之外，如果我们在一段时间内持续发射并探测光子，那么在其中 50% 的时间内，我们将听到探测器 A 发出“哔”声，而在另外 50% 的时间内，则会听到探测器 B 发出“哔”声。

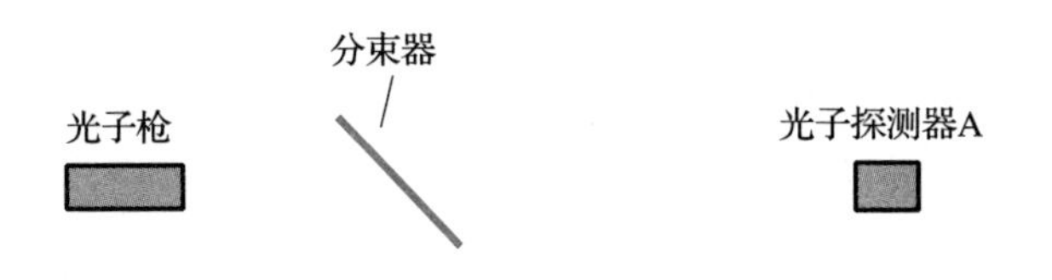

图 27-1 分束器设置

让我们再进一步看看量子理论的标准数学是如何表达这个实验设置的。每次按下按钮后，整个系统的状态就会由一个波函数来代表（我们已经在第 26 章中对这一点进行了详细讨论），具体来说，就是一个表达了一列波正在向分束器运动的波函数。

在光子到达分束器后，此时，薛定谔方程式所表达的就是处于通常所说的“叠加态”的光子。当我们说所表达的是处于叠加态的光子，就相当于说（至少在这个例子里）所表达的是光子处于某种由两个不同的态组合而形成的态中。在这个例子里，组成叠加态的其中一个态所表达的是光子为向探测器 A 运动的一列波，另一个态所表达的则是光子为向探测器 B 运动的一列波。

在标准量子理论中，叠加态无处不在。总的来说，不管在什么时候，只要一个物理作用可以造成两个或两个以上可能的态，比如这个例子里分束器的实验设置，那么薛定谔方程式所表达的就将是一个涉及叠加态的情境，也就是在这个情境里，那些可能的态形成了某种组合。

理解了这一点，让我们思考一下当光子经过足够长的时间到达探测器时整个情境看起来如何。回忆一下，我们在前面讨论过，光子探测器只是一个普通物体，与分束器这样的物体并没有原则性差异。因此，当光子与探测器之间发生互动时，这说到底只是又一个物理作用的过程，这个过程似乎会造成两个可能的态，两者并不相同，在这个例子里，其中一个态是探测器 A 发出“哔”声，另一个态是探测器 B 发出“哔”声。

确实，如果让薛定谔方程式不受任何干扰地演变，那么此时它所表达的应该是这个实验设置由一个叠加态组成，而组成这个叠加态的是探测器 A 发出“哔”声和探测器 B 发出“哔”声所形成的一种组合。

如果此时的描述听起来开始有些奇怪，那很正常。回忆一下，我们从来不曾观察到两个探测器同时发声。事实上，我们观察到的是，只有一个探测器（要么是 A，要么是 B）发出“哔”声。因此，薛定谔方程式所表达的情境与我们观察到的存在显著差异。那么，标准量子理论如何应对存在于我们自身体验与薛定谔方程式表达之间的这种差异呢？

为了应对这种差异，标准量子理论数学在我们在第 26 章所讨论的基本数学内容之上，增加了一个额外内容，也就是一个额外的基本假设。这个额外的部分就是通常所说的“投影假设”（另一个名称同样常见，那就是“坍缩假设”）。

投影假设背后的思想是，在我们观察某个测量结果时，实际上是把我们观察到的测量结果，不管是什么，都插入了数学中。换句话说，在观察某个测量结果时，我们就终止了一个由薛定谔方程式所表达的持续演变的叠加态；我们插入了一个波函数，来表达我们所观察到的测量结果。接下来（如果这是一个可以继续演变的系统），我们重新引入薛定谔方程式，继续由这个方程式来表达整个系统的演变。也许，一直到另一个测量过程发生时，这种状况才会改变（此时我们将重复本段前面所描述的步骤）。

关于术语，要说明一下，此时对整个情境的数学表达，也就是在一次测量过程之后，使用投影假设终止了叠加态，这通常被称为“波函数坍缩”，有时也被称为“波包收缩”。这些名词可能意味着波函数的坍缩被看成了一个实实在在的物理过程，在微观层面发生的一个过程，而且确实有人是这么说的。不过，就我们的讨论而言，此时最好是用工具主义态度来接受这些术语，也就是说，运用这些术语只是为了便于描述整个情境的数学表达。

因此，测量在标准量子理论数学中所扮演的角色，完全不同于它在以前各科学体系中或者在现今其他所有基础学科中所扮演的角色。回忆一下我们在前一小节的讨论，在牛顿物理学中，测量并没有扮演不寻常的角色。

也就是说，在棒球下落的过程中，不管我们是否测量棒球所在位置，都不会给系统带来变化，这个系统的数学表达也不会发生改变。

然而，在标准量子理论中，测量会让系统发生变化（或者更确切地说，测量会改变系统的数学表达）。测量所扮演的这种不寻常的角色引发了难题。即使用工具主义态度来看，测量所扮演的角色都很不寻常，因为测量改变了系统的数学表达（重申一下，把这一点与前面所讨论的牛顿物理学的例子进行对比，在牛顿物理学里，测量不会影响对系统的表达）。

但是，如果我们用现实主义态度来对待标准量子理论数学，整个情境似乎就显得非常奇怪了。具体来说，如果我们用现实主义态度来对待标准量子理论数学，那么测量就改变了世界原本的样子。也就是如果我们选择进行测量，那么世界会呈现出一个样子；如果我们选择不进行测量，那么世界将是另一个样子。简言之，在标准量子理论中，测量扮演了一个不同于它在以前各个科学体系中或者在现今其他所有基础学科中所扮演的角色。如前所述，这就带来了一些难题。

接下来，我们将会详细讨论其中的一些难题，不过在这之前，有一个话题在大多数关于量子理论的讨论中很常见而又密切相关，如果我们首先对此进行探讨，将会很有帮助。根据我们到目前为止的讨论，你可能忍不住会认为关于量子理论的奇怪之处，比如叠加态和测量终止叠加态的效果，基本上只涉及像光子、电子这样存在于微观层面的实体，而与你、我、我们的房子和汽车等所处的宏观世界无关。为了表明情况并非如此简单，让我们思考一下“薛定谔的猫”，这是一只著名的小动物，暗藏在大多数关于量子理论的讨论中。在量子理论历史上，薛定谔的猫是一个著名的例子，它帮助说明了叠加态的奇怪之处，表明这样的奇怪之处并不一定仅限于微观层面，也丰富了与测量难题有关的命题，在本章剩余的篇幅中，我们将看到，薛定谔的猫帮助表明了我们即将讨论的量子理论所诠释的某些核心特点。因此，薛定谔的猫值得我们深入了解。

薛定谔的猫

在 20 世纪 20 年代末，薛定谔发现自己主导提出的数学方法存在某些不寻常的方面，这些让他有些不安。他进行了一个思想实验，进一步说明了量子理论的某些奇怪之处。顺带解释一下，思想实验，顾名思义，是一个要求我们全程进行思考而不需要实际操作的实验。

薛定谔让我们想象，在一个密封的盒子里有一只猫，同时还有一个微弱的放射源。这个放射源在一小时内释放出一个放射性粒子的概率是50%。如果放射源释放了一个放射性粒子，这个粒子将会触发一个探测器，这个探测器在触发之后会打开一小瓶毒药，这些毒药可以毒死盒子里的猫。

当然，薛定谔的用意肯定不是要虐待猫。重申一下，这是一个思想实验，而不是一个要付诸实践的实验（如果你思考一下这个实验，就会发现这个实验不会产生任何有趣的数据）。实际上，薛定谔的目的是把微观层面的怪异之处与宏观层面的事件联系起来，同时表明量子理论数学中特别常见的叠加态也存在怪异之处。

要理解“薛定谔的猫”的思想实验，请思考一下稍做了修改的实验，这个实验设置与图 27-1 所示的分束器设置类似。想象一下，我们把图 27-1 所示的实验设置放入一个不透明的大盒子。与此同时，我们还将把一只猫放进盒子里。我们会同时把光子探测器 A 与一小瓶毒药连接好，但并不连接探测器 B，就像薛定谔最初的思想实验里一样。也就是说，如果探测器 A 探测到一个光子，就会打开毒药瓶，其中的毒药会使猫中毒致死。另一方面，如果探测器 B 探测到了一个光子，那么什么都不会发生。整个实验设置就会如图 27-2 所示。

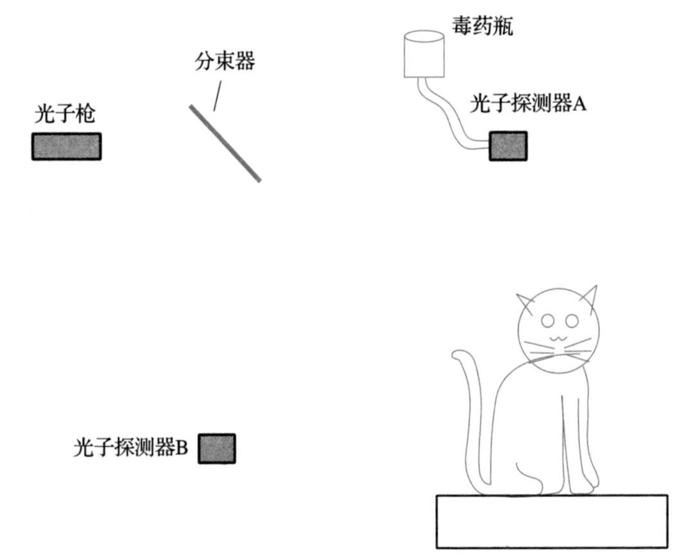

图 27-2　薛定谔的猫

假设整个实验设置，包括猫和其他一切，都处在一个密封的盒子里，因此我们看不到也听不到盒子里面发生了什么。不过，我们把控制光子枪释放光子的按钮留在了盒子外面。

现在，基于这个实验设置，假设我们按了一下按钮。回想一下，状态随时间的演变遵循薛定谔方程式，而且光子经过一定时间到达探测器，薛定谔方程式所表达的就是处于叠加态的情境。最初，在薛定谔方程式所表达的情境中，所涉及的两个态之一是一列波向探测器 A 运动，另一个态是一列波向探测器 B 运动。一瞬间，光子便到达了探测器，此时叠加的两个态之一是探测器 A 探测到了光子，另一个态是探测器 B 探测到了光子。

回想一下，如果探测器 A 探测到光子，那么毒药瓶里的毒药将会释放出来，结果猫被毒死了；如果是探测器 B 探测到了光子，那么猫就会安然无恙。因此，接下来，由薛定谔方程式所表达的处于叠加态的情境就会涉及两个态：一个是猫死了；另一个是猫安然无恙。换句话说，直到我们决定打开盒子进行观察时，标准量子理论数学所表达的是，猫处于生与死的叠加态中。

同样地，与图 27-1 中所讨论的光子叠加态相比，这并没有原则性差异。然而，我们在前面提到过，薛定谔将微观层面的奇怪之处转移到了宏观层面。同时，这个例子生动地凸显了量子理论中叠加态概念的奇怪之处，也体现了测量难题及不同的量子理论诠释的多个方面。接下来，我们将探讨这些话题。

测量难题

如果通过前面的讨论，你已经对测量在标准量子理论中所扮演的不寻常的角色有了一些体会，也发现了如果存在什么因素可以将测量设备与非测量设备区分开来，但对这样的因素进行描述也是非常困难的，此时你可以算是对测量难题已经有了大致的了解。在这里，我的主要目的是再详细阐述一下这个难题，让你了解论述测量难题通常都有哪些不同的方式。

主观性与客观性

我们在前面看到测量在标准量子理论数学中扮演了一个核心角色，而且这个角色与它在以前各个科学体系中或者现今其他所有基础学科中所扮演的角色相比都有所不同。如前所述，即使完全用工具主义态度来看待，测量在标准量子理论中所扮演的角色仍然有些不寻常。不过，从工具主义者的角度来看，测量并不是一个主要问题，因为毫无疑问，标准量子理论在给出准确预言方面表现得异常出色。

但是，如果我们试图用现实主义态度来解读标准量子理论就会遇到一个难题，或者说，事实上是我们在面对难题时陷入了困境。回想一下，我们在前面讨论过什么可以算是测量，以及一个物体是否可以归类为测量设备，这些问题的答案似乎注定是主观的，也就是说，它们依赖于我们的兴趣。然而，在一个漫长的历史时期里，我们一直把基础科学，也就是物理、化学和类似学科都看作研究客观世界的科学，这个客观世界是独立于我们的，以一种客观的、不依赖于我们兴趣的方式向前发展。但是，到了标准量子理论，情况似乎不一样了，在这门学科里，我们的兴趣和测量似乎可以对这个世界产生影响（至少从现实主义的角度来看如此）。正如前面提到过的，如果我们选择进行测量，世界将会是一个样子，如果我们选择不进行测量，那么世界又会呈现另一种样子。重申一下，至少从现实主义角度来看，这似乎有令人深感不安问题。

物理学家约翰·贝尔（John Bell，1928—1990，我们将在第 28 章中详细探讨贝尔的一个主要发现）在一篇名为《反“测量”》的论文中对此进行了如下描述。顺带提一下，当贝尔谈到“奋力一跃”时，他所指的是我们在前面讨论过的波函数坍缩（重申一下，在标准量子理论中，波函数在测量发生时产生坍缩）。

> 究竟是什么让某些物理系统有资格扮演“测量者”的角色？这个世界的波函数是不是在数十亿万年间一直时刻准备着，只为在一个单细胞生物产生之时奋力一跃？还是波函数还要等得再久一点，直到更有资格的生物出现，比如取得了博士学位的生物？（Bell，1990, p.34）

当然，贝尔的这段话多少有些戏谑，然而他的观点应该是很清晰的。对标准量子理论的现实主义诠释想要表达的似乎是，如果没有测量，比如在有能力进行测量的生物出现之前，这个世界就不可能以任何确定的状态存在。只有在有能力进行测量的生物出现以后，才出现了具有确定特性的世界，这个世界（或者说是这个世界的一部分）只有在测量或观察发生之时才最终确定下来。重申一下，我们通常认为科学是关于客观世界的，而这个客观世界的存在和发展都不依赖于像我们这样的生物所进行的观察。因此，对标准量子理论的现实主义诠释与我们通常的观点背道而驰。

测量情境与非测量情境

另一种表述测量难题的常见方法是，从给出（或者通过表明无法给出）一种原则性方法来区分测量情境和非测量情境。回忆一下，在非测量情境中，我们应该用薛定谔方程式，而在测量情境中，我们不再使用薛定谔方程式，而是调用坍缩假设。因此，标准量子理论需要对测量过程和非测量过程进行区分。

但是，回忆一下我们在本章前面所进行的讨论。当时我们强调，在我们认为是测量装置的物体与认为是非测量装置的物体之间，并没有根本性的物理差异。同样地，在我们认为是测量过程的情境和认为是非测量过程的情境之间，也不存在根本性的物理差异。因此，我们无法通过原则性的客观方法来找出标准量子理论数学所依赖的差异，也就是测量情境和非测量情境之间的差异。

系统与设备：宏观层面和微观层面

测量难题的另一种（也是紧密相关的）表述方式是，通过强调标准量子理论假定了一个存在于系统与装置之间的差异来对这个难题进行描述。也就是说，标准量子理论假定，在涉及量子实体的系统和用来对这一系统进行测量的装置之间存在一个差异。在标准量子理论中，系统被表达为按照薛定谔方程式进行演变，而测量装置则被认为按照经典的牛顿科学体系模式进行演变。

或者换个稍微有些不同的说法，在一个涉及量子系统的测量过程中，标准量子理论要求我们把由电子、光子等量子实体所组成的微观层面，与由指针、读数设备这样的物体所组成的宏观层面区分开来。同样地，前者被表达为按照薛定谔方程式进行演变，而后者则不然。

然而，我们在前面遇到过的难题再次出现了。也就是说，在系统和设备之间，不存在根本性的物理差异，或者说，在微观层面和宏观层面之间不存在这样的差异。因此，似乎不存在一种原则性的客观方法来找到标准量子理论所需的差异。

普遍性

最后，还有一个十分相关的命题值得简要一提，这就是涉及普遍性的命题。回忆一下，在前面几章我们讨论过，爱因斯坦狭义相对论的缺点之一就是它的适用范围不够广泛，也就是说，只有在满足了某些特殊条件后（必须只涉及匀速直线运动）才能应用狭义相对论。我们也看到了，爱因斯坦后来花了10年时间来解决这个问题，最终发展出了一个特别成功的理论——可以适用于一切情境的广义相对论。

同样地，牛顿物理学与亚里士多德物理学相比，优势之一就是它的普遍适用性。回忆一下，亚里士多德物理学中对月下区里元素运动（向着元素本身的天然位置做直线运动）的描述与对月上区里元素运动的描述（元素以太做匀速圆周运动）是有所不同的。相比之下，牛顿物理学中的定律都具有普遍适用性。万有引力之所以如此命名，正是因为它被认为是可以普遍适用的，也就是可以适用于宇宙中的各个角落。对于基本运动定律，情况也是如此。牛顿物理学基本运动定律的普遍适用性，从过去到现在一直都被认为是牛顿科学体系相较于亚里士多德科学体系的主要优势之一。

“基础理论中的定律应该可以普遍适用”，已经成为我们想从基础理论中得到的观点。不过，鉴于这与标准量子理论有关，我想你可以看出其中的问题。在量子理论中处于核心地位的薛定谔方程式并不是一个可以普遍适用的定律。事实上，这个方程式只适用于某些特定情境。我们在前面已经看到，我们有很多种方式来描述这些情境，比如非测量情境、微观层面情境或涉及系统的情境，与之相对的则是用于测量这一系统的设备。不过说到底，在标准量子理论中，薛定谔方程式不能够普遍适用，这与自牛顿以来我们所有基础学科中的基本定律都有所不同。或者换句稍微有些不同的话来说，标准量子理论放弃了“定律应该普遍适用”的特点，而这个特点是牛顿科学体系建立以来所有基础学科最基本的特点之一。

有关测量难题的总结思考

测量难题是标准量子理论非常让人困惑的一个方面。我们在前面看到了，对待测量难题有许多不同的方式。不过，这些方式全都围绕同一个命题，也就是，在标准量子理论中，测量所扮演的角色不同于它在其他基础学科中所扮演的角色，而且这个角色如果放到其他基础学科里，似乎并不合适。让我们再次引用贝尔的一段话：

> 下面这些词，不管在应用时有多么合理，多么必要，但在任

何想要体现物理精度的表达中都不能使用：系统、仪器、环境、微观的、宏观的、可逆的、不可逆的、可观察的、信息、测量。（Bell，1990, p.34）

请注意，当用工具主义态度对待标准量子理论时，贝尔并没有持批判态度。贝尔本人是物理学家，在日常工作中要使用标准量子理论。他指出，在应用量子理论时，有时需要使用这些词语和概念，比如在应用量子理论解决问题并对涉及量子实体的情境做出预言时。重申一下，作为一门预言科学，标准量子理论已经取得了极大的成功。事实上，贝尔的观点是，如果要用现实主义态度来对待我们的基础学科，那么这些词语和概念不应该是任何此类学科的基础组成部分。

回忆一下，如果用工具主义态度对待标准量子理论，那么测量难题就不会出现。然而，如果要用现实主义的态度来看，测量问题则被广泛认为是主要问题之一。事实上，对不同类别的量子理论诠释来说，它们的主要区别就直接源自用哪种方法来解决测量难题。在本章最后一节里，我们将讨论几种最常见的量子理论诠释。

量子理论的诠释

量子理论诠释主要涉及关于“已知事实背后潜藏着怎样的现实”的观点。在本章中，我们不会对现有的所有诠释都一一探讨，而是仅讨论几个最常见的诠释。

我们可以很方便地用前面对测量难题的讨论来对不同的量子理论诠释进行大致分类。具体来说，我们要讨论的诠释将被分为坍缩诠释和无坍缩诠释。

坍缩诠释总体上接受了标准量子理论数学，包括坍缩（或投影）假设。回忆一下，在标准量子理论数学中，测量发生时，就会出现波函数坍缩，此时薛定谔方程式无法再用，而应开始使用坍缩假设。这样一来，坍缩诠释必须对测量情境和非测量情境进行区分，因此，所有坍缩诠释都继承了我们前面所看到的与测量难题相关的困难命题。

相比之下，无坍缩诠释摒弃了“波函数坍缩扮演基础性作用”的观点，同时也不再应用坍缩假设。接下来我们将看到，不同的无坍缩诠释用不同的方式实现了这一点。所有这样的诠释都因此拥有了一个巨大优势，那就是避免了与测量难题相关的命题。然而，这些诠释在享有优势的同时也付出了代价，正如接下来我们将看到的，这些诠释具有某些在很多人看来非常讨厌的特点。

所有可行的量子理论诠释，不管是坍缩诠释还是无坍缩诠释，都具有一些让大多数人觉得奇怪的特点。在本章结尾处我将指出，你对量子理论诠释的偏好选择，说到底就是什么样的奇怪特点让你觉得最不成问题。理解了这一点，我们将首先概括介绍一下最常见的坍缩诠释，然后思考某些常见的无坍缩诠释。

坍缩诠释

最常见的坍缩诠释，就是从通常所说的哥本哈根诠释（或“标准诠释”）变形而来。这两个名字都相当有误导性，因为并不存在一个单一的、可以称得上是标准诠释或哥本哈根诠释的诠释。事实上，这类诠释的支持者在一个总的命题上意见统一，但当涉及其他命题时，他们的观点就存在不容小觑的差异了。首先，让我们讨论一下这些支持者会一致同意的那个命题。

让我们思考一个有关量子实体的简单设置。假设有一个小盒子，里面有一个电子，小盒子被分成了两部分，分别标为 A 和 B，假设标准量子理论数学告诉我们，如果对电子位置进行测量，那么我们在 A 部分探测到电子的概率是 50%，在 B 部分探测到电子的概率也是 50%。

假设我们问标准诠释（或哥本哈根诠释）的支持者，在这个情境中，在测量前，到底是什么情况？在测量前，电子真正的位置在哪里？或者我们可能会提出关于电子其他属性的类似问题。比如，在测量前，电子的动量是多少？电子的自旋如何？等等此类的问题。

标准诠释的支持者通常认为前面这些问题没有答案。然而，重点是，根据标准诠释，我们无法回答量子实体在测量前具有怎样的属性，并不仅是因为我们不知道这些属性的情况，这一点对理解我们这里的讨论很关键。这并不仅是无知，而是不知道。事实上，根据标准诠释，不存在需要知道的情况。这些属性在测量前并不存在。根据这一诠释，不存在一个由在测量前就有确定属性的物体所组成的深层次的独立现实。

这是一个非常反直觉的观点，所以值得我们花点时间来搞清楚。假设我告诉你我口袋里有一些硬币，你可能不知道我口袋里硬币的数量是多少，但我相信你认为这个数量是一定的。可能是两个、三个或八个，不管确切数字是几，你都毋庸置疑地相信，关于我口袋里有多少硬币存在一个确定、独立的现实。

这就是日常生活中信息缺失的一个例子。你说不出我口袋中有多少硬币，因为你完全不知道有多少。重点是，这并不是标准诠释中所涉及的那种信息缺失。根据标准诠释，不存在需要了解的信息，比如，在测量前，电子没有确定的位置，也没有确定的自旋，等等。

标准诠释的支持者并不是否认现实的存在。也就是说，存在一个现实，存在量子实体，有一个电子就在“那里”。然而，一般来说，那个电子以及其他量子实体，在被测量之前，并不具有确定的属性。事实上，根据标准诠释，进行测量的过程才让被测量的属性确定了下来。

为准确起见，我必须指出，每个人，包括标准诠释的支持者，都认为量子实体具有少量不受测量影响的属性。这些属性，比如质量，通常被称为“静态属性”。然而，根据标准诠释，除了少数几个静态属性，量子实体的其余属性在测量之前都不存在。

简言之，尽管存在一个现实，但组成这个现实的并不是在测量之前就具有某些确定属性的量子实体。让我们花点时间来体会一下测量在这一类量子理论诠释中所扮演的核心角色。从字面上来说，根据这一诠释，测量行为就改变了世界的面貌。在测量之前，世界是一种面貌，而在测量之后，世界变成了另一种面貌。再强调一下前面提到过的一点，也就是，根据这一诠释，变化的并不是我们对这个世界的认知，事实上，发生变化的是这个世界的面貌。

在这个对标准诠释的概述性描述中，存在几个可能的流派。我们已经注意到，根据标准诠释，量子实体在测量发生之前不具有属性。然而，什么算是量子实体？到目前为止，我们在对量子实体举例时使用过电子、光子、放射衰变释放出的粒子，以及与此类似的物质，每个人都认为这些都算是量子实体。

然而，请不要忘了，可以说所有物体都是由这些基本实体构成的，别无他物。在测量难题之前的那一节里，我们已经讨论过，似乎不存在一种原则性的客观方法来把包括电子、光子及类似物质在内的微观层面实体，与包括你、我、岩石、椅子和其他一切普通物体在内的宏观层面实体区分开来。因此，完全可以说“量子实体”所指的实际上应该是一切物体。无论如何，请注意，对“什么算是量子实体”的问题，答案既不简单也并非没有争议，而且这个问题的答案也不是唯一的。

同样地，回忆一下，在关于测量难题的那一节中我们讨论过，似乎不存在一种原则性的客观方法来区分测量过程和非测量过程。因此，“什么算是测量”同样不是一个简单的问题。简言之，对于这两个问题，也就是“什么算是量子实体”和“什么算是测量”，不存在唯一且毫无争议的答案。根据如何回答这些问题，可以得到标准诠释的不同流派。

标准诠释的各个流派都认为当测量发生时，“波函数的坍缩”使物体在测量之前并不确定的属性确定了下来。因此，所有流派都包括了一个观点，那就是，从某种意义上说，现实依赖于测量，我将用“现实依赖于测量”来命名这些不同流派，并把它们分为温和、适度和激进三个类别。接下来，我们将开始对标准诠释或者说哥本哈根诠释的这些变形进行讨论。

现实依赖于测量的温和派观点

根据这个温和派的观点，“量子实体”指的只是最基本的粒子，比如电子、中子、质子、种类众多的亚原子粒子、光子和放射衰减过程所释放的粒子等。也就是说，能算作量子实体的只有宇宙最基本的“物质”，而且只有这个最基本的层面是在测量发生之前不存在确定属性的。

这里让我重复一下前面这一点。这一流派以及其他流派的支持者并不是说在测量之前什么都不存在，然后测量使现实从无到有。事实上，他们认为，存在一个独立于测量的现实，然而考虑到宇宙最基本的组成部分，这个现实在很大程度上是不确定的现实。回到我口袋里硬币的例子，这就好比说，“对，我的口袋里有硬币，但是硬币数量并不确定，硬币的形状和大小也不确定”。也就是说，存在一个由硬币组成的现实，但是这个现实不具备任何确定的属性。

把这个类比运用到量子层面，“现实依赖于测量”的温和派认为，存在一个由电子、光子等类似物质组成的现实，但是这个现实在很大程度上是一个不确定的现实。电子既不在这里也不在那里，它们既没有这种自旋也没有那种自旋，等等，这种状态会一直持续到对这些属性进行测量之时。只有在测量时，这些实体才能获得确定的属性。

至于“什么算是测量设备”的问题，这一流派给出的答案非常宽泛。举个例子，在薛定谔的猫的情境中，测量设备包括光子探测器、猫的听觉系统，以及我们打开盒子对光子探测器和猫进行观察的行为。

至于薛定谔的猫的例子，请注意，根据这一流派的解释，首次测量发生在光子抵达探测器的时候。此时，波函数发生了坍缩，叠加态结束。根据这一解释，叠加态在还没能进入宏观层面之前就结束了，因此，实体处于叠加态的这种奇怪现象就仅限于微观层面了。

简言之，根据“现实依赖于测量”的温和派诠释，只有基本粒子，比如电子、光子和放射衰减过程所释放出的粒子等，可以处于叠加态。而且，几乎任何一种测量都足以使波函数坍缩。粗略地说，仍存在大量有关量子的怪异之处，但是根据这一流派的解释，这些怪异之处仅存在于微观层面。

现实依赖于测量的适度派观点

前面所讨论的“现实依赖于测量”的温和派认为，只有基本粒子才算是量子实体。然而，大概所有物体都是由这样的粒子所组成的。比如，你面前桌子上的咖啡杯，实际上正是由这些基本实体组成的。因此，完全有理由认为，如果咖啡杯仅由量子实体组成，那么咖啡杯本身应该同样被看作一个量子实体，尽管与基本粒子相比，它个头更大，也更为复杂。

如果我们宽泛地回答“什么算是量子实体”，也就是说，把所有物体都算作量子实体，那么至少避免了“现实依赖于测量”的温和派所面临的部分问题，也就是说，我们不必坚持认为微观和宏观层面存在原则上的差异。

因此，根据这一流派的诠释，原则上来说，几乎任何物体都可以处于叠加态，于是，量子的某些奇怪之处就上升到了宏观层面。然而，对于“什么算是测量”的问题，“现实依赖于测量”的适度派的诠释与“现实依赖于测量”的温和派的诠释一样，都采取了一种宽泛态度。因此，尽管从原则上讲几乎任何物体都可以处于叠加态，但是，测量结果通常足以在我们或其他生物能够体会到这些叠加态之前就让叠加态发生坍缩。让我们把薛定谔的猫作为一个实际的例子，根据这一流派的诠释，光子探测器和猫等都被算作量子实体，因此原则上可以处于叠加态。然而，考虑到这个流派对“什么算是测量”的问题持宽泛态度，光子探测器足以在猫进入生与死叠加态之前就使波函数发生坍缩。

现实依赖于测量（现实依赖于意识）的激进派观点

假设为与前面提到的适度派观点保持一致，对于“什么算是量子实体”的问题，我们采取一种宽泛态度，也就是任何物体都算量子实体。然而，假设对于“什么算是测量”的问题，我们则采取了一种不那么宽泛的态度。具体来说，假设我们认为只有涉及人类意识的过程才是真正的测量。举个例子，在薛定谔的猫的情境中，只有当我们打开盒子看探测器和猫的时候，第一次测量才发生。

这是一个更为激进的流派，因为在这一流派的诠释中，只有出现了人类的观察行为，波函数才发生坍缩。因此，任何情境在未经观察时都处于叠加态，比如，猫可以处于生死叠加态等。简言之，整个世界在未经人类观察时，并不存在确定的状态，未经观察的物体并不是确定地存在于某个特定位置，等等。

什么因素会促使人们选择这种激进的态度来看待世界呢？答案与我们在本章第一节中的关注点紧密相联，也就是测量难题。让我们再思考一下薛定谔的猫的情境。正如在前面讨论过的，在我们认为是测量设备的物体上所发生的物理过程同其他物理过程相比，似乎属于同一类。因此，很难让人相信这样的过程可以使波函数发生坍缩。如果，我是说让我们勇敢地假设，你认为人类意识所涉及的过程与其他过程在类型上是不同的，而且对此深信不疑，那么在一系列连续发生的事件中，也就是从一个光子的释放开始，到我们打开盒子，观察里面有什么，由人类意识进行的观察确实是唯一一个与其他事件不同类型的事件。因此，这里自然就是波函数发生坍缩的时刻，或者至少对某些支持这一流派的诠释的人们来说，似乎确实如此。

无坍缩诠释

对所有坍缩诠释来说，包括前面讨论过的标准诠释（或哥本哈根诠释）的各个流派，测量流派都是个大问题。回忆一下，标准诠释的支持者认为波函数在测量发生之时坍缩，因此这些诠释就要面临与测量难题相关的一切命题，包括可能无解的“测量过程与非测量过程存在怎样的原则性差异”的问题、测量中涉及的主观性，以及难以区分微观层面和宏观层面的问题等。

我们接下来要讨论的诠释都不再认为波函数的坍缩是基础，因此我把它们归类为无坍缩诠释。相应地，这些诠释也都不认为测量发挥了任何不寻常的作用。因此，这些诠释的优势是避免了测量难题（而且事实上，从很大程度上说，正是测量难题所带来的困扰才促使这些不同类型的诠释出现）。

不同的无坍缩诠释用不同的方法来避免测量难题。然而，正如在前面提示过的，无坍缩诠释的支持者通过引入别的奇怪因素来避免测量难题的奇怪之处。接下来我们将看到，不同的诠释所引入的奇怪因素都是不同类型的。现在，让我们概括了解一下现有主要几类无坍缩诠释。

爱因斯坦实在论

我必须从一开始就强调爱因斯坦的诠释，或者说至少这个诠释中对爱因斯坦来说最为重要的核心部分，已经无法适用于某些新发现的量子事实了（我们将在第 28 章探讨这一点）。因此，这个诠释已经站不住脚了。尽管如此，爱因斯坦的观点仍然值得讨论，部分原因在于它在有关量子理论诠释的早期争论中所扮演的历史性角色。同时，同样值得一提的是，爱因斯坦的观点从性质上说更偏向于一种常识性观点，我认为大部分人都更愿意接受此类观点，因此值得讨论，这样我们就可以看到为什么常识性观点现在已经站不住脚了。

爱因斯坦的解读是一种隐变量诠释。总的来说，隐变量诠释认为，我们在第 26 章所探讨的数学最多也只是不完整的理论。用爱因斯坦的话来说，该数学没有考虑“现实因素”。根据这个诠释，需要做的就是用现在所说的“隐变量”，也就是能补全现有数学已知的不完整之处的额外因素，来对标准量子理论数学进行补充。我们将研究隐变量诠释的两个主要流派，从爱因斯坦的流派开始。

爱因斯坦主要是在回应前面讨论过的标准诠释（或哥本哈根诠释）的支持者。回忆一下，根据标准诠释，量子实体在被测量之前都不具有确定的属性。同样地，根据标准诠释，不仅是我们不知道这些属性，实际上量子实体根本就不具有这些属性。爱因斯坦认为，量子实体在被测量之前肯定具有确定的属性。他所深信不疑的是，现实肯定是一个确定的现实，其中的物体，包括量子实体在内，不管是否被测量，都具有确定的属性。因此，对爱因斯坦来说，不可能存在叠加态，而且从实在论者的角度来看，也不存在波函数坍缩。

让我们再想想我口袋中硬币的例子：常识告诉我们，即使不知道我口袋中硬币的具体数量是多少，但这些硬币的数量肯定是确定的。同样地，爱因斯坦也认为，常识告诉我们，在对量子实体的属性进行任何测量之前，量子实体肯定一直都具有其属性，不是叠加的属性，而是确定的属性。

然而，标准量子理论数学所表达的并不是量子实体在测量发生之前就具有属性。正是基于这一点，爱因斯坦认为量子理论数学一定是不完整的，存在量子理论没有抓住的“现实因素”，比如在测量之前就具有确定属性的量子实体。因此，爱因斯坦认为，需要有一个新的理论来取代量子理论，这个新的理论不仅可以做到量子理论所做的，还将包含现有量子理论中不存在的、可以反映这些现实因素的“隐变量”。对于应如何对量子理论进行补充，爱因斯坦并没有给出特别明确的建议，但是他确信量子理论需要得到补充。

我们将在第28章中进一步讨论爱因斯坦的观点，以及让这个观点遇到问题的新事实。在这里，我们只是重申一下，总的来说，爱因斯坦的诠释是一种常识性诠释，而且这个诠释的关键因素已不再与已知事实相符合。因此，爱因斯坦的诠释以及其他类似诠释，只要是与某些有关宇宙如何运转的广受认可的观点相一致，都已经站不住脚了。

玻姆实在论

从20世纪40年代末到50年代，大卫·玻姆（1917—1992）对量子理论数学进行了修正。玻姆的数学和对这个数学的诠释就是我们要探讨的第二种隐变量诠释。值得一提的是，物理学家路易·德布罗意（1892—1987）曾在20世纪20年代末提出过类似的观点，因此这些观点有时也被称为德布罗意－玻姆理论。接下来，让我们简要探讨玻姆观点中的某些关键点。

第一，值得注意的是，玻姆数学与标准量子理论数学似乎做出了相同的预测，因此，两种方法之间并不存在可实际测得的差异。然而，与标准量子理论数学不同，在玻姆数学中处于核心地位的基本假定中并没有坍缩假设，也就是说，玻姆数学并不涉及会在测量过程中发挥作用的特殊假设。因此，在玻姆数学中，测量并不像在标准量子理论数学中那样扮演一个特殊角色。这样一来，玻姆数学就避免了我们在前面讨论测量难题时所遇到的一切命题。

总的来说，玻姆诠释所展示的潜在现实与量子理论标准诠释（或哥本哈根诠释）所给出的，是不同的。回忆一下我们在前面的讨论，根据标准诠释，量子实体在测量之前不具有确定的属性，比如位置。相比之下，玻姆认为量子实体是粒子，每个量子实体在任意给定的时间点都具有十分确定的位置，而且会受到通常所说的"引导波"（有时也被称为"导频波"）的影响。因此，根据玻姆的观点，量子实体确实具有不依赖任何测量而存在的确定位置。这样一来，我们所缺少的信息，比如某个电子的位置，就不是由于电子在测量之前没有确定位置而导致的了；事实上，在这里，我们不知道电子的位置，就与在前面那个例子里不知道我口袋里有多少枚硬币一样，属于同一类型的情况。

至于薛定谔的猫这一思想实验，由于光子在测量之前具有确定的位置，那么到底是探测器 A 还是探测器 B 探测到了光子（尽管我们只有在打开盒子的时候才会知道），仅会存在一个事实。因此，根据玻姆的诠释，不存在处于生死叠加态的猫，存在的只是我们不知道到底出现了哪种情况。

此时，很有可能出现的一个问题是，如果玻姆的观点在预测能力上与通常量子理论的诠释相同，而且如果根据玻姆的观点，我们可以把潜在现实看作我们大多数人更为习惯的且已有明确定义的现实，那么为什么玻姆的观点不是标准观点呢？也就是说，为什么玻姆的角度，也就是玻姆的诠释，是一种少数派观点呢？为什么这个观点没有被广泛接受呢？

围绕玻姆诠释的命题都很复杂，也很有趣，而且要回答上述问题，也并不容易。然而，对于这些问题，我将提出两个粗略（并不全面）的答案。第一，请注意，无法证明玻姆数学优于现有数学。重申一下，玻姆数学与标准量子理论数学所做的预测似乎是相同的。回忆一下，标准量子理论数学在玻姆提出修正方案时已经存在多年。物理学家已经习惯了现有数学。然而，现在玻姆提出了另一种数学。不过，由于玻姆数学没有做出新的预测，也就不能证明它比当时已有的数学更好。因此，从实用的角度来看，并没有什么强有力的理由让玻姆数学来替代已有的数学。由于玻姆对量子理论的诠释与他自己提出的量子理论数学紧密相联，我怀疑是因为玻姆数学没有特别受欢迎，才导致玻姆诠释也没有太多人问津。

第二，尽管玻姆数学可以得到与标准数学相同的预言，但是玻姆数学所构建出的诠释是否会比标准诠释问题更少，答案还不明朗。简单来说，目前已发现的一个问题是，在对待玻姆体系中的核心因素时，最主要的就是看待引导波和“量子实体是在任何给定时点都具有确定位置的粒子”的观点时，必须用现实主义态度。值得强调的是，如果不认为这些因素所表达的是真实存在的事物，那么就完全没有理由来选择玻姆体系了。也就是说，如果你采用工具主义态度来对待量子理论，那么可能就会坚持大多数物理学家所使用的标准数学。

然而，如果用现实主义态度来看待，玻姆理论是否就可以与爱因斯坦相对论相吻合了呢？答案也还不明朗。首先，玻姆的引导波需要比光速更快的作用（针对这类比光速更快的作用，标准术语是“超光速作用”），而通常的观点是玻姆体系中的超光速作用与爱因斯坦相对论相矛盾。

除此之外，玻姆体系似乎需要一个非常强大的同时性概念，而这个概念很可能与爱因斯坦相对论不一致。回忆一下，玻姆需要所有粒子在任意给定时点都具有确定的位置。但是在前几章中我们看到，根据爱因斯坦相对论，对一个物体在什么时点位于什么位置的问题，并不存在唯一正确的答案，而是取决于采用哪个参考系。因此，玻姆体系的这一点似乎与我们在第 23 章所讨论的同时性的相对性相矛盾。

简言之，玻姆体系与相对论之间的矛盾是广为人知的，如果必须在玻姆诠释和爱因斯坦相对论之间做出选择，毫无疑问，相对论会胜出。然而，值得一提的是，与其他诠释相比，玻姆诠释与相对论的矛盾是否更为突出，这就是另一个难以回答的问题了。玻姆体系的支持者指出，任何一个量子理论流派或诠释都无法与爱因斯坦相对论恰当地保持一致。举个例子，在第 28 章中我们将看到，新近发现的量子事实让一切不允许某种超光速作用存在的诠释都出局了。考虑到这些新近发现的事实，玻姆诠释的支持者认为，他们所需要的超光速作用相较于其他可行诠释所需的此类作用，并没有更糟。

这一争论所涉及的命题非常复杂，至于玻姆诠释与相对论之间的矛盾是否会真的带来问题，这是个开放性问题。更确切地说，与相对论的矛盾给玻姆诠释带来的问题是否比给其他诠释带来的问题更严重，是一个开放性问题。但至少可以说，通常认为玻姆诠释在与爱因斯坦相对论保持一致方面，所面临的难度更大，这也是玻姆诠释没能被更广泛接受的主要原因之一。

多世界诠释

爱因斯坦实在论和玻姆实在论是两种主要的无坍缩诠释，都可以被归类为隐变量理论。还有一种很流行的诠释，也就是多世界诠释，它是无坍缩诠释，但并不是隐变量诠释。与玻姆和爱因斯坦的诠释相同，多世界诠释也摒弃了波函数坍缩的概念，但实现这一点的方式与爱因斯坦或玻姆所提出的方式不同。要理解这个诠释，最简单的方法就是以一个具体的实验设置为例来思考。

让我们再思考一下图 27-1 所示的分束器实验。假设我们按一下按钮，回忆一下，当光子穿过分束器但还没到达探测器时，标准量子理论数学所表达的是光子处于叠加态。重申一下，其中一个态是光子是向探测器 A 运动的一列波，另一个态是光子是向探测器 B 运动的一列波。

现在，假设一瞬间光子抵达探测器，我们听到探测器 A 发出“哔”声，表明探测器 A 探测到了光子。不管是依据哪种坍缩诠释，在我们听到探测器发出“哔”声的同时，波函数都已经发生了坍缩。也就是说，在所有坍缩诠释中，当我们听到探测器发出“哔”声时，叠加态都已经坍缩成了一个态。在这个例子里，这一态就是探测器 A 探测到光子。

对于这个情境，多世界诠释做何解释？根据多世界诠释，波函数从来没有坍缩。事实上，整个情境继续按照薛定谔方程式来随时间演变。如果用现实主义态度来看待这个情境——这也正是多世界诠释所做的，那么就意味着整个情境涉及一个越来越复杂的叠加态。

这种解释也适用于薛定谔的猫的情境。光子探测器、猫的听觉系统，或者你我对盒子内情况的检查，都不会让波函数坍缩。重申一下，根据这个诠释，波函数的坍缩是不存在的。

这里有一个明显的问题，那就是如果波函数确实不坍缩，而且确实存在刚刚所描述的叠加态，那么为什么你我没有观察到这种叠加态？在图 27-1 所示的例子中，为什么我们观察到的只有探测器 A 探测到了光子？在薛定谔的猫的情境中，为什么我们没有观察到猫的生死叠加态？

答案是，你我是叠加态中一个态的组成部分，也就是说，你我都存在于叠加态的其中一个态里。你我恰巧存在于（或者，也许说我们是这个态的一部分更为合适）探测器 A 已探测到光子的态里，或者在薛定谔的猫的情境里，我们存在于死猫的态里。然而，由于没有（从来没有）出现过波函数坍缩，其他态仍然存在。在其他态里，有与你、我、探测器和猫等分别相对应的存在。（顺带提一下，并没有特别合适的词来指代这个概念，"相对应的存在"可能是最贴近的描述了。）当我们听到探测器 A 发出"哔"声时，与我们相对应的存在则听到了探测器 B 发出"哔"声。当我们看到死猫时，与我们相对应的存在看到的则是一只活蹦乱跳的小猫。

简言之，不存在人为且神秘的波函数坍缩，存在的是一个代表了整个宇宙的波函数，也就是说，它代表了一切，包括你我以及所有与你我相对应的存在。这个波函数根据薛定谔方程式随时间而演变，它所代表的宇宙由许多叠加态组成，而每个叠加态又由数量多到难以想象的态组成，而且态的数量还在持续增加，你我正是存在于其中的一个态里。然而，从广义上来看，我们所处的这个态并没有什么特别之处，与其他所有组成叠加态的态相比，这个态并没有更“真切”或更“不真切”一些。

多世界诠释所展示的图景就像是一棵不断发出新枝的大树，其中每根树枝都代表了庞大的叠加态中的一个态。每当一个量子实体进入可以造成叠加态的情境中时，这棵树就会发出一根新枝。由于这种情境经常发生，因此这棵树在以非常惊人的速度发出新枝。

对量子理论诠释的思考

我们在前面强调过，量子理论诠释肯定受制于已知的量子事实，而且应该与标准量子理论数学保持一致，或者可能（就像玻姆诠释中的情况）与其他量子理论数学保持一致。然而，正如我们已经看到的，量子事实本身就相当奇怪，而标准量子理论数学与常识性现实也不一致。在很大程度上说，正是由于这些原因，所有量子理论诠释通常与常识相矛盾。唯一例外的是爱因斯坦的诠释，但是在前面我们也提到过，这个诠释已经站不住脚。

我们必须看到，对于诠释问题，秉持工具主义态度是很常见的。也就是说，如果你完全用工具主义态度来对待量子理论，那就不会遭遇诠释问题了。从工具主义角度来看，量子理论是一个便于做出预测的工具，就像托勒密的本轮被当作一个便于做出预言的数学工具。但是，如果面对的问题是理论背后的现实，那么工具论者将会采取不可知论的态度。同样地，这也是一种在对待量子理论时值得尊重的态度。确实，关于这种态度还有很多值得讨论之处，因为这是物理学家进行研究时，至少是在他们工作时，可采用的最为实用的态度。

但是，对我们这些不是物理学家的人来说，甚至是对结束了一天的工作、离开实验室后的物理学家来说，有一个问题自古希腊时期就在西方思想中占据一席之地，让人难以拒绝，那就是：我们究竟生活在怎样的宇宙中？这个问题的答案一直为每个时代的尖端科学所左右，量子理论当然是我们历史上最重要和最成功的理论之一。因此，量子理论自然会影响我们对目前自身所处宇宙的认识。然而，值得注意的是，现有量子理论诠释所展示的宇宙，与我们一直认为的宇宙相比，是相当不同的。

标准诠释的各个流派、玻姆诠释和多世界诠释都有一些引人入胜之处，也总有些方面不那么吸引人，因此，我们很有必要花些时间来对每种诠释的优势与劣势进行总结。

我们在前面看到了，标准诠释的优势在于，它是一个相当“极简主义”的诠释，也就是说，这种诠释与我们在第 26 章中所描述的标准数学相当接近，而且几乎对标准数学照单全收。举个例子，如果数学指出，在特定环境下，电子并没有确定的位置，那么就是这样吧。我们必须承认世界并不是由具有确定属性的实体组成。

然而，正如我们所看到的，标准诠释的支持者接受了波函数坍缩的概念。据推测，坍缩出现在测量发生时，这使标准诠释的支持者面对与测量难题相关的问题时，无法给出很好的答案。在测量过程中，世界到底发生了什么？由于测量过程只是一个物理过程，与我们不算作测量的过程相比，在性质上没有什么不同，那么测量过程和非测量过程之间又有什么真正的差异呢？同样地，如果一切都是由量子实体组成的，那么测量设备与其所测量的量子系统之间又有什么真正的差异呢？微观世界与宏观世界之间又有什么真正的差异呢？这些问题都是对测量难题的不同描述，或者换个更好的说法，它们都是从不同角度来看待测量难题的。波函数的坍缩给标准诠释的支持者提出了难题，而这些支持者也确实无法很好地回答这些问题。

相反，玻姆诠释避免了测量难题，这是其值得注意的优势。根据玻姆诠释，不存在波函数坍缩，因此这一诠释的支持者也就不需要面对上述难题。根据玻姆诠释，测量设备与其所测量的量子系统之间不存在根本性差异，波函数不存在神秘坍缩，测量难题也不存在。

然而，通常认为玻姆诠释无法很好地与爱因斯坦相对论保持一致，具体来说，与其他诠释相比，玻姆诠释与相对论之间的矛盾更严重。由于爱因斯坦相对论是现代物理学的一个核心分支，这可能就是玻姆诠释一个潜在的严重缺陷。因此，玻姆诠释尽管有优势，但也有明显缺陷。

多世界诠释同样具有避免测量难题的巨大优势。在这里不存在波函数坍缩，因此也就没有伴随坍缩而来的各种难题。除此之外，这种诠释是一个真正的极简主义诠释。也就是说，这种诠释按字面意思全盘接受了我们在第 26 章中介绍的量子理论数学（不过并不包括投影 / 坍缩假设）所表达的情境。如果量子理论数学表明涉及量子实体的系统处于叠加态，那就是这样吧。你、我和我们周围所有物体等都只是其中一个态的组成部分，无数个这样的态组成了复杂的、包罗一切的叠加态。这是量子理论数学所表达的，多世界诠释的支持者就这样按字面意思来接受了。

然而，伴随着多世界诠释的优势，缺陷也随之而来，也就是这很有可能是最为反直觉的一个诠释。很难想象现实是像多世界诠释所展示的那样不同，也就是说，很难想象现实是由无数个与你、我和我们周围大多数物体相对应的存在所组成。同样困难的是，想象现实并不是由我们所处的这个单一确定的世界所组成，而是由无数个态组成的叠加态所组成，而我们所处的世界只是其中一个态。因此，简言之，与其他诠释一样，多世界诠释既有优势也有缺陷。

也许，此时我们可以更好地理解为什么用工具主义态度来看待量子理论如此普遍了。让我们花点时间来回顾一下我们在本书前面章节中讨论过的一些理论。自亚里士多德开始，在西方大部分历史时期，托勒密理论是解释天文学数据最好的理论。然而，正如我们看到的，这个理论需要本轮。很难想象行星怎么可能真的沿那么小的一个圆运动，也就是说，很难用现实主义态度来看待本轮。所以，考虑到行星真的沿托勒密体系所描述的轨道运动是非常困难的，天文学家通常采用工具主义态度来看待托勒密体系中的本轮。

随着人们接受开普勒关于行星运动的观点，也就是行星沿椭圆轨道以不同速度运动的观点，用现实主义态度来对待这个观点所展现的行星运动是很容易的（过去和现在都是如此）。但是，这个关于行星运动的观点只告诉了我们行星是怎样运动的，并没有更完整地解释为什么行星会这样运动。牛顿物理学似乎对行星运动进行了解释：椭圆轨道是根据惯性定律和万有引力定律得出的。

然而，正如我们在第20章结尾所看到的，如果用现实主义态度，那么牛顿的万有引力概念似乎涉及一个神秘的“超距作用”。同样地，很难想象怎么可能真的存在这样神秘的“超自然”力量。同时，我们在第20章结尾还看到，在很大程度上说正是基于这些原因，牛顿本人更倾向于用工具主义态度来看待重力。

而在本章中，我们看到量子理论同样不能与常识性现实保持一致。因此，通常用工具主义来看待量子理论，而这其实只是延续了一个已经长期存在的倾向，也就是在看待那些无法得出完备的现实主义诠释的理论时，通常采用工具主义态度。

但是，如果我们确实想思考现实问题，也就是我们对自己身处什么样的世界这个问题感兴趣，那么值得注意的是，所有现有诠释都有某些方面不那么有说服力。正如在这一小节开头提到的，不仅对哪个诠释是正确的（如果真的有一个是正确的话）不存在共识，甚至关于哪个诠释更可取都没有共识。你更喜欢哪个诠释，说到底基本上是个审美问题，也就是什么样的古怪特性更得你心。或者，也许更准确地说，什么样的古怪特性让你觉得最不成问题。

结语

在第 26 章中我们看到，量子事实是令人惊讶的，但是对于量子事实是什么并不存在争议。我们也提到，量子理论数学是波数学的一个变形，这在物理学中并不少见。

最不寻常、最有争议又难以理解的命题来自现实问题，其中最突出的就是测量难题和涉及诠释问题的命题。正如我们所看到的，没有任何一种常见的诠释（除了爱因斯坦的诠释，因为这个诠释已经站不住脚）能展示现实，至少在过去 2500 年里是如此。

在第 28 章中，我们将研究新近发现的一些实证结果，这些事实对现实问题产生了更多影响。具体来说，这些事实澄清了什么样的诠释是可行的选择。我们将看到，新的实证结果并没有让情况变得不那么怪异，但确实有助于我们分辨出怪异之处在哪里。

第 28 章

量子理论与定域性：EPR、贝尔定理和阿斯派克特实验

在前两章中，我们研究了一些量子事实，对量子理论数学进行了概括了解，并探讨了测量难题和对量子理论的诠释。近些年里，一些新量子事实得以发现，这些事实深刻影响了对量子理论的诠释。在本章中，我们的主要目标是：①理解这些关于量子理论的新近实验，通常认为这些实验会对我们看待现实的观点产生影响；②分析前面所说的这些影响。具体来说，我们将详细探讨“这些新近实验表明任何关于现实的‘定域’观点肯定都是错误的”说法。与在前一章中的做法相同，让我们从一些介绍性材料开始讨论。

背景信息

我们在前几章中强调过，理解量子事实、量子理论本身和量子理论诠释之间的区别非常重要。在本章中，我们所感兴趣的主要是新近的实验，通常认为它们对诠释量子理论产生了重要影响。这些实验被归类为量子事实。换句话说，我们要讨论的这些实验以及实验结果只是一些新的量子事实。另外，这些实验的影响也是诠释量子理论时涉及的现实问题的一部分。重申一下，量子事实对诠释问题很重要，因为我们能怎样回答这些问题，都受制于这些事实。具体来说，不管现实是什么样子，它最好可以提供已知事实。

正如前面提到过的，一些新近的量子事实把任何关于现实的“定域”观点都排除在外了。也就是说，新近的量子事实很可能只有通过非定域性现实才能产生。在某个时候，我们必须认真思考“定域性”和关于现实的“定域”观点到底是什么意思。不过，首先我将试图用尽可能易于理解的方式来描述这些新的量子事实。

要理解这些新的事实，最简单的方法是研究我所说的“EPR/贝尔/阿斯派克特三部曲”。这个三部曲包括：EPR思想实验，这是爱因斯坦、波多尔斯基和罗森在发表于1935年的一篇论文中共同提出的；通常所说的贝尔定理或贝尔不等式，由约翰·贝尔于1964年进行了验证；阿莱恩·阿斯派克特实验室在20世纪70年代中期到80年代早期所进行的一系列实验，其中最重要的一系列实验进行于20世纪80年代早期。

接下来，我所展示的将是稍做简化的EPR思想实验、贝尔定理和阿斯派克特实验。举个例子，我所展示的三者似乎都与光子的简单极化属性有关，而事实上情况要更加复杂。同时，我所展示的贝尔定理似乎是为了一个实验而进行的一系列设计，但实际上它是数学验证而不是实验设计。我们同样简化了与光子极化相关的命题和对相关实验的描述。经过简化，这些内容将明显变得更易于理解，但 EPR、贝尔定理和阿斯派克特实验的核心思想绝没有被曲解。让我们从 EPR 思想实验开始。

EPR 思想实验

在接下来的讨论中，我们的主要关注点是光子的“极化”。在这个讨论中，你不需要知道什么是极化。这很好，因为无论如何，并没有人知道极化到底是什么。对于我们的讨论来说，你只需要知道极化是光子的一个属性（这大概就像是说橙色是南瓜的一个属性一样），以及极化探测器可以探测到极化属性。

假设极化探测器可以探测到任何出现上“极化”或下“极化”的光子，对单个光子来说，被测量为出现了上极化的概率为 50%，出现了下极化的概率也为 50%。

假设，我们发射出一对特殊的光子，具体来说，就是一对处于“孪生状态”的光子。当我说光子处于孪生状态时，我的意思只是，如果我们要测量两粒光子的极化，就会发现它们总是处于相同的极化状态。也就是说，当我们测量孪生光子极化时，极化探测器所得的结果将是两个都为上极化或者都为下极化。（更精确地说，如果我们用两个调试到相同状态的极化探测器来测量极化，那么探测器显示的结果会是都为上极化或者都为下极化。在这一节的剩余篇幅中，我们将假设一直用两个调试到相同状态的探测器来测量两个光子。）

值得注意的是，除了上述测量结果，我们说光子处于孪生状态并没有什么其他含义。换句话说，这种说法并没有明示或暗示在没有进行测量时光子真正的样子。简言之，我只是在描述一些量子事实：如果你发射出一对这样的光子，并对它们进行极化测量，极化探测器显示的结果会都为上极化或者都为下极化。重申一下，这就是我们说的光子处于孪生状态时所要表达的全部含义。请试着仅考虑这些事实，而不要去想象在没有测量时光子到底是什么样子。

现在，假设我们有这样两个孪生光子，把它们分开，然后向两个设置在相反方向的极化探测器发射。把这两个探测器分别称为 A 和 B，让我们假设探测器 B 与光子源之间的距离略，大于探测器 A 与光子源之间的距离。整个实验设置看起来如图 28-1 所示。

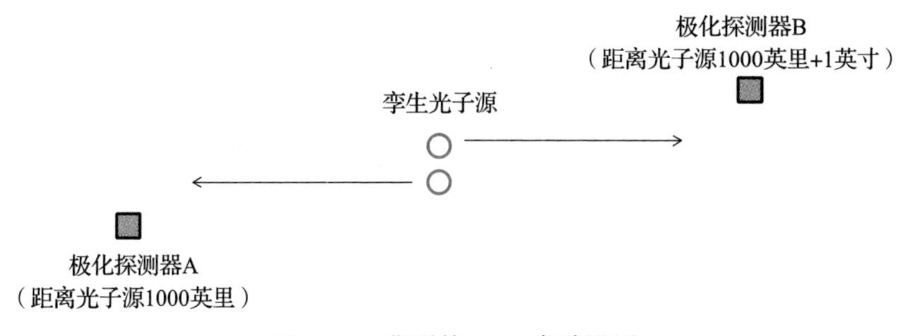

图 28-1　典型的 EPR 实验设置

让我们重点关注向探测器 A 运动的光子。假设当光子到达探测器 A 时，探测器探测到光子的上极化。此时我们知道，一瞬间后，另一粒光子会到达探测器 B，它也会被测量为上极化（我们之所以知道，是因为两个光子是孪生光子，因此总会被测量为相同的极化）。确实，一瞬间后，探测器 B 处的光子被测量为上极化。

以上就是 EPR 情境。根据到目前为止我所提供的内容，这个情境似乎没有什么令人惊讶或耐人寻味之处。那么，这个情境到底有什么重要意义？爱因斯坦、波多尔斯基和罗森为什么要设计这个实验情境？在上述设置中，爱因斯坦、波多尔斯基和罗森试图让我们相信量子理论是不完整的，也就是说，存在量子理论没有包含的“现实因素”（这也是 EPR 论文中出现的术语）。具体来说，爱因斯坦、波多尔斯基和罗森的论证如下：

（1）光子一定是先具有一个确定的极化，然后才被测量为具有这个极化属性。

但是

（2）量子理论所表达的，并不是两个光子在被测量为具有某个极化属性前就已经确定具有了该极化属性。

因此，EPR 实验认为量子理论是一个关于现实的不完整理论，因为量子理论的表达缺少了一个现实因素，也就是光子在被探测前所具有的极化。

论述（2）是正确的，也就是说，这确实是量子理论的一个特点。在测量之前，标准量子理论数学对每个电子的表达并不是它们都有确定的极化，而是它们都处在上极化和下极化叠加的叠加态中。

由于论述（2）是正确的，如果 EPR 可以让我们相信论述（1）也是正确的，那么我们就可以认为 EPR 得出“量子理论是一个不完整理论”的结论是有道理的。我们接下来的任务就是认真研究可以让我们相信论述（1）的原因。这会非常复杂，但是只要慢慢来，我们的讨论应该非常清楚。

对论述（1）的论证

要理解论述（1）的论据，我们需要理解通常所说的定域性假设。与许多基本假设相同，用文字来描述这个假设是相当困难的。在试图给出一个定义之前，让我首先用几个例子来说明定域性假设。

让我们回到本书前面用过的一个例子。假设我把某个物体，比如一支圆珠笔，放在你面前的桌子上。我让你来移动这支笔，但是不能碰触它，不能对它吹气，不能摇桌子，不能找别人来帮你移动它，也不能用你可能拥有的任何“精神力量”，总之就是跟笔不能有任何联系（包括物理和非物理的）。你很有可能觉得我交给你的是一个不可能完成的任务。然而，为什么你会觉得不可能完成？可能因为你认为一个物体（在这个例子里就是你）不可能对另一个物体（在这个例子里就是笔）产生任何影响或效果，除非两者之间有某种联系（比如，物理接触、通信，或者至少是某种关联）。

再举一个例子，假设我们让萨拉和乔伊每天早上都去买甜甜圈。我们让萨拉到位于城北的甜甜圈大王去买，让乔伊到位于城南、距离有些远的另一家甜甜圈大王去买。他们同时出发，我们甚至可能还让其他人跟着他们，从而保证他们去了要求的店铺。假设萨拉买的是奶油甜甜圈，乔伊买的也是奶油甜甜圈；当萨拉选择买巧克力甜甜圈的时候，乔伊也会选择巧克力甜甜圈。总的来说，萨拉选择了什么样的甜甜圈，乔伊就会选择相同的。一天又一天，一周又一周，一月又一月，总是如此。在这个情境中，我们的直觉是，萨拉和乔伊之间一定有某种联系或某种通信。我们通常会觉得发生在一个地点的事件（在这个例子里，就是萨拉在甜甜圈店里选择购买什么样的甜甜圈），不可能对发生在另一个地点的事件（乔伊在店里对甜甜圈的选择）产生影响，除非两者之间有某种联系或通信。

后面的这段话正是对定域性假设的一种表达。简言之：

> 定域性假设（粗略版）：**发生在一个地点的事件，不能对发生在另一地点的事件产生影响，除非两个地点之间存在某种联系或通信。**

“某种联系或通信”到底指的是什么，而一个事物对另一个事物产生影响又是什么意思？这两个问题可以从多个角度来理解，这又带来了大量与定域性假设相关的误解和误会。在这一节后续篇幅中我们将探讨对这些概念的多种理解，进而探讨多种更为精确地理解定域性假设的角度。就论证 EPR 而言，这个定域性假设的粗略版本已经能够满足我们的需要。

有了定域性假设，EPR 实验对论述（1）的论证很快就完整了。根据定域性假设可以得出，在探测器 A 进行的对光子极化的测量，不能影响在探测器 B 进行的对光子极化的测量。这是因为两个探测器之间的距离太远，因此没有时间让任何类型的信号、通信或影响从 A 移动到 B，至少，不可能存在这样的影响，除非它们的运动速度比光速还快，而且由于“不存在运动速度比光速还快的影响”是已经得到广泛接受的观点（基于爱因斯坦相对论），所以似乎存在非常合理的理由来认为发生在探测器 A 处的事件不能影响发生在探测器 B 处的事件。因此，在探测器 A 处光子的极化与在探测器 B 处光子的极化之间完美的相互联系只能用“光子在被探测前就具有了确定的极化”来解释。换句话说，如果定域性假设是正确的，那么就可以推理得到论述（1）。

你可以这样来总结概括 EPR 实验的论证过程：要么定域性假设是错误的，要么量子理论是不完整的理论。然而（EPR 实验继续论证）认知正常的人都不会放弃定域性假设，因此（EPR 实验得出结论）量子理论肯定是不完整的理论。

贝尔定理

请注意，实际进行 EPR 思想实验其实并没有什么意义，因为其核心命题是光子在被探测前是否具有极化属性，实际进行实验只能让我们看到光子在被探测到时的极化属性，而不是在那之前的。

1964 年，约翰·贝尔（1928—1990）开始思考是否存在某种方法可以用来修改 EPR 情境，从而使我们在实际进行这个修改了的 EPR 实验时能得到一些有趣的结果。贝尔的成果通常被称为“贝尔定理”或

“贝尔不等式”。正如这个名称所透露的，贝尔的成果实际上是一个数学验证。然而，如果我们把它当作一个实验设计，则会更容易理解，因此接下来我将会把它作为一个实验设计来讨论。

贝尔本人和大卫·默明（David Mermin）、尼克·赫伯特（Nick Herbert）一起为贝尔定理进行了很多很好的非数学阐述。接下来，我将使用可乐机的类比，尽管这个类比是我提出来的，但是其中的关键点都来自前述三位的解释中我认为最精彩的部分。在这里，请保持耐心，因为这可能需要几分钟的时间，但是当我们完成这些讨论时，你就相当于完成了一个非正式的贝尔定理演绎过程。

让我们首先从一个可乐机的类比开始。思考一下图 28-2。在这个设置里，我们有两台大体相同的可乐机，分别称为可乐机 A 和可乐机 B。同时我们还有一个按钮，每按一下按钮，机器就会吐出一罐碳酸饮料。让我们假设，事实上，每次我们按下按钮时，两台机器吐出的饮料要么是健怡可乐（我将用 D 来代表），要么是七喜，也就是人们通常所说的非可乐（我将用 U 来代表）。每台机器上面都有一个字母键盘，键盘上有三个按键，分别是 L（代表左）、M（代表中间）和 R（代表右）。最后，假设两台可乐机之间没有明显通信或联系。也就是说，我们在 A 和 B 之间找不到电缆、无线电连接或任何形式的联系。有了这些条件，我们将描述四个情境。

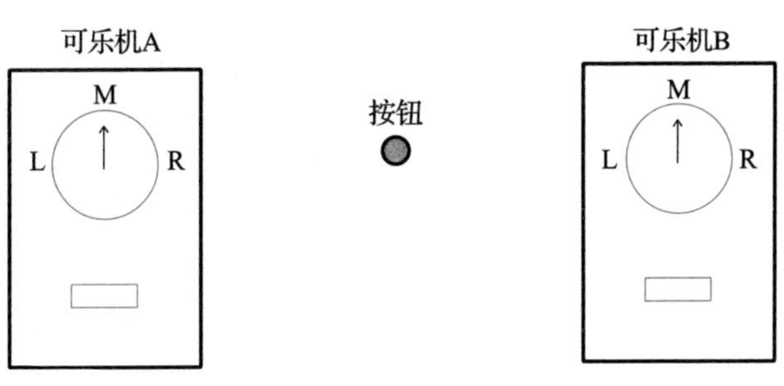

图 28-2　可乐机类比

在情境 1 中，可乐机 A 上的字母旋钮调到中间位置 M，同样地，可乐机 B 上的字母旋钮也调到中间位置。假设我们按了上百次按钮，并发现每次我们按了按钮后，两台机器吐出的碳酸饮料都一样。也就是说，每次 A 吐出健怡可乐时，B 吐出的同样也是健怡可乐；每次 A 吐出七喜（非可乐）时，B 同样吐出七喜。除此之外，我们注意到，两台机器吐出的饮料是健怡可乐和七喜的随机组合。也就是说，尽管每次两台机器吐出的碳酸饮料都相同，但是在所有吐出的饮料中，有 50% 是健怡可乐，另外 50% 是七喜。

假设我们用 A：M 来表示可乐机 A 上的字母旋钮调到中间位置，同样地，用 B：M 来表示可乐机 B 上的字母旋钮也调到中间位置。假设我们用 D 和 U 来代表两种碳酸饮料，并记录每台机器每次吐出的饮料类型（举个例子，A：M DUDDUDUUUD 表示当可乐机 A 上的字母旋钮调到中间位置时按 10 下按钮所得到的结果）。接下来，我们可以把情境 1 总结如下。

情境 1

A：M　DUDDUDUUUDUDDUUDUDDUDUUUDUDD …

B：M　DUDDUDUUUDUDDUUDUDDUDUUUDUDD …

总结：相同结果

在情境 2 中，我们将把可乐机 A 上的字母旋钮调到左侧位置，但可乐机 B 上的字母旋钮则保持在中间位置。假设当我们把旋钮设置好，然后按几下按钮，我们注意到，尽管两台机器通常会吐出同样的碳酸饮料，不过偶尔也会出现两台机器不一致的情况。具体来说，我们会发现，当字母旋钮如此设置时，两台机器吐出饮料的结果中有 25% 的差异。总结如下。

情境 2

A：L　DDUDUUDUDDUUDUDUUDUDDDUDUUDU …

B：M　DUUDUDDUDDUUDUUDUDUDUDUDDUUU …

总结：25% 的差异

在情境 3 中，我们将把可乐机 A 上的字母旋钮调回中间位置，然后把可乐机 B 上的字母旋钮调到右侧位置。然后再按几下按钮，我们再次注意到，尽管吐出的饮料通常是一致的，但其中还是有 25% 的差异。总结如下。

情境 3

A：M　UUDUDDUDUUDDDUDUUUDUDUUDDUDD …

B：R　UDDUDUUDDUDUDUDDUUUUDUDDDUDD …

总结：25% 的差异

在情境 4 中，我们将把可乐机 A 上的旋钮调到左侧位置（与情境 2 中相同），把可乐机 B 上的旋钮调到右侧位置（与情境 3 中相同）。先不说结果，情境 4 的设置如下。

情境 4

A：L ? ? ?

B：R ? ? ?

总结：? ? ?

现在，让我们思考一下当可乐机 A 和 B 上的旋钮如此设置时，我们能看到怎样的结果。让我们假设以下陈述是正确的：

（1）两台机器之间没有任何通信或联系。

（2）定域性假设是正确的。

如果（1）和（2）是正确的，那么情境 2 中 25% 的差异应该只是可乐机 A 上字母旋钮位置变化所带来的结果。同样地，情境 3 中 25% 的差异一定只是可乐机 B 上字母旋钮位置变化的结果。也就是说，如果两台机器之间没有通信或联系，那么调节可乐机 A 上字母旋钮的位置只能影响可乐机 A 吐出饮料的结果，而调节可乐机 B 上字母旋钮的位置则只能影响可乐机 B 的结果。

因此，如果调节 A 上的旋钮会带来 A 吐出饮料结果中 25% 的差异，调节 B 上的旋钮会带来 B 吐出饮料结果中 25% 的差异，那么请回答下面这个关键问题：如果我们同时调节两个机器上的字母旋钮，就像情境 4 中那样，那么两个机器之间吐出饮料的结果中最大差异会是多少？在继续讨论之前，让我们先停下来思考一下，然后回答这个问题。如果你看到答案，那么你所做的实际上就是对贝尔定理的一个非正式演绎。正确的答案是，基于（1）和（2），情境 4 中的最大差异是 50%。也就是说，如果调节 A 的旋钮给 A 吐出饮料的结果带来的差异是 25%，但并不影响 B 的结果，而调节 B 的旋钮给 B 吐出饮料的结果带来的差异是 25%，但 A 并没有受影响，那么同时调节 A 和 B 两个旋钮就可以带来最多 50% 的合并差异。这个演绎，也就是对“在这样的情境中最大差异是 50%”所进行的演绎，实际上就是贝尔定理。

当然，贝尔并不关心可乐机所吐出的饮料，而且可乐机情境确实仅仅是一个类比。要看到这如何与量子理论产生关系，让我们把可乐机的类比与量子理论联系起来。

假设当我们按下按钮时，我们所得到的结果并不是可乐机吐出碳酸饮料，事实上，每次我们按下按钮，就发射了两个孪生光子，这与图 28-1 中所示的 EPR 情境完全一致。这里我们没有可乐机，而是光子探测器 A 和 B，同样如图 28-1 所示。然而，与图 28-1 所示的基本 EPR 情境不同，这些探测器上有可乐机上的那种字母旋钮，可以调到 L、M

和 R 位置。这个修改了的 EPR 情境将如图 28-3 所示。

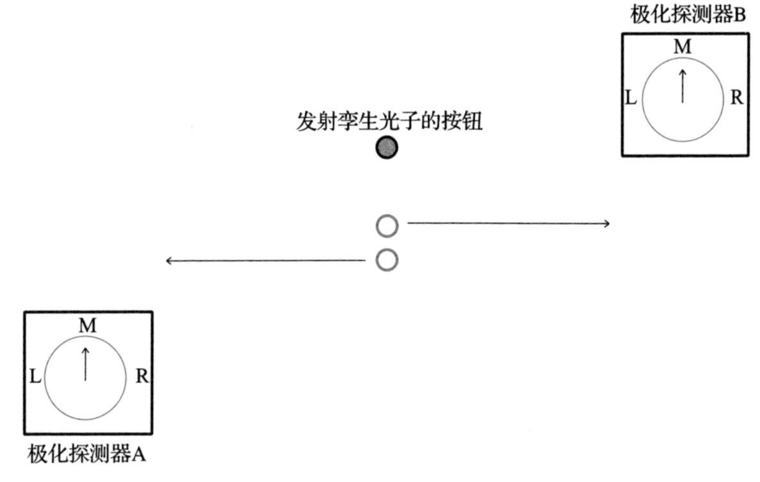

图 28-3 修改了的 EPR 情境

光子探测器实际上可以有与 L、M 和 R 等同的设置，如图 28-3 所示。现在假设我们要进行几个完全和可乐机情境相对应的实验。假设我们把两个光子探测器都调到中间位置，然后反复按下按钮，每次都发射出一对孪生光子，分别向各自的探测器运动。回忆一下，对孪生光子来说，只要探测器是相同的，两个光子就会被测量为都是上极化或下极化。具体到这个情境中，只要探测器设置为同样的状态，两个光子就会被探测为具有相同的极化。因此，在这个情境中，两个探测器都调到了中间位置，假设我们分别用 D 和 U 来代表下极化和上极化，那么这个实验的结果将与前面所总结的情境 1 的结果完全相同。也就是说，两个探测器的探测结果将会完全相同。

请注意，这只是个量子事实，即一个量子实验的结果：把两个探测器都调到中间位置，向它们发射一对孪生光子，结果是探测器探测到的每对光子都将同为上极化或同为下极化。除此之外，这个结果也恰恰是量子理论所预言的。

现在把光子探测器按照前面的情境 2 进行设置。两个探测器上的旋钮不再是调到相同位置，所以我们将不会看到每对光子的探测结果都相同。但是就实验事实而言，这个情境的实验结果与前面所总结的情境 2 的结果完全相同。同样地，这只是一个量子事实，而且同样刚好是量子理论所预言的。

与此类似，把光子探测器按照前面情境 3 进行设置，结果会与情境 3 的结果完全相同。重申一下，这只是一个量子事实，而且是量子理论所预言的。

到目前为止，一切都很好，没有什么不寻常之处。然而，现在，按照情境 4 来设置两个探测器，也就是探测器 A 的旋钮调到左侧位置，而探测器 B 的旋钮调到右侧位置，然后思考我们将会看到怎样的结果。依然用描述可乐机时的方法，上述情境可总结如下。

情境 1

A：M　DUDDUDUUUDUDDUUDUDDUDUUUDUDD …

B：M　DUDDUDUUUDUDDUUDUDDUDUUUDUDD …

总结：相同结果

情境 2

A：L　DDUDUUDUDDUUDUDUUDUDDDUDUUDU …

B：M　DUUDUDDUDDUUDUUDUDUDUDUDDUUU …

总结：25% 的差异

情境 3

A：M　UUDUDDUDUUDDDUDUUUDUDUUDDUDD …

B：R　UDDUDUUDDUDUDUDDUUUUDUDDDUDD …

总结：25% 的差异

情境 4

A：L ？？？

B：R ？？？

总结：？？？

所以，我们提出与可乐机类比中同样的问题：如果定域性假设是正确的，而且两个光子探测器之间不存在任何通信或联系，那么两个探测器探测结果之间的最大差异会是多少？重申一下，答案是（实际上就是贝尔定理）两个探测器探测结果之间的最大差异可以达到 50%。

精彩之处来了：量子理论的预言并不是 50%。事实上，如果探测器是情境 4 中那样设置，量子理论预言两个探测器探测结果之间的差异可达将近 75%。

换句话说，贝尔发现基于量子理论的预言与基于定域性假设的预言不一致。也就是说，用可乐机进行的简单演绎表明，如果定域性假设是正确的，那么当光子探测器按照情境 4 进行设置时，两个探测器探测结果之间的差异最多是 50%。但是，量子理论的预言是这个差异预计可达将近 75%。

简言之，贝尔定理表明量子理论和定域性假设彼此不能保持一致，两者不能同时正确。

阿斯派克特实验

正如我通过可乐机类比所展示的，贝尔定理实际上就是一个实验设置。就像前面所描述的，这个实验听起来相对直接明确，实际上，从技术角度来说是相当困难的，当贝尔在 1964 年提出这个实验的时候，并没有办法进行实际操作。然而，在接下来的几十年间，许多物理学家致力于将贝尔实验付诸实践。其中最成功的实验是由巴黎大学阿莱恩·阿斯派克特实验室在 20 世纪 70 年代末到 20 世纪 80 年代初进行的。（如果你对此感兴趣，我就再解释一下，将这个实验设置付诸实践的难点主要在于要保证两个探测器之间不可能产生任何联系或通信。）

总结一下这些实验的结果，可以说，阿斯派克特实验结果表明，在定域性假设和量子理论之间的冲突中，量子理论胜出。也就是说，阿斯派克特实验结果有力证明了定域性假设是错误的。自 20 世纪 70 年代末到 20 世纪 80 年代初的阿斯派克特实验以来，这些实验结果由多个不同的实验室用多种实验设置进行了多次复现和验证，而且此类实验还在持续进行。（就在我写这一段的时候，几个特别有趣的贝尔实验正在进行，我将在书后注释里对此进行简要描述。）

关于现实性质的观点，贝尔定理和阿斯派克特实验结果都产生了巨大影响。阿斯派克特实验结果是量子事实，任何值得尊重的有关现实的观点都必须尊重这些事实，而尊重这些事实似乎就必须摒弃定域性假设。然而，关于这一点，我们必须小心谨慎。回忆一下，在前面的讨论中，我们对定域性假设的措辞多少有些粗略。那么，下一个主要命题就是更小心地讨论定域性假设，以便澄清贝尔定理和阿斯派克特实验结果的影响。

定域性、非定域性和幽灵般的超距作用

回忆一下，本章的两个主要目标是：①对新近的实验进行解释，通常认为这些实验对我们有关现实的观点产生了深远影响；②对这些影响进行分析，特别是分析“这些实验表明任何关于现实的‘定域’观点肯

定都不对”的说法。到这里，我们已经实现了目标①，并已做好准备开始实现目标②。让我们从前面出现过的定域性假设的一个粗略表述开始。

> 定域性假设（粗略版）：**发生在一个地点的事件，不能对发生在另一地点的事件产生影响，除非两个地点之间存在某种联系或通信。**

正如前面提到过的，对“某种联系或通信”和“影响”的概念，可以有很多种理解。我们的第一个任务就是让这些命题更加精准。

有充分的理由认为光速是宇宙中速度的极限。因此，我们可以利用这一点来限制两个事件之间产生联系的可能性，也就是，只有在两个事件发生的时间间隔至少能够让光从一个事件发生地运动到另一个事件发生地时，两个事件之间才能产生联系。举个例子，我用办公室的电话给我太太打电话，几秒钟之后，我太太的电话开始响铃，这两个事件之间可能存在联系。这两个事件发生的时间间隔大于光从我的办公室运动到我家的时间。因此，这两个事件之间有可能存在相互联系。当然，这两个事件事实上确实是相关联的，而且这种关联很容易理解。

相比之下，光从太阳运动到地球需要大约 8 分钟。所以，如果要考虑太阳上发生的一个事件（比如太阳耀斑）与地球上发生的一个事件（比如电台通信干扰）之间的联系，那么只有当两者发生的时间相差 8 分钟以上时，它们之间才有可能存在联系。

利用这个概念，我们就可以限制“某种联系或通信”的概念了。接下来，除非我特别说明，否则我们都会认为“联系”的意思是联系的可能性，也就是当且仅当两个事件发生的时间间隔等于或大于光从其中一个事件发生地运动到另一个事件发生地的时间时，两个事件之间才会存在相互联系的可能性。如果两个事件间不存在这种相互联系的可能性，那么我们就可以说第二个事件出现在“超远的地方”，或者换个等价的说法，第二个事件发生在“超距处”。

这就引出了定域性假设的一个更精练的表述。对光速的强调来源于爱因斯坦相对论，而这一类影响似乎是让爱因斯坦最为担心的一类影响（爱因斯坦曾经将这种影响称为“幽灵般的超距作用”）。因此，让我们把这个表述称为爱因斯坦定域性。

爱因斯坦定域性：**发生在一个地点的事件无法影响发生在超距处的另一个事件。**

在阿斯派克特实验中，所研究的事件确实发生在“超距处”，也就是，两个事件之间不可能有联系（重申一下，除非这个联系的运动速度比光速还快）。阿斯派克特是如何实现这一点的，其细节是整个实验设置中最具技术挑战性的部分，而且，基本上阿斯派克特实现这一点的方法，相当于在光子到达探测器之前，快速随机地（或者至少准随机地）改变探测器位置。简言之，阿斯派克特成功地对实验进行了设置，使探测器的位置可以快速发生变化，从而使任何信号都没有足够时间从一个探测器传递到另一个探测器（同样地，除非这个信号的运动速度大于光速）。

在这些实验中，发生在一个探测器处的事件对发生在另一个探测器处的事件产生了某种影响。也就是说，发生在一个探测器处的事件（改变旋钮位置）影响了发生在远处探测器处的事件（远处探测器的探测结果与另一个探测器匹配的概率）。因此，贝尔 / 阿斯派克特实验表明，爱因斯坦定域性是错误的。简言之，阿斯派克特实验的结果和大量相同的实验结果几乎已充分证明，发生在一个地点的事件可以影响到发生在超距处的其他事件。

我们在前面提到过，定域性假设和爱因斯坦定域性都提到了“影响”的概念，但这并不是一个完全清晰的概念。作为这一节的最后（也是很重要的）一个话题，值得我们讨论的是，关于阿斯派克特实验所指出的“影响”，能得出什么结论，又得不出哪些结论。

“影响”这个词通常的意思是因果影响，也就是一个事件造成了另一个事件的意思。让我们花点时间来从因果影响的角度解释一下爱因斯坦定域性。让我们将其称为因果定域性。

因果定域性：**发生在一个地点的事件不能对发生在超距处的另一个事件产生因果影响。**

贝尔/阿斯派克特实验是否表明因果定域性是错误的？这是一个难以回答的问题，主要难点在于因果关系概念本身。通常，当我们谈到因果时，脑中会出现这样的例子，朝错误的方向飞出的棒球击碎了玻璃，碎玻璃扎破了汽车轮胎；手指敲击键盘造成按键下降，从而使电信号从键盘传递到电脑等。

然而，这些日常生活中的因果影响与贝尔/阿斯派克特实验所揭示的影响有很重要的区别。最值得一提的是，日常生活中的因果影响是遵循爱因斯坦定域性的，也就是说，日常生活中的因果影响都不涉及超光速的影响。由于在贝尔/阿斯派克特实验中我们面对的是一种不同的影响，也就是不遵循爱因斯坦定域性的影响，因此，依靠这些日常生活中的例子来解释有关因果影响的命题可能太局限了。如果我们能用更开阔的视野来看待因果影响，那效果将会更好。

幸运的是，关于因果影响概念已经有了大量分析，尤其是在20世纪初以来有关科学哲学的研究中。对于如何理解因果影响，存在多种不同的流派，各流派在细节上存在大量分歧，但至少在理解因果影响的整体框架上，它们达成了共识。具体来说，各流派都强调，如果事件之间的相关性很强，而且这个强相关性不能用任何常见原因来解释（我说的“常见原因”是指两个事件之间之所以存在相互关联，并不是因为其中一个事件是另一个事件发生的原因，而是因为这两个事件都是由另一个或几个常见原因造成的。举个例子，我在室外放了一个温度表，其读数低于 0℃，而旁边池塘里的水已经开始结冰，这两个事件是紧密关联的。但是，这两个事件紧密关联并不是因为其中一个事件是另一个事件发生的原因，实际上，它们是由一个独立的常见原因造成的，也就是天气已经变得足够冷，那么这个影响就是因果影响了。

贝尔 / 阿斯派克特实验的结果似乎符合这个条件，也就是说，一个探测器的设置与另一个探测器的读数之间存在强相关性。最初的阿斯派克特实验，以及在这些实验以后进行的其他贝尔 / 阿斯派克特类型的实验，都越来越清晰地证明这些强相关性几乎不可能是任何常见原因的结果（书后注释中有对某些新近实验的讨论）。简言之，基于目前理解因果影响的常用框架，不管是最初的阿斯派克特实验，还是现在正在进行的贝尔 / 阿斯派克特实验，它们的结果似乎都指向了一种比光速还快的因果影响。换句话说，与爱因斯坦定域性的情况一样，因果定域性似乎也是错误的。

在结束本章之前，另一种常见而又重要的“影响”也值得我们思考。此时，在我脑中出现的影响是我们可以用来传递信息的那种影响。在日常生活中，我们会很有规律地使用这些影响，发短信、打电话、与别人讲话、用摩斯密码发布信号、用电脑键盘打字等，都属于这一类影响。因此，让我们来思考最后一种定域性，具体来说，也就是我们可以称为信息定域性的概念。

信息定域性：**发生在一个地点的事件，不能用来向一个在远处的地点传递信息。**

贝尔 / 阿斯派克特实验结果是否表明信息定域性是不正确的？换句

话说，我们能否利用两个发生在远距离地点的事件之间的影响来传递信息？举个例子，我们能否在地球上设置一个探测器，在火星上设置另一个探测器，然后利用贝尔 / 阿斯派克特情境来在两个探测器之间即时传递信息？

根据贝尔 / 阿斯派克特实验设置，两个探测器完全不需要彼此相当接近。因此，原则上说，我们可以把一个探测器设置在地球上，另一个设置在火星上（或者理论上说，也可以设置在上百万光年之外的某个星系），然后我们还将得到同样的结果。也就是说，发生在一个探测器处的事件，显然会即时地影响到发生在超距处的另一个探测器处的事件。那么，这很可能会让我们忍不住认为，可以利用这个影响来向超距处即时传递信息，从而违反了信息定域性。

然而，出乎意料，我们似乎无法这么做，没有办法利用贝尔 / 阿斯派克特实验设置在两个地点之间传递任何信息。要理解为什么会这样，一个具体的例子会很有帮助。

假设你在探测器 A 处，可能是美国的俄克拉何马州图尔萨市，而我在探测器 B 处，可能是 250 万光年外的仙女座星系。假设我把探测器上的旋钮设在 R 位置。看看前面的情境 3 和情境 4，我们知道如果你把探测器的旋钮设在 M 位置，那么我的探测器所探测的结果与你所探测的结果相比，出现差异的概率只有 25%。但是，如果你把探测器旋钮设在 L 位置，我的探测器读数与你不同的概率马上跃升到 75%。简言之，你只需要把探测器旋钮在 M 和 L 位置之间转换，就可以对探测器读数是否一致的概率产生显著且即时的影响。由于你可以对我的探测器结果产生如此重大的影响，似乎你应该可以利用这个影响来向我即时传递信息，因而表明信息定域性是错误的。

然而，这里，问题就出现了。要给我传递信息，你需要能对我这边的读数是 D 还是 U 产生影响，就算你只能影响我收到 D 或 U 的概率，这也已足够向我传递信息了。因此，毫无疑问，如果你可以操控你的探测器旋钮，使其对我的读数是D还是U产生影响，那么你就可以向我传递信息了。

问题是，你没有这种影响。回忆一下，在这个设置中，你我探测器读数为D还是为U是随机的，概率分别是50%。因此，你无法影响自己探测器读数为D或U的概率，同样也无法影响我的探测器读数为D或U的概率（重申一下，不管是对D还是U，这个概率都分别是50%）。你确实可以对我的探测器施加即时影响，但仅局限于影响我的探测器读数与你的探测器读数一致的可能性，但这一类影响并不足以用来发送信息。

总的来说，似乎没有办法利用贝尔/阿斯派克特实验设置所产生影响来向一个超距处传递信息。因此，与看起来相反，贝尔/阿斯派克特实验并没能让我们有理由认为信息定域性是不正确的。

在结束本节之前，还有最后一点要讨论。在20世纪大部分时间里，“根据相对论，不可能存在比光速更快的影响”的观点一直深入人心。因此，贝尔/阿斯派克特实验结果在这一点上似乎与相对论相悖。在这些实验结果公之于众后，研究人员开始更审慎地分析相对论，看它到底让什么变为了不可能。结果是，严格来说，相对论只表明那些可以用来传递信息的比光速更快的影响是不可能存在的。因此，贝尔/阿斯派克特实验的结果正是因为没有打破信息定域性，才没有与相对论产生矛盾。

值得注意的是，尽管严格来说这些实验结果没有与相对论产生矛盾，但这一点对爱因斯坦来说并没有多大意义。当爱因斯坦谈到幽灵般的超距作用时，他所关心的是一切比光速更快的影响。可能与至少从古希腊时期以来的大多数人一样，爱因斯坦深信，在我们所生活的这个世界不可能存在任何超距作用，也就是说，我们所生活的世界遵循一切形式的定域性。然而，事实证明，在这一点上我们一直以来都是错误的。

结语

总结一下，贝尔 / 阿斯派克特实验明确证明了，爱因斯坦定域性是错误的。也就是说，这些实验表明，发生在两个超距处的事件之间可以存在某种影响。这些实验结果似乎同样表明，两个发生在超距处的事件之间可以存在即时的因果影响。然而，尽管贝尔 / 阿斯派克特实验结果表明了某种影响的存在，但是似乎并没有给我们任何理由来认为可以利用这个影响在超距处之间传递信息。

那么，这使我们面前出现了另一个问题，也就是“这种影响是什么样的影响”。对于这个问题，最终我们可以给出的精确答案是：连最模糊的答案都没有。

第 29 章

演化论概述

关于我们所居住的这个宇宙，有一些长期为人们所坚持的基础性假设，而新近的科学发展，特别是相对论和量子理论，却要求我们重新认真地思考某些此类假设。在前几章中，我们从多个角度探讨了这一点。在本章和下一章中，我们将探讨演化论领域相对近期（从 19 世纪中期到现在）的著作。与前几章所讨论的新发现一样，演化论同样迫使我们对一些长期以来人们所持有的常见观点进行重新思考。

本章主要分为两个部分：第一部分的主要目标是理解演化论的基本内容，这一部分的讨论将包括达尔文和华莱士在 19 世纪中期的最初发现、对有关演化论的新近发现的概述，以及对一个最常见的演化论的错误认识的纠正；第二部分主要是关于历史，探究达尔文和华莱士独立发现演化论核心内容的历史过程。

演化论基本内容概述

达尔文和华莱士的发现：通过自然选择而发生的演化

在清晰而全面地表述现在所说的通过自然选择而发生的演化方面，查尔斯·达尔文（1809—1882）和阿尔弗雷德·拉塞尔·华莱士（1823—1913）可算是第一人，他们（尤其是达尔文）还对此进行了论辩。在本章后续篇幅中我们将会看到，达尔文和华莱士逐渐明白演化是漫长的，在这个过程中他们需要颠覆一些在当时普遍存在的基本的和广泛传播的常见假设，这些假设大都根植于旧的亚里士多德世界观。

一般来说，演化是指随着时间的推移种群的变化。在达尔文和华莱士的时代，一个得到广泛认可的观点是，属于同一个物种的个体拥有一系列共同的基本特征，这些特征定义了这个物种，而且不会发生变化。同样得到认可的是，新的物种不会出现。然而，最终达尔文和华莱士各自发现，这两个得到广泛认可的观点都是错误的。这让他们遇到了一个问题，也就是什么样的自然机制可能会带来种群中的根本变化，或者甚至会带来新的物种。二人都独立发现了被达尔文命名为“自然选择”的过程。尽管达尔文和华莱士所经历的过程非常艰难，不过在发现了通过自然选择而发生的演化后，他们随即就对其背后的基本观点进行了相当简明的表述。用现代的术语来说（而不是用达尔文和华莱士所用的原话），在二人所发现的演化过程中，有以下两个核心因素：

（1）可遗传的变异。

（2）差分适合度。

让我们花几分钟来理解这两点。可遗传的变异，背后所隐含的意思非常直接明确，就是一个种群中的不同个体之间存在差异，而且这些差异可以从这一代传递到下一代。以人为例，人与人之间存在各种各样的差异，而且其中很多差异（比如眼睛的颜色、头发的颜色等）都是可遗传的，它们可以传递到后续代际上。

差分适和度，指的是对一个种群来说，在其所处的环境中，并不是每个个体都同等程度地适于生存，也不是每个个体都能同等程度地把自己的特征传递给后续代际。让我们以一个典型的生物种群为例，假设就是生活在某个地区的一群鹿。像这样的种群所生活的环境往往缺乏某些重要的资源，比如食物、交配对象等。环境中通常还会存在威胁种群幸福和生存的因素，比如疾病、意外事件、捕食者等。如果把这一种群中个体身上可遗传的特征进行对比，就会发现，差异是有些特征可以更好地帮助个体在所处环境中生存和繁殖，比如，也许一些特征对某些新出现的疾病抵抗力更强，或者某些个体体内消化系统中的微生物组群让这些个体可以更好地在食物有限的严冬生存下来等。在这样的情况下，我们会说这个种群呈现出了差分适合度。简言之，在一个种群中，并不是所有个体都同样适于在自身所处环境中生存和繁殖。

达尔文和华莱士意识到，如果一个种群呈现出（1）和（2），而且如果造成差分适合度的特征是可遗传的特征（虽然通常如此，但也并非一定如此），那么达尔文所说的自然选择就会出现。达尔文用“自然选择”这个词来强调其与人工选择的相似之处。人工选择指的是动植物育种者让具有某些特征的有机体进行交配，从而使这些特征在有机体的后续代际中越来越普遍。

达尔文和华莱士意识到，通过自然机制也可以发生与此类似的选择过程——自然选择。这背后的基本思想相对直接明确（尽管一开始发现这个思想并不那么容易）：如果一个种群的个体间存在差异，这些差异又是可以遗传的，而且这些可遗传的特征非常有可能让有机体在其所处环境中更好地生存和繁殖，那么具有这些特征的有机体就更有可能把这些特征传递给后续代际。通过这样一个过程，种群就会随时间发生变化，某些特点会被自然选择出来，并在后代中越来越普遍。简言之，演化变化会通过一个完全自然的机制发生。

最后，达尔文和华莱士都发现，对一个种群来说，如果这种自然选择的过程持续的时间足够长，那么种群中可以发生非常巨大的变化，让这个种群变得完全不同，从而可以被当作一个新物种。正因如此，达尔文那部开创性的著作题目就是《物种起源》。

后达尔文和华莱士时代演化论的简要概括

在达尔文和华莱士之后，演化论的发展史相当复杂，其中包括著名的孟德尔豌豆遗传因素实验、对基因是遗传“单元”的发现、对染色体及其在遗传中作用的发现，以及后续诸多发现，比如染色体包含 DNA、DNA 的分子结构、DNA 对蛋白质编码的机制，还有近些年来的发展，比如快速确定包括人类在内的多种有机体完整分子遗传结构的能力，等等。就演化论的发展而言，过去大约 150 年可以说是相当高产的。

对演化领域自达尔文和华莱士时代之后所出现的发现进行全面描述已经超出了本章的范围。不过，我想指出其中两个相关内容。第一个内容与现在通常所说的“现代综合论”有关。在 19 世纪末和 20 世纪初，有关演化论的核心命题存在大量分歧和争论，而且与演化论有关的生物学各个领域几乎都在独立进行研究。然而，到了 20 世纪后期，出现了一个由大量科研结果和数据组成的综合体，所涵盖的内容从对自然环境中群体进行研究的野外作业，到利用像果蝇这样的实验动物所进行的实验室对照实验，到涉及演化的数学结果，到古人类学（对已经灭绝的人类物种及相关物种的研究）著作，包括近些年来颇为令人惊奇的尼安德特人 DNA 的发现，再到许多其他领域，数量之多、范围之广，超乎想象。这一科研结果和数据的综合体把演化论变成了一个统一的整体，几乎涵盖了生物研究的所有领域。在此，让我引用一下种群遗传学的核心人物费奥多西·杜布赞斯基（1900—1975）于1973年发表的一篇文章的经常被引用的标题，“如果不从演化的角度来思考，生物学的一切都是没有意义的”。杜布赞斯基的这句话，尽管有点夸张，但却充分反映了如今的生物学研究领域已经变得多么统一，而且演化论在其中发挥核心作用。

在结束本节前，我想要探讨的另一个内容是，我们在前面已经看到达尔文和华莱士各自发现了自然选择是演化变化背后的机制。不过，自达尔文和华莱士时代之后，又发现了多个同样可以造成演化变化的因素。

要理解这些额外因素，“演化”概念的一个较为新近而又具体的定义提供了最好的框架。我们在前面已经看到，长期以来，演化一直都被认为是一个种群随时间发生的变化，而且通常认为这些变化都集中在种群显性特征上。随着基因在繁殖中所扮演的角色逐渐为人们所理解，特别是随着基因在传递有机体可遗传特征方面所发挥的作用得到理解，现在，通常认为演化是一个种群基因组成的变化。更准确地说，演化现在通常被理解为一个种群中等位基因频率随时间所发生的变化。

这个定义背后的核心思想很简单，等位基因只是特定基因的变体。举个例子，负责人类血型的单一基因有多个变体，这些变体就被称为该基因的等位基因（因此，你的血型取决于你从父母那里遗传了什么样的变体）。如果一个特定的基因变体（一个等位基因），随着时间推移在一个种群中变得更加常见或者更为少见，那么演化（随时间的推移而变化）就发生了，尽管在这里我们的着眼点仅在于这个种群遗传基因组成的变化。

达尔文和华莱士所发现的自然选择过程，被广泛认为是影响演化的极为重要的一个因素，也就是影响种群基因组成随时间发生变化的一个重要因素。然而，现在，其他几个因素也被广泛认为对演化产生了影响，这些因素包括基因流动、基因突变和基因漂变。接下来让我们简要探讨一下这些因素。

要理解基因流动（也称为基因迁移），也许最好的方法就是举个例子。新近发现的证据强有力地表明，在并不久远的过去，也就是在50 000 ～ 100 000年以前，现代人类（也就是我们的物种）种群和尼安德特人种群（30 000 ～ 40 000年前灭绝的人类物种）开始在同一区域居住生活。他们通婚杂交，因此，一些尼安德特人的基因变体就出现在了现代人类的基因组（基因组成）中，而现代人类的基因变体也出现在了尼安德特人的基因组成中。打个比方，这就好比是等位基因从一个种群流动到了另一个种群，这个过程就被称为基因流动。

很多情况都可以导致基因流动，比如迁徙动物的不同种群在迁移过程中通常会在类似的地方一起觅食和栖息，这样一来，这些种群可能会进行杂交，从而使一个种群拥有了过去在自身基因组成中不存在的、流动而来的基因类型。基因流动也会影响植物，比如，一个植物种群可能通过接受由风从很远的地方带来的花粉而获得新的基因变体。一般来说，基因流动指的是由于新基因变体的进入而使种群的遗传结构发生变化的过程。正如我们在前面提到过的，基因流动现在已被广泛认为是在自然选择之外带来演化变化的一个重要机制。

同样地，基因突变现在也被认为是对演化发挥作用的另一个因素。一旦了解了DNA在繁殖中所发挥的作用，确定了DNA的分子结构，可能发生的DNA分子结构的突变，也随之被发现。有些突变是由内在过程造成的。举个例子，DNA的复制是繁殖中的一个重要因素，而复制结果有时会是有些瑕疵的DNA，也就是DNA分子结构出现突变。外部因素也会造成突变，比如环境中的化学物质、辐射和其他因素，也都同样有可能导致部分DNA发生改变。尽管很多突变都是中性的，对有机体所造成的影响难以察觉，但仍有些突变是有益的，可以增加有机体在其所处环境中生存和繁殖的概率，当然还有些突变是有害的。因此，基因突变通常与自然选择共同发挥作用，同样可以使一个种群的基因组成随时间发生变化。

我们所要思考的最后一点就是现在所说的基因漂变，而理解这一点最好的方法就是打个比方。这里要打的比方与基因繁殖所涉及的各个过程相比还是有一定差异的，不过已足以体现基因漂变背后的核心思想。假设我们有一个容器，里面放着 100 个彩色球，蓝球、红球和绿球的比例分别是 60%、30% 和 10%，我们在容器里随机选取 20 个球。因为样本是随机的，所以在选出来的球中，各个颜色所占的比例几乎不可能与容器中最初的比例保持一致。事实上，我们可以预测，所选样本中各个颜色的球所占的比例与容器中最初的比例相比，已经发生了漂变。

经过一代又一代之后，由于这种由随机漂变而产生的变化会变得数量巨大。比如，图 29-1 所展示的就是我用电脑对前面彩色球的例子所进行的快速模拟结果，不过除了前面提到的条件，我还增加了几个代际。GEN0（0 代）代表的是容器中最初的 100 个彩色球，其中蓝球占 60%、红球占 30%、绿球占 10%。GEN1（1 代）代表的是从最初 100 个球中随机选取 20 个球后，不同颜色的球在 20 个球中所占比例。到了 GEN2（2 代），我们还是模拟容器中装有 100 个彩色球，不过这一次蓝球、红球和绿球所占比例与 GEN1 中的比例相同。然后，我们再次从这个容器中随机选取 20 个球，不同颜色的球在这 20 个球中所占比例如 GEN2 所示。接下来，我们重复这个过程，得到 GEN3（3 代）、GEN4（4 代）和 GEN5（5 代），整个模拟结果如图 29-1 所示。

	蓝球（%）	红球（%）	绿球（%）
GEN0	60	30	10
GEN1	65	25	10
GEN2	60	25	15
GEN3	65	5	30
GEN4	80	0	20
GEN5	80	0	20

图 29-1 基因漂变模拟结果

注意这是多么戏剧性的变化。我们只用了5代，就让蓝球、红球和绿球的比例从60%、30%和10%变成了80%、0和20%。同样地，值得强调的是，彩色球比例的这种漂变，完全是由于过程的随机性造成的。比如，红球在GEN2到GEN3时的运气就特别差。

到了GEN4时，红球就已经从种群中完全消失了。如果红球是一个等位基因（一个基因变体），那么这就意味着一个等位基因完全从一个种群中消失了。除非这个等位基因重新进入这个种群，也许通过基因流动，否则这个等位基因就永久地从这个种群中消失了。

尽管与彩色球这个简单的例子相比，基因遗传的过程要复杂得多，但它们涉及相同的抽样机制，只不过基因遗传中的抽样所涉及的是等位基因。在彩色球的例子中，我们看到漂变导致了不同颜色的球所占的比例随时间（伴随连续几代）发生了变化。到了生物种群中，我们可以预想到，漂变会使一个种群中等位基因出现的频率随时间而变化，换句话说，漂变会使种群发生演化。

在结束对基因漂变的讨论前，我想补充说明几点。首先，在我们预测漂变的程度时，种群的大小和所抽取样本的相对大小通常会对其产生实质影响。种群越大、样本量越大，我们预测的漂变程度就越小。同样地，种群越小、样本量越小，可能导致的漂变就越严重。请注意，在彩色球的例子中，样本的大小是20%（从100个球中选择了20个球），相对较小，因此我们看到了严重的漂变结果也就不足为奇了。尽管如此，只要一个种群中存在基因变体（不同的等位基因），那么，除非所抽取样本的大小为100%（这在生物种群中实际上是不可能发生的），否则基因漂变就会发生。我们在前面已经提到过，基因漂变现在也被认为是演化中的一个重要机制。

同样值得注意的是，要界定一个种群中有多少变化由基因漂变造成，是非常困难的（也许实际上是不可能的）。这是因为，一个种群由于基因漂变随时间而发生的变化与因为自然选择而发生的变化，是很难（也许实际上是不可能）区分开来的。因此，尽管自然选择和基因漂变在演化中所发挥的重要作用都已经得到了广泛认可，但对于每个因素分别发挥多大的作用，仍然存在分歧。

最后，基因漂变还有两个子类型值得一提，通常称为瓶颈效应和奠基者效应。从本质上来说，这两种子类型所涉及的情况都是样本量特别小，至少在短期内如此。让我们举个例子来理解一下瓶颈效应，假设某个种群的个体因为一次自然灾害而几乎全部死亡。也就是说，自然灾害导致样本量非常小。在前面我们已经看到，特别小的样本会造成特别严重的漂变，因此，后续代际体现出的特征频率（或者更准确地说是等位基因频率）很有可能与种群最初的频率有相当大的差异。

至于奠基者效应的例子，假设一个种群中的一小部分个体迁徙到了另外一个不同的地方，不再与原有种群中的其他个体交配繁殖。我们再次面对一个特别小的样本，尽管造成这种情况的原因与瓶颈效应中的原因有所不同。不过，与在瓶颈效应中一样，后续代际体现出的等位基因频率可能与种群中原有的频率有巨大差异。

达尔文和华莱士发现了通过自然选择而发生的演化，这是一个异常重要的发现。我们在前面提到过，在过去大约 150 年间，在与演化论相关的领域中，出现了大量研究和发现。人们对于我们刚刚讨论过的造成演化的其他机制有了更多了解，包括遗传的分子基础、我们过去的演化历史等。与相对论和量子理论的情况相同，这些发现对我们长久以来所持有的观点产生了深远影响。我们将在第 30 章对其中一些影响进行探讨，不过，现在让我们先简要思考一下有关演化论的一个常见误解，并了解一下达尔文和华莱士独立获得各自发现的历史过程。

值得警惕的一点

关于演化，存在许多误解。大多数误解似乎都源自对演化论，哪怕是对其基本内容，缺乏理解。不过，我发现有一个误解十分普遍，即使是理解了演化论大多数基本观点的人们，包括对前面所讨论的演化核心因素有所理解的人们，也会抱持这个误解，因此值得我们花点时间来探讨一下。

让我们从一个并非不寻常的问题开始：如果演化论是正确的，那么为什么其他动物没有演化出人类所具有的特征呢？举个例子，为什么其他物种没有发展出大体积的大脑、复杂的语言、先进的工具、强大的智力等呢？通常情况下，认识一个问题或解决问题的方法，重点是要理清其预设的前提。在这个问题上，请注意，要让此类问题有意义，必须看到，提出这个问题的人们认为某些特征，比如智力、语言、对工具的使用等，或多或少天生就更高级一些。也就是说，如果演化是正确的，那我们的预期就应该是演化过程会选择这些特征。因此，这就意味着，如果演化是正确的，那么有机体应该会向着能够发展出这些特征的方向演化。事实上，这个有关演化的（错误）观点认为，演化是一个将有机体推向某个特定方向的过程，特别是向获取某些天生“更好”“更高级”或“更先进”的特征的方向。

但演化并非如此。在自然选择中脱颖而出的特征，不管是什么，都能够有助于有机体在其所处的环境中更好地生存和繁殖。在这种情况下，并不存在天生“更好”或“更差”的特征。没有哪个特征天然地比别的特征高级或低级，也没有哪个物种因具有某些特征而算是从真正意义上说比别的物种“更高级”或“更低级”。存在的只是某些特征刚好对某些种群在其所处的环境中发挥了作用。

对我们现代人类来说，某些特征发挥了作用，比如直立行走、大体积大脑、使用火的能力、使用复杂工具的能力等，但这些特征并不能确保人类可以生存下来。想一想在过去大约 200 万年间出现过的那些人类物种（这一时期出现过 6 ～ 15 种人类物种，甚至可能更多，具体数字取决于划分不同物种的标准有多细致），就不难发现这一点了。与我们有亲缘关系的各人类物种有着与现在的我们大致相同的特征，但他们都灭绝了。简言之，绝大部分与我们特征大致相同的物种都没有生存下来。

演化并不是一个朝着某个特定方向发展的过程。用我们前面讨论中提到过的话来说，一个种群里的演化变化并不是由一个目的论的、目标导向的过程而造成的。相反，演化从本质上说是一个毫无目标的、机械论的过程。如前所述，错把演化当成一个目标导向的、目的论的过程，是非常普遍的情况。举个例子，就在昨天，我在一份权威出版物中看到了这样一个标题：《夏尔巴人演化成可在高海拔环境中生活劳作》，然而夏尔巴人并没有这样做。夏尔巴人种群并不是为了生存而发展出某些特征，而是种群中的某些个体因为具有了某些特征而生存了下来（并成功繁殖后代），因此这些特征在这个种群中就更为普遍了。

我读大学的时候，修过一门与遗传学相关的课程，主讲这门课的生物学教授将下面这句话深深地印在了我们脑中：种群不是为了生存而适应；相反，他们因为适应了才生存下来。我必须承认，那个时候我并没有完全理解这句话。后来，我对目的论的过程和机械论的过程逐渐有了更好的理解，能更好地体会二者之间的区别，同时也能更好地理解有关宇宙运转的目的论观点和机械论观点，此时，我才理解了那位生物学教授在那句话中所要表达的观点：演化不是一个以目标为导向的、目的论的过程，而是一个自然的、机械论的过程。

达尔文和华莱士发现自然选择机制的过程

我们在前面提到过，对于通过自然选择而发生的演化，也就是可遗传的变异与差分适合度的组合，最初的关键性发现是与达尔文和华莱士最为紧密相联的。在这一节中，我们将看到他们是如何认识到通过自然选择而发生的演化背后的基本要素。

这一节的重点是讲述历史。如果你的兴趣点主要在于演化论的基本内容，也就是前面一节所讨论的内容，那么可以跳过本章剩余篇幅，直接开始阅读第 30 章。然而，达尔文和华莱士的发现是至关重要的，我认为至少值得花些时间来大致了解一下他们是如何取得这些发现的。这段历史也可以作为一个例子来表明我们在本书前面的内容中已经看到的一种模式，也就是新的重大发现通常要推翻在当时已成为常识的诸多假设。

达尔文观点的发展历程

在 19 世纪 30 年代早期，达尔文接受了英国皇家海军小猎犬号的邀约，进行为期 5 年的环球航行。年轻的达尔文当时怀着相当标准的信念开始了他的航程，其中最值得注意的信念包括：①上帝（对达尔文来说，上帝是基督教的上帝）创造了所有物种；②每个物种都有其本质特征，正是这些本质特征定义了这个物种；③物种是不可变的，也就是说，物种的本质特征不会随时间而发生变化；④新的物种不会出现。

值得一提的是，在达尔文所秉持的这些信念中，除了第一点，其他几点几乎都根植于亚里士多德世界观。回忆一下，在亚里士多德科学体系中，自然界中的物体具有一系列内在的本质特征，正是这些特征定义了这些物体，这一观点也适用于生物物种。在前面的章节中我们看到，随着牛顿物理学在 17 世纪末和 18 世纪初逐渐得到认可和应用，科学的各个学科都变得“牛顿化”了，也就是逐渐远离亚里士多德体系的角度和方法，而更加靠近牛顿体系的角度和方法。生物学最终也朝这个方向发展了，但发展速度更加缓慢，事实上，演化论的发展是生物学在这一转变过程中的一个主要因素。在达尔文和华莱士时代，有关物种，这些根植于亚里士多德体系中的观点仍然根深蒂固。很快我们就将看到，颠覆此类有关物种的观点，正是达尔文和华莱士的一个主要功绩。

让我们回到小猎犬号的故事。在航行过程中，达尔文进行了大量而广泛的观察和记录，收集了数量众多的标本和化石。这些标本和观察结果使他意识到，有机体会表现出大量不同的特征，即使是同一个物种也同样如此，也就是说，同一个物种的不同个体也会表现出惊人的变异。我们可以看到，这种认识使达尔文偏离了“一个物种的个体都有共同的基本特征”的标准观点。

回到英国后，达尔文开始整理一系列笔记，并在接下来的 5 年时间里（大约是 19 世纪 30 年代的后半段）持续完善，正是在这个过程中，达尔文开始研究“物种可能经历‘演变’”的观点。在这些笔记中我们可以看到，达尔文此时已相信新物种能够而且确实存在。简言之，达尔文此时开始怀疑我们在前面提到过的核心假设，也就是他不再认为物种有本质特征、物种是不可改变的，以及新物种不可能出现。

不过，这也使达尔文遇到了一个实质性的问题：这一切是怎么回事？同一个物种的个体怎么会有这么多的变异？新物种是如何出现的呢？接下来我们会看到一本当时很有名的书帮助达尔文获得一个重要发现。19 世纪 30 年代，达尔文阅读了托马斯·马尔萨斯（1766—1834）所著的《人口论》，马尔萨斯在书中指出，植物和包括人类在内的动物繁殖出的后代通常会超过环境所能承载的数量。马尔萨斯所感兴趣的命题与达尔文不同，其中包括对某些特定社会政策的辩护，不过达尔文却意识到，马尔萨斯的研究可以有助于解决他自己当时所关注的问题。

意识到有机体繁殖出的后代会超过环境所能承载的数量，达尔文最终发现了他自己所说的“生存竞争”。也就是说，并不是所有有机体都能在自己所处的环境中生存下来。达尔文意识到，如果自己在小猎犬号上那些年所观察到的变异影响了某个有机体的生存概率，那么结果将是具有不同变异的个体在生存和繁殖方面的成功率也会有所不同。

尽管达尔文使用的术语与我们现在不同，但此时他逐渐开始意识到，一个种群中可遗传的变异会与差分适合度（也就是不同的变异影响一个有机体的生存概率，或用达尔文的话来说，就是不同的变异会带来“生存竞争”）共同发挥作用，使这个种群随时间发生变化。有了这一点，很容易就可以更进一步，也就是说，如果时间足够长，由可遗传的变异所带来的变化经过缓慢累积，再加上生存竞争的共同作用，有机体就会发生巨大的变化，这些变化之大，是我们足以将这个种群划分为一个新的物种。

我们在前面提到过，这一过程就是达尔文后来所说的自然选择。同样地，这个术语潜在的意思十分直接明确。育种员一般会进行人工选择，也就是让某些具有人类所希望特征的有机体进行繁育，从而让后续种群发生巨大变化，与此类似，大自然中也存在自然选择的过程。然而，人工选择是一个目标导向的过程，在这个过程中，育种员试图确保某些特征会出现在后续代际中，而大自然中的选择过程则是一个自然过程，某些特征通过这样的机制可以更加频繁地出现在后续种群中。就像育种员进行的选择可以被恰当地称为人工选择一样，由自然过程产生的选择，也就是涉及可遗传的变异和差分适合度的选择，则可以被恰当地称为自然选择。

简言之，到了大约 1840 年，达尔文已经发现了一个自然的、机械论的、没有神明参与的过程，正是这个过程解释了有机体种群是如何发生巨大变化的，同时也解释了新物种是如何出现的。达尔文确信自己的发现是一个非常重大的发现。

然而……达尔文并没有发表这个重要观点，而是仅与几个信得过的朋友进行了分享。1844 年，达尔文确实完成了一部将近 200 页的短篇（根据他自己的标准来看）著作来解释自己的核心观点，并对这些观点进行了论证，提供了有关证据。不过，达尔文并没打算将这份手稿出版，至少没有打算在自己有生之年出版。事实上，达尔文把手稿藏了起来，并附了一张纸条给他的妻子，让她在他意外去世的情况下一定要将手稿出版。

从达尔文第一次认识到通过自然选择而发生的演化的核心组成部分及其所发挥的作用，到最终把这些发现付诸出版，中间相隔了 20 年。在这段时间里，也就是 19 世纪 40 年代末和 19 世纪 50 年代的大部分时间，达尔文一直在不间断地进行研究（达尔文一直在工作，直到去世的那一天还在进行课题研究）。这段时间的研究成果，大部分为达尔文后来出版的著作做出了重要贡献，其中最值得注意的是，这些研究使达尔文获得了大量经验数据，以支撑他关于演化的著作。

简言之，当达尔文最终打算发表他的重大发现时，他已经可以拿出大量数据来支撑自己的观点了，也正是这些数量众多的数据让达尔文显得与众不同。其他人，其中最著名的就是华莱士，他们可能也独立发现了我们所说的可遗传的变异和差分适合度，但是达尔文不仅有这些核心内容，还有支持这些内容的数据。

华莱士观点的发展历程

19 世纪 40 年代末，当达尔文忙于各种课题时，华莱士开始了他的第一次航行，他后来进行了多次这样的航行，从很多方面来看，这些航行都与达尔文随小猎犬号进行的航行类似。不过，达尔文与华莱士之间有着显著差异。华莱士不像达尔文那样背靠殷实且有影响力的家族，他也没有足够的社会关系来让自己进入大学接受教育，其实就家庭背景而言，华莱士本也不可能负担得起大学学费。与达尔文不同，华莱士必须努力维持生计，他生活的主要来源就是靠把收集到的标本寄回英国，出售给富有的收藏家。

除了不像达尔文那样拥有诸多优渥的条件之外，华莱士的运气也不太好。举个例子，在航行了4年后，华莱士已经在笔记本上写满了观察笔记，并收集了各种标本，然而在返回英国途中，他所乘坐的船却起火沉没了，一起沉没的还有他的大部分标本（除了之前已经寄回去的部分）和已经记录了大量数据的笔记本。

然而，华莱士并没有就此放弃。就像达尔文一样，华莱士为在这次航行中所观察到的有机体中种类繁多的变异而感到震惊，特别是其中有些生物体，根据当时广为接受的观点，本应该具有统一的本质特征。与先前的达尔文一样，此时华莱士开始认为有机体种群会随时间的推移而发生巨大的变化，而且新物种可能会出现。

与早些年达尔文的情况一样，此时华莱士并不能解释这些变化是如何发生的，或者新物种是如何出现的。不过，他已经笃信新物种确实会出现，因此他在1855年发表了一篇短论文来阐述这个观点。事实上，同样与早些年达尔文的情况一样，此时华莱士只是找到了拼图的第一块拼板，发现了可遗传的变异从某种意义上说是很重要的。

根据华莱士的记录，他在1858年年初发现了第二个核心因素，当时华莱士因感染疟疾而高烧，持续多日卧床不起。华莱士说在发烧时他突然想到"生存竞争"（主要是指差分适合度），加上自己已经注意到的变异，就可以对种群随时间的变化给出一个自然解释了。而且，像达尔文一样，华莱士意识到这个机制可以解释新物种是如何出现的。

高烧消退后，华莱士很快写了一篇短文（大约20页）来解释其核心观点。机缘巧合之下，华莱士将这篇短文寄给了达尔文。我说机缘巧合，是因为华莱士不可能知道达尔文也有类似观点，也不可能知道达尔文会认同这些观点，更不可能知道达尔文早在20年前就已经开始持有这些观点了。

华莱士把论文寄给达尔文，主要是因为达尔文的社会关系。回忆一下，华莱士和达尔文的社交圈截然不同。达尔文与英国科学界中最著名的人物都有着密切联系，而华莱士则没有这些关系。因此，在论文前面所附的信函里，华莱士询问达尔文是否可以将这篇论文转交给那些著名人物。

收到华莱士的论文后，达尔文的反应至少可以说是很苦恼的。华莱士的论文题目是《论变种无限地偏离原始类型的趋势》，这已经透露了很多因素。在这篇短论文里，华莱士很好地总结了通过自然选择而发生的演化背后的两个核心因素。关于可遗传的变异，华莱士认为种群可以有与种群祖先无限偏离的变异。至于第二个核心因素，也就是我们所说的差分适合度，华莱士的用词甚至与达尔文相同，也就是说，华莱士独立自发地将其描述为“生存竞争”。简言之，达尔文和华莱士的核心观点分别由达尔文早些年未发表的著作和华莱士的这篇文章阐述出来，两者特别相近，几乎无法区分。

此时的情形有些微妙，特别是对达尔文来说。达尔文肯定是先于华莱士得出这些核心观点的，但他没有为发表任何内容做准备。相比之下，华莱士显然打算要将论文发表，而且越快越好。长话短说，到了1858年年末，这种微妙的情形多少得到了些许改善。此时，经过达尔文一些朋友的安排，华莱士的论文和达尔文1844年的手稿以及他新准备的一篇观点总述，共同在伦敦一个科学协会的会议上发表了。这个结果也多少算是皆大欢喜。1858年的这次会议是首次公开提出演化论的核心观点。

然而，华莱士和达尔文在1858年所进行的这次核心观点的发表并没有产生什么影响，几乎没有引发公众讨论。不久之后，达尔文决定对这些核心观点再做一次扩展介绍和解释，随后形成了他命名为《论通过自然选择的物种起源》的著作。

达尔文的《物种起源》

如前所述，达尔文和华莱士在1858年发表了演化论的核心观点后，达尔文开始着手准备一部适合出版的书稿。这部书稿日后成为非常有影响力的著作，这一小节的主要目标就是对这部著作进行简要概述。

在过去10年的不同时期，达尔文一直在准备一个详细的、学术性的、极为彻底的阐述来呈现自己的核心观点，其中包含可以支撑这些观点的经验数据和通过几十年研究所积累的图片。这部有时被达尔文称为"巨著"的书稿已达数百页，但还远没有完成。达尔文很明智地选择了一种新的方法来介绍自己的观点，这种新方法更加简单易懂，因而目标受众也更为广泛。这部著作在1859年年末完成并出版，题目为《论通过自然选择的物种起源》(现在这部著作的标准名称是《物种起源》，有时也简称为《起源》)。

要清楚地表述一个理论是一回事，就像华莱士在1858年的20页论文中所做的，而解释论证一个理论并提出令人信服的论据则是另一回事。在我看来，《物种起源》与我们在前面几章中讨论过的牛顿的《原理》一样，都是十分重要的著作。在《原理》中，牛顿循序渐进、逐步深入地展示了支持他的核心观点的论据，因此，当你读完《原理》时，你就已经感受到了这些新观点令人惊叹的解释能力。达尔文的《物种起源》也是如此。在这本书的最后一章，达尔文把这本书描述为"一个漫长的论证过程"，而在这个论证过程中，达尔文像牛顿一样，逐步深入、小心谨慎地提出了其核心观点，这些做法的效果与牛顿的做法相似，也就是当你读完这本书时，就应该已经感受到了达尔文这些新观点令人印象深刻的解释能力。

在构成《物种起源》的14章中，前4章包含了我们前面所关注的核心观点。在第 1 章“家养状况下的变异”中，达尔文关注的是几乎不存在任何争议的人工选择，也就是通过选择性繁殖，刻意在家养动物上培育某些特征。在这一章里，达尔文通过广为人知的例子强调了在家养动物中，变异之广泛令人惊讶，而且人工选择所能带来的变异几乎是无穷无尽的。

第 2 章“自然状况下的变异”，表明了在自然界的动植物种群中存在大量可遗传的变异，数量之多令人惊叹。与在其他地方一样，在这里，达尔文利用他数十年间积累的观察结果和笔记，表明了自然界中变异的数量之多。

在题为“生存斗争”的第 3 章中，达尔文重点关注了我们所说的差分适合度。这里的推理和证据同样令人信服。因此，到了第 3 章，达尔文已经令人叹服地论证了，在典型种群中，我们既可以找到多种可遗传的变异，又可以发现差分适合度，并提供了相关支持证据。

我们在本章前面的篇幅中提到过，不管什么时候，只要有了前面提到的这两个基本因素，种群就一定会随时间发生变化。在第 4 章“自然选择”中，达尔文明确了这一点。为了达到这一目的，他主要是把自然选择和第 1 章中讨论的人工选择进行了明确对比。也就是说，就像人工选择会在家养动物中造成大量变化，我们也应该预计到自然选择会让野生有机体种群产生大量变化。同样根据自己的经验和数据，达尔文认为对于我们在野生有机体中看到的各种关联，这种解释比其他任何解释都更令人信服。

简言之，到第 4 章结尾时，达尔文已经令人信服地表明，自然选择肯定会发生，自然选择的效果会与人工选择相似，也就是产生可以无限偏离其祖先的有机体。这部著作的剩余部分涉及许多不同的话题，比如对这一理论的反对意见、地球年龄问题、是否已有足够长的地质时间让小变化累积形成我们现在所看到的种类繁多的有机体，以及化石记录的不完整性问题，等等。

就像前面强调过的，华莱士和达尔文的核心观点与当时一些根深蒂固的观念相矛盾。科学界需要像《物种起源》这样的一部著作来说服人们，让大家知道这些长期以来广受认可的观点是错误的。达尔文凭借丰富的经验和积累的大量数据，才完成了这样的一部著作。

《物种起源》的接受情况

《物种起源》出版后异常畅销，达尔文有生之年就看到了这本书再版 6 次，每次再版都有数次印刷。除此之外，这部著作也被翻译成英语之外的多种语言，很快就出名了。

然而，在 19 世纪接下来的时间里，以及从某种程度上说一直到 20 世纪头 10 年，达尔文的核心观点只有一部分得到了认可。达尔文认为演化会发生，也就是有机体种群会随时间发生变化以及新物种会出现，这些都得到了认可。这本身就是一个巨大成就，因为在达尔文所处的年代及其之前的时代，普遍的观点是物种不会发生变化，新的物种也不会出现。

达尔文和华莱士关于“自然选择是演化得以发生的机制”的观点，在 19 世纪下半叶一直都没有得到广泛认可，这可能让人感到意外。后来，达尔文和华莱士的这个观点被证明是完全正确的，也就是，自然选择是演化背后的主要推动力量。关于为什么在 19 世纪下半叶会出现这种情况，如果要进行完整论述，那就远远超出了本章的范围。我们只需要知道其中部分原因与缺乏对遗传方式的理解有关，还有部分原因是与广为人们所接受的拉马克演化观点有关（粗略地说，这个观点认为一个有机体在生命周期中所获得的特征可以传递下去），等等。与我们在本书中一贯的做法相同，如果你想对此有进一步的了解，在书后注释中可以找到一些建议。

最终，一系列新发现证明，达尔文和华莱士从一开始就是正确的。

在这些新发现中，比较重要的包括孟德尔豌豆杂交实验，这些实验强有力地表明，可遗传的特征并不是通过在后续代际上的融合而遗传的，而是通过某种遗传“单元”（这种单元就是后来所说的基因）传递给后续代际的；包括在1930年发表的一个重要证据表明，与广为接受的观点相反，孟德尔关于遗传单元的发现，与达尔文和华莱士认为“自然选择是演化背后的核心机制”的观点完全一致；包括在20世纪50年代对脱氧核糖核酸（DNA）结构的发现，以及后续对脱氧核糖核酸在基因遗传中作用的进一步发现，等等。现在，“自然选择是演化背后的核心因素”以及“这个过程持续了漫长的一段时间，并最终造成了我们今天看到的物种多样性”等观点，都已经得到了广泛理解。

结语

在过去150年间，我们对人类起源和生命起源的认知突飞猛进，无论怎么描述都不过分。这是一个伟大的时代。在本章中，我们主要关注了一些相对直接明确、不存在争议的话题，尤其是演化论的基本内容，以及达尔文和华莱士发现自然选择作用的历史过程。众所周知，演化论带来了一些难以理解且具有争议的命题，这些命题相对来说更具哲学性和概念性。在第30章中，我们将对其中的一些难题进行探讨。

第30章

对演化的思考

在第29章中，我们所关注的是相对没有争议的话题，主要是演化论的基本内容，以及达尔文和华莱士各自获得发现的过程。在达尔文和华莱士的著作面世后的大约150年间，演化论的基本框架已得到了充分证实。毫无疑问，与地球上现存的其他生命一样，我们也经历了一个漫长的演化过程才有了今天的样子。这一认识对许多命题都产生了影响，说得委婉些，这些命题都很敏感——对一个来说是宗教问题，对另一个人来说是伦理问题，等等。

演化的潜在影响范围广阔，涉及诸多话题，因此要在一章的篇幅里做到面面俱到是不现实的。我计划将本章分为三个部分：第一部分关注演化对宗教观点产生的影响；第二部分关注演化对道德和伦理学的影响；第三部分将探讨一些实证研究，这些研究揭示了我们一些最基本行为可能的演化优势和起源。

鉴于本章篇幅较长，每一节都是相互独立的，也就是说，在读其中某一节的时候并不需要熟悉其他节的内容。根据自己的兴趣，你可以关注全部三个话题，也可以选取其中一两个来阅读。我们首先来看看我们对演化的理解对通常的宗教观点有哪些影响。

对宗教的影响

演化是否给任何对某种神明的宗教信仰留有空间？这个问题备受关注，近些年来尤为如此。有一派学者认为，简单来说，整个自然科学，特别是演化，都已经表明，任何关于造物主上帝的传统观点，也就是一个参与并影响宇宙日常运转的上帝，任何关于“人类在宇宙中占据一个特别位置，并且宇宙依照某种目标运转”的传统观点，就算不是完全错误的，至少也是多余的。与此形成对比的是，另一部分学者认为，可以在全盘接受达尔文演化论和自然科学的同时，仍然保留对上帝的信仰，这里的上帝以某些有意义的方式参与宇宙运转，宇宙仍然有一个目标，而人类在宇宙中至少从某种意义上来说是特别的。在这一节，我的目标是大致介绍双方对这一命题的观点。说到底，双方争论的核心问题是：如果严肃对待演化论，是否可以继续为西方世界关于上帝的传统观念留有空间？

丹尼特、道金斯、温伯格等学者：“不能”

许多著名学者，包括物理学家、生物学家、科学哲学家等，都认为对前一段结尾的那个问题，答案很明确，是“不能”。这些学者包括丹尼尔·丹尼特、理查德·道金斯、爱德华·威尔逊和史蒂文·温伯格等。

对于这些学者，我们最好的实证理论，特别是演化论，并没有给西方世界关于上帝的传统观点或类似的观点留有空间。举个例子，思考以下这个观点："造物主上帝根据某种详细的蓝图对宇宙进行了规划，在这个过程中重点关注了生命体的发展，特别是人类的发展，然后实施了这个规划"。这样一个有关宇宙和宇宙中生命体蓝图一般的规划，与我们已讨论过的生命演化的起源是直接相悖的。因此，认为造物主上帝对宇宙和宇宙中生命体有类似于发展蓝图般规划的观点，与现代科学特别是演化论完全不一致。

同样地，认为上帝并不是实施了某种详细蓝图，而只是在物种发展的过程中扮演了某种极为简单的角色，也是不能接受的。经常可以听到有人说，只要接受了"上帝只是偶尔干涉一下自然演化过程"的观点，我们就可以在全盘接受演化的同时，认为上帝在生命体的发展中也发挥了重要作用。这其中的核心想法是上帝有时会插手演化过程，让演化过程朝着某个特定方向发展，比如，朝着确保人类会出现的方向发展。

这一派学者认为，上述观点的问题是全盘接受演化论需要全盘接受演化的核心观点。思考一下自然选择的核心观点。"自然选择"里的"自然"是其核心，因此，全盘接受演化论就需要接受自然选择是一个自然过程，不允许任何超自然力量或超自然影响的存在。如果认为上帝可以插手并改变这个过程，那么这个过程就不再是自然选择了，而是超自然选择。

更概括地说，常见的上帝概念是说上帝会干涉并影响日常生活中的事件，比如通过回应祈祷的方式，但如果认为自然科学是自然过程，那么这两者就不能同时存在了。17 世纪以来的科学已经充分证明宇宙是按照自然原理向前发展的，而且正如我们在前面提到过的，过去 150 年间演化论领域的发展表明，生命体同样按照自然原理向前发展。因此，全盘接受自然科学给出的解释，以及现代演化论对生命的解释，就没有给一个会干涉并影响生命体日常生活事件发展进程的上帝留有空间。自然科学诞生于公元前 600 年左右，自那时起，自然科学就有一个核心概念，那就是世界按照自然原理向前发展。因此，接受超自然的影响既与自然科学最重要的特征不相符，也与通过自然选择而发生的演化的最重要特征不相符。

根据前面这些讨论可以推论出“人类很特别”的观点，不管从哪个角度来理解“特别”，都与演化论的解释不相符。根据演化论的解释，人类只是目前现存的上百万物种之一，然而正如我们在第 29 章中讨论过的，从任何意义上来说，人类或人类特征都并不比其他生物的特征“更高级”、更好或更特别。就拿尘螨来说，尘螨的特征使其可以在死皮碎屑上长时间生存。简言之，接受演化论的解释就要求我们放弃“人类很特别”这个在西方传统宗教中常见的信仰。

总结一下，我们在前面对部分学者的观点进行了讨论，这些学者认为演化论为已经发展了一段时间的构想提供了最后一块重要拼板。具体来说，演化论为最后一种以前看似需要用超自然解释的现象提供了自然解释，也就是说，演化论为我们在生物界所发现的复杂性提供了一个完全自然的机制。在这一点上，在一个科学得到充分发展并且尊重科学的世界观里，西方世界关于上帝的传统观点或者关于宇宙有一个宏伟目标的观点，就已经没有了立足之地。

这些学者同时强调，我们在这里所关心的问题——宇宙起源、宇宙中事件如何发展和生命体的发展等问题，都是经验性问题。作为经验性问题，我们必须利用经验证据和有经验证据支撑的理论，来决定用什么样的观点看待这些问题才最合理。如果经验证据和我们最好的经验理论表明不可能存在西方世界传统观念中的上帝，那么这样的上帝就是不存在的。我们必须接受这一点，然后继续往前走。

霍特、过程哲学和过程神学

前面一小节的论证过程似乎非常有说服力。不过，有些学者认为，可以本着尊重科学的精神全盘接受整个自然科学，特别是演化论，并且仍然相信有一个上帝，至少从某种意义上说，它具有某些西方宗教所赋予的重要特征。这一小节的主要目的是对一位学者的此类观点进行概述。这位学者近些年来对这一观点进行了最为全面的阐述。

约翰·霍特是一位现代神学家，非常熟悉演化论，愿意承认演化论的一般正确性。对前面两小节中讨论过的很多观点，霍特都表示赞同。举个例子，霍特同意自然科学和自然选择的“自然”部分是核心。霍特认为，如果一个人要全盘接受自然科学和自然选择的“自然”部分，就必须接受现代科学特别是演化论并没有给一个干涉演化过程或直接干涉宇宙自然运转的上帝留有空间。

同样地，霍特也同意现代科学和演化论没有给“宇宙按照一个详细的蓝图般规划来发展”的观点留有空间。他也同意，不能把人类看作像西方传统宗教观点所认为的那样特殊的存在，特别是，不能把人类当作演化过程有意为之的产物。

简言之，霍特当然认为现代科学，尤其是演化论，对宗教观点有实质性影响。他认为，现代科学和演化论都要求对过去几百年间形成的上帝概念发生实质性的改变。不过，霍特认为，由于我们严肃对待演化论而必须发生的改变，都是积极的改变。他认为，认真对待演化所产生的影响，会带来一个新的上帝概念，这个概念优于此前在西方世界里存在过的所有上帝概念。因此，霍特说它是“达尔文带给神学的礼物”。霍特的观点细致入微，我必须指出，接下来我只是对这些观点的某些方面进行概述。

首先，霍特认为，放弃“上帝作为造物主，根据一张详细蓝图，在很久以前就创造了一个完整（或接近完整）的宇宙”的传统概念，是一个很明智的选择。要理解霍特在这里的逻辑，请思考下面这个类比。假设我要建造一个东西，为了便于讨论，暂时假设我要在屋后的露台上建造一个小水池，而且用天然的石头，水池中心可能还有一个很漂亮的喷泉。我首先有了一张设计图，然后收集原材料，最后用几天或几周时间来建好水池。一旦我把水池建好，接下来还有什么要做的？我和妻子大概会很喜欢这个水池，可能一开始特别喜欢，但是后来，一年又一年过去了，新奇感渐渐消失，可能就没那么喜欢了。我们可能会在水池里养些金鱼或其他类似的小动物，还会时不时地根据需要更换养在水池里的小动物。不过总的来说，对于这样的创造，也就是在开始之后很快就完全完成的创造，一旦完成，我这个创造者也就没有太多可做的工作了。

对西方宗教信徒来说，前面描述的这种创造过程是非常常见的。举个例子，最近的民意调查显示，美国人中将近半数认为上帝对宇宙的创造早在1万年前就已经开始，而且在开始的时候实际上就已经完成了。如果有人问，最初的创造完成之后，世界发生了什么？一个普遍的观点是，最初的创造完成后，世界就变成了一个试验场，人们在这里证明自己值得得到救赎。

霍特并不是这样描述的，但可以感觉到，他认为这样的一个上帝，在开始创造宇宙之后不久就完成了所有工作，并把接下来的时间都花在了把世界作为一个试验场上，这只是一个并不那么有趣的上帝或造物的概念。一开始，上帝创造并终结了宇宙，然后在一个又一个世纪里，相同的事情不断地在宇宙中发生。人们出生，接受测试，最后通过或没有通过测试，然后相同的过程一遍又一遍地发生。这不是一个有趣的关于上帝，或者说关于造物，又或者说关于世界的整体目标的概念。我认为，当霍特说达尔文为神学带来了礼物时，前面的判断就是出现在他脑中的想法之一。霍特认为，达尔文迫使神学家重新思考这个有关上帝、造物和宇宙目的的大问题。

为了替换这个传统的按照蓝图造物的上帝概念，霍特构建了一个非常不同的上帝和一个非常不同的造物过程。他认为自己所构建的上帝和造物过程不仅与现代科学相一致，而且更有意思，也能更好地与西方宗教的核心原则保持一致。霍特的神学观点与哲学家阿弗烈·诺夫·怀特海（1861—1947）以及既是科学家又是神学家的泰亚尔·德·夏尔丹（1881—1955）的著作有关。接下来我将对怀特海和德·夏尔丹进行简要探讨。

20世纪初，怀特海在逻辑学和数学领域进行了某些重要的基础性研究，除此之外，与怀特海最为相关的就是“过程哲学”。简单地说，过程哲学认为过程比物质实体更为基础。也就是说，传统观点把物质实体当作现实最基础的组成部分，把事件、变化和其他过程看作伴随这些基本物质实体相互作用产生的结果，而过程哲学则把这个顺序完全颠倒了过来。在过程哲学中，过程被看作现实的根本组成部分，物质实体被看作伴随过程和事件产生的结果。

当然，这只是对过程哲学其中一个方面最基本的概括，但是，这已经足以让我们看到从过程哲学的角度来看，要理解这个世界，包括其中的物质实体，必须从持续进行的事件、变化、过程和关系出发，世界中的各种物质实体正是从中而来。因此，这个世界和世界中的物质实体，并不是静止的实体，而是持续演化的过程。

正如怀特海与过程哲学紧密相联，德·夏尔丹与过程神学也紧密相联。不同的过程神学家在具体观点上有所不同，不过总的来说，他们通常认为过去关于上帝的概念，也就是“上帝是一个独立代理人，创造世界后又与自己的创作相分离”的概念，应该被一个更能与过程哲学保持一致的概念所取代。在这样一个新的概念中，上帝并不是被看作一个独立于世界之外的事物，而是被当作那些作为这个世界基础组成部分的、正在进行并持续变化和演化的过程的一部分（也许是全部，也许是其未来阶段）。这样一来，上帝就被看作这个世界的永恒参与者。在这里，参与者的意思并不是指一个强制性干涉这个世界中事件发展走向的角色，而是指一个参与各个按自然规律持续向前发展的过程的角色。

同样地，前面只是对过程神学的一个方面最粗略的概括，但已经足以让我们看到过程神学中的上帝概念与西方世界传统上帝概念的不同之处。霍特的研究就是在过程哲学和过程神学这个宽泛的体系内进行的。他认为，演化是一种正在进行的创造性过程，新的有机体种类和新的物种不断演化，因此，演化论不仅符合过程神学，而且起到了加强作用。

除此之外，霍特认为，只有宇宙中的秩序和随机性达到了适当的平衡，演化才能发生。一方面，如果秩序太多，地球上生命体演化发展所需的随机事件就不会发生；另一方面，我们的演化历史表明生命体的发展需要一定的规律性，因此，如果宇宙中随机性太多，这些规律性也就没有了空间。根据我们在宇宙中所看到的秩序与随机性之间的平衡（这可能可以追溯到宇宙诞生之初所呈现的状态），我们可以期待看到宇宙在一个很广阔的范围内向前发展。宇宙在向前发展时，并不是沿着一个精确的、设定好的方向，而只是大致有个确定的方向，这个方向包括最终发展出某种复杂的智慧生命。这种智慧生命并不一定是（甚至可能不是）人类，或任何今天恰好存在的物种。然而，考虑到宇宙初始的状态，霍特认为，生命体非常有可能在宇宙的某个地方发展出来，而且所发展出的生命体种类可能会变异，其中就非常有可能存在某种可以理解和欣赏宇宙的智慧生命。

因此，在霍特的神学中，宇宙并不是由上帝创造的，也就是说，不像我在自家后院建造水池那样有完整规划，并且开工之后很快就完全完工了。同时，宇宙被创造出来之后，也不是按照某个特定的蓝图向前发展的。宇宙的日常运转不是由上帝来规划的，上帝也不会干涉宇宙的日常运转。上帝不是某种独立存在于宇宙之外的“事物”。相反，组成宇宙的是一个又一个正在进行的不可预测的过程，包括演化过程，这意味着宇宙的每个时刻都是不同的，每个时刻都有一个正在进行的创造过程。用霍特的话来说，这是一个不断被吸引着向未来发展的宇宙。霍特认为，从多少有些隐喻意味的角度来说，上帝就是那个吸引着宇宙不断走向的未来。

这样一来，上帝就紧密地参与到宇宙中去了，同时也紧密地参与到那些从秩序和随机性的平衡中产生的、正在进行的创造过程中去了。因此，宇宙并不是在进行某些“无意义的闲逛”。事实上，宇宙有自己的目的，而它大致朝向某个特定方向发展就是为了实现这个目的，在这个过程中，宇宙完全是按照包括演化论的核心规律在内的自然规律发展和变化的。

前面的讨论只是对霍特部分观点的简要概括。这个观点很明显已经超越了经验科学和经验证据（接下来我将对此进行更深入的讨论）。不过，霍特会坚持认为这个观点完全接受了演化论，也完全接受了整个现代科学所带来的影响。然而，他同时也认为，在这个框架内，上帝作为宇宙参与者仍占一席之地。这里的上帝并不干涉所发生的事情，而是成为那些作为宇宙最基础组成部分的过程的一部分。人类从某种意义上说是特殊的，但并不是说宇宙是为人类创造的，或者人类是演化过程有意为之的结果。事实上，考虑到宇宙最初所呈现的状态，以及随机性与秩序之间的适当平衡，某种智慧生命是很有可能出现的，至少有一种已经出现的智慧生命恰巧就是我们。

讨论

在这一节中，我们一直关注下面这个问题：秉持尊重科学的态度，全盘接受演化论和整个自然科学的影响后，我们是否仍然可以相信某种“上帝”的概念，也就是相信上帝以一些有趣的方式参与宇宙运转？是否仍然可以相信人类是特殊的？是否仍然可以相信宇宙具有某种总目的？一开始我们讨论了许多著名学者的观点，简单来说，他们的答案是

“不可以”。相比之下，霍特则认为答案是“可以”。

我们应该如何看待这两方的争论呢？我认为这个争论主要源于对经验证据重要性的不同考量，也就是经验证据是不是唯一并起最终决定性作用的证据？第一阵营的学者认为，关于宇宙的观点是经验观点，对这样的观点，唯一的或者至少最主要的证据必须是经验证据。他们的论点是，经验证据并没有给传统的上帝概念留有（如果有的话）太多余地。

霍特同意经验证据很重要。然而，他也很清楚，他认为某些关于宇宙的观点，比如他所说的对宇宙某些特点的“最终解释”，是在自然科学范畴之外的，是神学的一个合理功能，而并不仅仅是一个简单的经验证据问题。

请注意，重点是这两个阵营的争论焦点并不是经验证据。总的来说，他们在这一点上是有共识的。事实上，两个阵营的不同点主要在于对经验证据重要性的不同判断。第一阵营的学者认为，对于有关宇宙本质的观点来说，经验证据会胜出。经验证据之外，就再也没有什么可参考的了。然而，在另一边，霍特则不会赞同在探索有关宇宙性质的观点时仅仅止步于经验证据。

如果你觉得这个情形似曾相识，那么你是对的。回忆一下，我们在第 17 章中讨论了伽利略和贝拉明之间的争论，他们争论的焦点其实是在考虑是太阳围绕地球运转还是地球围绕太阳运转时，什么样的证据会胜出。如果像伽利略一样，你的核心观点是认为在构建关于宇宙的观点时，经验证据应该具有压倒性的优先级，那么我觉得你就不可能既接受达尔文的演化论解释，又接受任何传统的上帝概念，甚至霍特所设想的非传统上帝概念。

不过，如果你有一套不同的核心观点，那么你可能就可以同时接受达尔文的演化论和霍特所设想的上帝概念。也就是说，如果你的观点拼图中核心拼板与霍特观点拼图中某些核心拼板相似，那么你也许就可以在全盘接受达尔文演化解释和整个自然科学的同时，仍然相信上帝无论如何都是参与了宇宙运转的（或者更确切地说，是宇宙的一部分），当然，这里上帝的概念与西方宗教中的传统概念相去甚远。

在结束本节之前，也许值得指出的是，这两个阵营之间的分歧也许根本解决不了，至少通过理性论证是无法解决的。这其中的核心问题是个古老的问题，至少在古希腊时期就已经被认识到，有时被称为“标准难题”。书后章节注释中有对这个难题更详细的解释，不过简单来说，当两方对于在评价观点时应使用什么样的标准发生分歧，标准难题就出现了。在我们前面所讨论的情况里，一个阵营认为经验证据是得出正确结论的唯一标准（或者至少是最主要的），另一阵营则不这么认为。因此，在像“如何可以得出正确观点”这样的基本命题上，两方产生了分歧。也就是说，他们对在评价观点时应使用怎样的标准存在不同的意见，在这种情况下，通常任何一方几乎都没有可能说服另一方，或者说至少无法通过理性论证来说服对方。

道德观与伦理学

已经有大量文献论述了我们对演化的理解是如何影响了我们的道德观和伦理学。我们不可能对所有这些观点一一探讨，因此，我们将讨论两个关于演化和道德的常见观点，从而体会一下当代学者认为我们对演化的理解所带来的一些重要影响。

有些学者认为对演化的理解要求我们接受“我们的伦理和道德的核心内容是一种错觉，而这一点又有很重要的意义”。举个例子，我们进行道德判断时，特别是对有争议话题进行道德判断时，伴随这些道德判断通常会出现一种“客观性”的感觉。堕胎就是一个很好的例子。反对堕胎的人一般会觉得堕胎真的是不对的，从客观上来说是不对的。在表达对堕胎的反对时，感觉这些人并不是在表达一种主观好恶，比如对某种口味冰激凌的格外偏爱，而是在描述用他们的话说是客观正确的事物。

当我们体会到一种深深的道德情感时，比如在听到强奸、谋杀或虐待儿童等案件时，我们感受到一种深深的愤慨之情，我认为可以肯定地说我们都会有这种客观性感觉，也就是说，我们感觉那些行为真的是错误的。这种客观性感觉是非常强烈的，而且非常普遍。我们该如何理解这种客观性感觉？似乎越来越明确的是，我们的道德情感之所以会如此，很大程度上是因为这些情感从某种意义上说提供了一种演化优势，而不是因为它们反映了世界的一个客观特性，在这种背景下，我们又该如何理解这种客观性感觉呢？

很多学者，最著名的包括迈克尔·鲁斯和爱德华·威尔逊，都认为这种对道德判断客观性的感觉在我们的演化历史中至关重要，特别是，对于道德完成其演化任务。而且，对于道德在未来继续完成其演化任务，这种客观性感觉大概也是必不可少的。

这里核心的观点是，道德判断在塑造我们和他人的行为方面扮演了重要角色，而且为了扮演这个角色，这些道德判断需要让人体会到一种客观性感觉。我们认为客观的判断通常是有分量的，可以塑造行为，而主观的判断就没有这样的能力。让我们以对冰激凌的主观偏好为例。如果你选择了某种口味的冰激凌，我可能会有不同的意见。然而，由于对冰激凌的偏好是主观的，这就意味着我并不会试图改变你的行为。相比之下，如果你的行为被我和他人认为是不道德的，那么我们会非常有兴趣来改变你的行为，在这个过程中，我们道德判断的表面客观性是促使我们去改变你的某些行为的一个核心因素。正是从这个意义上说，道德判断的表面客观性在过去和现在都对道德完成其演化任务发挥了关键性作用。

然而，现在我们可以看到，根据我们对道德情感演化起源的理解，这种客观性感觉是一种错觉。强烈的道德情感所反映的并不是客观真实的事物，但这个事物看起来似乎是客观真实的。因此，这种客观性感觉是一种错觉，但这是一种很重要的错觉。与其他某些错觉不同，这种错觉并不会在被指出后消失。

做个类比可能会有助于解释这一点。颜色现象，比如我们对红色的体验，也就是对红色的红色属性的体验，可以说并不是物体的一个客观特点，这一点也已得到广泛认可。事实上，物体之所以看起来是红色的，是因为我们的视觉系统演化如此，以及我们的视觉系统对触及视网膜的特定光线反馈如此。如果像我们这样有这种视觉系统的有机体从来不曾存在，那红色这个属性就不会存在了。因此，这个红色属性是我们的视觉系统对光线某些特征进行反馈的一个主观特征，而不是这个世界的一个客观特征。

因此，根据现代科学，可以理解我们对红色属性的体验并不是一个客观特征，而实际上是一个主观特征，并且深深根植于我们的演化历史。然而，即使我们完全理解像红色这样的颜色并不是客观的，我们仍将继续，而且是一定会继续认为某些种类的物体是红色的。我们就是生来如此。

鲁斯等学者认为，道德同样是我们生来如此的一部分。就像我们不能不再把某个品种的成熟苹果看成红色，我们也不能不再把某些行为视为不道德的行为，而且也不能不再觉得这些行为从客观上说是不道德的。这些学者进而认为，那么这样一来，我们就重新且更深刻地理解了“伴随道德判断而来的客观性感觉是错觉”的说法，而这种理解会导致我们做出许多道德上不同的行为。不过这确实是对我们道德情感的一种重要理解。

正确理解这些观点的另一个重点，同时也是容易被忽略的一个区别，就是要认识到这些学者并不是说道德从任何意义上说都不是真实的。我们的道德和红色属性都是真实的，这很重要。红色属性和道德只是不是客观的，也就是说，它们并没有反映这个世界独立于人类而存在的特征。相反，红色属性和道德是主观特征，依赖于人类，在很大程度上是由我们的演化历史所导致的。如果人类（或类似有机体）不曾存在，那么不管是红色属性还是道德就都不会存在了。不过，人类确实是存在的，我们确实拥有过去那些演化历史，也确实拥有视觉系统和道德情感。因此，红色属性和道德都是真的，尽管它们并不是客观的，又是这个世界客观而独立存在的特征。我们也许可以说它们是真实的，但不是（客观）真实。

让我们转向演化对我们关于道德和伦理学看法的另一个影响。伦理理论中有一个范畴广阔的分支，历史悠久，主要关注点是什么样的行为是符合伦理的，什么样的行为是有悖于伦理的。伦理理论的这一分支通常被称为规范伦理学。

在规范伦理学领域，几个世纪以来，一直广为人们所接受的观点是人们无法仅凭一个“实然”表述就推理出一个“应然”表述。这个命题现在被称为“自然主义谬误”。简单来说，这个命题是说，一个简单的“实然”表述，也就是对事实的陈述，完全是描述性质的陈述，无法仅凭自身就合理地论证出任何关于人们该如何行事的结论。

对我们道德情感演化起源的解释和广义上的演化解释，似乎明显都是描述性的，也就是说，它们都是“实然”表述。在前面，我们讨论了伴随我们道德判断而产生的客观性感觉的演化起源，让我们以此为例。在讨论中，我们提到，我们对于道德判断的客观性感觉根植于客观性感觉所扮演的演化角色，而这是一个描述性表述，一个“实然”

表述。

然而，如果关于演化的表述是描述性的，是“实然”表述，那么根据自然主义谬误，似乎表面看起来，演化解释完全不可能影响我们有关规范伦理学的观点。

有一部分学者，比如鲁斯，对此并不认同。他们同意自然主义谬误是一个谬误，也同意演化解释是“实然”表述，但是，同时他们也认为演化解释对我们有关规范伦理学的观点产生了重要影响。

他们的核心观点如下。请注意，当从一个“实然”表述演绎推理出一个“应然”表述时，据说自然主义谬误就会发生。但是，鲁斯认为，演化思考并没有告诉我们如何演绎推理出规范伦理学表述；相反，演化思考所做的是解释规范伦理学表述。举个例子，演化思考可以解释为什么我们会有规范伦理倾向，这些伦理倾向过去是如何具有优势的，现在又是如何可能具有优势，为什么这些伦理倾向会令人产生客观的感觉，等等。不过，解释了这么多之后，关于规范伦理学命题，也就没有更多需要解释和需要做的了。

将这个观点与对规范伦理学的传统观点进行对比，有助于进一步说明这一点。标准的规范伦理学研究角度是对某一个具体的规范伦理学理论进行论证维护。以被称为“功利主义”的规范伦理学理论为例。这个规范伦理学理论的基本原则是“为最多数人谋得最大利益”。也就是说，在这个观点下，我们应该尽己所能为最多数人谋得最大利益。（我在这里所描述的实际上是一种功利主义的简化版本，但已足以说明我想表达的观点。）因此，如果你发现自己身处一个独特的情境中，比如需要决定哪个患者能够得到器官移植所急需的器官，而你恰好是一个坚定的功利主义者，那么你会计算怎么做可以实现“为最多数人谋得最大利益”，而这就是你应该做的。

请注意，功利主义的运作模式是，用功利主义的基本原则演绎推理出在某个特定情境里什么行为才是道德正确的行为。这正是规范伦理学理论的典型模式。然而，鲁斯和其他许多学者都认为，我们对自己伦理倾向演化起源的理解，迫使我们放弃这种规范伦理学概念。他们的观点是，理解了我们道德情感的演化起源，就意味着无法继续认为这些道德情感是由任何客观的根本原则所支撑的。从这个角度来看，演化论的发展对规范伦理学产生了实质性的影响，因为它们迫使我们对规范伦理学所扮演角色的基本概念做出巨大改变。

或者换句稍微有些不同的话来说，我们理解了自己道德和伦理情感的演化起源，就意味着演化伦理学走到了终点。或者更准确地说，这意味着传统认知中的规范伦理学走到了尽头。

总结一下，我们对演化的理解对某些涉及道德观和伦理学的基本概念似乎产生了影响，我们对其中某些影响进行了举例探讨。虽然只是举了简单几个例子，但应该已经可以体会到我们对演化的理解是如何推动着我们修正对道德观和伦理学理解的。

经验研究

前两节的话题主要是理论层面的，在接下来一节，我们将关注几个经验研究。这里的主要目标是对部分新近研究有大致了解，这些研究都对我们如何理解一些概念的本质和起源产生了影响，这些概念是我们行为的核心，包括合作、利他主义、原谅、惩罚、信任等。然而，本节的另一个重要目标，就是表明对演化的潜在影响的讨论，并不一定要停留在理论层面，研究人员已经为这一话题提供了经验数据，未来还将继续提供更多数据。

接下来将讨论的大多数研究都是新近研究，未来还有很多工作可以做。与在本书中其他话题上的做法一样，我们将仅探讨其中几项研究，以此来体会经验研究如何能解释与演化相关的命题。我们将从此类研究中最著名的一个开始，其中所涉及的就是重复的囚徒困境。

重复的囚徒困境

演化过程从本质上似乎是一个向自私自利行为发展的过程，那么合作行为，特别是利他主义行为（不顾个人安危而让他人受益的行为），如何可以从这样一个过程中脱颖而出？这个问题早在达尔文时代就已经存在了。值得简要一提的是，从演化的角度来看，某些形式的利他主义并没有什么问题。思考一下通常所说的“亲缘利他主义”。举个例子，一只鸟冒着生命危险，试图把捕食者从巢中幼鸟身边赶走。这种行为与有机体的成功繁殖直接相关，因此其中包含很强的利己主义成分。通常所说的“互惠利他主义”情况也是如此。在互惠利他主义所涉及的情境中，做出让他人获益行为的一方可以合理地期望自己能得到某些价值相当的回报。这一类利他主义中同样包含强烈的自我中心的成分。

然而，有很多很普遍的利他主义行为，似乎并不能用亲缘利他主义行为或互惠利他主义行为来解释，而这些行为一直都让人们深感疑惑。在20世纪70年代，一位名叫罗伯特·阿克塞尔罗德的研究人员对合作及利他主义行为的演化产生了兴趣，并开始进行经验研究来探索这一命题，而他的研究焦点就是现在所说的重复的囚徒困境。

要理解重复的囚徒困境，首先了解一下通常所说的“经典”或“一次性”囚徒困境可能会有所帮助。假设A和B两个人有机会进行互动，而且这个互动将是一次性的，因为两个人中的任何一个人都不会与另一个人再次互动，每个人行为的目标都是追求个人利益最大化，而且在不知道对方会如何行事的情况下，两个人都要在这次互动中针对是否与对方合作做出决策。假设（a，b）分别代表A和B所得到的回报［因此，举个例子，（13，0）就意味着在这次互动中A获得了13分，B获得了0分］。假设用图30-1所示的矩阵来总结可能出现的不同回报结果。

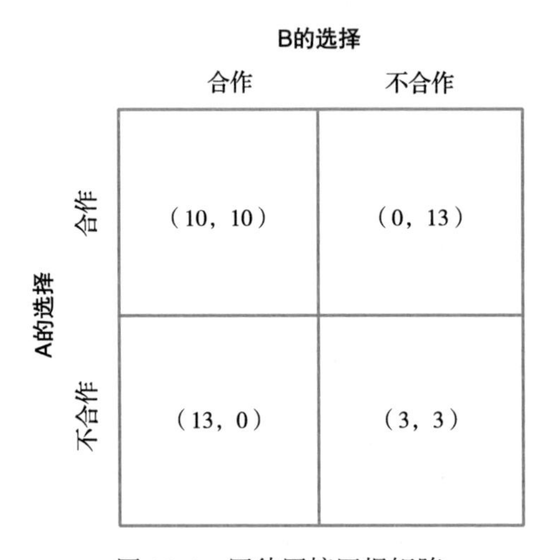

图30-1　囚徒困境回报矩阵

如果A在不考虑B的利益的情况下为追求个人利益最大化而采取行动，那么A的推理将如下：我不知道B是否会与我合作。如果B与我合作，我也与他合作，我将得到10分，不与他合作，我将得到13分。13分比10分好，在这种情况下，我不合作得到的回报会更高。另一方面，如果B不与我合作，但我与他合作，我将得到0分，不与他合作，我将得到3分。3分比0分好，在这种情况下，我不合作得到的回报会更高。所以，不管是哪种情况，也就是不管B是否与我合作，我不合作都会得到更好的回报。

当然，B也会有同样的推理过程。结果就是，不管是A还是B，如果为了追求个人利益最大化而不考虑对方利益，都不会合作，最终会导致（3，3）的结果［请注意，从共同利益的角度来看，（3，3）的结果是最糟糕的情况。这个特性，也就是参与者为追求个人利益最大化而使双方相互利益最小的情境，成为囚徒困境回报矩阵的一个显著特征。]

现在让我们转向重复的囚徒困境。重复的囚徒困境与经典囚徒困境的回报矩阵相同。然而，在重复的囚徒困境中，参与者不止两人（可能会有上百人或上千人），其中每个参与者都会与情境中其他参与者发生多次（通常会有上百次或上千次）互动，并且在每次互动时，互动双方会有一份对彼此过去全部互动历史的记录。

每个参与者的目标与经典囚徒困境中参与者的目标都是相同的，也就是追求个人利益最大化，具体来说，就是要在互动结束时积累最多的分数。然而，与在较为简单的经典囚徒困境中不同，在重复的囚徒困境中，对于什么是最佳策略的问题，答案并不是显而易见的。为了搞清什么样的策略可能是最佳策略，在20世纪70年代末，阿克塞尔罗德向许多搞研究的同行和熟人寻求了帮助。具体来说，他请每个人都写一个电脑程序，每个程序都包含设计者认为在重复的囚徒困境中为得到最高分而应采取的最佳策略。然后，阿克塞尔罗德让这些策略在一个由电脑模拟的规模巨大的重复的囚徒困境中进行对抗比赛。值得注意的是，在对抗中，对程序所使用的策略没有限制，只要愿意，可以简单，也可以复杂，可以合作，也可以不合作，可以友好，也可以不友好。

对抗比赛的结果颇令人意外。大多数人认为会出现谚语所说的“人善被人欺”的结果，也就是“友好、合作的程序最后得到的分数都会低于不诚实、不合作的程序”。然而，这种局面完全没有出现。不仅是合作的程序赢得了比赛冠军，而且整体来说，友好、合作的程序所得的结果都要优于不合作的程序。

在第一次比赛中获胜的是一个名叫“以牙还牙”（Tit for Tat, TfT）的程序，它在后续对抗中表现也很好。TfT在与其他某个程序第一次互动时总是会合作，而在之后与这个程序的互动中，TfT都会复制对方在上一次互动中的策略。那么，请注意，TfT总会与在前一次互动中与自己合作的程序合作，而且绝不会成为第一个与其他某个程序不合作的程序。

这样的程序，也就是绝不会首先与其他某个程序不合作的程序，都被称为“好人”程序。自阿克塞尔罗德进行最初的模拟研究以来，已经出现了无数关于重复的囚徒困境的模拟研究，在所有这些研究中，合作的“好人”程序与不合作的“非好人”程序相比，都获得了压倒性的胜利。

回忆一下，所有这些程序，不管是“好人”还是“非好人”程序，实际上都是要努力让自己的利益最大化，这一点很重要。毕竟，每个程序的目标都是赢得比赛。然而，阿克塞尔罗德和其他人的研究都表明，至少在这样的情境中，合作的好人行为在实现个人利益最大化方面，效果要远远好于不合作的非好人行为。

阿克塞尔罗德最初的模拟研究，以及自那之后与重复的囚徒困境有关的研究都已揭示（未来也将进一步揭示），至少在像重复的囚徒困境这样的情境中，还有其他因素在促进个人利益方面发挥了重要作用。举个例子，让我们思考一下报复的作用。请注意，TfT 程序总会与那些总是与自己合作的程序合作，不过它也会报复，如果另一个程序没与自己合作，那么它会立即报复，也就是说，在双方下一次互动中，TfT 程序会通过不与这个程序合作来报复。

在重复的囚徒困境中，已经很明确，报复对一个程序的成功发挥了重要作用。这一点在阿克塞尔罗德后来进行的第二次比赛中得到体现，该比赛包括超过 60 个程序（TfT 程序再次获胜）。在这次比赛里获得前 15 名的程序中，有 14 个都是合作的“好人”程序，唯一例外的那个程序（排在第 8 位），其策略类似于 TfT 程序，不过这个程序在某些时候会不合作，甚至是在对方始终都合作的情况下。这个程序之所以采取这种策略，主要是为了测试自己在什么情况下可以侥幸逃脱。如果对方程序立即报复，那么这个程序就会回到合作的 TfT 策略上来。然而，如果没有立刻遭到报复，那么这个程序就会增加不合作的频率，这主要是为了充分利用那些“超好人”程序，也就是那些在对方程序没能合作时会犹豫是否要报复的程序。

这些研究同样表明，被研究人员称为原谅的行为也具有重要意义。随着电脑模拟数量越来越多，对模拟结果的分析也不断在积累，很明显，有些程序陷入了报复的循环。一个有助于打破这种循环的策略，是在程序中加入某种“原谅”政策。大致来说，这个做法背后的逻辑就是在互动中尝试“原谅”对方程序，也就是，即使对方在过去曾不与自己合作，在此次互动中仍选择与其合作，然后看结果如何。如果对方程序回到合作的策略，那么这两个程序就可以打破报复的循环，回到让双方都受益的合作的循环。

过去大约 50 年间围绕重复的囚徒困境出现了大量研究，前面所讨论的只是其中一小部分。从达尔文时代起，就一直存在多种对于合作行为可能具有怎样的演化优势的推测。但是，推测是一回事，经验数据则是另外一回事。重复的囚徒困境很显然是一个简单的人造情境。不过，涉及重复的囚徒困境的研究为合作行为和包括原谅、报复等在内的话题提供了解释和经验数据。此类研究同时揭示了合作行为是如何从演化过程，也就是一个以自私为本质的过程中脱颖而出的。

最后通牒博弈

近些年来，通常所说的“最后通牒博弈”已经成为在为合作和利他主义行为收集数据时广为使用的情境了。接下来，我将对典型的最后通牒博弈情境进行简要描述，并对这些研究所得到的部分基本结果进行总结。

假设你和我参与了一个涉及最后通牒博弈的研究。整个研究设置相当简单：你得到一笔钱，假设是 10 美元。我们将你称为“提案者”，因为你的任务是就如何将这 10 美元分配给我们两人提出方案。你的选择是把 10 美元中的一部分分给我，金额是从 1 美元到全部 10 美元，在每次提出增加分给我的金额时，增量是 1 美元。我将被称为“回应者”，因为我的任务是对你提出的方案进行回应。具体来说，我既可以接受你的方案，也可以拒绝。如果我接受，我们就会按照你所提的方案来分钱。如果我拒绝你的方案，我们两个人谁都得不到一分钱。最后通牒博弈可能的回报可以总结成如下的回报矩阵，如图 30-2 所示。

提案者的选择

提出把下面某一金额（美元）分配给回应者：

回应者的选择	1	2	3	4	5	6	7	8	9	10
接受提案	(1, 9)	(2, 8)	(3, 7)	(4, 6)	(5, 5)	(6, 4)	(7, 3)	(8, 2)	(9, 1)	(10, 0)
拒绝提案	(0, 0)	(0, 0)	(0, 0)	(0, 0)	(0, 0)	(0, 0)	(0, 0)	(0, 0)	(0, 0)	(0, 0)

图 30-2　最后通牒博弈回报矩阵

对两个以谋求个人利益最大化为目标而行事的人来说，怎样的行为才算理智是一目了然的。在每个可能的回报中，我接受你的提案时所获得的收益总是高于拒绝时的收益。因此，如果我单纯出于个人利益而行事，那么不管你提出怎样的提案，不管金额有多低，我都会接受这个提案。另外，你知道我如果仅从个人利益出发且理智行事的话，那么无论你的提案金额有多低，我都会接受，而你如果也自私行事，并且认为我也会如此，那么你所给出的提案就会是规则所允许的最低金额，也就是 1 美元，因为在这种情况下，你所能获得的收益是最高的。

根据这个情境的设置，如果我认为你给出了一个过低的提案金额，就有权选择拒绝这个提案，从而让你一分钱都得不到，以此来惩罚你。但重点是，请注意，我必须牺牲自己的部分收益才能惩罚你，也就是说，我只能通过放弃自己的收益来让你受到惩罚。

在此类研究中，两人之间的互动通常是匿名的，也就是说，如果你我进行互动，我们不是面对面，而且你不知道我是谁，我也不知道你是谁。这种设置的一个重要结果是，如果我惩罚你，我不可能同时期望这么做能给自己带来任何好处。我可能期望对你的惩罚会让他人获益，因为我对你的惩罚非常有可能会让你在与这个研究中的其他人互动时给出金额更高的提案，但我不能期望这会给自己带来什么好处。简言之，在这个情境中，我对你的惩罚将会是一种利他主义行为，因为它实际上是在以我的个人利益为代价来给他人带来利益。这是一种浅层次的利他主义行为，并不能与牺牲自己的生命把溺水的孩子救上岸的行为相提并论，但无论如何这也是一种利他主义行为。

在此类研究中，自私行为从来都不是普遍结果。这些研究都表明，总有一部分参与者（大约 25%）会自私行事，但他们是少数派。提案者给出的最普遍的提案大约为总金额的 50%，也就是大多数提案者都会提出两人把钱大致均分。至于提案者提出给对方高于 50% 的金额，也并不少见。

同样地，对那些提案金额过低的提案者进行惩罚的利他主义行为，也是一种标准行为。事实上，低于总金额 30% 的提案通常会被拒绝。

涉及最后通牒博弈的研究已在大量不同参与者中展开，其中不仅有来自世界各地的在校大学生（到目前为止，在多种有关研究中，大学生是最为常见的参与者），还有大量来自不同文化的人们，比如，有的参与者来自东印度尼西亚群岛的捕鲸部落，有的来自坦桑尼亚的游猎部落，还有的来自智利和阿根廷南部的游牧部落和原住民部落，等等。

这些研究的结果非常有说服力：不管参与者来自哪个国家，有怎样的文化背景，几乎观察不到“参与者基本上都会自私行事”的结果。利他主义行为，也就是对给出金额过低提案的提案者进行惩罚，是世界各地各种文化中的标准行为。

在世界各地各种文化中都能找到这种行为，这意味着这种行为并不仅是参与者自身文化传统所导致的结果。事实上，此类行为在各种文化中都是一致的，这意味着这种行为源自更为根深蒂固的因素。这些因素太根深蒂固了，因而几乎可以肯定是源自我们的演化历史。

最后通牒博弈的结果还引发了许多对其他问题的思考。举个例子，我们能不能进行一些研究来解释，为什么这种在最后通牒博弈中所找到的利他惩罚行为，过去可能一直、未来也可能继续享有演化上的优势？我们能否收集一些数据来说明，在什么样的条件下，这样的行为是有优势的，在什么样的条件下没有优势？如果我们可以找到使这些行为具有演化优势的条件，这些条件有没有可能曾经在人类演化历史上出现过？最后通牒博弈的设计过于简单，因而无法解释这些问题。不过，接下来我们将开始探讨其他确实为这些问题提供了相关数据的研究。

对合作和利他主义的其他研究

像最后通牒博弈这样的研究表明，尽管合作行为是很常见的，但总有一定比例的参与者通常会自私行事。另外有一些研究涉及更为复杂的情境，探讨这样的自私行为是否可被他人的行为所改变。答案是肯定的，而且有研究表明，有一种利他主义行为扮演了重要的角色。

在典型的此类研究中，通常有 4 人或更多人进行互动，参与者之间合作越多，整个小组的收益就越大。如果参与者进行同等程度的合作，那么他们就可以平均分配收益。然而，如果有一个参与者自私行事，而其余人都相互合作，那么自私行事的参与者可以比相互合作的参与者分得更多收益。最后，此类研究还会有一个典型的设置，那就是其中一个参与者可以惩罚那个自私行事的参与者，但施加惩罚的参与者会因此遭受个人利益的严重损失。

和在其他研究的结果一样，在这类研究中，合作行为最为普遍。不过，我们同样可以找到一些少数派坚持自私行事。如果一组参与者中有一个人自私行事，那么其他参与者中总会有一个人施加惩罚，而这通常会让自私行事者停止自私行为。当整组参与者都回到相互合作的状态时，这个小组的整体收益就会增加。然而，必须指出的是，取得这一结果的代价是，施加惩罚的参与者所获得的收益会比其不施加惩罚时有所损失。

惩罚行为是一种利他主义行为，因为这种行为会让小组整体获益，而让这个惩罚行为的实施者遭受损失。很明显，在某些情境中，某些参与者采取利他主义行为的策略符合小组的整体利益。然而，这种利他主义行为从演化上来看并不一定是一种稳定的策略。也就是说，可以证明（通常是通过电脑模型实现的）在某种情境中，采取此类利他主义行为的参与者在繁殖过程中并没有足够多的优势，从而无法保证这种利他主义行为倾向可以在种群中保留下来。不过，重点是，在其他一些情境中，又已经证明此类利他主义行为从演化上来看可以是一种稳定的策略。

另外一些研究探究了在什么样的条件下，这一类的合作和利他主义行为会成功或者不成功。此类研究表明，这类行为可以成功的条件极有可能在现代人类首次出现时。（第一种人类物种大约在200万年前出现，现在已经灭绝了。我们现有最强有力的证据表明，现代人类，也就是我们所属的物种，在20万～30万年前出现。）这些条件包括小规模的群体（早期人类几乎肯定都是在规模相对较小的社群中活动），群体成员的迁入迁出相对较少（这同样是一个极有可能出现在早期人类群体中的条件），与其他群体极有可能有激烈竞争（早期人类不同群体之间竞争和冲突的程度还远不明了，但是如果这种竞争和冲突很普遍，也并不会让人惊讶)。简言之，有理由认为，此类利他主义行为可以成功的条件，极有可能出现在现代人类首次出现的时候。

重申一下，这些都只是初步结果，但正如前面已经提到过的，像这样的研究结果很好地表明，对于某些在人类行为中处于核心地位的命题，比如合作、利他主义、原谅、惩罚、信任（接下来我将会进一步探讨）等，我们是可以开展经验研究的，而这样的研究可以让我们理解这些行为可能的演化优势及起源。

信任博弈

在结束这一节之前，我想对另一个研究方向进行一下简要概括。这个研究方向同样涉及人类的互动，但是，我在这里的主要目的是让你看到与演化影响相关的研究，比如我们在前面讨论过的几项研究，可以在不同的层面展开，包括在生物化学层面。

在很多种人类互动中，信任都是一个基础性因素。举个例子，根据你我彼此之间信任程度的不同，我们对彼此做出的行为会完全不同，比如我们是否会与彼此分享食物等资源，是否愿意在彼此身处险境时出手相助，等等。如果信任彼此，我们会以一种行为方式对待彼此；如果不信任彼此，我们的行为就会大为不同了。

近些年来，研究人员开始研究某些生物化学因素对信任行为的影响。思考下面这个被其作者称为信任博弈的研究。假设你和我在进行这个博弈。博弈开始的时候，你和我都得到了 12 美元。让我们把我的角色称为“给予者”，把你的角色称为“分享者”。我的角色是把我的一部分钱给你。让我们假设我可以选择给你 0 美元、4 美元、8 美元或 12 美元。

不管我给你多少钱，实验组织者都会额外给你两倍于此的钱。举个例子，如果我拿出 4 美元给你，实验组织者会额外给你两倍，也就是给你 8 美元。因此，现在除了最初的 12 美元，你还有我给你的 4 美元，加上实验组织者额外给你的 8 美元，这样一共是 24 美元。如果我把全部 12 美元都给你，实验组织者仍然会额外给你两倍，也就是额外给你 24 美元，加上你最初的 12 美元，你就总共得到了 48 美元。

根据我给你的钱数，也就是 0 美元、4 美元、8 美元或 12 美元，你手中最终的钱数会是 12 美元、24 美元、36 美元或 48 美元。此时，你会如何与我分享你的钱，甚至你是否会与我分享，都已经完全取决于你了。你可以分给我 0 ～ 48 美元的任意金额。重点是，与最后通牒博弈不同，我无法选择拒绝你。一旦我给了你一部分钱，我对整件事的后续发展就再也不会产生影响，最终我们每个人可以拿到多少钱，完全由你决定。

这个博弈的回报情境可以总结为图 30-3 中的回报矩阵。其中，每一个我可能给你的钱数下面都有一个大格子，格子里是我的每个选择可能产生的回报。

给予者的选择
把下面某一个金额（美元）分给分享者

分享者的选择 以其中一种方式分享这些钱	0	4	8	12
	(12, 12)	(24, 8)	(36, 4)	(48, 0)
	(11, 13)	(23, 9)	(35, 5)	(47, 1)
	(10, 14)	(22, 10)	(34, 6)	(46, 2)
	⋮	⋮	⋮	⋮
	(2, 22)	(2, 30)	(2, 38)	(2, 46)
	(1, 23)	(1, 31)	(1, 39)	(1, 47)
	(0, 24)	(0, 32)	(0, 40)	(0, 48)

图 30-3　信任博弈回报矩阵

这是一个更难应付的博弈。如果我只考虑自己的利益，而且认为你也会如此，那么我不会分给你一分钱。原因很简单，如果我认为你只会考虑个人利益，那么自然就会认为不管我给你多少钱，你都会自己留起来。所以，如果我一分钱都不给你而是全都留在自己手里，我会得到更好的结果。另一方面，如果我相信你不会只考虑个人利益，那么我就会分给你一些钱，相信你会把从实验组织者那里得到的额外收益分给我一些。简言之，这个博弈的结果很大程度上取决于参与者是自私行事还是相互合作，参与者如何预估对方的行为，以及最重要的是，取决于给予者对对方有多少信任，并且希望对方能分给自己多少钱（如果对方会分的话）。

这个实验发现，几乎没有给予者会因为完全的不信任而选择不把钱给分享者，同样地，也几乎没有分享者完全自私行事而不与给予者分钱（也很少有人只分很少的一部分钱）。考虑到在前面一节中讨论过的实验结果，这样的结果可能就一点儿都不令人意外了。这些实验结果本身就为我们的行为提供了额外数据，而且与前面讨论过的数据非常相似。

但是，在这个实验中，实验组织者感兴趣的主要是与信任的生物化学基础有关的因素。用非人类参与者进行的研究表明，催产素会影响社会行为（催产素是一种被广泛研究的分子，存在于所有哺乳动物体内，它可以发挥神经递质和荷尔蒙的功能）。实验的目的是看催产素是否会影响信任博弈参与者之间的信任程度。（顺便提一句，不要把催产素和羟考酮及其阿片类药物混淆了，后者是会让人产生依赖性的止痛药，近期常常出现在新闻里。）

这个研究的结果让人印象深刻。催产素可以大幅提高信任程度。在参加博弈前，大约半数的给予者都被注射了催产素，而剩余给予者则被注射了安慰剂。那些接受了催产素的给予者，他们的信任程度急剧上升，这主要反映在他们愿意分给分享者的钱数大幅增多。研究人员特别关注了除了催产素对信任程度的影响之外，上述实验效果是否还可以归因于别的因素，而这样的因素是不应该存在的。事实上，所有相关研究都强有力地表明，上述实验结果的出现完全或几乎完全是由于催产素对参与者的信任程度产生了影响。

总结一下，前面概括介绍的几项经验研究只是此类研究中的一小部分。这些研究表明如何对某些与我们最基本行为紧密相联的概念，包括合作、利他主义、原谅、惩罚、信任等，在不同层面进行经验研究。目前，这些还都是初步研究，但随着时间的推移，很有可能会有更多的经验研究可以更深入地解释在我们许多行为背后与演化相关的因素。

结语

在前面几章中我们看到了，17 世纪的新发现要求我们的前人反思他们长久以来一直笃定为经验事实的核心观点。然而，这些新近发现对我们的核心观点提出的挑战，至少在我看来，是更加巨大和严峻的。在前面几章里，我们探讨了诸如相对论和量子理论这样的发现，而在刚刚结束的这两章里，我们一直聚焦于演化论。可以说，与相对论和量子理论一样，演化论迫使我们认真反思一些长久以来存在的基本观点。看起来很明确的是，我们已经无法重拾过去的观点了。尽管要看清楚什么样的新世界观将会出现，现在还为时尚早，但似乎很明确的是，与生活在 17 世纪早期的前人一样，我们现在正处在一个需要对我们的整体世界观进行大幅改变的阶段。

在结束本章之前，我想最后再进行一点与演化相关的评论。似乎存在一种普遍的观点，那就是演化观点强加于我们某些关于宇宙和我们在宇宙中位置的观点，而这些观点悲观又无趣。然而，事实上，不需要从任何消极角度来看待演化观点。演化迫使我们用一种非常不同的方式来看待我们在一个宏伟图景中的位置，但我认为，这个不同的方式并不会是一种更糟糕的方式。

我想举个例子，而且我得承认，我个人很喜欢“人类只是世界上现有上千万物种中的一种”的想法，也很喜欢“我们跟每一种植物和动物，不管是现存的还是在我们之前就已经灭绝的，都有关联”的想法。我有幸在世界上许多不同地方生活过，也去过很多地方，令我感到欣喜的是，不管在哪里，我所看到的新植物群和动物群都是一个大家族的一部分。这是一个很美妙的观点，也就是地球上的每一种有机体，包括每一种植物和每一种动物，都与我们有亲缘关系。我不明白为什么会有人用消极的态度来看待这个观点。

达尔文似乎也有同样的感受。在他 1844 年一篇未发表的综述其观点的文章中，以及在出版于 1859 年的《物种起源》中，达尔文都用下面这段常常被人引用的优美文字作结：

> 生命及其蕴含之力能，最初注入寥寥几个或单个类型之中；当这一行星按照固定的引力法则循环运行之时，无数最美丽与最奇异的类型，即是从如此简单的开端演化而来，并依然在演化之中；生命如是之观，何等壮丽恢宏。（Darwin，1964，p.490；苗德岁译，译林出版社，2018，p.510）

围绕演化的发现给我们带来了巨大的改变。然而，就像达尔文所指出的，“生命如是之观，何等壮丽恢宏”。

第 31 章

世界观：总结思考

在最后这一章中，我们将整体回顾一下到目前为止的讨论，对前几章中探讨的发现所带来的某些影响进行思考，并推测一下我们的世界观可能需要发生的某些改变。

概述

在本书的开头，我们探讨了亚里士多德世界观。这个世界观是一个像拼图一样环环相扣的观点体系，其中每块拼板都可以很好地拼合在一起。宇宙是有意义的。在那个拼图里，我们感到对所有重要的问题都有了很好的理解，比如宇宙结构、我们在宇宙中的位置、事物如何运转以及为何如此，等等。

我们不仅得以解答有关这个世界的个别问题，同时对宇宙是什么样子的，也就是我们所居住的宇宙，也有了一些理解。宇宙是有目的的、有本质存在，这个有目的的宇宙之中充满了为了本质的、内在的和自然的目标而运转的物体。这个画面看起来非常完整、清晰，而且正确无误，因此我们发现亚里士多德本人都认为对宇宙的理解已经非常完整全面了，剩下的只是用一些细节来填补某些细小的缝隙。通过这些，亚里士多德表达了一个后来每个时代都在重复的观点，甚至时至今日仍是如此。

在亚里士多德世界观中，一个常见的隐喻是把宇宙当作一个有机体，这也是通常在思考我们所居住的宇宙时所用的方法。就像有机体由许多部分组成，这些部分发挥各自功能来实现其目标，比如心脏负责抽送血液，消化系统负责处理食物等，宇宙也被认为是由许多部分组成的，每个部分有其天然的功能和目标。我们理解了，或者说认为理解了，我们居住在怎样的宇宙中。

在第 19 ～ 22 章，我们探讨了从亚里士多德世界观向牛顿世界观的转变。我们看到，随着 17 世纪新发现的出现，组成亚里士多德世界观的观点拼图不能再维系。这个世界观中的某些错误观点，比如正圆事实和匀速运动事实，过去看起来是相当直接明确的经验事实，然而后来都被证明是错误的哲学性 / 概念性事实。这一世界观中的其他一些观点，比如“地球是宇宙中心”的观点，虽然有直接观察结果和完备的推理作为支撑，但后来仍被证明是错误的。

我们看到，在亚里士多德观点拼图中，需要摒弃的并不仅是某个位于边缘位置的观点拼板。事实上，需要替换的是这个拼图中的核心拼板，而且随着核心拼板的更换，整个观点拼图实际上已经发生了改变。值得注意的是，亚里士多德世界观后来被证明在很多方面都是错误的。换句话说，并不是亚里士多德世界观拼图中的单个观点拼板被证明是错误的，而是亚里士多德世界观拼图被证明是一个错误的拼图。宇宙被证明完全不像是亚里士多德世界观中所认为的样子。宇宙完全不像是一个有机体。

我们看到，一个与新科学发现相一致的新世界观拼图替代了亚里士多德世界观拼图。这个新世界观拼图，也就是牛顿世界观，似乎非常行之有效。拼图中的拼板很好地拼合在了一起，宇宙也是有意义的。对一些重要的问题，我们也得到了答案，包括宇宙的结构、事物如何运转等。

我们不仅对关于宇宙的一些重要问题有了答案，还对我们居住在怎样的宇宙中有了很好的理解。我们居住在一个机械的宇宙中，其中物体的行为模式在很大程度上是因为作用在这些物体上的外力。我们可以理解这些作用力，并用数学定律来精确描述它们。

同样地，牛顿世界观也有一个很好的隐喻来总结我们所居住的宇宙。在牛顿世界观中，我们开始认为宇宙像一台机器。我们认为，组成宇宙的物体彼此之间存在相互作用，就像一台机器的零件之间存在相互作用。就像机器零件是通过推拉其他零件而产生彼此之间的相互作用，我们认为宇宙中的物体也通过这样一种机械的方式来产生相互作用。在这种"宇宙像机器"的观点之中，隐含的概念是"物体之间的相互作用是定域的"，也就是一个物体只能对与其有某种关联的物体产生影响。我们认为这些组成部分按照我们所理解的方式共同运转，像亚里士多德一样，我们认为自己几乎已经完全理解了这个世界。

我们大致理解了自己在一个关于宇宙事物宏伟构图中的位置。我们不再位于宇宙的物理中心，但从另一个角度来说，我们认为自己仍然在造物的中心。根据通常的观点，生命是神圣影响力的产物。还有什么别的因素可以解释在有生命的有机体身上发现的明显设计呢？伴随这个观点而来的，自然就是认为人类位于生命的顶端，是特别的存在。

前面这一切在很长一段时间内都是行之有效的。然而，随着新近科学发现的出现，我们看到相对论和量子理论对“我们居住在怎样的宇宙中”这一问题产生了深远影响，而演化论在我们对自己在宇宙中所处位置的认识方面，也产生了同等重要的影响。这些新发现只需要我们改变旧的牛顿世界观拼图中某些外围拼板吗？还是就像17世纪的新发现带来的巨变一样，我们不得不因此放弃牛顿世界观拼图中的核心部分？接下来，我们将对这些问题进行探讨。

对相对论的思考

乍看起来，相对论似乎有非常深远的影响。相对性的推论，比如对不同的观察者来说空间和时间可以是不同的，与我们对空间和时间的强烈直觉是矛盾的。同样地，我们通常认为（而且很坚定地认为）空间和时间是绝对的，即大致上来说，不管在什么地点、对什么人来说，空间和时间都是相同的。

这些关于空间和时间的观点（即空间和时间是绝对的），在牛顿的《原理》中可以找到明确的表述。然而，事实上，这个观点的出现远早于此。至少追溯到古希腊时期，那时就可以隐约找到“空间和时间是绝对的”观点。简言之，绝对空间和绝对时间的概念至少在很久以前就已经隐约存在了，而在牛顿世界观框架里可以找到对这个概念的明确表述。

不过，假设我们思考一下，在牛顿世界观的观点拼图里，绝对空间和绝对时间更像是核心观点还是外围观点呢？毫无疑问，牛顿本人以及我们大多数人，通常坚信空间和时间是绝对的。然而，回忆一下我们在第1章中的讨论，判断一个观点是核心观点还是外围观点，并不是根据人们对这个观点的笃信程度。事实上，两种观点之间的区别在于，如果替换这个观点，也就是拼图中的一块拼板，是否会改变整个观点拼图。

从这个角度来看，绝对空间和绝对时间的观点尽管根深蒂固，但并不是核心观点。在牛顿世界观的框架里，即使改变了这些观点，整个观点拼图也不会发生实质性变化。替换这些观点当然需要同时替换其他某些观点，但却不需要把前面提到的机械论的牛顿世界观整个替换掉。你可以继续认为组成宇宙的物体彼此之间以机械的方式相互作用，这个方式也就是一种可以用定律来精确描述的方式。必须改变的是我们对某些命题的理解，比如事件发生的地点和时间，但如前所述，整体的牛顿世界观拼图多少可以保持不变。简言之，尽管对空间和时间并不绝对的发现令人感到意外（实际上我认为是非常出人意料的），但这些事实与机械论的牛顿世界观拼图是一致的。

时空曲率以及相对论对重力颇为不同的定义（区别于牛顿世界观通常对重力的描述）所带来的影响，也存在类似的情况。令人惊讶的是，我们发现时空本身会由于物质的存在而受到影响并产生弯曲。同样令人惊讶的是，我们大多数人一直认为重力是理所当然的，也就是说，现实中重力是一种吸引力的概念，如果从相对论对重力定义的角度来考虑，最多只能作为一种工具主义态度来保留。

不过，尽管非常出乎意料，但这些发现和推论并不需要我们摒弃牛顿世界观拼图中的核心拼板。也就是说，我们既可以接受时空曲率和相对论对重力的定义，也不需要对机械论的牛顿世界观拼图进行全盘的大规模改变。

这并不是说相对论没有什么重要的影响。即使前面讨论的这些影响不需要我们摒弃牛顿世界观拼图中的核心拼板，但也绝不是无足轻重的（举个例子，就像对冰激凌的偏好是一种外围观点，相对论的这些影响并不是这样单纯的外围观点）。不过，暂时把“相对论迫使我们改变哪些具体观点”的命题放到一边，我认为，相对论真正更重要的影响是，它深刻表明了在一些看起来显而易见的命题上，我们犯了多么严重的错误。或者换句话说，它表明了哲学性 / 概念性事实伪装成显而易见的经验事实是多么容易。举个例子，我认识的所有人在了解相对论之前都认为空间和时间对任何人来说都是相同的，而且把这当作一个显而易见的经验事实。大家知道，显然不会因为某人或某物恰巧在运动，时间就以不同的速度流逝，或者人们衰老的速度就奇迹般地放慢；大家知道，并不会因为某人或某物在运动，空间就被压缩了，就像在寒冷天气里的气球一样。这些看起来都是那么显而易见的经验事实。然而，这些事实后来不仅被证明并不是显而易见的，而且被证明是错误的。

再思考一下我们的前人关于正圆事实和匀速运动事实的观点，并把这些观点与我们关于绝对空间和绝对时间的观点比较一下。我们的前人认为，天体沿正圆轨道匀速运动是显而易见的经验事实，他们每个人都知道，对任何只有最少量常识的人来说，这也是显而易见的。但从我们的角度，也就是从一个颇为不同的世界观出发来看，人们能对此类观点如此深信不疑，实在是非常奇怪。大多数人在第一次了解到正圆事实和匀速运动事实时，反应都是：“为什么会有人相信这些？”

不过，现在思考一下我们的后人。在某个时候，他们会用同样的方式来回看我们的观点。我们的孙辈和曾孙辈，在回看我们的时候也会纳闷，为什么我们会相信诸如“空间和时间对每个人都一样”的奇怪观点。

简言之，我们错把绝对空间和绝对时间当成了经验事实，就像我们的前人错把沿正圆轨道匀速运动当成了经验事实一样。在这两个例子里，原本看起来显而易见的经验事实，后来都被证明是错误的哲学性 / 概念性事实。我认为，这才是相对论最重要的影响，因为它生动地表明：一个看起来如此像常识、如此显而易见正确的观点，是如何被证明是完全错误的。这应该让我们更加警惕，对其他看来显而易见的、不容置疑的事实，我们到底能多确定。因此，相对论并没有迫使我们改变自己世界观中的核心部分，而是让我们重新思考自己对这个世界的理解有多大把握。

对量子理论的思考

与相对论相比，有关量子理论的新发现，特别是有关贝尔定理和阿斯派克特实验的新发现，其影响很有可能需要使整个牛顿世界观拼图发生重要改变。根据牛顿世界观，宇宙被认为像机器一样运转。我们对于机器的核心认识是零件之间的推拉相互作用——齿轮推动其他齿轮转动、滑轮带动其他滑轮运转，但通常是通过连接带之类的某种关联，而且通常机器的一个零件只会影响与其有接触的其他零件。宇宙也是如此。我们坚信自己所居住的宇宙之中也有同样的相互推拉作用。物体和事件同样以机械的方式影响其他物体和事件，而且这种相互影响是定域的，也就是只有相互之间存在某种关联的物体和事件才能产生相互影响。

不过，根据阿斯派克特实验所揭示的新量子事实，似乎牛顿世界观中有关宇宙的核心观点已经站不住脚。我们也许不理解这怎么可能，但是我们所居住的宇宙中，确实存在事件之间即时、非定域的相互影响，甚至在地理位置相距很远、显然不可能具有任何形式的联系或关联的事件之间，也会存在这样的影响。任何人都不知道宇宙为什么会如此，只知道宇宙就是这样。

为了便于讨论，我将把远距离事件间的即时影响，也就是阿斯派克特实验所表明的那种影响称为“贝尔影响”。请注意，到目前为止已经得到证明的贝尔影响，比如阿斯派克特实验和类似实验所表明的结果，都与我们可能会划分到微观层面的实体有关，而不是与我们在生活中更容易注意到的日常物体有关。也就是说，尽管有关光子、电子和类似实体的即时影响已经被确定，但是至今并没有类似实验表明，在普通宏观物体（如书桌、树木、岩石等）之间存在贝尔影响。那么，有没有可能这种即时的、非机械的影响仅局限于微观实体呢？如果确实如此，我们可不可以继续坚持“宏观世界的物体按照牛顿世界观中机械的方式来运动”的观点，尽管我们必须摒弃“微观实体也按照这个规律进行运动”呢？

这个问题现在还没有确定的答案。不过，我的直觉是“不可以”。自最初的阿斯派克特实验以来，物理学家已经成功证明，在实体尺寸更大、距离更远的情况下，贝尔影响也存在。举个例子，现在已经证明，在两个大约有高尔夫球那么大的、彼此分离的原子集合之间存在贝尔影响。而其他实验也已经证明，在两个相距几英里而不是分布在实验室两端的物体之间，也存在贝尔影响。也就是说，在越来越多的实体之间，都已经证明有贝尔影响的存在，这些实体尺寸越来越大，相互之间的距离也越来越远。这个事实正是我们不能把非机械的贝尔影响仅仅局限于世界上小部分实体的原因之一。

促使我们这样做的另一个原因，来自对历史的回顾。历史告诉我们，永远不要低估科学家的聪明才智，他们总能另辟蹊径，得到新的发现。过去，根本性的新发现带来了许多变化，包括理论、技术和概念等方面，而这些变化在新发现刚刚出现的时候甚至根本无法想象。我认为，对于我们所居住的宇宙中可以存在贝尔影响的发现，就是这样一个根本性的重要发现，是那种像雪球一样的变化。现在这个雪球还比较小，但是我猜它会变得越来越大，带来理论、技术和概念上的变化，关于这些变化，我们现在几乎都无法领悟。

如果在这一点上我是正确的，那么我们现在所处的时代在很多方面都与17世纪早期非常相似。在那个时候，很多新发现，比如那些与伽利略和望远镜有关的新发现，最终给我们带来了一种全新的方法来思考我们居住在怎样的宇宙中。今天，贝尔影响的发现也迫使我们放弃牛顿世界观中宇宙是一个机械论的宇宙的观点。我猜这只是冰山一角，这个发现会像17世纪的那些发现一样，让我们对自己所居住的宇宙形成非常不同的观点。

对演化论的思考

相对论和量子理论影响的是我们对自己所居住的宇宙的看法，而演化论则主要影响了我们对自己在宇宙中位置的看法。如果我们全盘接受经验证据（实际上我认为必须如此），那么演化论中的发现就要求我们摒弃长期以来所秉持的“人类很特殊”的观点。我们必须接受人类是一个自然过程而非超自然过程的结果；人类并不是位于生命体的顶点，而是现存的1000多万种有机体中的一种，而且从演化论的角度来看，这1000多万种有机体都具有平等的地位。

就像在17世纪，我们的前人需要面对人类不再位于宇宙物理中心的发现，今天，我们也需要面对人类无论如何都不是宇宙中心的发现。意识到这一点后，我们就需要对宗教观点进行反思。然而，这并不是经验发现第一次迫使我们进行这样的反思了。在第20章中，我们讨论了牛顿对天体运动的解释使人们不再需要对这类运动进行超自然解释，这反过来也需要人们反思先前关于“上帝”角色的概念（具体来说，是在对天体运动的解释中上帝所扮演的角色）。然而，当时我也提到过，宗教信仰通常是根深蒂固的，17世纪的新发现迫使人们对上帝的概念进行反思，但并没有让人们完全摒弃宗教信仰。我猜未来几年还会出现这样的情况。我希望，随着对演化论影响的理解越来越深入，至少可以出现对传统宗教信仰的实质性反思，不过就像17世纪的情况一样，我猜这不太可能使人们完全放弃宗教信仰。

对某些基本伦理概念来说，情况也相似。正如在第30章中讨论过的，随着对人类伦理倾向演化起源的理解越来越深刻，我们很可能会对核心伦理概念进行反思。简言之，我们对人类演化起源的理解迫使我们重新思考自己在宇宙中的位置，而且几乎肯定会迫使我们重新思考宗教和伦理方面的传统观点。现在来预测到底会产生多大的变化还为时尚早，但是，正如17世纪所发生的情况，这样的变化几乎肯定会出现。就像我前面多次提到的，我们生活在一个令人兴奋的时代。

新的观点并不一定会让人沮丧，就像达尔文所说的（我在第28章也试图表达过），这个关于生命的观点是非常宏伟的。我们的前人发展出了新的哲学性 / 概念性观点，这些观点都值得尊敬，也都与当时的经验发现一致，我相信未来我们也可以做到这些。

隐喻

在结束本书之前，我还有最后一点要讨论。正如前面提到过的，通常伴随着一个世界观，都会有一个广为接受的隐喻或比喻。再来梳理一下：在亚里士多德世界观中，宇宙被视为一个生物有机体，各部分分别发挥其作用，从而共同实现天然的目标和目的；在牛顿世界观中，宇宙被视为一台机器，各个部分通过推拉与其他部分发生相互作用，与机器里的零部件彼此发生相互作用的方式一样。

这类隐喻既有魅力，又很有用——这一点很容易理解，因为它们提供了一种方便且简单的方式来总结对宇宙的整体观点。不过，新近的这些发现都有一个有趣的特点，那就是它们所主张的宇宙与我们经历过的任何事物都不一样。也就是说，阿斯派克特实验所表明的非定域影响呈现出的宇宙与我们所熟悉的任何事物都不一样。在这个宇宙中，两个无论如何都不存在任何联系的事物或事件之间可以存在即时的影响，这样的宇宙完全不同于与某个我们所熟悉的事物相似的宇宙。

请注意，正因如此，新近发展所主张的宇宙可能是一个无法用任何恰当的隐喻来总结的宇宙。我们所居住的宇宙可能像一个——好吧，可能与我们所熟悉的任何事物都不像。这是有史以来（至少是有记录的历史上）第一次，我们没有隐喻可以用，而且我们可能已经来到了一个分割点，从今往后，我们可能再也无法用一个恰当的隐喻来总结自己所处的世界了。

即便如此，关于宇宙的某个概括性观点还是很有可能出现的。尽管要预测这个观点具体是什么还很困难，但我们的子孙很有可能发展出一个与我们截然不同的宇宙观。这个宇宙观的基础很有可能不仅是我们在本书第三部分中所讨论的新发现，还有现在正在发生的和不久的未来将要发生的各种发展。还是那句话，我们生活在一个有趣的时代，请继续关注。

章节注释和推荐阅读书目

接下来，我将对本书中的各个章节进行注释，并推荐阅读书目。在此之前，我将首先列出几个关于进行延伸阅读的一般性建议。我之所以推荐接下来将提到的材料，主要在于，如果你对本书中的某些话题感兴趣，希望进一步探索，那么这些著作将为你提供一个良好的开端。

科学史

关于科学史的一般性介绍，梅森的《科学史》（*A History of the Sciences*）（Mason，1962）是一本优秀的单册读物。梅森对从古巴比伦和古埃及时期开始到20世纪的科学进行了概述。尽管这是一本单册读物，但梅森的书里有数量惊人的细节。林德伯格的《西方科学的起源：公元前600～公元1450年，在哲学、宗教和制度语境中的欧洲科学传统》（*The Beginnings of Western Science*: *The European Scientific Tradition in Philosophical, Religious, and Institutional Context*, 600

BC to AD 1450）（Lindberg，1992）对古时候和中世纪的科学进行了更详细的介绍，而库恩的《哥白尼革命：西方思想发展中的行星天文学》（*The Copernican Revolution: Planetary Astronomy in the Development of Western Thought*）（Kuhn，1957）是探讨16和17世纪变化的经典著作。科恩的《新物理学的诞生》（*The Birth of a New Physics*）（Cohen，1985）是对这些变化更为概括、更加易懂的介绍。关于新近的发展，克拉夫的《量子世代：20世纪物理学史》（*Quantum Generations: A History of Physics in the Twentieth Century*）（Kragh，1999）全面完整地介绍了19世纪末期以来的物理学发展史。佩尔森与希茨-佩尔森合著的《自然的仆人：一部科研机构、进取精神和科学情感的历史》（*Servants of Nature: A History of Scientific Institutions, Enterprises, and Sensibilities*）（Pyenson and Sheets-Pyenson，1999）则从一些不同而重要的角度描述了科学进取精神的历史。

科学史中的女性

你可能已经注意到了，除了在第22章中简要提到居里夫人，本书中几乎没有提到女性所扮演的角色。这当然并不意味着女性在科学史中没有发挥作用。不过，毫无疑问，在我们大部分历史中，社会态度并不鼓励女性在本书所关注的科学领域扮演重要角色，尤其是在物理学和天文学领域内。然而，重申一下，这并不是说女性在这些科学领域内没有发挥重要作用。简单举一个例子，进入17世纪后，天文学研究开始需要大量严谨的观察和数学计算（更别提这些观察和计算都很琐碎了），其中很大一部分是由女性来完成的。比如，第谷·布拉赫的妹妹索菲亚·布拉赫就为第谷的观察提供了重要帮助。女性在科学史和科学哲学方面所扮演的角色可能是你会感兴趣的另一大领域。如果确实如此，我推荐从玛格丽特·阿利克的《希帕提娅的遗产：从上古至19世纪科学中的女性历史》（*Hypatia's Heritage: A History of Women in Science from Antiquity through the Nineteenth Century*）（Margaret Alic，1986）开始。除此之外，登录网站 www.astr.ua.edu/4000WS/4000WS.html，可以找到大量科学中女性的人物传记，还可以通过网站提供的链接找到其他类似材料。

物理学和天文学中的哲学命题

如果想对本书中探讨过的命题进行更进一步的研究，特别是研究那些与天文学和物理学有关的历史实例和命题，那么库欣的《物理学中的哲学概念：哲学与科学理论间的历史关联》（*Philosophical Concepts in Physics: The Historical Relation between Philosophy and Scientific Theories*）（Cushing，1998）是一个不错的起点。库欣（1937—2002）是一位物理学家，然而长期对哲学命题感兴趣。他的著作详细介绍了物理学中的许多发现，并重点说明了这些发现所涉及的哲学命题。科索的《表象与现实：物理学哲学导论》（*Appearance and Reality: An Introduction to the Philosophy of Physics*）（Kosso，1998）也对物理学中的哲学命题进行了有趣而易懂的讨论。同样地，兰格的《物理学的哲学导论：定域性、场、能量和质量》（*An Introduction to the Philosophy of Physics: Locality, Fields, Energy, and Mass*）（Lange，2002a）也是一本浅显的著作，但其更加详尽，探讨了现代物理学语境下出现的某些核心哲学问题。如果想进一步研究与天文学相关的命题，前面提到过的库恩的《哥白尼革命》(Kuhn，1957）将是一个不错的起点。

物理学和天文学以外的领域

尽管目前本书中的历史实例（除了第 29 章讨论演化论的历史发展时所用的例子）与前面几节所提到的著作中的大多数历史实例基本来自

物理学和天文学领域，但这些领域并不是科学的全部。当然，科学哲学也并不是只与这两个领域有关。克利的《科学哲学入门》（*Introduction to the Philosophy of Science*）(Klee，1997）对科学哲学进行了有趣的概括介绍，并把介绍的重点放在了生物学（更具体地说是免疫学）而不是物理学和天文学上。赫尔和鲁斯合著的《生物学哲学》（*The Philosophy of Biology*）（Hull and Ruse，1998）是一部很好的选集，其依据生物哲学中的核心话题组织内容，可以作为对生物哲学领域命题进行研究的良好开端。同样，布罗迪和格兰迪合编的《科学哲学论文选读》(*Readings in the Philosophy of Science*)（Brody and Grandy，1971）中第四部分集合了生物哲学领域里的入门级阅读材料。如果想了解与演化论联系更紧密的哲学命题，可以从鲁斯的《认真对待达尔文》（*Taking Darwin Seriously*)(Ruth，1998）开始。

近年来，在一个宽泛的科学史和科学哲学框架下，化学的历史和哲学逐渐成了一个引人注目的领域。这一领域的主要期刊是《原质：化学哲学国际期刊》(*Hyle*: *International Journal for Philosophy of Chemistry*)，如果想对这一领域中的话题有所了解，该期刊可能是最佳起点。你可以在 www.hyle.org 中找到这本期刊。

另一个在近几十年间逐渐兴起的领域涉及科学哲学中的女性主义命题。女性主义角度可以应用于科学哲学中的许多领域，包括（但不限于）整体的方法论和认识论命题，以及涉及具体学科的具体命题（比如，在关于女性主义考古学的文献中所用的研究角度）。克利编写的《科学的探索：科学哲学论文选读》（*Scientific Inquiry*: *Readings in the Philosophy of Science*）（Klee，1999）中第五部分集合了关于科学哲学中女性主义命题的入门级阅读材料。哈丁的《女性主义中的科学问题》（*The Science Question in Feminism*）（Harding，1986）也是一个不错的起点。在哈丁讨论的命题中，有些完全不存在争议，而另一些则极具争议。因此，对于理解科学和科学哲学中女性主义研究角度所涉及的命题范围之广，这本书将很有帮助。

其他著作

《斯坦福哲学百科全书》是一个很好的在线资源，从网站 https://plato.stanford.edu 即可找到。《斯坦福哲学百科全书》中的文章涉及广泛的哲学话题，包括科学史和科学哲学中的大量话题。《斯坦福哲学百科全书》中的文章通常有一个范围广泛的参考书目，如果感兴趣，这些都可以作为额外的阅读材料。

盖尔的《科学理论：科学史、科学逻辑和科学哲学介绍》（*Theory of Science: An Introduction to the History, Logic, and Philosophy of Science*）（Gale，1979）对科学哲学进行了很好的概括性介绍，书中大量使用了科学史中的实例。另一本不错的入门级著作是洛西的《科学哲学历史导论》（*A Historical Introduction to the Philosophy of Science*）（Losse，1972），书中同样大量引用了历史实例。另一部我一直很喜欢的著作是派因的《科学与人类前景》（*Science and the Human Prospect*）（Pine，1989），不过这本书所涉及的话题范围很广，因此很难将其归类，而且很不幸，现在这本书已经绝版，但在 http://home.honolulu.hawaii.edu/ ～ pine/book1-2.html 中仍然可以找到在线版本。金格里奇的《天眼：托勒密、哥白尼与开普勒》（*The Eye of Heaven:Ptolemy, Copernicus, Kepler*）（Gingerich，1993）针对科学史和科学哲学领域内更具体详细的研究提供了范例。林德伯格的《中世纪的科学》（*Science in the Middle Ages*）（Lindberg，1978）和克拉格特的《科学史的关键问题》（*Critical Problems in the History of Science*）（Clagett，1969）都汇集了一系列探讨更具体命题的论文，而且通俗易懂。

以上就是我大致推荐的书目，接下来，我将对每个章节进行具体注释，并推荐阅读书目。

第一部分：基础命题

关于第一部分中包括的基础命题，很多介绍性著作和选集（这样的选集通常是论文集，由科学哲学家编选，文章按照主题编排，而且通常有来自编撰者的导读）都对其中大部分命题进行了讨论。

介绍性著作包括克利（Klee，1997）、盖尔（Gale，1979）和洛西（Losse，1972），介绍性选集包括布罗迪和格兰迪（Brody and Grandy，1971）、柯德和科弗（Curd and Cover，1998）、克利（Klee，1999）和克莱默克、霍林格和克莱恩（Klemke，Hollinger and Kline，1988）等。

第 1 章：世界观

值得注意的是，世界观的概念与托马斯·库恩（1922—1996）在《科学革命的结构》中提出的一系列观点都是相关联的。这本书首次出版于 1962 年，书中的核心概念之一是“范式”，粗略地说，“范式”就是一个（相关科学家）共同的观点集合以及共同使用的解决问题的方法（从某种意义上来说，范式其实是人们共有的世界观的子集）。根据库恩的观点，“范式转移”偶尔会发生，当新的科学范式出现，替代了现有的科学范式，现有的世界观也就被新的世界观替代了。我们在本书第二部分中探讨了 17 世纪出现的从亚里士多德世界观到牛顿世界观的转变，这就是范式转移的一个范例。值得注意的是，根据库恩的观点，范式转移发生的频率并不高，而且库恩也提出不能过于宽泛地使用“范式”这个术语。然而，尽管库恩有这样的警示，但他的“范式转移”概念仍然成了近些年来最受欢迎、使用频率最高的概念之一。库恩的著作，特别是《科学革命的结构》，已经成了近几十年来在科学史和科学哲学领域内最有影响力的著作之一。如果有兴趣进一步探讨这一领域内的命题，库恩的《科学革命的结构》无疑值得一读。

世界观的概念，特别是拼图的类比，同样与威拉德·冯·奥曼·奎因（1908—2000）的观点之网的概念有些相似，这个概念可以在多部著作中找到，比如奎因（Quine，1964）。奎因偏爱的类比是观点之网，其中网络中心部分代表的是核心观点。这里的关键点是，网络中心部分如果出现变化，就需要改变整个网络，对一个人的观点集合来说，情况也是类似的，如果其核心观点发生了变化，那么整个观点集合都需要改变。相比之下，网络外围部分的变化并不需要大规模改变网络中心部分，对应到一个人的观点集合上，也就是外围观点发生改变时，并不需要对整个观点集合进行大量更改。在前面注释中提到过的大多数论文集都有选择地收录了奎因的论文，以及对奎因观点的讨论。同时，本书的第 5 章将对奎因的某些观点进行更为全面的探讨。

正如在本章正文中提到的，亚里士多德本人的观点是复杂的，而且他的著作本身也是很难理解的。亚里士多德著作的新近译本由萨克斯翻译（Sachs，1995、2001、2002），比许多旧译本更易于理解，而且萨克斯的评注很有帮助。最接近原著的英文译本可能是阿波斯尔（Apostle）的译本，也就是亚里士多德（Aristotle，1966，1969，1991），不过这些也是最难以通读的素材。麦克恩的译本，也就是亚里士多德（Aristotle，1973）可能是读者最多的译本了。同时，亚里士多德的许多著作都可以在互联网上找到，比如 http://classics.mit.edu/Browse/browse-Aristotle.html。如果想快速对亚里士多德有一个概括性了解，可以参考罗宾森（Robinson，1995）。巴恩斯（Barnes,1995）是一本很不错的选集，对亚里士多德的某些方面进行了更深入的探讨。如果想简要了解从亚里士多德以前到其所处时代的希腊科学，以及亚里士多德以后的希腊科学，可以参考劳埃德（Lloyd，1970，1973）。朗（Lang,1998）是一本有关亚里士多德物理学和亚里士多德自然哲学的优秀著作。

在第 20 章的章节注释中可以找到对牛顿著作和牛顿世界观的讨论，并且可以作为参考资料。

第 2 章：真理

总的来说，从事实际研究工作的科学家，特别是物理学家，都不愿意讨论涉及真理的命题。他们通常认为真理是一个哲学命题，而不是科学命题。有一个人例外，他就是史蒂芬・温伯格（当代权威物理学家之一）。温伯格毫不掩饰地表示过，“像我本人这样的科学家……认为科学的任务是让我们越来越靠近客观真理”［《纽约时报书评》(*New York Times Review of Books*)，45（15），1998］。温伯格（Weinberg，1992）中有他本人的进一步思考，包括对更广泛物理学命题的思考。这本书同时也对当代物理学前沿进行了通俗易懂的概括性介绍。

至于对真理理论的哲学探讨，柯卡姆（Kirkham，1992）是最近的一本读物，其中对围绕真理理论的命题进行了全面讨论，如果有兴趣深入研究真理理论，这本内容翔实的书将是最全面的素材。至于本章中有关笛卡尔的讨论，笛卡尔的《沉思录》相对近期的英文译本是 1960 年的版本。费尔德曼（Feldman，1986）对《沉思录》进行了有趣的介绍，在这本书中，作者利用《沉思录》对一系列哲学问题进行了探讨。

第 3 章：经验事实和哲学性 / 概念性事实

值得一提的是，本章所讨论的命题与通常所说的“观察渗透理论”紧密相联。这个概念粗略地说就是，即使看起来直接明确的经验观察通常也会与多个理论相互交织。举个例子，如果我们用电压表测量书桌旁边插座的电压，我们表面观察到的结果会是刻度盘上指针的移动。要从这个结果推理得到插座现在的电压，比如 110 伏，我们需要某些理论，内容涉及电的性质、电流与电压表等测量仪器之间相互作用的原理、电压表工作原理等。库恩（Kuhn，1962）提出了一些更具争议的命题，其中很多涉及观察与理论之间的相互影响，我们在前面也提到过，如果希望进一步探索科学史和科学哲学中的命题，那么熟读库恩的主要著作会很有帮助。

第4章：证实与不证实证据和推理

如果想进一步讨论与推理相关的命题，特别是与证实推理和不证实推理相关的命题，大部分前面提到过的关于科学哲学的介绍性著作和介绍性论文集都可以满足需求，其中包括布罗迪和格兰迪（Brody and Grandy，1971）、柯德和科弗（Curd and Cover，1998）、盖尔（Gale，1979）、克利（Klee，1999）和克莱默克、霍林格和克莱恩（Klemke，Hollinger and Kline，1988）。

如果想深入研究某个证实/不证实推理案例所包含的复杂性，雷蒙（Laymon，1984）是个很好的范例。这本书对1919年日食期间对于恒星光线弯曲的观察结果进行了有趣的解释。雷蒙的论文中包括详细的分析，说明了观察与理论是如何相互紧密交织的，以及要确定某个理论所预言的结果是否真的被观察到了，究竟是有多么困难。

第5章：奎因－迪昂论点和对科学方法的意义

关于奎因－迪昂论点所涉及的命题，主要阅读材料来自与这一论点相关的两位哲学家，也就是迪昂（Duhem，1954，最初出版于1906年）和奎因（Quine，1964，1969，1980）。克利（Klee，1997）中对很多相关的命题进行了很好的探讨。与这些命题相关的论文可以在柯德和科弗（Curd and Cover，1998）和克利（Klee，1999）中找到。

罗宾逊（Robinson，1995）对亚里士多德进行科学研究的方法进行了很好的简要概述。关于笛卡尔思想和观点，最好的原始资料来自笛卡尔（Descartes，1960），而笛卡尔（Descartes，1931）则是对笛卡尔研究著作更全面的汇总。我在前面提到过，费尔德曼（Feldman，1986）对笛卡尔的研究方法进行了概括性的介绍和浅显易懂的讨论。波普尔（Popper，1992）是介绍其科学观点的一本经典读物，而对波普尔观点更进一步的讨论，以及对广义的科学研究方法的讨论，在前面提到的论文集中都可以找到，其中包括柯德和科弗（Curd and Cover，1998）、克利（Klee，1999）和克伦克、霍林格和克莱恩（Klemke，Hollinger and Kline，1988）。

第 6 章：哲学插曲：归纳的问题和困惑

关于现在所说的休谟的归纳问题，原始资料是休谟（Hume，1992，最初出版于 1739 年），特别是第一卷的第三部分（尽管整部著作的主题都是与归纳相关的命题）。关于乌鸦悖论的讨论可以在亨佩尔最初于 1945 年发表并于 1965 年再次印刷的《对证实逻辑的研究》（*Studies in the Logic of Confirmation*）中找到。古德曼的“新”归纳之谜（也就是涉及判断“绿蓝”的一个问题）的观点可以在古德曼（Goodman，1972，1983）中找到。从海因莱因的小说《约伯大梦》（*Job*）中借用的例子可以在海因莱因（Heinlein，1990）中找到。如果希望对涉及归纳的更广泛的命题进行讨论，包括对亨佩尔和古德曼的观点进行讨论，可以参考布罗迪和格兰迪（Brody and Grandy，1971）和柯德和科弗（Curd and Cover，1998）。

第 7 章：可证伪性

在本章开篇时我提到，围绕可证伪性的命题出乎意料得复杂，要进一步探讨这些命题，最好的方法可能就是研究这些命题在科学史上的具体实例里是如何发挥作用的。伽利略与教会之间的冲突就是这样一个例子，我们在第 17 章将进行更详细的讨论。对这个例子的讨论可以参考法齐奥利（Fantoli，1996）、比亚乔利（Biagioli，1993）、马哈默（Machamer，1998）、桑蒂拉纳（Santillana，1955）和索贝尔（Sobel，2000）（还有其他很多，这只是其中几个人）。另一个涉及许多本章中所讨论话题的实例是 20 世纪 80 年代起出现的创造科学实验。柯德和科弗（Curd and Cover，1998）第一部分中对这个实例的讨论可以是一个很好的起点。关于冷聚变的争议也是一个仍在持续发展的实例，很好地表明了本章中讨论的许多命题（尤其表明了双方是如何指摘对方才是把自己的理论当作不可证伪的一方）。关于还没有定论的冷聚变问题，帕克（Park，2001）进行了很好的说明。还可以登录网站 www.lenr-canr.org 查阅目前尚有的冷聚变理论支持者的观点。最后，现在仍有为数不多的地心说观点支持者，他们的存在也很好地说明了本章中的多个命题。在网站 www.geocentricity.com 可以找到他们的观点。

第 8 章：工具主义和现实主义

在前几章注释中提到的许多选集都对这一章的核心命题进行了进一步讨论，特别是与解释相关的命题。这些选集包括布罗迪和格兰迪（Brody and Grandy，1971）、柯德和科弗（Curd and Cover，1998）和克伦克、霍林格和克莱恩（Klemke，Hollinger and Kline，1988）。萨尔蒙（Salmon，1998）对这些命题进行了更全面的研究。

目前在科学哲学某些领域内，都有广受争议的命题，而这个命题与现实主义和工具主义有关，这就是现实主义与反现实主义之争。现实主义与反现实主义之间的区别和争论与现实主义和工具主义命题是相似的，但并不完全相同。现实主义与反现实主义之争的实际焦点多年来已多次变化，但粗略地说，现实主义坚持认为科学理论（或者至少是已经成熟的理论）给出的描述反映了事物的真实情况，在这些理论中处于核心位置的实体都是真实存在的。反现实主义则持相反观点，也就是，即使是最好的理论，尽管它们可能很方便也很有用，但并没有充分的理由认为这样的理论反映了事物真实的情况，也没有理由认为这些理论所涉及的实体是真实存在的。琼斯（Jones，1991）对这一争论中的很多命题进行了介绍（这篇文章本意并不是进行介绍，不过我仍然认为它其实是一个易懂而有趣的介绍）。克利（Klee，1997）对很多核心命题进行了入门级讨论。弗兰奇、尤林和韦特斯坦（French, Uehling and Wettstein，1988）和莱普林（Leplin，1984）则是关于现实主义/反现实主义命题的不错的论文选集。

第二部分：从亚里士多德世界观到牛顿世界观的转变

对于第二部分所涉及的命题，林德伯格（Lindberg，1992）、科恩（Cohen，1985）和梅森（Mason，1962））都对科学的发展进行了很好的概述。伯特（Burtt，1954）、狄克斯特霍伊斯（Dijksterhuis，1961）、库恩（Kuhn，1957）、马修（Matthews，1989）以及图尔敏和古德菲尔德（Toulmin and Goodfield，1961，1962）都对科学发展与哲学发展之间的相互影响进行了概述。

第9章：亚里士多德世界观中的宇宙结构

科恩（Cohen，1985）对亚里士多德宇宙观，特别是有关宇宙物理结构的观点进行了介绍，是可读性非常强的概括性介绍。狄克斯特霍伊斯（Dijksterhuis，1961）、德雷尔（Dreyer，1953）、库恩（Kuhn，1957）、图尔敏和古德菲尔德（Toulmin and Goodfield，1961，1962）都对关于宇宙物理结构的观点和关于宇宙的概念性观点进行了更为详细的讨论。如果有兴趣进一步探讨西方科学史，特别是中世纪时期的某些具体命题，林德伯格（Lindberg，1978）是一个很好的起点。

第 10 章：托勒密《至大论》序言：地球是球形的、静止的，并且位于宇宙中心

托勒密（Ptolemy，1998）是《至大论》的一个近期英文译本。在穆尼茨（Munitz，1957）中可以找到《至大论》序言，本章中所引用的部分就摘自这本书。这本书中同样包含了亚里士多德在《论天》中对“地球是球形的、静止的，并且位于宇宙中心”观点的论证。总的来说，这本书涵盖了从巴比伦早期到 20 世纪有关宇宙观点的很多文献，是一本很好的英文选集。

我经常被问，像托勒密这样的古人怎么可能知道由于观察者所在位置不同（至少是东西方向上位置不同），太阳、月球、恒星和行星会在不同的时间升起。举一个现代的例子可能会有所帮助。2015 年秋天，我和姐姐聊起了我们关于一次月全食的观察结果。这次月全食发生在几天前，特别美妙。姐姐住在我家往西 3000 英里的地方，她说全食（也就是整个月球都处在地球阴影中时）在当地时间晚上 7:30 开始，那时月球低低地挂在地平线上。在我所在的地方，我看到全食于本地时间晚上 10:30 开始，此时月球已经高高地升起到了天空中。由此，我们可以推断出不仅月食发生的时间不同，而且月球升起的时间还会因观察者在东西方向所处的位置不同而有所变化。除此之外，在这两个地点，月球在天空中与恒星、太阳和行星的相对位置是相同的，因此我们可以得出结论，恒星、太阳和行星升起的时间一定也会因为观察者在东西方向上所处的位置不同而不同。世界不同地区对像月食这样的天文事件所做的记录显示，古人也可以做出相同的推断。

第 11 章：天文学数据：经验事实；第 12 章：天文学数据：哲学性 / 概念性事实

如果想对第 11 章和第 12 章中讨论过的内容进行进一步讨论，德

雷尔（Dreyer，1953）和库恩（Kuhn，1957）是很好的起点。科恩（Cohen，1985）和派因（Pine，1989）对这些话题进行了更概括的讨论。

第 13 章：托勒密体系；第 14 章：哥白尼体系；第 15 章：第谷体系；第 16 章：开普勒体系

关于第 13 ～ 16 章所讨论的内容，很多原始资料现在都已经有了新的英文译本。托勒密（Ptolemy，1998）是托勒密《至大论》的一个近期译本，其中还有译者的评论。同样地，哥白尼（Ptolemy，1998）是哥白尼主要著作《天体运行论》(*On the Revolution of Heavenly Spheres*)的新英文译本，其中也包括译者评论。开普勒（Kepler，1995）是开普勒一些主要著作的新英文译本。

德雷尔（Dreyer，1953）和库恩（Kuhn，1957）对这些体系进行了概括性介绍，是最好的二手资料。金格里奇（Gingerich，1993）是这一领域一位主要学者，其论文集中所收录的论文，内容更加详细和有针对性，很好地展示了在科学史领域已经开展了哪些更为详细的研究。

正如在第 15 章结尾提到的，那些至今仍然相信地心说的人（基本出于宗教原因）都偏爱第谷体系（或者更确切地说是修正了的第谷体系，其中的行星沿椭圆轨道变速运动）。关于当代第谷体系支持者的更多信息，可以登录网站 www.geocentricity.com。地心说支持者的文章从很有趣的角度，说明了我们在第一部分中讨论过的许多命题，特别是有关相互竞争的世界观、可证伪性、证据以及证实与不证实推理的命题。

最后，在大多数电子设备（智能手机、电脑等）商店里都可以买到数字太阳系仪（也就是用电脑模拟太阳系的设备），价格也不高。数字太阳系仪在观察模拟太阳系方面非常有用，推荐你为自己最喜欢的电子设备配备一台。很多太阳系仪都可以让你选择把地球作为行星运转轨道的中心，这样你就得到了一个在本书中多次提到的现代第谷体系。

第 17 章：伽利略和通过望远镜得到的证据

伽利略本人的著作都很浅显易懂，主要著作的英文译本可以参考伽利略（Galileo，1957）和伽利略（Galileo，2001），其中收录了伽利略关于望远镜和对地心说与日心说之争的观点的著作。法齐奥利（Fantoli，1996）是一本关于伽利略的更详细且特别经常被引用的著作，尤其是书中对与教会相关命题的讨论，如果想进一步了解伽利略，这本书值得高度推荐。桑蒂拉纳（Santillana，1955）更概括地介绍了伽利略的研究，其重点也是伽利略与教会冲突相关的命题。马哈默（Machamer，1998）所收录的论文都更为专注于探讨伽利略在某个具体方向上的研究，更好地展示了伽利略具体的研究成果。比亚乔利（Biagioli，1993）和索贝尔（Sobel，2000），在某种意义上是从某个有些不同但又易于接受的角度对伽利略的生平和研究工作进行了探讨。比亚乔利（Biagioli，1993）关注的重点是宫廷政治在伽利略研究工作中所扮演的角色（我们在本章正文中也提到过，伽利略是美第奇宫的成员），而索贝尔（Sobel，2000）的重点则是通过研究现存的伽利略女儿写给伽利略的书信来探讨伽利略与他女儿的关系，从一个不同的角度来看待伽利略和他女儿的生平及研究工作。如果你对宗教裁判所在 1615 ～ 1616 年对地心说与日心说之争所进行的调查和后来对伽利略所进行的审判感兴趣，可以查阅梅尔（Mayer，2012）的论文集，这是一本关键一手资料的合集。

最后，我要感谢格里克 · 威尔第，他让我注意到在本书前 2 版中，关于伽利略对宗教经文可信性上所持的态度，我的描述出现了前后不一致的情况。

第 18 章：亚里士多德世界观所面临问题的总结

科恩（Cohen，1985）和库恩（Kuhn，1957）都对亚里士多德世界观在 17 世纪早期所面临的问题进行了概括性介绍。狄克斯特霍伊斯（Dijksterhuis，1961）和梅森（Mason，1962）则对 17 世纪的发展进行了更为详细的介绍。

第 19 章：新科学发展过程中的哲学性 / 概念性关联

库恩（Kuhn，1957）对本章所讨论的多个话题进行了进一步探讨。

梅森（Mason，1962）尽管重点关注科学史，但仍对本章所讨论的一些宽泛的命题进行了详细探讨。狄克斯特霍伊斯（Dijksterhuis，1961）、图尔敏和古德菲尔德（Toulmin and Goodfield，1961）同样对本章所讨论的多个话题进行了更加详细的描述，为进一步研究这些话题提供了不错的素材。

第 20 章：新科学和牛顿世界观概述

高度推荐牛顿的《原理》，这本书的新英文译本出版于 1999 年，其中包含译者编写的大量评述。科恩（Cohen，1985）对这些发展进行了概述，而狄克斯特霍伊斯（Dijksterhuis，1961）和梅森（Mason，1962）则进行了更为详尽的讨论。同时，我想感谢查尔斯 · 艾斯（Charles Ess），因为他建议我在本章正文中加入了关于用工具主义态度和现实主义态度对待牛顿重力概念的讨论。

第 21 章：哲学插曲：什么是科学定律

在探讨与定律相关的命题方面，亨佩尔和奥本海姆（Hempel and Oppenheim，1948）是一本早期而又经典的读物。阿姆斯特朗

（Armstrong，1983）和卡罗尔（Carroll，1994）对这些命题进行了全面讨论，而兰格（Lange，2000）则对标准观点进行了很好的概括总结，并给出了另一种可行的解释。卡特莱特（Cartwright，1983）和吉勒（Gierre，1999）从一个有趣而且多少有些不同的角度对某些对待定律的普遍态度进行了讨论。对涉及反事实条件问题的早期讨论，古德曼（Goodman，1983）、奎因（Quine，1964）和刘易斯（Lewis，1973）都是很好的阅读素材。如果想进一步了解其他有关内容，可以参考伊尔曼、格莱莫尔和米切尔（Earman，Glymour and Mitchell，2003）以及兰格（Lange，2002b）。

第 22 章：1700 ~ 1900 年：牛顿世界观的发展

梅森（Mason，1962）对本章介绍的这段时期内的科学发展进行了很好的介绍，克拉夫（Kragh，1999）是有关 19 世纪末物理学状况的很好的素材。库欣（Cushing，1998）同样对本章所讨论的很多命题进行了很好的研究，其中重点更多放在科学问题与哲学命题之间的互动上。埃弗里特（Everitt，1975）对麦克斯韦的贡献进行了详细介绍。

第三部分：科学及世界观的新近发展

在讨论第三部分内容的资料中，克拉夫（Kragh，1999）相对较新，是对 20 世纪物理学发展史相当详细的介绍，内容涵盖了从 19 世纪晚期到 20 世纪末物理学的发展。梅森（Mason，1962）同样介绍了科学的发展，包括生物学和物理学，不过更为简略。库欣（Cushing，1998）的许多案例研究都很好地展现了哲学与物理学近些年的互动。

第 23 章：狭义相对论

爱因斯坦（Einstein，1905）是狭义相对论的提出者，后来爱因斯坦（Einstein，1920）对狭义相对论进行了更易于理解的解释。默明（Mermin，1968）对狭义相对论进行了完整而准确的介绍，而且在整个过程中，除了基本代数，没有设定其他任何先决条件。这本书的新近版本出版于2005年，同样是这一领域一本不错的读物。德阿布罗（D'A bro，1950）也对狭义相对论进行了很好的介绍，科索（Kosso，1998）则对狭义相对论进行了概述，并重点强调了这一理论的一些哲学影响。

值得注意的是，"绝对空间"和"绝对时间"通常的用法与我在本章中的用法不同。自牛顿和莱布尼茨时代起到现在，关于空间是不是一个实体，而且独立于空间中的物体而存在，一直存在争议。也就是说，应该认为空间是一种不依赖物体而存在的物质，还是应该认为空间仅由物体之间的关系所组成，除此之外别无他物？前一种观点通常被称为实体论的空间观，而后者则被称为关系论的空间观。让我们用一个常见的类比来解释，实体论的观点认为空间就像一个容器，物体存在于容器中。重点是，根据这个观点，容器，也就是空间，独立于空间中的物体而存在，其属性也独立于空间中的物体。关系论的空间观摒弃了这种把空间当成"容器"的观点，而是认为组成空间的只有物体之间的关系。"绝对空间"这个术语有时被用来指代实体论的空间观，同样地，这与我在本章中对这个术语的使用多少有些区别。时间的概念也面临类似问题，也就是时间是独立于物体和事件而存在的，还是时间只是由物体间和事件间的相互关系所组成？

最后，在本章正文中，我提到了洛伦茨变换，但并没有解释这个变换具体是什么。如果你感兴趣，那就让我们假设用 x、y、z 和 t 来代表一个静态坐标系中的空间和时间维度。用 x'、y'、z' 和 t' 来代表在 x 方向上以速度 v 进行运动的一个坐标系（这个坐标系相对于第一个坐标系运动，而且通常是沿直线匀速运动）中的空间和时间维度。

定义如下

$$\gamma = \frac{1}{\sqrt{1-\left(\frac{v}{c}\right)^2}}$$

那么洛伦茨变换则为

$$t' = \gamma\left(t - \frac{vx}{c^2}\right)$$
$$x' = \gamma(x - vt)$$
$$y' = y$$
$$z' = z$$

这就是在讨论乔伊的时空坐标系和萨拉的时空坐标系时使用的洛伦茨变换，通过这个变换，一个坐标系中的坐标就被转化成了另一个坐标系中的坐标。

第 24 章：广义相对论

爱因斯坦（Einstein，1905）是广义相对论的提出者，爱因斯坦（Einstein，1920）后来对广义相对论进行了更易于理解的解释。德阿布罗（D'Abro，1950）的著作也是关于广义相对论的一本不错的读物。

在本章正文中提到过，像图 24-2 这样的示意图是典型的四维时空的二维“切片”。有一点虽然在本章的讨论中可能并不关键，但你可能也注意到了，那就是在这个图中，这个二维切片是“镶嵌”在一个三维空间中的，因此这样的示意图通常被称为“嵌入图”。同时，我想对一位未署名的评论人士表示感谢，他在本章第 2 版草稿中指出了我在描述测地线时所犯的一个严重错误。

第 25 章：哲学插曲：科学理论是不可通约的吗

在这一章正文中我们提到过，在过去将近 50 年间，与不可通约性概念关联最为紧密的两个人是库恩和费耶阿本德。库恩（Kuhn,1962）对他早期有关这一话题的观点进行了最好的阐述，而且我们在前面也提到过，这也是科学史和科学哲学领域最著名的著作之一，值得熟悉一下。这本书在1970年再版，其中加入了一篇很有价值的后记，在后记中，库恩详细阐述了自己关于不可通约性、科学的进步以及其他命题的观点。科南特和霍格兰德（Conant and Haugeland，2000）是一部优秀的论文集，包括库恩的几篇文章，在这些文章中，库恩对自己在库恩（Kuhn,1962）中所提话题的最新进展进行了评述。

费耶阿本德（Feyerabend，1962）是了解费耶阿本德早期关于不可通约性及其他相关话题的观点的良好素材。值得注意的是，费耶阿本德关于不可通约性的观点也经常出现在主要关注点在不可通约性之外的著作中，比如，出现在对于“不同科学学科之间存在一种强有力的统一概念”“不同科学学科间有共用的基础方法论”等观点进行反驳论证的过程中。费耶阿本德有一系列关于不可通约性的著作，除了费耶阿本德（Feyerabend，1962），我还推荐费耶阿本德（Feyerabend，1965、1975、1981）。

在这一章正文中我提到过，在19世纪晚期到20世纪初，不可通约性概念的应用开始从严格的数学领域扩展到其他领域，迪昂就是这样做的早期人物之一。迪昂（Duhem，1954，最初发表于1904年）很好地表达了其观点。

要了解古希腊数学家最早在数学领域中对不可通约性的应用以及这个概念在发现无理数概念过程中所发挥的重要作用，可以阅读克莱恩（Kline，1972），这部优秀的著作一共有三卷，记录了从古巴比伦和埃及文明开始至现代的数学思想的发展历程。博耶（Boyer，1968）是另一本有关数学历史的优秀单册著作，而在克莱恩（Kline，1968）中则可以看到古希腊数学的发展。

最后，在本章正文中我们提到过特殊扑克牌的实验，有关这个实验的一手资料是布鲁纳和波斯特曼（Bruner and Postman，1949）

第 26 章：量子理论导论：量子理论基本经验事实和数学方法

强调对量子事实、量子理论本身和量子理论诠释进行区分，很大程度上来自赫伯特（Herbert，1985）。我认为，在阅读关于量子理论的大量文献时，把三者之间的区别记在脑中是很有帮助的。

本章中描述的量子事实都是相当标准的范例，广泛用于说明与量子事实有关的某些奇怪特性。派因（Pine，1989）讨论了类似的实验。

在赫伯特（Herbert，1985）中可以找到对量子理论数学的一个概括的描述性介绍，与本章中的介绍相似。如果想详细地了解量子理论数学，每个人的数学程度不同，会偏爱不同的著作。我个人最推荐休斯（Hughes，1989）和伯格特（Baggott，1992，2004）。

在本章正文中我提到过，我会在章节注释中给出一个关于量子理论数学更为详细的总述。总结一下：①一个量子系统的（纯粹）状态是由希尔伯特空间中的一个矢量所表达的；②对一个量子系统可能进行的每一种测量都与希尔伯特空间中的一个特定算子相关；③对量子系统进行某种测量，找到算子（也就是与测量相关联的算子）的本征值就可以预言测量结果。

为了理解①，请思考一下在数学课上学习过的二维笛卡尔坐标系，假设以点（0，0）为起点，以坐标系中任意一点为终点，比如点（11，7），在两点之间画一条直线，这样的一条线就是一个矢量。多个这样的矢量所构成的集合，就是实数二维空间中的矢量空间。矢量空间可涉及三维、四维或任何数量（可以是无限多）的维度，同样也可以涉及实数以外的数字，在量子理论数学中，某些特别重要的矢量空间涉及非常复杂的数字（也就是 $a + bi$ 形式的数字，其中 a、b 是实数，i 是虚数，等

于 –1 的平方根）。

让我们用一个类比来大致理解一下希尔伯特空间。思考一组实数二维空间中的矢量空间。请注意，其中某些矢量空间需要满足一定的前提，比如有些矢量空间仅由通过两个偶数定义的矢量构成，有些矢量空间仅由通过两个正数定义的矢量构成，还有一些矢量空间中，所有矢量可能都可以进行数学运算。希尔伯特空间就是一个矢量空间，它满足了某些已被充分定义和理解的前提条件，而且可以进行特定的数学运算。这些前提条件具体是什么已经超出了这里讨论的范围，但目前的讨论已足以让我们大致了解希尔伯特空间。

希尔伯特空间中的算子是在矢量上运算的一个函数，可以把一个矢量转换成另一个矢量。要理解本征值的概念，让我们再思考一组实数二维空间之上的全部矢量。假设有一个特定算子 O 和一个特定矢量 v，Ov 计算得出一个新矢量，其长度是 v 的两倍，我们将其命名为 2v。请注意，O 可能并不是一个简单的成倍计算的算子，也就是说，它可能并不会使所有矢量长度都倍增。但是，可能对某些矢量，比如 v，通过 O 的运算结果是一个长度为原来两倍的新矢量。也就是说，对这个特定的矢量，Ov=2v。在这个运算结果里，v 被称为 O 的一个本征矢量，2 就是相应的本征值。以此类推，如果 Ov=3v，那么 v 就是 O 的一个本征矢量，而 3 是相应的本征值。同样地，某些算子没有本征矢量，因此也就没有相应的本征值。希尔伯特空间是更为复杂的矢量空间，这类空间的本征矢量和本征值概念更加难以描述。但是，前面所举的这个例子，也就是利用了在二维笛卡尔坐标系空间之上的简单矢量空间的例子，应该可以作为一个类比，让你对本征矢量和本征值等概念形成一定的认识。

回忆一下，一个算子是把一个矢量转换成另一个矢量的函数，而且根据前面提到的②，我们知道对一个量子系统可能进行的测量，是与希尔伯特空间之上的特定算子紧密相联的。至于前面提到的③，大多数情况下（尽管并不是所有情况下），与测量相连的算子都会有本征矢量和相应的本征值。本征值所代表的是与这个算子相连的测量可能出现的结果。具体来说，从本征值和代表了系统状态的矢量出发，运用一个被称为投影算子的特殊算子，就可以计算出一个在 0 ～ 1 的概率。这个概率所代表的是，观察到与这个本征值相连的特定测量结果的概率。

第 27 章：现实问题：测量难题和量子理论诠释

关于量子理论诠释和对测量难题的讨论，有大量书籍，品质良莠不齐。这里我将提到的是几本我认为质量不错的书。在本章正文中我提到过，物理学家约翰·贝尔全面而清晰地阐述了对测量难题和与诠释相关的命题的担忧，贝尔（Bell,1988）的题为《量子力学可道与不可道之处》的著作，是贝尔关于这些问题的论文集。赫伯特（Herbert，1985）也是一个很好的素材，作者赫伯特是物理学家，但本书的目标读者却是普通大众。虽然赫伯特有自己偏爱的诠释，但在书中他对每一种诠释都公平对待。伯格特（Baggott，1992）同样对量子理论和与量子理论诠释有关的命题进行了不错的讨论。顺带提一下，伯格特的书的副标题为“给化学和物理学学生的指南”，我会忽略这个副标题，因为不管你是学物理学的还是学化学的，这都是一本关于量子理论和量子理论诠释的优秀指南。伯格特（Baggott，2004）是在伯格特（Baggott，1992）的基础上进行了大量修改和扩展，同样值得推荐。兰格（Lange，2002b）的最后一章同样对这些命题进行了很好的讨论。同时，我要感谢马克·兰格，在审阅本章草稿的过程中，他指出了我在对玻姆诠释进行讨论时所犯的一个严重错误。

在本章正文中，我对量子理论诠释分了两大类：坍缩诠释和无坍缩诠释。在正文中所提到的坍缩诠释不应该与通常所说的坍缩理论相混淆。“坍缩理论”这个词现在用来描述一些相对新近的研究项目，这些研究都试图找到一种修正过的量子理论数学，也就是一种与玻姆数学不同的数学，不需要隐变量的存在。因此，坍缩理论不是对标准量子理论数学的诠释，而是一种寻找修正了的数学框架的尝试。值得注意的是，与玻姆数学不同，坍缩理论在有些情境中所给出的预言似乎与标准数学有所不同，尽管出于实际考虑，目前还无法对这些预言进行验证。

第 28 章：量子理论与定域性：EPR、贝尔定理和阿斯派克特实验

赫伯特（Herbert，1985）对本章中的话题进行了很好的概括讨论，在前面我也提到过，我对贝尔定理的解释很大程度上借鉴了赫伯特的介绍模式。

伯格特（Baggott，1992，2004）对这些命题进行了更为详细的解释。对于有关定域性的命题，莫德林（Maudlin，1994）对其中涉及的复杂命题进行了全面而严谨的分析。如果有兴趣进一步研究定域性与非定域性的话题，这本书值得高度推荐。

自 20 世纪 80 年代最初的阿斯派克特实验以来，有关对贝尔影响进行验证的实验已经变得非常普遍（比如通常所说的贝尔验证或贝尔实验）。总的来说，这些实验设置并不局限于最初的阿斯派克特实验设置。举个例子，在最初的阿斯派克特实验中，两个探测器之间的距离是 10 米，而新近的实验则大幅增加了这个距离，在某些实验中，这个距离甚至达到 100 千米。目前已有提议利用国际宇宙空间站（ISS）来进行这个实验，也就是将一个探测器设置在国际宇宙空间站中，而将另一个探测器设置在位于地面的实验室里（这样一来，两个探测器之间的距离将达到 400 千米）。中国近期发射了一颗卫星，专门用于涉及量子理论的实验，包括在两个探测器距离超过 1000 千米时验证贝尔影响的实验。

另一类贝尔实验的目的是解决漏洞。在这里，漏洞实际上就是我

们在本书中经常谈到的辅助假设。正如我们提到过的，新近的贝尔实验已经强有力地表明现实一定是非定域的。然而，在此类实验中，重点是两个探测器的设置应该是随机的，因此，通过质疑两个探测器的设置是否真的是随机的，就可以尝试把定域性保留下来。比如，两个设备有共同的历史，也许其中某些曾用来产生随机性因素导致了在当前实验中的设置并不是真正随机的。为了解决这个漏洞，一群物理学家近期一直在做一系列贝尔实验，在这些实验中，产生随机性的因素之间的距离越来越大。他们最近的一组实验利用了位于几百光年以外的恒星光线来保证随机性（在 https://phys.org/news/2017-02-physicists-loophole-bell-inequality-year-old.html 中可以找到关于这组实验的描述）。这些恒星在 600 年前就已经不再拥有共同的历史，因此，如果在它们的历史上有什么因素使它们并不能产生真正的随机性，那么这个因素必须出现在 600 多年以前。接下来的一系列实验将利用数十亿光年之外的类星体来产生随机性，如果这些实验结果能如大家所期待的那样与之前的贝尔实验结果相同，那么任何阻碍真正的随机性产生的因素都必须发生在数十亿年以前，而这通常被认为是非常难以置信的。简言之，这样的实验在不断地减少各种各样的漏洞。换句话说，这些实验表明，通过质疑辅助假设来保住定域性的做法是非常不切实际的。

第 29 章：演化论概述

德斯蒙德与摩尔（Desmond and Moore，1991）是关于达尔文生平和著作相对较新的一本读物，内容全面，值得高度推荐。奎曼（Quammen，2006）篇幅更短，但信息量仍然很大，也很浅显易懂，因此同样值得推荐。相对于达尔文的核心著作《物种起源》的初版，达尔文（Darwin，1964）是一个不错的翻版。

值得一提的是，达尔文和华莱士的某些核心观点在更早些时候已经隐约出现了。比如，达尔文的祖父伊拉斯谟斯·达尔文曾（多少有些含糊地）暗示过与自然选择的核心内容相似的观点。与此类似，在达尔文和华莱士发表关于演化论的核心著作之前30年，一位名叫帕特里克·马修的造船木料专家同样曾明确表达了与自然选择背后的基本想法相当相似的原理。然而，达尔文祖父主要通过他所发表的部分诗作来表达观点，而不是任何形式的科学出版物。马修则是在一本介绍海军用最佳木料选择的专著中提到了这些原理，除此之外，他再也没有推广过这些核心观点，也没有对它们进行过论辩（至少在达尔文和华莱士的关键著作出版之前没有这么做）。简言之，达尔文和华莱士即使不能算是最早发展出这些核心观点的人，至少也可以算是率先真正对这些观点进行完整表述和论辩的人。而在达尔文和华莱士之间，基于在本章正文中解释过的原因，达尔文的功劳应该更胜一筹。

梅尔（Mayr，1982）对近几个世纪里生物学的发展进行了广泛而详细的介绍，其中包括演化理论的发展。普罗万（Provine，1971）也是一本不错的素材。如果想要更简短的概述，可以参考梅森（Mason，1962）和西尔弗（Silver，1998），这两本书都对关键发展进行了简要概述。威尔逊（Wilson，1969）和格林尼（Greene，1969）进行了更详细的讨论，而且是以达尔文和华莱士的核心著作所处时代的生物学发展为大背景的。

费舍尔（Fisher，1999）是在介绍群体遗传学发展方面的一本核心著作，威廉姆斯（Williams，1966）和哈特尔（Hartl，1981）对这一领域进行了全面介绍。梅尔（Mayr，1982）中的相关章节也为这一话题提供了更多有益信息。

沃森和克里克（Watson and Crick，1953）宣布发现了DNA结构，是一篇经典论文，值得一读。奥尔比（Olby，1974）对这个发现进行了全面介绍。在这一时期，人们开始探讨大量与科学研究有关的更宽泛的问题，比如，为什么社会不愿意承认女性科学工作者的重要贡献。举个例子，沃森和克里克并没有感谢罗莎琳·富兰克林的努力，尽管他们二人关于DNA结构的发现很大程度上是基于罗莎琳·富兰克林的研究。如果想继续对这些话题进行探究，福克斯·凯勒（Keller，1983）和塞尔（Sayre，1975）可以是不错的起点。

在本章正文中我提到过，近期的发现使很多研究领域都成为可能，尤其是对限制酶和随之而来的DNA操控工具的发现。对于这些新兴领域，无论怎么强调都不为过。阿布赞诺夫等（Abzhanov et al.，2006）、伯格曼和西格尔（Bergman and Siegal，2003）和麦克伦伯格（Mecklenburg，2010）都是很好的范例。

最后，我想感谢我的同事吉姆·隆（Jim Long)，我在本章中提到了达尔文笔记本，在把其中拉丁语部分翻译成英文的过程中，吉姆·隆与我进行了大量有益的讨论，并提供了很多协助。达尔文的笔迹很乱，所以这并不是一项简单的工作。

第 30 章：对演化的思考

在本章正文中我们所讨论的一派观点是，演化和整个现代科学并没有给传统上帝概念或类似的概念留有余地，关于这个观点，值得参考的文献包括丹尼特（Dennett，1995，2006）和道金斯（Dawkins，2006）。道金斯（Dawkins，1976）和温伯格（Weinberg，1992）可读性很强，而且虽然没有那么直接相关，但仍为后续文献打下了基础。在哈里斯（Harris，2004，2007）和希钦斯（Hitchens，2007）中，两位优秀学者从多少有些不同的角度进行了论证，不过在本章正文中并没有提到。想了解霍特的观点，可以参考霍特（Haught，2008a，2008b，2001）。至于其他试图在宗教和演化之间进行协调的研究，则可以参考穆尼（Mooney，1996）和米勒（Miller，1999）。米勒（Miller，2008）

从某种程度上说是对本章所讨论内容的延伸，是对演化和宗教的一个有趣的研究。

有关道德与伦理学的讨论，鲁斯（Ruse，1998）和威尔逊（Wilson，1978）更好地表达了鲁斯和威尔逊的观点。鲁斯（Ruse，2009）是一本优秀的论文集，收录了有关这些观点和相关命题的论文。

关于重复的囚徒困境，最好的早期著作是阿克塞尔罗德（Axelrod，1980a，1980b，1984）。关于最后通牒博弈、信任博弈和其他类似命题的研究可以参考金迪斯等（Gintis et al.，2004、科斯菲尔德等（Kosfeld et al.，2005）以及博内特和泽克豪瑟（Bohnet and Zeckhauser，2004）。索伯和威尔逊（Sober and Wilson，1998）对涉及利他主义行为和无私行为的命题进行了详细而全面的研究。

关于自然主义谬误，虽然本章正文中所讨论的版本可以参考休谟（Hume，1992），首次出版于 1739 年，但关于这个命题的经典文献是摩尔（Moore，1962），首次出版于 1903 年。对于通常所说的“自然主义谬误”，这本书以外另一个版本，也就是摩尔所感兴趣的版本，是认为任何试图给规范伦理学陈述提供一个自然主义基础的尝试都是被误导的结果。摩尔支持这个观点，并进行了现在通常被称为“开放问题”的论证：如果某些被认为在道德上是好的事物被判定为具有某种自然属性，那么针对具有这种自然属性的事物，对其是不是好的进行判断，仍然是有意义的。换句话说，由于某个事物是否具有某个特定属性仍然是个问题，那么这个事物是不是好的就是一个开放问题，而如果这仍是一个开放问题，那么具有那种特定自然属性就不会必然决定某个事物是好的。

在本章正文中，我提到了“标准难题”，也就是说，在评价观点时，人们对于应该使用什么样的标准来进行评价存在不同意见，此时标准难题就出现了。这个难题早在古希腊时期就已经被发现。始于 16 世纪的宗教改革提供了一个良好的范例。对于“在判断某些宗教观点是否正确时，应该以什么为标准”的问题，支持马丁·路德等宗教改革领袖的人们和维护传统天主教的人们持不同的态度。如果在“用什么样的标准来评判观点才合适”的问题上存在如此深层次的分歧，那么分歧双方几乎不可能理性地化解分歧，因为在“如何理性地解决分歧”的问题上，双方不存在任何共识。

请注意，大多数涉及分歧的情境都不涉及标准难题。举个例子，假设你和我卷入了一场交通事故，我们对谁应该负责任持不同意见。尽管我们在这点上存在分歧，但总的来说我们对解决争端应使用的标准不存在分歧，比如，我们很有可能都认为应使用法律来解决问题，而我们也将会通过司法系统来解决这个争端。

思考一下我们在本章正文中所讨论的情境。在那个情境中，一方认为经验证据是评价观点的唯一（或至少是最基础的）标准，另一方则认为应该使用超越了经验证据的标准。这似乎是一个经典的标准难题情境，因此不太可能通过理性论辩来解决。

第 31 章：世界观：总结思考

如果你对隐喻和比喻在科学中的作用感兴趣，黑塞（Hesse，1966）可以是一个很好的起点。除此之外，这一章算是对我们讨论过的话题进行了总结，并对未来将会怎样进行了思考，因此并没有太多需要注释的内容，也没有很多推荐阅读的书目。相比之下，我将用多次提到过的一点来结尾。我希望，本书可以给你打下一个坚实的基础，让你未来继续去探索我们在书中探讨过的话题。这是一个迷人的领域，一起来体会吧！